纪念古城北平
和平解放七十周年

一九四九年一月三十一日
北平和平解放
这座举世瞩目的古代都城幸免于炮火之灾
古城的标志性建筑城门、城墙得以保留

砖石之上

北京古城垣寻考

Beyond the Brick

Researh on the Beijing Ancient City

城墙　城门　城砖

蔡青　蔡亦非　著

CCTP 中央编译出版社
Central Compilation & Translation Press

图书在版编目 (CIP) 数据

砖石之上 : 北京古城垣寻考 / 蔡青，蔡亦非著 . --
北京 : 中央编译出版社，2019.12
ISBN 978-7-5117-3748-9

Ⅰ. ①砖…
Ⅱ. ①蔡… ②蔡…
Ⅲ. 城墙 - 古建筑 - 建筑艺术 - 研究 - 北京
Ⅳ. ① TU-092.2

中国版本图书馆 CIP 数据核字 (2019) 第 251247 号

砖石之上：北京古城垣寻考

出 版 人：葛海彦
出版统筹：贾宇琰
责任编辑：郑永杰
责任印制：刘 慧
出版发行：中央编译出版社
地　　址：北京西城区车公庄大街乙 5 号鸿儒大厦 B 座 (100044)
电　　话：(010) 52612345 (总编室) (010) 52612335 (编辑室)
(010) 52612316 (发行部) (010) 52612346 (馆配部)
传　　真：(010) 66515838
经　　销：全国新华书店
印　　刷：北京文昌阁彩色印刷有限责任公司
开　　本：787 毫米 × 1092 毫米 1/16
字　　数：355 千字
印　　张：27.25
版　　次：2019 年 12 月第 1 版
印　　次：2019 年 12 月第 1 次印刷
定　　价：149.00 元

网　　址：www.cctphome.com　　邮　　箱：cctp@cctphome.com
新浪微博：@ 中央编译出版社　　微　　信：中央编译出版社 (ID：cctphome)
淘宝店铺：中央编译出版社直销店 (http://shop108367160.taobao.com) (010) 55626985

序

城垣，作为人类文明的载体，铃记着历史长河积淀的丰富文化信息。其主体建筑与主要构筑物料——城墙、城门、城砖，承载着城垣文化特有的厚重内涵。

20 世纪初期，瑞典史学家奥斯伍尔德·喜仁龙（Osvald Siren）曾对北京古城垣进行过一次认真细致的考察，并于 1924 年在伦敦出版了《北京的城墙和城门》（*The Walls and Gates of Peking*）一书。然而，这位学者无论如何也不会想到，这座被他称为“最动人心魄的古迹”和“土石筑成的史书”的古老城垣，四十多年后竟大多被拆除，他的考察成果也因此成为研究北京古城垣的珍稀史料。

如今，北京古城垣已基本无存，内外城约 39000 米的古城墙已近全部拆除（仅剩约 1800 米经过维修的残存城墙）。昔日 16 处古城门的 32 座城楼、箭楼，如今也大多无存（仅剩正阳门城楼、箭楼和德胜门箭楼 3 座），用于筑建城墙和城楼的一亿多块老城砖亦散失殆尽。

本书以北京古城垣为主线，由城墙、城门、城砖三个主题构成一个内容紧密关联的研究系列，既深入探寻古城垣的学术价值，又广泛考证与古城垣相关的社会历史信息。通过考析北京的城墙、城门和城砖，进而从一个新的视角解读古老城垣多元而深厚的历史文化价值。

“城墙”部分以北京内城与外城城墙为研究对象，重在探寻北京城墙的建筑构造及其所承载的大量历史文化信息。如今，北京的城墙已所剩不多，幸有喜仁龙先生 100 年前考察研究的历史文献，为我们提供了跟随其昔日足迹对古老城垣进行一次特殊寻考的机会。

重温前人的研究成果，对应地融入今天的思考及研究所得，这种将历史文献与当代研究成果交叉互证的方式，打破了不同历史阶段的时空间隔，无疑具有新的研究价值和意义，同时也以一种独特的方式表达了对奥斯伍尔德·喜仁龙先生的敬意。

“城门”部分定位于建筑构造与物料的研究，不拘于对其表层形态的认知，力求通过对各类史料、文献的分析与考证，厘清关于北京城门的一些模糊概念，整合有关城门的各种不同定论，继而提出具有一定研究价值的见解。

“城砖”是构筑城墙和城门的主要建筑物料，从烧制到筑建城垣，累积了丰富的历史信息。其中的铭文城砖更具有多元文化价值，是我们研究北京建城史极其难得的实物史料。但长期以来，在北京城垣文化研究领域，关于铭文城砖的研究尚存很多空白。对于城砖文化的保护和研究，目前古城南京以及山东临清（北京城砖主要产地）均做了很多有益的工作。而古都北京，“城”业已不存，砖则踪迹难寻，城砖文化研究处于一种无奈状态，既有实物与资料缺失的客观原因，也有主观重视不够的现实问题。20世纪90年代初，北京开始进行城市危改，一些古城砖随着旧建筑的拆除又重见天日，我们也因而得到了获取第一手资料的机遇。通过对这些实物史料的搜寻和考证，城砖铭文研究也取得了一些成果，并填补了部分北京城垣文化研究的空白。

寻考北京城垣文化，既要追寻城墙、城门、城砖的传统形制、构造，也要考证其历史文化脉络。但由于实物缺失，文献寥寥，其难度不言而喻。但我们坚信，北京古城垣仍有很多文化“宝藏”有待探寻。

作者　2019年

Preface

Ancient city wall, as the carrier of human civilization, bears the diverse cultural information accumulated over the long history. Its main structure and material - wall, gate and brick, hold the unique and profound connotation of ancient city wall culture.

At the early 20th century, Osvald Siren, a Swedish historian, conducted a conscientious research of the ancient city wall in Beijing. In 1924, he published "The Walls and Gates of Peking" in London. However, he would never have imagined that this ancient city wall, which he called "the most touching monuments" and "the epic of earth and stone", had been completely dismantled after 40 years, and his study had therefore become a valuable historical material for studying the ancient city wall of Beijing.

Today, Beijing's ancient city walls are almost disappeared, nearly 39,000 meters walls (inside and outside) have been dismantled (only approximately 1,800 meters repaired walls remained). Also, 32 gatetowers and watchtowers of the 16 ancient city gates are almost vanished (only three of them left: Zhengyang Gate' s gatetower and watchtower, Desheng Gate' s watchtower), at the same time, more than 100 million ancient city wall bricks used to build walls and towers have also been lost.

This book takes the ancient city wall of Beijing as the main line, consists of three core themes: city wall, city gate and city brick. It not only explores the theoretical and academic value of the ancient city wall, but also extensively studies the social and historical information behind it. By analyzing the walls, gates and bricks of Beijing, this book tries to interpret the diverse and profound historical and cultural values of the city wall from a new perspective.

The "city wall" chapter takes the inner and outer city wall of Beijing as the main object, intents to focus on exploring the architectural construction and the large amount of historical and cultural information it carries. Today, ancient city walls are not many leftovers in Beijing, fortunately, the historical documents that Osvald Siren left 100 years ago, provide us with an opportunity to follow his footprint to make a special investigation of the ancient city wall.

Reviewing the previous achievement and integrating them into today's thinking, crossing the historical documents and contemporary studies, this method of research breaks the space-time interval from various historical stages, which undoubtedly has significant theoretical value. At the same time, it also expressed the respect to Osvald Siren in a special way.

The "city gate" chapter focuses on building tectonic and constriction materials but not limited to its apparent cognition. Through the textual criticism and analysis of all kinds of historical documents, this part tries to clarify some unclear concepts and integrate different conclusions, and finally put forward some insights with certain theoretical value.

"City wall brick" is the main architectural material for building ancient city wall and gate. From brick-making to wall-building, it has accumulated rich historical information; furthermore, the inscriptional wall brick even have more multi-cultural value, which is an extremely important material for us to touch the essence of city construction history. However, for a long period of time, there are still many blanks about inscriptional wall brick in our discipline. Under this circumstance, Nanjing and Shandong (Linqing, the main wall brick producer of Beijing) have done a lot of helpful conservatory work. On the contrary, in Beijing, this ancient capital, the city wall is non-existence, the wall brick is hard to trace, and the study of ancient wall brick culture is helplessness. There are both objective reasons for the lack of physical objects and documents, as well as practical problems with insufficient subjective attention. In the early nineties of the 20th century, Beijing began to its urban renovation. Some ancient wall bricks came to light with the demolition of old constructions, we were thus given the opportunity to obtain the precious first-hand information. Through the investigation, analysis and criticism of these physical historical materials, the research on inscriptional wall bricks has got a certain achievements, and we finally filled some of the research blanks of Beijing's ancient city wall area.

In order to explore the ancient city wall of Beijing, it is necessary to trace the traditional structure and form of the wall, gate and brick, and also important to investigate the historical and cultural context in behind. The process is extremely tough since the lack of material and document; however, we still firmly believe that there are many "treasures" could be explored in ancient city wall of Beijing in the future.

2019 Author

说明

一、《砖石之上——北京古城垣寻考》是一部研究北京明清时期城垣建筑历史文化的专著，本书“城垣”一词涵盖城墙、城门建筑及其主要筑城物料城砖。

二、本书分城墙、城门、城砖三个主题，既各自独立又相互关联，内容包括：起源、营建、形制、构造、建材、管理、损毁、修葺、演变、纪事、史料、考证等。

三、“城墙”，以北京内城和外城的城墙（包括城墙内侧壁和外侧壁）为研究对象，不包括北京皇城城墙、宫城（紫禁城）城墙及其他敕建工程的墙体。研究内容包括建筑构造、物料文化及历史信息。鉴于北京城墙现已存不多，书中以突破时空的研究方式对古城墙进行了一次独特的寻考。

四、“城门”，以北京内城的 9 座城门（包括城楼、箭楼、瓮城、闸楼）和外城的 7 座城门（包括城楼、箭楼、瓮城）为寻考对象，内容包括建筑形制、建筑结构与建筑材料。不包含北京皇城城门、宫城（紫禁城）城门以及由于特殊需求而开辟的各类城门。

五、“城砖”，重点寻考北京城砖的历史信息及多元文化价值，不过多涉及其制造工艺、材料质地等内容。作为昔日的“钦工物料”，北京城砖大多用于砌筑内城和外城的城墙、城楼，也广泛用于皇城城墙、宫城（紫禁城）城墙、皇陵、园囿及各类敕建工程。由于北京城墙已存不多，城砖大多损毁、散失或被移用，收集到的零散城砖已很难确定其源于何处。鉴于城砖用途较广，本书中“砖”的研究范畴不完全同于“墙”和“门”，即无法限定于北京的内城墙和外城墙。除去一些有砖文注明的非城墙用城砖，大多数铭文城砖被列入研究对象。

六、本书主要以历史文献、档案、报刊、考古发掘成果、实物史料、实地考察等为依据，力求内容翔实、证据确凿。

七、城墙的长度、高度、宽度等数据在不同资料之间存有差异。本书大多情况下选用年代较近的数据或根据研究内容涉及的资料来源选用数据。如文中有关城墙的长度与喜仁龙调查资料关系密切，故取用喜仁龙的资料数据；而笔者绘制的城墙立面、剖面图涉及的资料与北京市建设局及民国时期的资料关系密切，则选用其资料数据。另外，在文中列出不同资料间的重要数据对比表，以供参考。

八、书中笔者手绘的城墙立面、剖面图系综合不同文献资料绘制。资料中有些城墙区段的内侧与外侧高度尺寸完全相同或相近，没有体现出城墙内侧排水所构成的墙体高差。遇此情况，本书参照喜仁龙《北京的城墙和城门》中关于不同区段城墙内、外侧高差的考察记录，根据现有外墙尺寸推算出内侧常规数值，并在图中进行调整。个别外城城墙区段未查到高差数值的记录，则暂不标注城墙内侧高度尺寸。

九、本书图片分三类：①历史图片，主要为北京城墙、城门的老照片，此类照片年代久远（拍摄时间均在 50 年以上）、拍摄者难以查证，且很多书籍中也都曾选用。因此，有确切出处的在书中加以标注，其他只标注拍摄时间。②城砖铭文图，均为笔者在考察研究中拍摄的实物照片，不作出处标注。③手绘图，部分手绘图为笔者所制，标注为“笔者绘”；另一些源自其他著作，亦在书中注明。

十、历代各朝年号纪年及民国纪年均加注公元纪年，汉字所示年月日为中国农历历法。1949 年以后则使用公元纪年。

十一、本书对引用的重要原文史料均使用楷体字，并加脚注。

十二、行文中引用的城砖铭文使用简体字，而图文对照的铭文则尽可能沿用其原有字体（如：繁体字、异体字等），以呈现砖铭原貌。对砖文中残损或漫漶不清之字，则以虚缺号“□”替代。

城墙

砖石砌筑的文史长卷

城门

穿越古今的时光隧道

城砖

镌刻城迹的实物史料

目　录

城墙

砖石砌筑的文史长卷

城墙记

内城城墙考察

外城城墙考察

城门记

城门

穿越古今的时光隧道

北京内城城门

北京外城城门

城砖记

城砖

镌刻城迹的实物史料

北京古城墙城门示意图

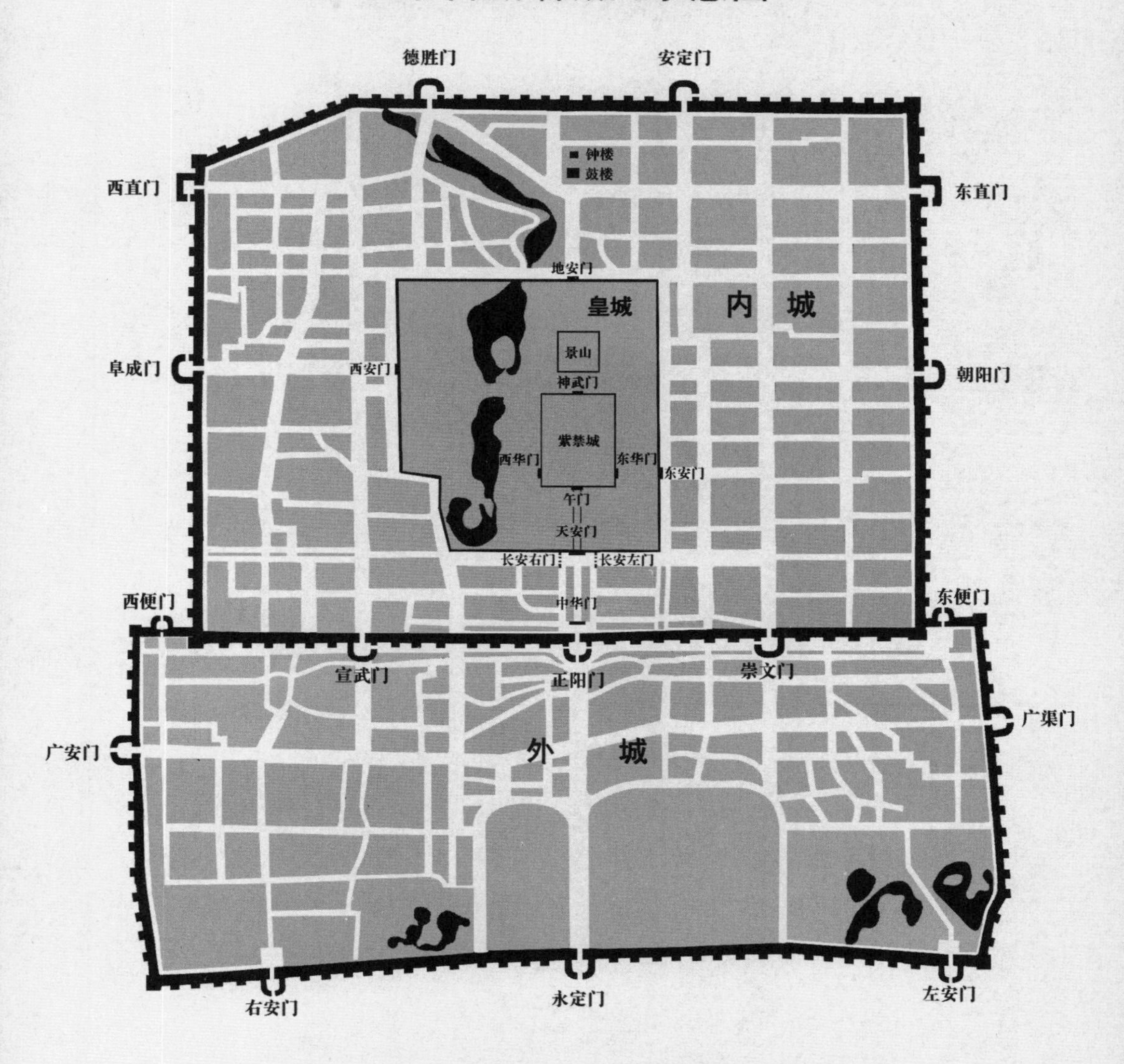

德胜门
安定门
钟楼
鼓楼
西直门
东直门
地安门
皇城
内 城
景山
阜成门
西安门
神武门
朝阳门
紫禁城
西华门
东华门
东安门
午门
天安门
长安右门
长安左门
西便门
中华门
东便门
宣武门
正阳门
崇文门
广渠门
广安门
外 城
右安门
永定门
左安门

城墙

砖石砌筑的文史长卷

北京城墙及周边环境使我产生浓厚兴趣，对这些历史的建筑和材料研究得越深入，就越能感悟到这部建筑史书所蕴含的解读中国历史文化的珍贵线索。

——奥斯伍尔德·喜仁龙
Osvald Siren

城墙记

古者有城必有郭，城以卫民，郭以卫城。

北京城垣循《周礼・考工记》国都规制营建。其形制规整，气势宏大。

在中国传统汉字中，“城”与“郭”的含义首先皆为城墙，因位置不同而称谓有异。《管子・度地》：“内为之城，城外为之郭。”《广韵》：“内城外郭。”《释名》：“郭，廓也，廓落在城外也。”

古都北京原有城四道，郭三重。外城为内城之郭，内城为皇城之郭，皇城为宫城（紫禁城）之郭。“所以必立城郭者示有固守也。”（《白虎通》）这些砖石构筑的城、郭，尽管形制不同，但数百年忠于职守，始终威严地围护着这座古都。

随着时代的发展，这些古城墙逐渐失去其守御壁垒的功能。然而，我们却渐渐发觉，在历经几个世纪的风云变幻之后，这些庞大的构筑物已不再是冰冷的、无生命的砖石体，它饱受风霜的身躯承载了深厚的历史文化内涵，屡经战火的沧桑容貌已成为这座古都世事变迁的真实写照。遗憾的是，在过去的很长一段时间里，北京古城墙的文化价值没有得到很好的重视和研究，以至规制严整、雄伟壮观的城与郭几乎拆除殆尽。

瑞典史学家奥斯伍尔德・喜仁龙（Osvald Siren）钟情于北京的古城垣，19 世纪 20 年代初，他曾数次来到中国，对北京内城及外城的城墙进行了认真细致的考察研究。1924 年在伦敦出版的《北京的城墙和城门》一书就是其考察北京古城垣的成果，他也因此成为有史以来对北京城墙进行深入系统研究的第一人。书中由衷地赞誉北京古城墙“是一部土石做成的史书”，并认为城墙所承载的内涵“一直在不断更新和补充，直接或间接地反映了自其诞生至清末的北京兴衰变迁史。北京发生的重大历史事件，大都在城墙上留下了印记”。①

① ［瑞典］奥斯伍尔德・喜仁龙：《北京的城墙和城门》，许永全译，北京燕山出版社 1985 年版，第 30 页。

不难想象，在当时那个动荡的战乱年代，考察、研究仍起着重要防御作用的城墙所面临的难度。在当时的客观条件下，难以做到把实物资料一一拍摄存留，然而，喜仁龙却力所能及地用文字记录了当时几乎整个城墙体系的生存状况。他对北京内、外城墙每一段墙体现状的细致描述和对种类繁多的古城砖铭文的详细记录，至今仍是深入研究北京古城垣的第一手珍贵资料。

在序言的结尾，喜仁龙表达了他的心声："如果我能够多少反映出它们的美，那么，就满足了我的心愿，并感到自己对中国这座伟大的都城尽了一点责任。"①

若论责任，作为国人，我们是否更该责无旁贷地为保护这座伟大的都城尽一些责任呢？

撰写本书是希望能延续喜仁龙先生近一个世纪前的心愿，"引起人们对北京城墙和城门这些历史古迹新的兴趣"。尽管这些被他誉为"最动人心魄的古迹"及"砖砌长幅画卷"的城墙已大都不复存在，但仍期望今天人们能够通过深入了解北京古城垣的历史文化内涵，从内心真正认识到这座"城"的价值，继而全面提高保护古都风貌的意识。

---

① ［瑞典］奥斯伍尔德·喜仁龙：《北京的城墙和城门》，许永全译，北京燕山出版社 1985 年版，第 3 页。

一、北京城墙历代发展概况

表 1-1　北京历代城墙营建概况

（一）辽南京（燕京）城墙	
契丹会同元年（938 年）	契丹占燕云十六州，升幽州为南京，又称燕京，成为五都之一，府名幽都。
辽大同元年（947 年）	契丹改国号为辽，改元大同。
辽开泰元年（1012 年）	改称析津府。
南京（燕京）城的地理位置	今北京城西南。
南京（燕京）城的建设规模	据《辽史·地理志》记：南京城方圆三十六里（此处疑为二十六里之讹），城墙高三丈，宽一丈五尺，上设敌楼。城设八门：东为安东门、迎春门；南为开阳门、丹凤门；西为显西门、清晋门；北为通天门、拱辰门。
南京（燕京）城墙格局	基本沿用唐代幽州城城址，加修原城墙，城周长二十五里，城墙高三丈，宽一丈五尺，配置敌楼战橹九百一十座，地堑三重。并在城内西南角加筑宫城，形成西南城东北郭的格局。
南京（燕京）宫城城墙	皇城西墙与外城西墙南段重合、皇城南墙与外城南墙西段重合，故丹凤、显西二门同为外郭城门和皇城门。皇城共四门：东为宣和门、南为丹凤门、西为显西门、北为子北门。宫城位于皇城东南角。

续表

（二）金中都城墙	
1122 年	金兵攻克南京（燕京）城。
金天德三年（1151 年）	海陵王完颜亮颁发《议迁都燕京诏》，开始改建城墙。
中都城墙扩建	在辽南京（燕京）城基础上扩展东、南、西三面城墙。
中都城墙格局	新建成的中都共三重城墙，大城呈方形，城周计三十七里余，大城内西侧有皇城，皇城内东侧有宫城，构成东城西郭与西城东郭的城垣格局。
中都大城城门	东、南、西面各有三座城门，北面四座城门，每面正中城门特开辟三个门洞。东面：施仁门、宣曜门、阳春门。南面：景风门、丰宜门、端礼门。 西面：丽泽门、颢华门、彰义门。北面：会城门、通玄门、崇智门、光泰门。
金天德三年（1153 年）	海陵王完颜亮正式下诏迁都，改燕京为中都，定为国都，改析津府为大兴府。
（三）元大都城墙	
1215 年	蒙古军攻克中都，改中都为燕京。
元至元元年（1264 年）	改燕京为中都，府名仍为大兴。
元至元四年（1267 年）	元世祖忽必烈决定迁都中都，并计划以旧城东北郊的琼华岛大宁宫为中心兴建新城。
元至元八年（1271 年）	正式建国号“元”，始称元朝。
元至元九年（1272 年）	改中都为大都，定为国都。开始筑建新大都城城墙。
至元十一年（1274 年）	宫城建成。宫城共有六门，南墙正中为崇天门、左星拱门、右云从门，东墙为东华门，西墙为西华门，北墙有厚载门。

续表

（三）元大都城墙	
至元十三年（1276 年）	新大都城墙建设完成。宫城外建皇城（萧墙），皇城外建大城，共三重城垣，形成内城外郭的格局。
大都城的规划	恪守《周礼·考工记》“匠人营国，方九里，旁三门，国中九经九纬，经涂九轨。左祖右社，面朝后市”的规制。总体布局基本符合帝王都城营建要求及儒家礼制。
大都城设计师	元大都的主要规划设计者是儒者刘秉忠。
大都城的艺术成就	元大都城无论城市规划、建设规模，还是建筑艺术在世界上都是令人瞩目的。
大都城墙城门	元大都城呈长方形，南北略长，周长 28600 米。元大都城墙由夯土筑成，基部宽约 24 米。元大都城共有十一座城门：南城墙正中为丽正门，东为文明门，西为顺承门；东城墙中为崇仁门，南为齐化门，北为光熙门；西城墙中为和义门，南为平则门，北为肃清门；北城墙东为安贞门，西为健德门。
大都城墙格局	竣工后的元大都城，皇城在大城南部，宫城在皇城东部，构成东城西郭和南城北郭的三重格局。
（四）明北京城墙	
明洪武元年（1368 年）	明军攻克元大都城，改大都路为北平府。将北墙东侧安贞门改为“安定门”，北墙西侧健德门改为“德胜门”。
明洪武四年（1371 年）	改建元大都城墙，在原北城墙以南约五里处新筑北城墙，仍设两城门，东侧仍名“安定门”，西侧仍名“德胜门”。废原北城墙，废东、西城墙北段及光熙、肃清二门。
明永乐元年（1403 年）	明成祖朱棣升北平为北京，改北平府为顺天府，称“行在”，筹划迁都北京。
明永乐四年（1406 年）	开始营建北京宫殿。
明永乐十五年（1417 年）	改建北京城垣。

续表

（四）明北京城墙	
明永乐十七年（1419 年）	大城南墙南拓一里半，重建南城墙，加筑墩台（又称马面、墙台、敌台），包砌城砖，仍辟三城门，并沿用原名。同时将东墙崇仁门改为东直门，西墙和义门改为西直门。至此，北京大城城墙完成定位，外郭大城南墙长约 6820 米，北墙长约 6790 米，东墙长约 5270 米，西墙长约 4580 米。大城之内是皇城，皇城之内是宫城，仍为内城外郭三重格局。在新建北面城墙外侧加筑墩台，包砌城砖，城墙顶面外侧加筑垛墙，东北、西北城角修筑箭台。同时在东西两面土城墙外壁包砌城砖，城墙顶面外侧加筑垛墙，东南、西南城角修筑箭台。（城墙长度数据源于北京市政城墙技术档案，1951 年）
明永乐十八年（1420 年）	宣布定都北京，改北京为京师。
明永乐十九年（1421 年）	明成祖朱棣正式迁都北京。
明正统二年（1437 年）正月	修建京师九门城楼，增建箭楼、瓮城、闸楼，城四隅建角箭楼，整修护城河，改九门木鸾桥为石桥。
明正统四年（1439 年）四月	城门修建工程完工，将未改名的大都城门名称全部改换。南城墙：丽正门改为正阳门，文明门改为崇文门，顺承门改为宣武门。东城墙：齐化门改为朝阳门，东直门（原崇仁门，永乐时改）。西城墙：平则门改为阜成门，西直门（原和义门，永乐时改）。北城墙：安定门、德胜门（皆洪武时改）。各门均有城楼、箭楼、瓮城及闸楼，城四角设有角箭楼。
明正统十年（1445 年）	京师城墙内侧包砌城砖。
明嘉靖三十二年（1553 年）	修筑外城。原计划在大城城墙外围环筑一道外郭城，后因财力不足，只修筑了南面部分城墙。局部外城的修建，构成了北京城特有的“凸”字形格局。
京师外城城墙	城墙四角修筑箭台，城墙外侧修筑城垛。外城周长二十八里，南墙长约 7890 米，东墙长约 3315 米，西墙长约 3395 米，北墙东段长约 650 米（与内城东城墙相接），北墙西段长约 610 米（与内城西城墙相接）。（城墙长度数据源于北京市政城墙技术档案，1951 年）

续表

（四）明北京城墙	
京师外城城门	共设七座城门。南城墙：正中永定门，东为左安门，西为右安门。东城墙：广渠门。西城墙：广宁门（清改名“广安门”）。北城墙：东段为东便门，西段为西便门。
（五）清京师城墙	
清顺治元年（1644 年）	清军攻克京城，同年十月初一诏谕天下，定都北京。清定都北京后，完全沿用明代北京城的建制，未对明城墙进行改扩建，这次改朝换代北京城墙并没有遭受大的破坏。
园林景区开发	入主京师后，清政府仅对原有建筑进行局部修缮，财力、物力主要用于开发建设北京西郊的皇家园林。清朝在其统治的二百多年里，先后营造了圆明园、畅春园、清漪园（颐和园）、静明园（玉泉山）、静宜园（香山）等皇家园囿。
清光绪二十六年（1900 年）	七月二十日（8 月 14 日），八国联军攻陷北京城，北京多处城墙被炮火严重损毁。
清宣统三年（1911 年）	宣统皇帝溥仪退位，结束了北京清朝都城的历史。
（六）民国时期北平特别市城墙	
民国元年至三十八年（1912—1949 年）	北京经历了军阀混战、抗日战争、解放战争等历史时期。由于时局动荡、战事不断，北京老城基本没有进行大规模建设。在民国初期的十几年里，北京的皇城墙几乎拆除殆尽。北京内城墙和外城墙由于缺乏保护性修缮也日趋颓败，但这段时期城墙的整体风貌尚存。
（七）中华人民共和国以来北京城墙	
1949 年至今	中华人民共和国成立以后，由于种种原因，北京最有代表性的城市古建筑——内城和外城的城墙被拆除。

二、辽陪都南京（燕京）的西南城和东北郭

936年，契丹人占据燕云十六州。938年，耶律德光会同元年，升唐代幽州城为南京（燕京），成为辽代五京之一。

辽南京大城基本沿袭唐代幽州城的原有规模。辽南京南城垣在今北京白纸坊东西街稍北一带；北城垣位于今北京白云观西侧的会城门村一带；东城垣在今北京陶然亭以西，法源寺以东；西城垣应位于今北京甘石桥莲花河（辽南京城西护城河）以东（见图1-1）。

宋许亢宗《奉使行程录》称："契丹自晋割赂建为南京，又为燕京析津府……国初更名曰燕京，军额曰清成。周围二十七里，楼壁高四十尺，楼计九百一十座，地堑三重，城门八开。"

《辽史·地理志》载："城方三十六里，崇三丈，衡广一丈五尺，敌楼战橹具。八门：东曰安东、迎春；南曰开阳、丹凤；西曰显西、清晋；北曰拱辰、通天。"

辽南京子城（内城、皇城），位于大城西南隅，《乘轺录》称："内城幅员五里，东曰宣和门、南曰丹凤门、西曰显西门、北曰子北门。内城三门不开，止从宣和门出入。"由此可见，大城南垣西半段和西垣南半段与皇城的南墙和西墙重合，大城南垣西侧的丹凤门和西垣南侧的显西门同时亦为皇城的南门和西门，大城与子城（皇城）构成西南城和东北郭的城垣格局。

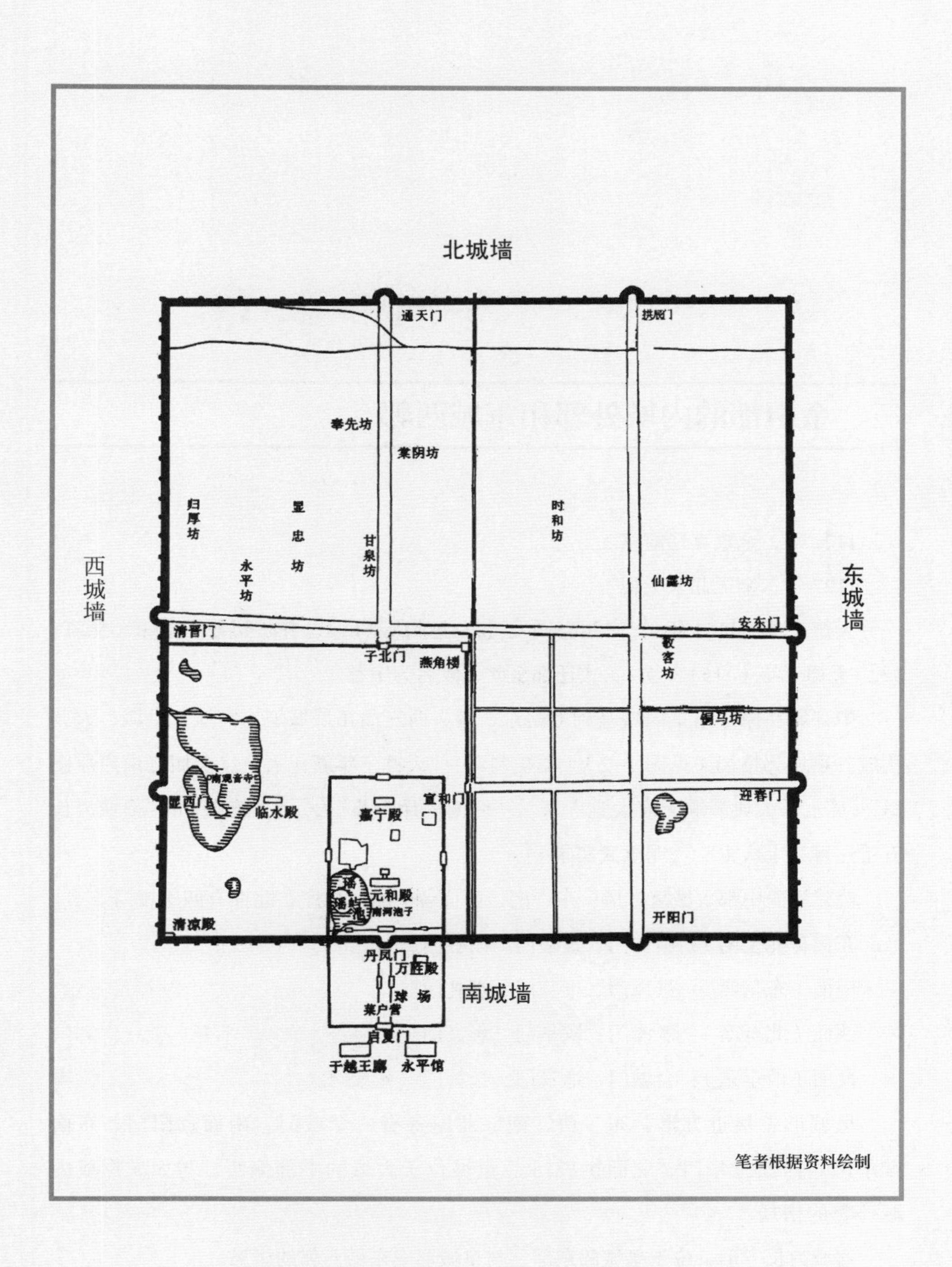

图 1-1 辽南京（燕京）城墙示意图

三、金中都的内城外郭和东城西郭

1122 年，金攻克辽南京。

1127 年，金灭北宋王朝。

天德三年（1151 年），完颜亮颁发《议迁都燕京诏》，并扩建原辽南京（燕京）城。天德五年（1153 年），正式迁都至此，改名为中都。

中都城在原辽南京旧城基础上向东、南、西三面拓展城垣，宫城、皇城、大城构成三重城郭格局（见图 1–2）。据史料载：“天德三年新作大邑，燕城之南广斥三里”（《永乐大典》顺天府大觉寺条），“西南广斥千步”（《元一统志》），“都城周长五千三百二十八丈”（《明洪武实录》）。

改建后的中都大城呈方形，东、南、西面各有城门三座，北面有四座城门。

东面（北至南）：施仁门、宣曜门、阳春门。

南面（东至西）：景风门、丰宜门、端礼门。

西面（北至南）：丽泽门、颢华门、彰义门。

北面（西至东）：会城门、通玄门、崇智门、光泰门。

皇城形态接近方形，东、西、南、北垣各有一个城门，南面宣阳门、东面宣华门、西面玉华门、北面拱辰门。皇城位于大城的中部偏西，与大城形成内城外郭的格局。

宫城为长方形，位于皇城的东部，与皇城形成东城西郭的格局。

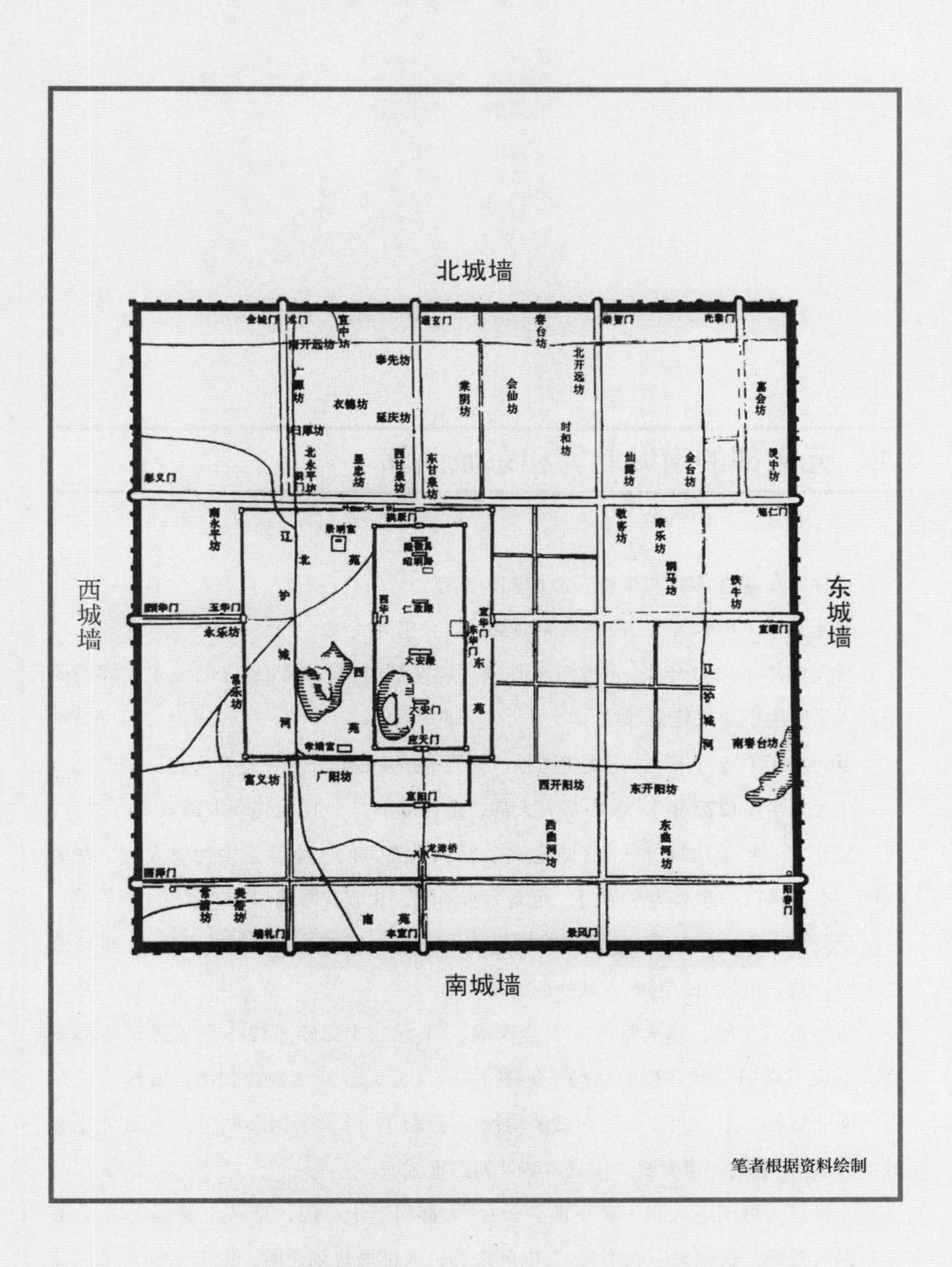

图 1-2　金中都城墙示意图

四、元大都的南城北郭和东城西郭

1215年，蒙古军攻克中都，改中都为燕京。

至元元年（1264年），改燕京为中都，府名仍为大兴。

至元四年（1267年），元世祖忽必烈决定迁都中都，并计划以旧城东北郊的琼华岛大宁宫为中心兴建新都城。

至元八年（1271年），正式建国号“元”，始称元朝。

至元九年（1272年），改中都为大都，定为国都。开始筑建新大都城。

至元十一年（1274年），宫城建成。宫城共有六门，南墙正中为崇天门、左星拱门、右云从门，东墙为东华门，西墙为西华门，北墙有厚载门。

至元十三年（1276年），新大都城垣建设完成。宫城外建皇城（萧墙），皇城外建大城，共三重城垣，形成内城外郭的格局。

历经近二十年，新大都城才完全建成。至元二十二年（1285年）迁至新都城后，形成了新旧二城并存的格局（见图1-3）。元大都新城坐北朝南，城池为长方形，南北略长，东、西、南三面城墙均设三座城门，北面为两座城门。宫城外建皇城（萧墙），皇城外建大城，构成内城外郭三重城垣。

元张昱《可闲老人集·辇下曲》云：“大都周遭十一门，草苫土筑哪吒城。谶言若以砖石裹，长似天王衣甲兵。”以此来看，大都城规划之时，曾有巫师预言，日后城墙若甃以砖石，其威势堪比天王麾下身披铠甲的天兵。

总体来看，元大都城整体布局基本上符合传统营建规制，城市的布局遵循轴线对称的原则，规模宏大，布局严谨（见图 1–4）。儒家美学理念在元大都的建设中得到体现。可以说，元大都城是中国历史上最接近《周礼·考工记》营国制度的一座都城。但大都城的规划又不拘泥于古代典籍，能够因地制宜，结合地域特点进行城垣布局。

元大都大城城垣接近方形，南北略长，皇城城垣为东西略长的方形，位于大城的南部，与大城构成南城北郭的格局。宫城为南北向的长方形，位于皇城的东部，与皇城构成东城西郭的格局。

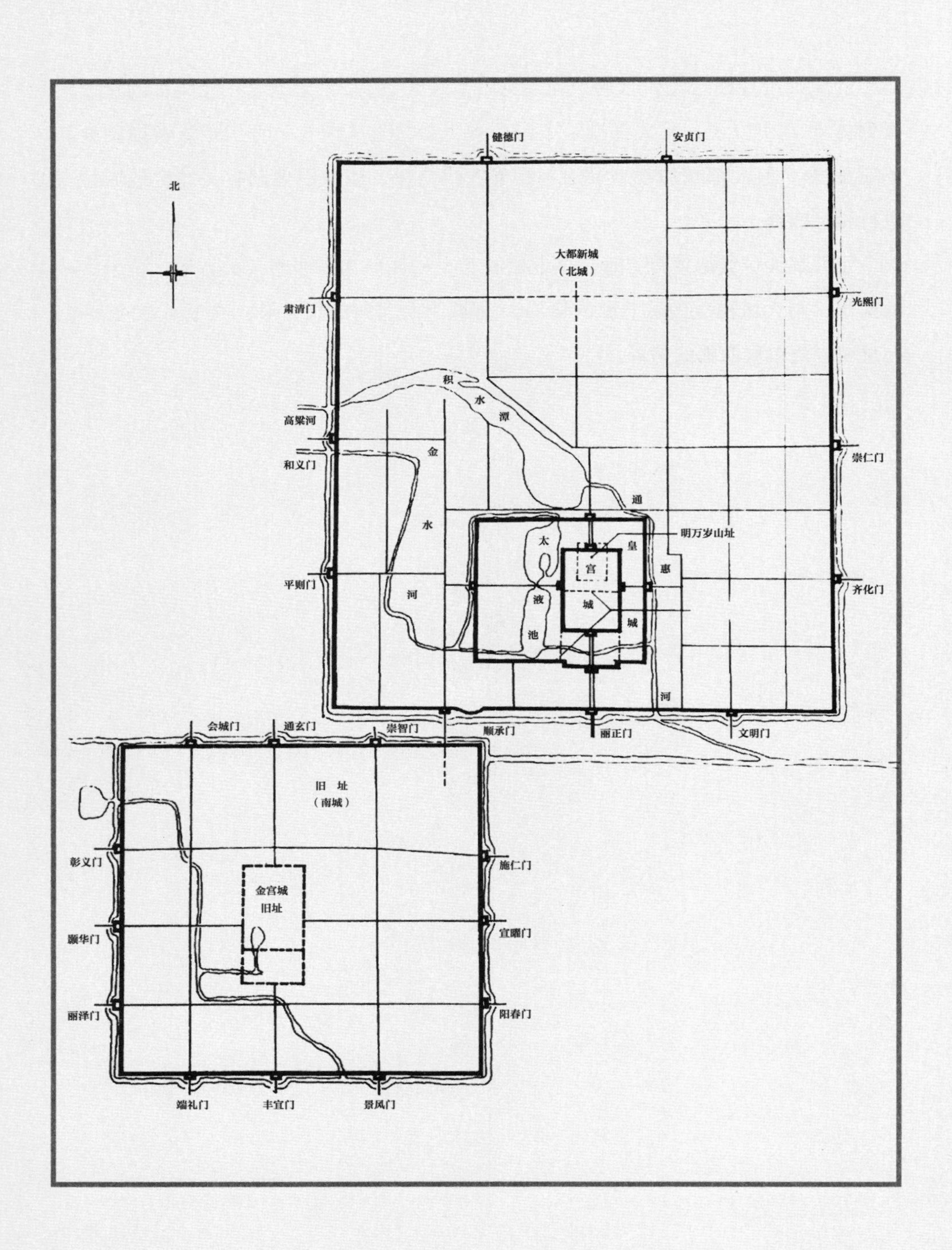

图 1-3　元大都新城与旧城（原金中都城）关系图
参见潘谷西主编：《中国古代建筑史》第四卷，中国建筑工业出版社 2009 年版，第 21 页。

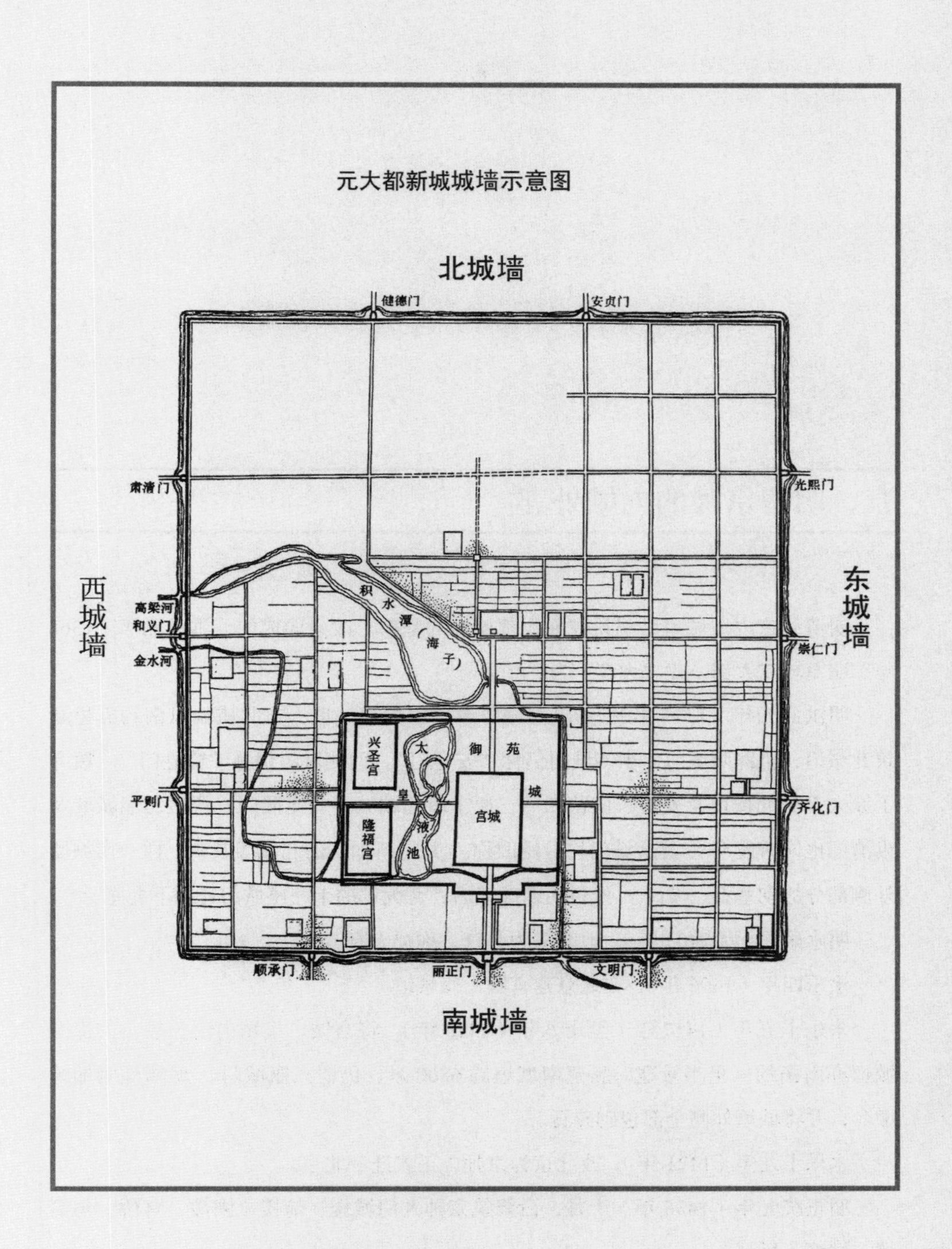

图 1-4　元大都城墙示意图
参见潘谷西主编：《中国古代建筑史》第四卷，中国建筑工业出版社 2009 年版，第 18 页。

五、明清京师的内城外郭

明清北京内城城垣是明初在元大都城垣的基础上改建而成的，洪武元年（1368年）明军攻克大都，改“大都”为“北平府”。

明洪武四年（1371年），为巩固城防改建原大都城垣，在北城墙以南约五里新筑北城垣，仍辟两城门，东侧城门仍称“安定门”，西侧城门仍称“德胜门”。废弃了原大都城北城垣及安贞、健德二门，原东垣北端城墙及光熙门、西垣北端城墙及肃清门也同时废弃。其余城门均沿用旧称。并将新加筑的北城墙及东、西、南城墙外侧部分加砌基石、城砖。经过明初改建后，元大都的十一座城门还剩下九座。

明永乐元年（1403年），改北平为北京，称顺天府。

永乐四年（1406年），在北京建宫殿，修城垣。

永乐十五年（1417年）至十八年（1420年），将宫城、皇城向南扩展，大都南城垣亦南拓约一里半重建，新建南城垣约6800米，仍辟三座城门。城墙外侧加筑墩台，并将城垣外侧全部包砌砖石。

永乐十九年（1421年），改北京为京师，正式迁都北京。

明正统元年（1436年）十月，命修筑京师九门城楼、箭楼、闸楼、瓮桥、角箭楼、城濠、桥闸。

正统二年（1437年）正月兴工，修筑京师九城门。

正统四年（1439年）四月竣工。城门工程完工，并将元大都城门名称全部改换。

南城墙：丽正门改为正阳门，文明门改为崇文门，顺承门改为宣武门。

东城墙：齐化门改为朝阳门，东直门（原崇仁门，永乐朝改）。

西城墙：平则门改为阜成门，西直门（原和义门，永乐朝改）。

北城墙：东为安定门（原安贞门，洪武元年改），西为德胜门（原健德门，洪武元年改）。

每门均有箭楼、城楼、瓮城及闸楼，城四角设有角箭楼。

正统十年（1445 年），将城垣内壁加砌砖石（此后明代各朝均有修葺内城城垣记载，清代历朝亦有修葺记载）。

北京外城城垣始建于明嘉靖三十二年（1553 年），是与内城南面相接的“重城”。明嘉靖年间，蒙古兵屡犯京城，为保京师安全，嘉靖二十一年（1542 年）就已有筑外城的建议，至三十二年（1553 年），给事中朱伯辰又以“城外居民繁多，不宜无以围之，臣尝履行四郊，感有土城故址，环绕如规，周可百二十里。若仍其旧惯，增卑补薄，培缺续断，可事半而功倍”奏请筑外城之事。兵部尚书聂豹等亦上言：“相度京城外四面，宜筑外城，约七十余里。自正阳门外东马道口起，经天坛南墙外，及李兴、王金箔等园地，至阴水菴墙东止，约计九里；转北，经神木厂、獐鹿房、小窑口等处，斜接土城旧广禧门（光熙门）基止，约计一十八里；自广禧门起，转北而西至土城小西门旧基，约计一十九里；自小西门起，经三虎桥村东、马家庙等处，接土城旧基，包过彰仪［义］门，至西南，直对新堡北墙止，约计一十五里；自西南旧土城转东，由新堡及黑窑厂，经神祇坛南墙外，至正阳门外西马道口止，约计九里。大约南一面计一十八里，东一面计一十八里，北一面势如椅屏，计一十八里，西一面计一十七里，周围共计七十余里，内有旧址堪因者约二十二里，无旧址应新筑者约四十八里。其规制，臣等议得外墙墙基，应厚二丈，收顶一丈二尺，高一丈八尺，上用砖为腰，墙基应垛口五尺，共高二丈三尺，城外取土筑城，因以为濠。”[①] 由此可见，北京外城当初的规划具有相当规模，如实现上述设想，新建的外城将使北京又多一重外郭城，按规划，其南墙 18 里，东墙 17 里，

① 陈宗蕃编著：《燕都丛考》，北京古籍出版社 2001 年版，第 21 页。

北墙 18 里，西墙 17 里，整个城墙周长将达 70 余里。内、外城之间距离，南面和北面约为 5 里，东面和西面约为 4 里。

增建新城郭工程于嘉靖三十二年（1553 年）闰三月开工，由城南开始兴建，但兴工不久即感“工非重大，成功不易”，后因财力不足，仅修建了外城南墙的一部分，约 13 里，最终形成转抱内城南端的重城，当年十月竣工。《燕都丛考》记有当年改变筑城方案的缘由：“乙丑，建京师外城兴工……四月，上又虑工费重大，成功不易，以问严嵩等。嵩等乃自旨工视之，还言：宜先筑南面，俟财力裕时，再因地计度以成四面之制，所以南面横阔。于是嵩会圭等议复：前此度地画图原为四周之制，所以南面横阔凡二十里，今既止筑一面，第用十二三里便当收结，庶不虚费财力。令拟将见筑正面一面城基，东折转北，接城东南角；西折转北，接城西南角，并力坚筑，可以刻期完报；其东、西、北三面，候再计度，以闻。报允。”①

外城城垣规制小于内城，城墙为夯土心，外壁为条石基础，上砌城砖，外壁砖层厚近 1 米，内壁砖层厚约 0.7 米，城墙顶部海漫大城砖。外沿砌垛口墙（雉堞），内侧砌宇墙（女墙）。

建成后的外城周长约 28 里，城墙外侧共有墩台 63 座。南城墙辟三门，正中为永定门，东为左安门，西为右安门，东城墙辟广渠门，西城墙辟广宁门（清改名“广安门”），北城墙东段接内城东墙南端，辟东便门，北城墙西段接内城西墙南端，辟西便门，外城四隅各建一角箭台。

北京城最终形成内城外郭和北城南郭的“凸”字形格局。

---

① 陈宗蕃编著：《燕都丛考》，北京古籍出版社 2001 年版，第 22 页。

六、明清北京内城与外城的城墙形制与历史信息

北京内城城垣周长40余里，城墙外侧共有墩台173座，南面设三座城门，东、西、北三面各设两座城门。

内城城垣为夯土芯，墙体内、外两侧均以青石为基，上砌城砖，因历代修缮，墙面城砖呈多层现象。城垣顶面海墁城砖，外高内低，外沿砌垛口墙（雉堞），北垣墙垛较宽大，南垣略小，垛墙高1.80米、宽1.80—2.00米、厚0.80米，垛口宽0.45—0.50米。内沿砌宇墙（女墙），墙高约1.35米、厚约0.50米，墙下有排雨水沟孔，高0.30米、宽0.30米。

历史上关于北京内城周长有很多记录，因各种原因数据略有出入，如下：

①《光绪顺天府志·京师志一·城池·明故城考》：旧土城周围六十里，克复后，以城围太广，乃减其东西迤北之半，创包砖甓，周围四十里。

②明代《工部志》（《日下旧闻考》卷三八引）：永乐中，定都北京，建筑京城，周围四十里。……城南一面长一千二百九十五丈九尺三寸，北二千二百三十二丈四尺五寸，东一千七百八十六丈九尺三寸，西一千五百六十四丈五尺二寸，高三丈五尺五寸，垛口五尺八寸，基厚六丈二尺，顶收五丈。

③《明史·地理志》：皇城之外曰京城，周四十五里。此“周四十五里”与前文中《光绪顺天府志》的“周围四十里”及《工部志》的“周围四十里”应视为约数。

④《北京的城墙和城门》（奥斯伍尔德·喜仁龙著）：根据喜仁龙书中提到的数

据，北京内城南墙6690米，合11.64里[1]；北墙6790米，合11.81里。两者相差仅100米，南墙略短。可见《工部志》所记南墙尺寸有误，两墙不可能相差近一倍。其“一千二百九十五丈九尺三寸”应为“二千一百九十五丈九尺三寸”之误。若按此算，北墙比南墙长三十六丈五尺二寸。如以1尺=0.32米记（据吴承洛《中国度量衡史》，当时1尺=0.32米），两墙之差当为116.86米；东墙5330米，合9.27里；西墙4910米，合8.54里；城垣合计总长度为41.26里。若以明代永乐年间的工部营造尺计，1尺约为0.33米，南北两墙之差约为120.52米，城垣合计总长度为43.11里，均与喜仁龙的测量结果相近。

对北京城垣进行过精心考察的喜仁龙对北京内城城墙作过如下描述：

> 纵观北京城内规模巨大的建筑，无一比得上内城城墙那样雄伟壮观。……这些城墙是最动人心魄的古迹——幅员辽阔，沉稳雄劲，有一种高屋建瓴、睥睨四邻的气派。它那分外古朴和绵延不绝的外观，粗看可能使游人感到单调、乏味，但仔细观察后就会发现，这些城墙无论是在建筑用材还是营造工艺方面，都富于变化，具有历史文献般的价值。[2]

正是由于对北京古城垣的欣赏和喜爱，促使他多次来到北京，不辞艰辛地对北京的城墙和城门进行细致的考证，而在此之前，还没有任何人如此认真地做过这项工作。

北京古城垣在喜仁龙眼中是一部内容不断更新的砖石构成的史书，他从这部史书上看到了从它诞生到清末的北京兴衰变迁史，其长达40里的砖砌长卷，记录着几百年的城市演变。喜仁龙当年的考察内容主要包括：①分成426段的内城城墙内侧壁；②包括173座墩台的内城城墙外侧壁；③外城城墙内侧壁；④包括63座墩台的内城城墙外侧壁。当时正值战乱时期，不可能对城墙进行大规模的挖掘考察，喜仁龙只能通过对城墙外部特征的观察，进而分析其附带的历史信息，他就是在这种情况下为我们留下了一份珍贵的城墙史料。如[3]：

---

① 据吴承洛《中国度量衡史》（商务印书馆1993年版），当时1里=1800尺=576.0米。
② ［瑞典］奥斯伍尔德·喜仁龙：《北京的城墙和城门》，许永全译，北京燕山出版社1985年版，第28页。
③ 参见［瑞典］奥斯伍尔德·喜仁龙：《北京的城墙和城门》，许永全译，北京燕山出版社1985年版。

①城墙外壁以7—8层砖砌成，最外一层砌筑比较规整，采用一顺一丁的砌法。

②墙基为石块砌筑，下面则是深2—3米的三合土地基。

③城墙内外壁有不同程度的收分，内壁比外壁收分大一些。北城墙的倾斜度为3.5米与近10米的高度之比，其他三面城墙则为1.5—2.0米与近10米的高度之比，砖层呈阶梯状砌筑。

④城墙外壁等距离砌筑墩台。北城墙墩台大小一致，间距为200余米。其他几面城墙墩台的间距只有80—90米，且有宽窄之分。

⑤城墙顶面海墁大城砖，内侧筑有宇墙（女墙），高0.80—0.90米，厚0.60米。墙顶部呈弧形。外侧筑有垛墙（雉堞），比宇墙略厚且高2倍，垛高1.80米，垛口间距0.50米。在垛墙与宇墙下部皆开有方孔，前者可能用于防御，后者则用于排水。

喜仁龙考证的北京内城城墙部分数据：

①北京内城城墙全长23720米。

②内城东垣长5330米，外侧高11.10—11.40米，内侧高10.45—10.70米，断面呈梯形，底宽16.90—18.10米，顶宽11.30—12.30米，外侧筑有墩台46座（见图1-5）。

③内城西垣长4910米，外侧高10.30—11.95米，内侧高10.10—11.40米，断面呈梯形，底宽14.80—17.40米，顶宽11.30—14.00米，外侧筑有墩台46座（见图1-6）。

④内城南垣长6690米，外侧高11.00—12.00米，内侧高10.72—11.08米，断面呈梯形，底宽18.08—18.48米，顶宽14.80—15.20米，外侧筑有墩台62座（见图1-7）。

⑤内城北垣长6790米，外侧高12.00米，内侧高9.20—11.00米，断面呈梯形，底宽21.72—24.00米，顶宽17.60—19.50米，外侧筑有墩台19座（见图1-8）。

北京内城墙的内侧壁于明正统十年（1445年）六月加砌城砖。《天府广记·卷二十一·工部》记：

> 十年六月，甓京师城内面。京师城垣其外固以砖石，内惟土筑，至是命太监阮安、成国公朱勇、修武伯沈荣、尚书王卺、侍郎王佐督工修甓之。[①]

① （清）孙承泽纂：《天府广记》（上），北京古籍出版社2001年版，第277页。

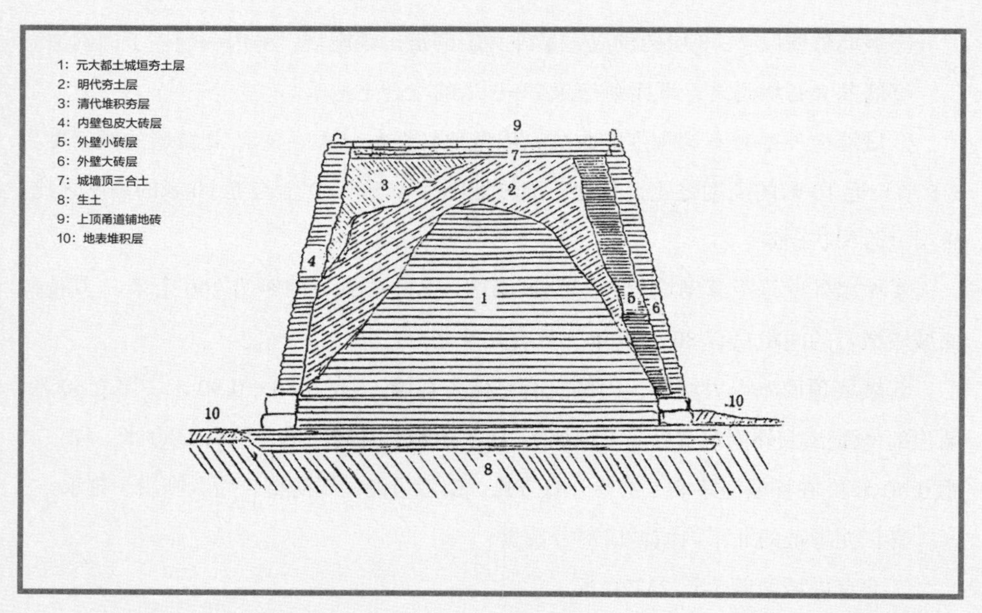

图 1-5　内城东城垣墙体剖面示意图（自南向北）
参见张先得编著：《明清北京城垣和城门》，河北教育出版社 2003 年版，第 28 页。

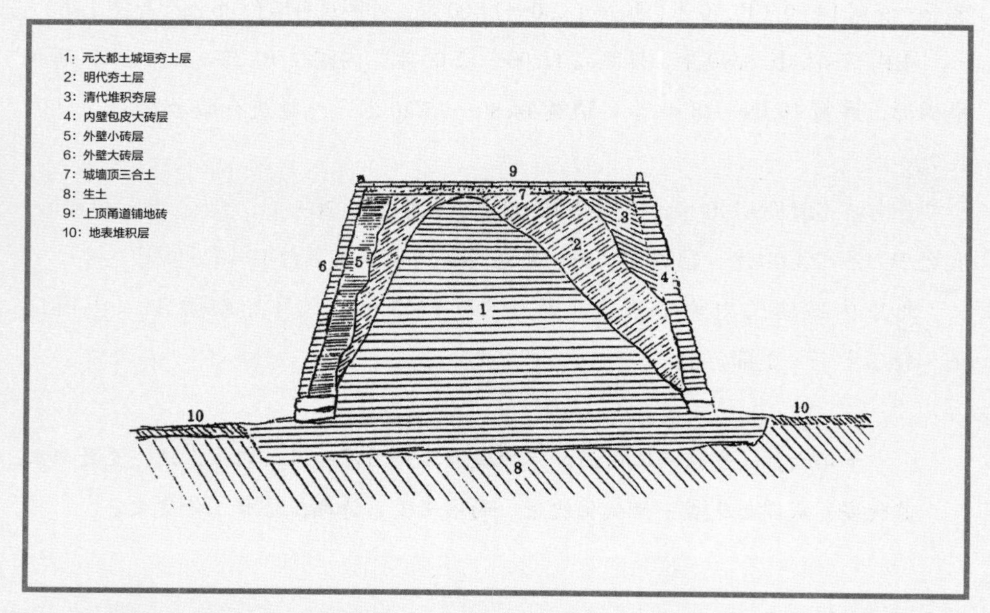

图 1-6　内城西城垣墙体剖面示意图（自南向北）
参见张先得编著：《明清北京城垣和城门》，河北教育出版社 2003 年版，第 29 页。

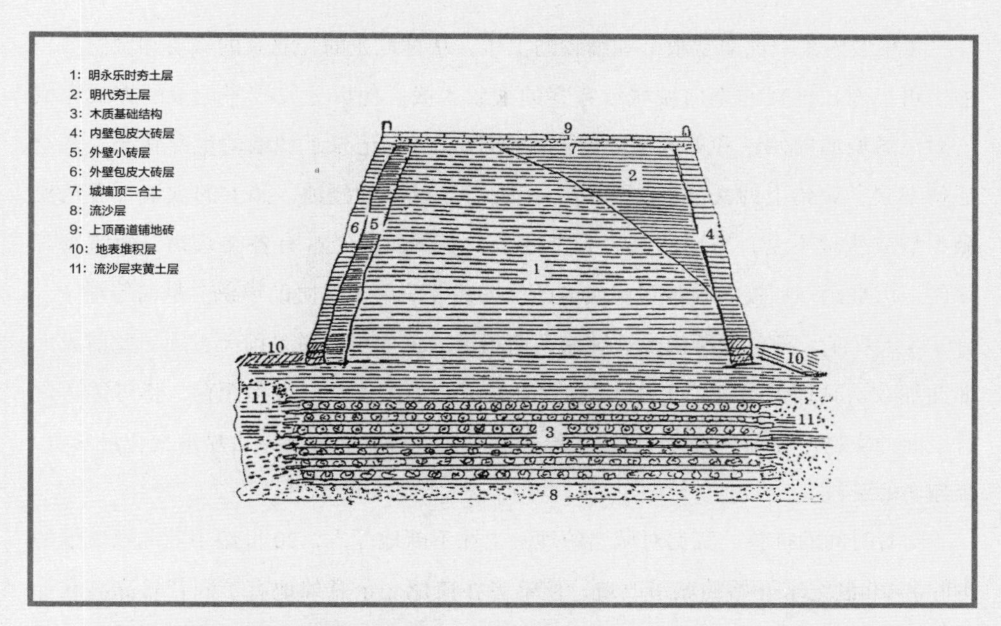

图 1-7　内城南城垣墙体剖面示意图（自东向西）
参见张先得编著：《明清北京城垣和城门》，河北教育出版社 2003 年版，第 31 页。

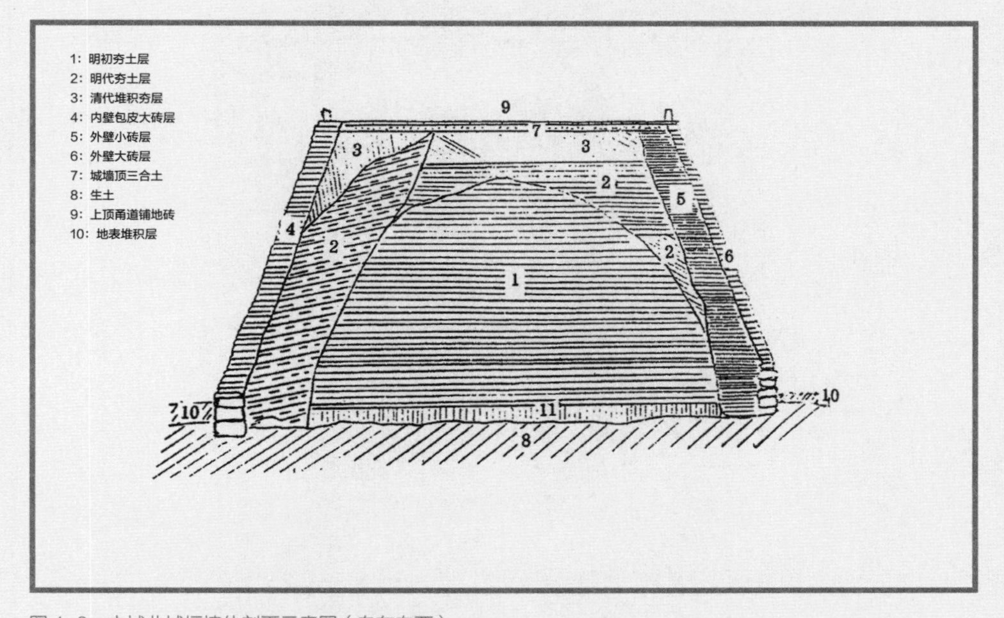

图 1-8　内城北城垣墙体剖面示意图（自东向西）
参见张先得编著：《明清北京城垣和城门》，河北教育出版社 2003 年版，第 30 页。

考察城墙是一项非常艰辛和细致的工作，从喜仁龙的《北京的城墙和城门》一书中可以看出他对北京内城城墙考察的细致入微，他以分段排序记录的方式完成了对内城城墙内侧壁和外侧壁的考察。不仅观察和记录了城墙的生存状况，甚至还精细到了城砖上的文字。要知道，经过长年风雨的侵蚀，砖上的款识大多已模糊不清或残缺不全，城墙的高度有十余米，墙下面还经常有各类杂物、建筑物等障碍，可想而知，仅靠眼睛观察或借助望远镜等简单工具协助辨识会是何等艰辛。

今天看来，喜仁龙所做的这项伟大而艰巨的工作可以说是前无古人（此前无人如此细致认真地做过这项工作）、后无来者（北京城墙今已大多无存，不可能再进行全面的实物考证）。这项研究成果已经成为我们今天研究北京古城垣文化最珍贵、最翔实的资料。

随着时间的推移，我们对城墙的理解也在不断地深入，20 世纪中叶北京城墙的拆除和 20 世纪末开始的城市改造，使笔者在遗憾之余意外地有了同昔日高高在上的古城砖近距离接触的机会。为了更加明确、形象地解读北京古城墙的历史文化内涵，同时延展和补充喜仁龙先生的研究成果，笔者尝试循着喜仁龙先生当年的考察线路对北京城墙进行一次时光穿越般的寻考。

内城城墙考察

一、内城城墙内侧壁寻考

（一）内城南墙内侧壁

内城南城墙始建于明永乐十五年（1417 年）。据喜仁龙考察，内侧长约 6650 米，内侧高约 10 米，外侧长约 6690 米，外侧高约 11 米。断面为梯形，底宽约 18 米，顶宽约 15 米，顶面铺墁双层大城砖地面，外侧建垛口墙，内侧有宇墙。南城垣两端皆有城角箭台，上设角箭楼，城墙外侧有墩台 62 座，水窦 4 个。

明时，内城南城墙共设三个城门，中间是正阳门，东为崇文门，西为宣武门。清光绪三十一年（1905 年），将正阳门与崇文门之间的水窦辟为“水门”（单券洞，无城楼），民国十五年（1926 年），在正阳门与宣武门之间城墙上开辟“和平门”（双券洞，无城楼）。

1. 东南角楼至崇文门

喜仁龙对内城南城墙内侧壁的考察是从东南城角开始向西分段进行的[①]：

第 1 段：因修筑环城铁路（1915 年）而遭破坏，火车道由此转弯，将城角两侧墙垣截断。故砖壁有数处近经修补。

内城东南角楼是北京目前仅存的一座城角箭楼，民国四年（1915 年），因环城铁路距城墙太近，在城角无法转弯而不得不在角楼两侧拆城墙修筑铁路洞子门。此

① 各段数据参见［瑞典］奥斯伍尔德·喜仁龙：《北京的城墙和城门》，许永全译，北京燕山出版社 1985 年版，第 47—55 页。

举虽破坏了城墙的完整，但却保住了东南角箭楼。

上述引文没有提到此处的铭文城砖，喜仁龙当年没有记录的原因，可能是由于在铁路工程的拆建之中原貌已失，很难再进行准确的考证。时隔近百年，今天我们在昔日铁路券洞的墙壁上依然能看到一些不同时期的城砖砖文。不同朝代的铭文砖混杂在一起，应该是当年拆改城墙后，用旧城砖砌筑铁路券洞而形成的。券洞内能够辨识的砖文最早为明中期，而更多的是清代，如“嘉靖十年春窑户孙敬为河间府造”“兴记”“足制”“通顺窑新样城砖”等。

第 2 段：长约 90 米。18 世纪后半叶重修。所用砖系流行于乾隆和嘉庆时期的式样。某些砖上有印文：“停泥细砖”或“通丰窑大城砖”，以及“工部监督桂”。所有的城砖均为工部监造，“工部监督”的砖文在乾隆时期的砖上屡见不鲜。城砖的平均尺寸为：长 48 厘米，宽 25 厘米，厚 12.5 厘米。标准重量应为 48 斤。

第 3 段：50 米。筑于明代中期，曾经后代修葺。

位于东南角楼西侧的这段城墙是北京目前仅存的三段明代内城残城墙中最长的一段，长约 1500 米，东端是东南角楼。这段城墙由于长期隐匿于一片临建房之中，才有幸保存至今。墙内侧大部分为 21 世纪初修葺，只发现存有很少一部分旧砖墙。墙上文字砖中年代最早数量最多的是明嘉靖时期的城砖，其中有明确年代记录的嘉靖款为嘉靖十年（1531 年）至嘉靖三十年（1551 年）之间。砖文有“嘉靖十年春窑户孙文锐为大名府造”“嘉靖十年秋窑户□□□为河间府造”“嘉靖十五年秋季窑户孙文锐造”“嘉靖二十七年□□□□□”“嘉靖二十八年分窑户□□□□”“嘉靖二十九年分窑户张钦造”“嘉靖三十年分窑户□□□□”等。此处明代的款砖还有“万历三十一年窑户张亨匠人杨鹿造”“卅年窑户纪卿作头高臣造”。这些应是喜仁龙确认此处为明中期修筑的依据。

这段城墙上还存有很多清代铭文砖，也许正如第 2 段推测是 18 世纪后半叶重修的。砖文有“德顺窑造”“兴广窑新样城砖”“永庆窑大停城砖记”“工部监督尧”“工部监督福”等。众多“工部监督”字样的砖文无疑可以作为乾隆时期修葺城墙的记录。而德顺窑、兴广窑、永庆窑等也都是清中晚期的砖窑。

第 4 段：长 190 米。筑于明中期，砖文年代为嘉靖三十二年（1553 年）。

明永乐十七年（1419 年）将元大都南城垣南拓一里半，重筑南城墙。正统十年（1445 年）将城垣内壁加砌砖石。嘉靖三十二年（1553 年）增筑外城。城墙上嘉靖三十二年款的砖应为当年建外城时，同时对内城城墙进行补修所为。

第 5 段：80 米。砌造精细，据镶于墙上的兴工记名碑，系后来乾隆五十三年（1788 年）所修。

清代修葺城墙的情况，可以根据镶嵌在城墙上的兴工题记碑来考证，这些碑记详细记录了维修城墙的年代、范围以及负责监工的官员名字。而这种以碑记为城墙修葺记录的做法，是乾隆年间才采用的。

第 6 段：200 米。用大城砖砌成，质量甚佳，据墙上碑记，为嘉庆二十年（1815 年）所筑。

第 7 段：南墙最东面马道。由不同的四部分构成：第一部分建于明初（无砖文）；第二部分系于 1907 年地震后修复，但大部分使用旧材料，即乾隆时的砖；第三部分筑于明初，城砖年代为成化十八年（1482 年）；第四部分为马道西端，新修不久。

在喜仁龙的考察记录中，年代最早的城砖铭文为成化朝，书中提到的几款成化铭文砖的年代分别为成化十三年（1477 年）、成化十八年（1482 年）和成化十九年（1483 年），分布于南城墙、西城墙和北城墙。其中，成化十三年（1477 年）的砖文是当年喜仁龙在城砖上发现的最早年代款。

2006 年夏，笔者在前门东侧路修筑工地曾发现一块成化十八年（1482 年）的城砖，砖款为“成化拾捌年寿张县造”。这里距喜仁龙见到成化十八年款城砖的崇文门内东侧城墙相距不远。

而 2005 年笔者在内城东南角楼北侧的东城墙遗址工地发现的成化款城砖则更为珍贵，虽仅有半块，却记录下了生产年代的基本信息，残存的砖文为“成化十年……太湖县……”。明代太湖县属安庆府辖区，地处运河沿线，这块成化款文字砖将喜仁龙考证的最早砖文年代又提前了 3 年。

明代中早期的大部分城砖都是通过京杭运河从江南运抵北京的，除目前发现的年代最早的成化款城砖外，还有弘治年款砖、正德年款砖和嘉靖早期年款砖，这些明代中早期的城砖砖文都非常详细地记载着年号、产地、窑户以及各级官员的名字。

第 8 段：14 米，当筑于 18 世纪。

第 9 段：3 米，中型砖。

第 10 段：14 米。

图 1-9　1921 年内城南城墙内侧崇文门东马道

图 1-10　20 世纪 20 年代初内城南城墙内侧崇文门西马道

图 1-11　20 世纪 20 年代崇文门迤西城墙顶部

第11段：10米。

据喜仁龙记，这四段墙体的城砖规格较小且无砖文，推测为清末所造。

第12段：30米。修于18世纪末。砖系乾隆时力丰窑烧造，印有："工部监督桂"。

第13段：60米。同第9段。

第14段：30米。筑于18世纪末。乾隆年间的砖，印文为："停泥新城砖"。

"停泥新城砖"这类只表述城砖材质的砖文大多出于乾隆之后几朝。

第15段：10米。

第16、17段：长45米。

这三段城墙的城砖无砖文，规格为中型砖。在考察中也经常见到大量无砖文中型砖。

第18段：20米。修于明代中期。砖上印有："嘉靖二十八年"和"窑户孙传为造"，以及"嘉靖三十三年窑户符居为青州府造"。

第19段：长150米。明代中期筑。砖文记有嘉靖时期的不同年代，如"嘉靖三十一年窑户李寄威为南阳府造"。

嘉靖时期的铭文砖年代长，涵盖四十多年，产地多，涉及江南、江北。

第20段：长120米。表面平整，质量精良，据墙上碑记，筑于乾隆四十一年（1776年）。

第21段：长20米。筑于18世纪末。

这两段墙质量较好，碑记为乾隆年间。有"停泥细砖"及永成窑等城砖款识。

第22、23、24段：长80米。

据记，这三段墙没有详细记录是因当时城墙根有其他建筑物，无法靠近观察，但远观似为明代遗垣。

第25段：哈达门（崇文门）马道上城墙，有砖文："嘉靖三十三年窑户符居造"。

1958年的城墙构造考察资料记载了崇文门东西两侧城墙的构造："城台以东的城墙，上顶宽17.60公尺，底部宽20.30公尺，内外砖墙的砌筑状况和厚度相同，上顶厚2.30公尺，底部厚2.90公尺，外表是整城砖，厚度50—100公尺，内部全是半截砖。砖墙下面有四层青石板，石基高1.65公尺，石基宽2公尺。下面是60公分的石灰土基础，灰土宽2.50公尺。城台以西的城墙，上顶宽17.60公尺，底部宽 20.30 公尺，外侧（南面）砖墙上顶厚 2 公尺，底部厚 2.80 公尺，外表是 50—100 公分的整城砖，内部全是半截砖。下面有四层青石板，石基高 1.65 公尺，石基宽 2 公尺。下面是 60—80 公分的石灰土基础，灰土宽 2.50—3 公尺。内侧（北面）砖墙上顶厚 1.5 公尺，底部厚 2 公尺，外表是 50—100 公分的整城砖，内部全是半截砖。下面有四层青石板，石基高 1.65 公尺，石基宽 2 公尺。下面是 60—80 公分的石灰土基础，灰土宽 2.50—3 公尺。”①

第 26 段：马道本身。

2. 崇文门至正阳门

第 27 段：长 60 米。修于清初，中型砖。

第 28、29 段：75 米。似筑于明代。

第 30 段：60 米。筑于 18 世纪末，砖印文：“东河窑细泥新城砖”。

在对城砖的长期考察中，始终未见到“东河窑”的砖款，但却发现有与其读音相近的“通和窑”。当然，受客观条件的限制，我们对城砖的考证是很不全面的，手中所掌握的资料也有限。而在喜仁龙的书中也没有出现“通和窑”的记录，虽有遗漏的可能，但也不能排除其他原因。在《北京的城墙和城门》一书的序中作者曾提到，一部分砖文由英国公使馆的司各脱（Scott）先生译成了英文，80 年后又转译成中文版，因此不能排除存在音译的差异问题，“通和窑”译成“东河窑”不是没有可能。

第 31 段：60 米。明中期筑。砖上印有：“嘉靖二十八年窑户孙紫东造”。

第 32 段：40 米。明代中期筑。砖文为：“嘉靖二十八年窑户刘钊造”，以及嘉靖三十一年（1552 年）的印文。上部系于 18 世纪用“停泥细砖”重修。

这两段共 100 米长的城墙是嘉靖三十二年（1553 年）筑建外城前夕修补的墙面，建外城后，这段南墙即成为内城墙的一部分。

第 33、34 段：长 60 米。明中期筑，系用大砖，印有嘉靖年款。

第 35 段：长 20 米。筑于 18 世纪末，大型砖，有乾隆时印文，如：“恒顺窑新停细城砖”。

① 孔庆普：《北京的城楼与牌楼结构考察》，东方出版社 2014 年版，第 251 页。

第 36 段：90 米。明中期筑，砖上印有："嘉靖二十九年窑户何宗造"。

第 37 段：90 米。据墙上记名碑，为乾隆三十八年（1773 年）重筑。

第 38 段：系哈德门至水门间的马道。

从砖款看，这段城墙既有明代中期的砖，也有清代的砖。

第 39 段：60 米。明中期筑，砖文有："正德六年作头李环造""成化十八年"和"嘉靖三十二年"等印文。

从砖文就可以看出这段城墙的古旧程度，"成化""正德"是喜仁龙考证的两个最早的纪年款，他在书中提到：在现存城墙的砖石结构中我们所发现的年款最早的城砖，系明成化时（1465—1487 年）所造。时至今日，我们所见到的最早的北京铭文砖也仍是"成化"年间的。

第 40 段：60 米。据城墙顶部的碑文记载，重建于嘉庆十二年（1807 年），城砖为乾隆年间造，砖文为："新停细城砖"。

"新停细城砖"在实际考察中还未见到过，已发现的类似砖文有"停泥城砖""大停细砖""细泥停城砖""新样城砖"等。

第 41、42 段：长 80 米。修于近代（可能于光绪时）。

第 43 段：水门，1900 年的义和团运动后修建，周围墙垣基本是古旧的，但多经修葺。

"水门"原为正阳门东水关（亦称"水窦"），清光绪三十一年（1905 年），将正阳门与崇文门之间的这个水关涵洞拆改为陆地通道，故称"水门"。此门主要为方便东交民巷租界区的外国人前往东车站（前门火车站）而设，门上匾额为英文"Water"，"水门"为拱券式洞门，券顶高约 7 米，券洞宽约 5 米，装有高 3.5 米、宽 2.5 米的铁门两扇。光绪二十六年（1900 年），八国联军攻打北京城，英军就是钻过此处的水关涵洞率先进入北京内城到达英国领事馆的。20 世纪 30 年代后水门被封闭，1966 年修建地铁时随内城南城墙拆除。

第 44 段：20 米。下部年代古老，大部分为明中期筑，砖上印有"嘉靖三十一年"字样。

第 45 段：长 30 米。明末筑，砖上文字为："万历三十二年"。

第 46 段：系水门至前门间马道。据墙上碑记，主要的中间部分经嘉庆十六年（1811 年）重修。

第 47 段：长 60 米。筑于 18 世纪末，据碑记系于嘉庆二年（1797 年）重筑。

喜仁龙当年从兴工碑记上获取到嘉庆年间对城墙的修缮信息。但这两段城墙没有砖文作为佐证，看来嘉庆年间带有皇朝纪年款的城砖确实很少，多年来笔者也仅见到一例实物。

第 48 段：50 米。筑于明代中期。印文为："嘉靖三十一年窑户李志高造"。

第 44 段和第 48 段共 70 米，从"嘉靖三十一年"的砖文来看，应是筑建外城过程中同时补修的。嘉靖三十二年（1553 年）建外城时所征用的城砖，其生产年代可向前推数年，其中尤以嘉靖三十年（1551 年）前后造的砖居多。

第 49 段：80 米。据墙上记名碑，光绪十年（1884 年）重修。

光绪年间带有纪年款的城砖更是罕见，至今尚未看到过实物。光绪时，大清王朝已末日临近，内忧外患，国库空虚，朝廷想要大修城墙已是心有余而力不足。

第 50 段：长 14 米。明垣，大砖，无印文。

目前见到的年代最早的砖款为明"成化"，成化以后各朝的城砖基本都有纪年款，弘治、正德两朝的城砖款识较为丰富；嘉靖、万历两朝时间最长，其纪年款砖在城墙上比比皆是；天启、崇祯两朝多为小型砖，亦有砖款；泰昌在位不足一年，没有修城记录应在意料之中；隆庆朝仅短短几年，但仍有文字砖传世。

明洪武初年攻克元大都城，在对大都城进行缩减规模的改造后，又将原土筑城墙的外壁包砌砖石，以增强城墙的坚固性。《光绪顺天府志・京师志一・城池・明故城考》："旧土城周围六十里，克复后，以城围太广，乃减其东西迤北之半，创包砖甓，周围四十里。"

明永乐、宣德也都有修建城墙的记录。

明正统年间最后完成砖石甃城工程，《光绪顺天府志・京师志一・城池・明故城考》："……两涯悉甃以砖石……自正统二年正月兴工，至是始毕。"如此看来，正统四年（1439 年）时就已完成了以砖包砌内外城壁之工，但却未在城墙上留下任何兴工碑记，也未在城砖上留有任何文字。

景泰之初，北京城北德胜门一带曾发生激烈战事，即著名的"北京保卫战"，按常理，战后对破损的城楼、城墙必加修葺，但也从未听说或发现过景泰年款的城砖和碑记。

如此看来，成化之前的正统、景泰、天顺这两帝三朝及其之前的几朝均未在城墙上留下任何印记。而在城垣等重要建筑物征用的城砖上加印款识的做法在明初已很普遍，明南京城、明中都城所用城砖均带有各类涉及造砖相关内容的砖文。成化之前各朝不留兴工记录的做法不知出于什么缘由，抑或还有其他原因。如果是因为后世的不断补修、包砌使早期的旧砖被掩入内层，仅考察城墙表面难以看到，那么，城墙被拆除后也应有所发现，可在对城砖进行的长期考察过程中，从没有发现任何成化朝之前的北京铭文砖。

第 51 段：前门东侧马道处城墙，大部为乾隆时所筑。墙上有碑记两块，相距很近，年代分别为乾隆四十六年（1781 年）和乾隆五十二年（1787 年）。

第 52 段：（正阳门）城台。

第 53 段：前门西侧马道处城墙。

以上三段都经过整修，应为民国四年（1915 年）正阳门改建时一并完成的。

1958 年的正阳门两边城墙考察资料记载："正阳门两边门洞以外各拆除 250 公尺城墙（第 48 段至第 59 段，正阳门东西马道以外各约 250 米），两段城墙的断面均为梯形，顶边长 18.25 公尺，底边长 20.50 公尺，城墙高 11.95 公尺。东西两段城墙的构筑基本相同，只是石基下面的石灰土基础有所不同。城墙顶面平铺双层城砖地面，下面有厚约 45 公分石灰土。南面有垛口墙，墙厚 80 公分，墙高 1.65 公尺，垛宽 2 公尺，口宽 50 公分。北边是宇墙，墙厚 50 公分，墙高 1.35 公尺（包括青石墙帽）。南北两面砖墙的做法基本相同，上顶厚约 1.50 公尺，底部厚约 2 公尺，全是用整城砖砌筑，结合料全是纯石灰，拆下来的城砖大部分是整砖，砖墙下面均为四层青石板，上层石板厚 40 公分，以下三层石板厚 45 公分，石基宽 2—2.05 公尺，石基高 1.75 公尺，东段城墙南北两面的石灰土基础厚度约 60 公分，灰土宽 2.50 公尺。西段城墙南北两面的石灰土基础的厚度是由东向西逐渐加厚，靠近城门处的石灰土厚约 1 公尺，灰土宽 2.60 公尺，西端的石灰土厚约 1.60 公分，宽 3.50 公尺。"①

3. 正阳门至宣武门

第 54 段：长 35 米。据墙上碑记，系乾隆四十七年（1782 年）重修。

① 孔庆普：《北京的城楼与牌楼结构考察》，东方出版社 2014 年版，第 329—330 页。

第 55 段：70 米。明中期筑，砖文年代为嘉靖三十二年（1553 年）。

第 56 段：35 米。明末筑，砖文年代为万历三十二年（1604 年）。

嘉靖三十年（1551 年）前后的铭文砖在前门东侧的城墙上已发现很多，而万历三十二年（1604 年）的铭文砖仅第 45 段有。从已发现的砖款来看，嘉靖年间对城墙的修建基本未间断过，万历朝与其之间虽隔有隆庆朝，但隆庆帝仅在位 6 年，亦有修葺记录，加之这段时间京城未发生战事和大的自然灾害，因而万历初期的修葺记录较少，其维修城墙的记录一般集中在万历三十年（1602 年）前后。

第 57 段：长 50 米。乾隆时筑，砖上印有："工部监督永"。

第 58 段：新墙，当修于光绪时。

第 59 段：长 35 米。乾隆时砌筑，砖印文为："工部监督永"。

第 60 段：长 30 米。筑于 18 世纪末，系用乾隆时大城砖。

这四段城墙共计 100 多米，除其中一段推测为光绪年间修葺的以外，其余均为乾隆时期维修。带有"工部监督"字样的文字砖在笔者考察中也经常发现，如："工部监督永""工部监督桂""工部监造官"等。

第 61 段：5 米。明末筑，有砖文："万历三十二年"。

第 62 段：同第 60 段。碑记字迹模糊。

第 63 段：20 米。明末遗迹，砖上年代为万历三十二年（1604 年）。

前面已提到第 56 段计 35 米的墙面为万历三十二年（1604 年）所修，至此第 61、63 段又有 25 米为万历三十二年（1604 年），前门迤西墙面万历三十二年（1604 年）所修之处已远多于东面。

第 64 段：38 米。新墙，据记名碑，修于光绪十七年（1891 年）。

第 65 段：150 米（或更长）。筑于明代中期，砖上印有："嘉靖七年"。

嘉靖早期即开始修葺城墙，目前发现最早的嘉靖款识为"嘉靖三年"。

第 66 段：马道，据碑记，修于嘉庆七年（1802 年）。

第 67 段：一小段，修于 18 世纪末，用乾隆时的砖，砖上印有："工部监督桂"。

第 68 段：长 38 米。系新修墙垣，据碑记所载，筑于光绪十九年（1893 年）。

清代乾隆时铭文砖比较常见，其他朝则较少，皇朝款更为鲜见，只能靠碑记来判断维修区域用砖的朝代。

第 69 段：长 35 米。明中期筑，砖已严重剥蚀。

这段明中期城墙，嘉靖年间修葺的可能性较大。

第 70 段：35 米。18 世纪筑。据镶在墙上的兴工记名碑，为乾隆五十四年（1789 年）修。

第 71 段：或筑于 19 世纪初，砖上印着：“新样大城砖”。

19 世纪初为嘉庆年间（1796—1820 年）。据第 90 段所记，“新样大城砖”确为嘉庆年间砖款。

第 72、73、74 段：长 200 米。均为 16 世纪末之遗迹，含有乾隆时的砖，砖文为：“工部监督桂”“工部监督永”。

对这段长达 200 米的城墙，喜仁龙并未说明断代的依据，如属 16 世纪末筑修，当为万历中早期，而我们见到的万历砖则以中晚期居多。如此大面积的明中期城墙，嘉靖后期修葺的可能性也很大。

第 75 段：第二条马道，下部筑于明代，上部据壁上碑记，重修于乾隆五十二年（1787 年）。

第 76 段：马道两端处城墙，据兴工记名碑，系乾隆三十年（1765 年）重筑。

第 77 段：长 30 米。据墙上碑记，为乾隆四十二年（1777 年）重修。

以上三段城墙为乾隆年间修葺，在不大的范围内，竟有三个不同年代的碑记，时间跨度达 22 年，由此可见乾隆年间对城墙维护的持续性。

第 78 段：75 米。据碑记，重修于光绪十年（1884 年）。

第 79 段：一小段明代城垣。

第 80 段：筑于 18 世纪末。据墙上记名碑，为乾隆五十六年（1791 年）重修。

从第 70 段开始，加上第 75、76、77 段及第 80 段，在四五百米之间已经出现五个乾隆晚期的碑记了，时间跨度达 26 年，而喜仁龙并没有记录下任何砖文信息。看来乾隆晚期逐渐偏重于以碑记来记录修葺时间。

第 81 段：较长一段，多用明代材料。

第 82 段：修于 18 世纪末。乾隆时的砖，砖文为：“工部监督永”。

第 83 段：当筑于明代中期，无砖文。

第 84 段：下部系明代遗物，砖上年代为嘉靖三十四年（1555 年），上部用乾隆的砖砌筑，砖文有：“工部监督永”。

乾隆时期工部监督款的城砖较常见，在考察中发现有“工部监督永”“工部监督桂”“工部监督福”等。

第 85 段：顺治门东侧马道。主要筑于明代中期。

从第 79 段到第 85 段，喜仁龙未具体标出每段城墙的长度，估计系墙下障碍物影响丈量所至。但从记述看，这一部分仍主要为乾隆年间重修。

第 86 段：顺治门西马道及毗连墙垣，据一碑记，系乾隆四十九年（1784 年）重筑。

1955 年的宣武门（顺治门）城墙构造考察资料记载了这一段城墙的形制、材料和构造：“城台两边城墙的断面为梯形，底边（石基底面）长 20.45 公尺，上边长约 18.20 公尺，城墙全高约 11.80 公尺。南面（外侧）砖墙的底部厚约 2.50 公尺，上顶厚约 2 公尺，砖墙高 9.85 公尺。砖墙下面有四层青石板，上层石板厚 40 公分，第二、三层石板厚 35 公分，底层石板厚 30 公分，石基高 1.40 公尺，石基宽约 2.80 公尺，石灰土基础厚约 60 公分，灰土宽约 3.10 公尺。北面（内侧），砖墙的底部厚约 2.30 公尺，上顶厚约 2 公尺，砖墙高 9.70 公尺。石基为五层石板，上层石板厚 40 公分，第二、三层石板厚 35 公分，下面两层石板厚 30 公分，石基高 1.70 公尺，石基宽约 2.50 公尺，石灰土基础厚 50 公分，灰土宽 3 公尺。灰土上面的高程是 46.87 公尺。”①

4. 宣武门至西南角楼

第 87 段：65 米。修于 18 世纪末。乾隆时的砖，砖文：“工部监督桂”。

宣武门（俗称“顺治门”，元代为“顺承门”）西侧这段及后面第 91 段共 100 多米，为乾隆晚期修葺的城墙，如此长度的大修之处还很多，显示了乾隆时期维修城垣的规模。

第 88 段：短促的一段，用明代砖。

第 89 段：筑于明代中期，无砖文。

这两段及后面第 96、98 段系成片无砖文的明代城壁，其筑修于明前期的可能性较大，因成化以后各朝均有铭文砖可考。

第 90 段：据墙上碑记，为嘉庆二十年（1815 年）重修。

嘉庆及其后世重修城墙大都有碑记而无铭文砖，嘉庆朝据分析应有部分文字砖，

---

① 孔庆普：《北京的城楼与牌楼结构考察》，东方出版社 2014 年版，第 217 页。

图 1-12　20 世纪 20 年代正阳门至宣武门之间内城南墙内侧

但极少见皇帝年号款。

第 91 段：65 米。年代与用材同第 87 段。

第 92 段：一短段，似为明初遗物。

第 93 段：或筑于 17 世纪末，中型砖，无砖文。

17 世纪末应为清康熙中期，康熙朝的铭文砖至今在北京未见到，“或”字表明喜仁龙只是推测而已。可惜的是当时未记录这些“中型砖”的尺寸。笔者在临清考察到的康熙款城砖基本都是特殊比例的大砖，尺寸为 480 厘米 × 290 厘米 × 130 厘米，宽度大出常规城砖约 5 厘米，估计不是普通城墙用砖。

第 94 段：采用中型砖，亦很短，大概修于清初。

当年喜仁龙未考察到清初顺治、康熙、雍正三朝的碑记和砖文，鉴于因此段墙无碑记、无砖文，又不似明代古旧，因而推测为清初修建。

第 95 段：筑于 18 世纪末。乾隆砖，砖文：“工部监督永”。

第 96 段：筑于明中期的一小段墙垣，无砖文。

第 97 段：年代与用材同第 95 段。

第 98 段：年代与用材同第 96 段。但经后世修葺。

此段与第 96 段无砖文，被认为修筑于明中期，自成化朝开始即有文字砖出现，明中期嘉靖年间筑修城墙时使用文字砖更加普遍，因而无砖文城壁的筑修年代属明前期的可能性较大。

第 99 段：长 5 米。明末筑，砖文：“万历三十二年”。

第 100 段：35 米。据碑载，修于乾隆五十四年（1789 年）。

乾隆晚期铭文砖渐少，基本以碑记记录修葺信息。从碑记看，乾隆晚期对南垣内侧壁进行过较大规模的修缮。

第 101 段：较长，筑于明代中期，砖文：“嘉靖二十八年”。

从内城南垣内侧壁的整体记录来看，嘉靖二十八年（1549 年）前后曾对此进行过较大规模的筑修。

第 102 段：明代旧墙，乾隆时重修。砖文为：“大通成窑造”“工部监督永”。

第 103 段：南城垣最西面马道，基本为明代遗垣。马道东端的某些砖上印有：“嘉靖二十八年”。

第 104 段：新筑墙垣。光绪时所修，砖上印有：“官窑造停泥城砖”。

自乾隆朝以后，鲜有皇帝年号款的文字砖出现，文中记录这段墙垣时并未提到碑记，不知确定此“官窑”款砖为光绪年所造是以何为依据。

第105段：明代遗物。无砖文。

第106段：长25米。据嵌在墙上的碑记，系于乾隆四十四年（1779年）重修。砖文为：“官窑造新样大城砖”。

第107段：年代与用材同第105段。

第108段：长11米。据碑记修于乾隆二十八年（1763年）。砖上有普通印文。

文中没有记录乾隆二十八年（1763年）砖文的具体内容，只提到有普通印文，很可能砖文只有窑厂的名号。

第109段：筑于明代中期，砖文：“嘉靖三十二年窑户高尚义造”。

第110段：75米。据墙上碑记，修于乾隆二十八年（1763年）。

与第108段城墙为同期修葺。

第111段：38米。据碑记修于乾隆九年（1744年）。砖上印有：“工部监督永”。

印有“工部监督永”的铭文砖在南城墙内侧出现过七八处，多为18世纪中后期造。

第112段：一小段明代故墙，砖上无文字。

第113段：长18米。据兴工记名碑，为乾隆二十八年（1763年）重修。

第114段：20米。据墙上碑记，修于乾隆三十年（1765年）。砖文为：“工部监督桂”。

“工部监督桂”的砖文在南城墙内侧多处出现，制造年代为18世纪。

第115段：城角处马道，主要为明代中期筑，一些砖上有嘉靖时印文。

北京内城南墙是保存最好的一段城垣，其墙壁修缮较少，因此保存下来的明代遗迹最多，具有很高的历史价值。在20世纪50年代初大量开辟城墙豁口时，建设部门曾对城砖及其结合材料进行压强试验。试验结果：内城南城墙的城砖标号最高。

从喜仁龙的考察记录来看，在6650米的内城南墙内侧，有明确年代记录的明代遗垣有1300多米，多为明中期嘉靖年间筑。有年代记录的清代墙面有1600多米，其中，乾隆年间的工程量约占三分之二，其余主要为嘉庆朝和光绪朝维修。

另外3000多米城垣中包括三座城台，城墙部分主要为没有明确砖文或碑记可考的城壁。为修筑地铁，1966 年 9 月至次年 3 月，前三门城墙（内城南垣）全部拆除，仅剩东南角箭楼及迤西约 1500 米的一小段残垣。

（二）内城东墙内侧壁

内城东城墙北段（建国门以北部分）是在元大都土城垣基础上加建而成。南段（建国门以南部分）建于明永乐十七年（1419 年）。1939 年在朝阳门以南（原元大都土城垣东南角处）开辟启明门，后改称建国门，无城楼。

据喜仁龙的考察，内城东城墙内侧长约 5290 米，内侧高约 10.60 米，外侧长约 5330 米，外侧高约 11.40 米，城墙断面为梯形，底宽 17—18 米，顶宽 11—13 米，外侧有垛口墙，内侧有宇墙。东垣南北两端有城角箭台，上设角箭楼，城墙外侧有大、小墩台 46 座。城墙内侧南、北各设登城马道 1 对，有水窦 2 处。东城墙设有两个城门，南为朝阳门，北为东直门。

1. 东南角楼至朝阳门

喜仁龙对内城东城墙内侧壁的考察是从东南城角开始向北分段进行的。

第 1 段：长 70 米。筑于明代中期，砖上印有："嘉靖十年"。

第 2 段：35 米。近代新筑墙垣，无砖文。

第 3 段：明中期筑，砖文有："嘉靖二十八年"。

第 4 段：不长，上部为明末所筑，下部近经修葺。

第 5 段：长 180 米。筑于明代中期，砖文有："嘉靖二十七年"。

第 6 段：150 米。明代中期，砖文有："嘉靖二十一年""嘉靖三十二年"。

第 7 段：120 米。明代中期，砖文有："嘉靖二十年""嘉靖二十七年"。

第 8 段：35 米。筑于明中期，砖上印有："嘉靖十八年窑户孙文传造"。

第 9 段：观象台马道，主要为乾隆时重修。

第 10 段：64 米，筑于明初。在新修的观象台城台衬托下，格外引人注目。

上述第 1 段至第 10 段为内城东墙从东南城角向北至古观象台之间的内侧壁，从城角至观象台以北 30 米处之间的城墙，仍然保留着古朴的情调。此段城墙外侧的考察记录也提到其外观古老而残破，推测其筑于 15 世纪末。据史料记，当为明初将元大都南城墙向南拓展时所筑。"至永乐时，拓而南几及二里，不独南面长一千八百九十丈之城，固宜重筑，而东西并宜各加四百丈有奇”（《光绪顺天府志》）。可见内城东墙南端约 400 丈为明初永乐朝增筑。按当时的度制，增建的 400 丈城墙可换算为2.22 里[①]，多于史书所记的“几及二里”。如今，这段城墙还残存有一小段，长约二三百米，位置约在观象台至东南角楼之间偏南处（今北京站街东口以南），因两侧长期被各类构筑物裹挟，所以才幸运存留至今。

2005 年附着于城墙两侧的构筑物被清除，这段残墙才得见天日，从现状看，城墙的西侧保存得完整一些，虽然顶部的宇墙已无存，墙面也有不少残损之处，但古城墙的原始风貌犹存。从上述分段来看，这段残墙大致应在第 5 段和第 6 段的位置，从当年喜仁龙对城墙砖的考察记录看，这一城墙段的砖多产于明嘉靖中期。

笔者 2005 年对内城东垣仅存的这段残城墙进行了考证，确定其主要为明代遗垣，个别部分经清代修葺，砖款也多为嘉靖中期，选录部分砖文如下：

嘉靖三年春季窑户□□□

嘉靖八年春窑户宋贵匠人胡大贤造

嘉靖十五年秋季临清厂窑户畅伦匠人徐现造

嘉靖十六年分窑户张世用匠人□□□

嘉靖十七年窑户纪卿造

嘉靖二十三年窑户吴继荣造

嘉靖二十六年春季窑户……

嘉靖二十七年分窑户孙□□造

嘉靖三十年窑户孙祈造

嘉靖三十二年窑户□□□

嘉靖三十七年窑户孙祈造

嘉靖三十八年分窑户□□□

窑户刘福

---

① 据喜仁龙《北京的城墙和城门》一书中原注，当时中国的度制与国际度制的换算关系为：1 尺 =32 厘米 =0.32 米；1 里 =1800 尺 =576.0 米 =0.576 公里。（据吴承洛《中国度量衡史》）

窑户伏珂造

窑户关厚造

永成窑造

这段东城墙及与之相对应的一段西城墙均为明初拓展南墙时增建，内城的这两段墙及南墙从里到外都建于明代，而不同于内城大部分东、西城墙是在元大都土城的基础上包砌而成。大量嘉靖年款的砖说明嘉靖朝曾进行大规模的修葺。

第 11 段：150 米。筑于明末，砖文有："万历三十二年""万历三十三年"。

万历年间对城墙的修葺工程颇为频繁，从砖文上看，尤以万历三十年（1602 年）至三十五年（1607 年）间工程量较大。

第 12 段：24 米。据兴工题记碑，修于嘉庆十八年（1813 年）。

第 13 段：长 36 米。据墙上碑记，修于乾隆八年（1743 年）。

第 14 段：100 米。筑于明代中期，砖上文字为："嘉靖三十二年东河窑造"。

以此段内容分析，嘉靖三十二年（1553 年）增建外城时应对东城墙南段进行了较大规模的整修。

此段所记砖文为 16 世纪中期的嘉靖三十二年（1553 年）东河窑造，在内城南墙第 30 段曾提到 18 世纪末的东河窑细泥新城砖，两者竟相距约两个半世纪，是否为同一砖窑待考。据笔者对明朝嘉靖年款城砖的考证，目前还未见到过东河窑的名称，而且嘉靖中期的砖款一般都很规范，年号后跟窑户、作头、匠人等人名的排列记录形式已形成一种固定模式，年号后面只记录窑名的砖款还很少见。

第 15 段：20 米。据镶在墙上的记名碑，经嘉庆七年（1802 年）重修。系用"停泥新城砖"。

从以上几段看，清代对内城城墙的修葺记录主要是采用碑记的形式，即使有一些城砖带有款识，也多为记述材料及做法，很少见到纪年款。

第 16 段：50 米。明初遗垣，砖多被侵蚀，无砖文。

明成化朝之前数朝未见有砖文传世，因而也很难准确辨别和考证这些明初遗垣确切的朝代归属。

第 17 段：60 米。或筑于 17 世纪末，中型砖，无砖文。

17 世纪末当为清康熙朝，有史料记载，康熙年间城墙屡遭损坏，也屡经修葺。

而康熙帝在位六十载却未见砖文、碑记等修葺城墙的记录传世，确实令人费解。目前虽在北京城砖主要产地临清发现康熙款铭文砖，但从其尺度看，似乎不是用于城墙的城砖。

第 18 段：50 米。明末筑，砖文有："万历三十二年"。

考察中所发现的"万历三十二年"铭文砖并不多，目前见到的有："万历三十二年吴中椊造""万历三十二年窑户王永寿作头刘景先造"。

第 19 段：90 米。年代与用料同第 17 段。

第 20 段：60 米。筑于 18 世纪末。碑无铭文。砖文有："乾隆辛巳年"。

乾隆年间是清朝砖款最丰富的一个时期，其款识内容包括朝代、干支、官府、窑厂等。干支纪年款是乾隆朝比较常见的一种砖款形式。

第 21 段：60 米。明末遗垣，砖文有："万历三十一年""万历三十二年"。

考察中发现的"万历三十一年"款城砖略多于"万历三十二年"，砖文实例如："万历三十一年窑户胡永成造""万历三十一年窑户张亨匠人杨鹿造"。

第 22 段：长 5 米。明代中期，砖文："嘉靖二十八年窑户林永寿造"。

在年代几近齐全的嘉靖砖款中，考察到的嘉靖二十八年（1549 年）砖款极少，目前仅一例："嘉靖二十八年分窑户□□□□"。

第 23 段：5 米。筑于明末，砖文："万历三十二年窑户吴玉造"。

第 24 段：或筑于 17 世纪末，同第 17 段。

第 25 段：12 米。明中期筑，砖文为："嘉靖三十二年窑户卜天贵造"。

以上百余米城墙主要修筑于嘉靖、万历两朝，这两朝共历时 93 年，对城墙的维修颇为频繁，也较其他朝更重视铭文砖的作用。

第 26 段：5 米长的一小段。据碑记，系嘉庆十八年（1813 年）重修。

第 27 段：5 米。砖同第 26 段。

第 28 段：5 米。筑于 18 世纪中期。砖文有："乾隆辛巳年""乾隆甲午年""乾隆丙申年"。

干支年款是清朝乾隆年间比较常用的城砖款识种类。干支年款的城砖其他朝代也有，但皇帝年号与干支年号连在一起的款识，属乾隆年间最具有代表性。现考察发现的有："乾隆辛未年制""乾隆丙子年烧造""辛巳年诚造"等。

第 29 段：长 30 米，明代旧墙，上部含有砖印文："嘉靖二十三年窑户林贵造"。

第 30 段：马道，主要建于明代，砖上文字为：嘉靖二十三年和嘉靖三十三年。据墙上碑记，马道南端修于嘉靖四年（1525 年），现已残破不堪。

笔者目前见到最早的嘉靖城砖年款为嘉靖三年，嘉靖四年款的城砖也不多见，而且大多是江南制造，质量上乘，砖款形式也属明早期风格。从嘉靖五年（1526 年）开始，城砖产地逐渐转移到距京师更近的东昌府临清州（今山东临清），由官府设窑厂派官员督造，砖款形式也开始规范化。嘉靖二十三年（1544 年）和嘉靖三十三年（1554 年）的铭文砖在实物考察中都有所发现。

第 31 段：长 70 米。明代遗垣，无砖文。

第 32 段：30 米。筑于 19 世纪初。印文为："停泥新城砖"。

19 世纪初正值清嘉庆年间，这一时期的砖款内容多为表述工艺和材质，如："停泥""细泥""澄浆""新样"等，皇朝纪年款极少见。

第 33 段：60 米。明中期筑，砖文有："嘉靖十年"，以及"任威南""卜通威""宋文明"等窑户姓名。

嘉靖年间的砖款较为规范化，舍弃了明早期常见的各级官员职务和名称，只保留了窑户、作头、匠人等造砖人员的名字，因而在其 45 年统治期间，以砖文的形式留下了大量社会底层劳动人民的姓名。在考察中发现，嘉靖十年（1531 年）的砖铭只有一种固定模式，如："嘉靖十年春季窑户刘钊为保定府造""嘉靖十年秋季窑户孙伦为大名府造"。

第 34 段：40 米。筑于 19 世纪初。印文为："东河窑停泥新城砖"。

"东河窑"在考察中从未见到过，但发现有"通和窑"砖款，如："通和窑细泥停城砖""通和窑细泥停城"。不知二者之间是否存有音译之误。

第 35 段：长 60 米。明中期，砖文："嘉靖三十八年窑户曹春造"。

嘉靖三十八年（1559 年）的铭文砖在实物考察中仅发现一例，即"嘉靖三十八年分窑户□□□"。在此与喜仁龙的记录形成互证。

第 36 段：30 米。明初遗垣，砖层毁损严重，无砖文。

第 37、38 段：长 70 米。皆筑于 18 世纪末，据碑文记载，有一段为乾隆三十一年（1766 年）修。

乾隆中晚期铭文砖逐渐减少，而代之以碑记。乾隆三十一年（1766 年）的款识至今尚未见到。

第 39 段：150 米。据碑记，修于嘉庆十二年（1807 年）或更晚，系用“停泥新城砖”。

第 40 段：25 米。筑于 18 世纪末，乾隆时砖，砖文：“停泥细砖”。

以上七段近 400 米的墙体，大约四分之三是清代乾隆、嘉庆年间修葺过的，只有三分之一仍为明代遗垣，而乾隆年间对城墙的修葺力度在其他城段也同样有所体现。嘉庆朝的砖文很多传承了乾隆晚期的风格，很难见到带有皇帝年号的款识，是否因为嘉庆早期乾隆作为太上皇仍健在的缘故，尚有待考证。

第 41、42 段：长 130 米。均为明初所建。砖已剥蚀，无砖文。

第 43、44 段：长 35 米。这两段虽含有万历三十二年（1604 年）砖文，但显系乾隆时所修。

第 45、46、47 段：长 100 米。可能均筑于明末，砖文有：“万历三十二年”。

第 48 段：9 米。当系明末所筑，砖为流行于崇祯时的一种很薄的砖。

以上八段近 300 米，涵盖了明初到明末的遗垣，属较古老的城段。

第 49 段：9 米。该段直达城门马道，筑于乾隆年间。

第 42 段至第 49 段为朝阳门以南约 200 米的城墙段，即朝阳门至建国门北（一号豁口）之间。1972 年，北京市市政处杨春生同志对此段城墙构造的调查如下：

“城墙的高度已拆去近半，城墙的底部厚 20.10 公尺。靠近城门的城墙（长约 190 公尺），城墙的底部厚 19.20 公尺，外侧（东面）的砖墙是用大小两种城砖砌成的双层砖墙，外层是大城砖，砖层上下厚 1.50 公尺，下面有四层青石板墙基，石板厚均为 42 公尺，石板墙基高 1.70 公尺，石板墙基宽 1.50 公尺。下面有 60 公分厚的石灰土基础，灰土宽约 1.80 公尺。内层小砖墙上下厚 1.20 公尺，砖墙的下面无石板，有厚约 50 公分的石灰土基础，双层砖墙以南城墙的外侧砖墙面全是大城砖，砖墙的下面厚 2 公尺。下面有四层青石板墙基，石板墙基宽 2.05 公尺。石基高 1.75 公尺。石灰土基础厚 60—70 公分，灰土宽约 2.60 公尺。内侧（西面）的砖墙全是大城砖，砖墙的底面厚度，北段是 2 公尺，南段是 2.25 公尺。下面有四层青石板，石板砌筑宽 2.20—2.50 公尺，石基高 1.65 公尺。下面有 60—80 公分厚的石灰土基础（北薄南厚），灰土宽 2.50—2.90 公尺。内侧（西）砖墙底部厚约 2 公尺，下面有青石板四层，石基高 1.65 公尺，石灰土基础厚度北段是 60 公分，往南逐渐加深到80公分，灰土宽2.50—2.80公尺。”[1]

2. 朝阳门（齐化门）至东直门

第50段：齐化门处城墙，主要筑于明代中期，含有带嘉靖年款的砖，但城台和马道均系18世纪末重修，皆含有乾隆和嘉庆时的印文砖。

第51段：6米。18世纪末筑，乾隆时的砖，砖文为："工部监督萨"。

从记录看，齐化门一带城墙及马道主要是清乾隆和嘉庆时修葺，一般来说，出于城市形象及安全考虑，对城门区域的维修要比城墙频繁一些。

第52段：长30米。明代中期筑，砖文有："嘉靖二十四年""嘉靖二十六年""窑户段洲""张宝钞造"。

嘉靖二十四年（1545年）和嘉靖二十六年（1547年）的铭文砖目前各发现两例。

第53段：30米。或筑于清初，中型砖，无砖文。

第54段：长3米。明代遗物，砖已浸蚀，无砖文。

第55段：12米。明代中期，砖文载有："嘉靖三十三年窑户高尚义造"。

从砖文看这段墙为嘉靖二十四年（1545年）至嘉靖三十三年（1554年）间筑修，这也正是嘉靖朝积极筹备并开始建筑外城的一段时间。嘉靖朝常年大兴土木，城砖自然也会大量储备，因而，砖文所示年份只能准确地表明其制造的时间，并不能十分确切地表明其修筑城墙的日期。

第56段：40米。据墙上的记名碑，修于嘉庆四年（1799年）。

第57段：40米。据墙上碑记，曾经道光二十三年（1843年）重修。

在北京的考察中，笔者从未发现过道光款的铭文砖。而笔者在山东临清的砖窑遗址考察时，却幸运地发现了道光款铭文砖残块，上面钤有“道光二十七年临清砖窑户程□□”。临清是北京城砖的主要产地，从历史文献看，道光年间对城墙的修葺并不是太多，城砖主要用于修筑皇陵。

第51段至第57段为朝阳门以北约170米的城墙段，即朝阳门至何家口豁口（二号豁口）之间。1972年，北京市市政处陈维朝同志对此段城墙构造的调查如下：

---

[1] 孔庆普：《北京的城楼与牌楼结构考察》，东方出版社2014年版，第334页。

图 1-13　20 世纪 20 年代内城东城墙内侧

“城墙的上部已拆去 1 公尺多，靠近朝阳门的城墙（长约 185 公尺），城墙的底部厚 19.20 公尺，外侧（东面）的砖墙是用大小两种城砖砌成的双层砖墙，外层是大城砖，内层是小城砖。外表的大城砖墙上下厚 1.50 公尺，下面有四层青石板，上三层石板厚均为45 公分，底层石板厚35 公分，石板的砌筑宽度 1.50 公尺，石基高 1.70 公尺，下面有 60 公分厚的石灰土基础，灰土宽约 1.80 公尺。内层小砖墙的厚度上下也是 1.20 公尺。砖墙的下面无石板，有厚约 50 公分的石灰土基础。双层砖墙以北城墙的外侧砖墙面全是大城砖，砖墙的下面厚 2.10 公尺。下面有四层青石板，石板砌筑宽 2.30 公尺，石基高 1.65 公尺。石灰土基础厚约 60 公分，灰土宽约 2.60 公尺。内侧（西面）的砖墙全是大城砖，砖墙的下面厚 2—2.20 公尺。下面有四层青石板，石板砌筑宽 2.50 公尺，石基高 1.65 公尺。下面有 60 公分厚的石灰土基础，灰土宽约 2.80 公尺。内侧（西）的砖墙底部厚约 2 公尺，下面有四层青石板，石基高 1.65 公尺，石基宽 2 公尺。石灰土基础厚约 60 公分，灰土宽约 2.80 公尺。”[①]

第 58 段：长 100 米。系筑于 19 世纪的两段城垣，据镶在墙上的两块碑记，分别修于光绪二年（1876 年）和同治九年（1870 年）。但用砖较旧，某些砖有文字：“永定官窑造新大停细砖”“咸丰元年作头王泰立造”。

以上第 56、57、58 三段共 180 米长的城墙，几乎囊括了乾隆朝以后所有朝代的修葺记录，嘉庆、道光、咸丰、同治、光绪，清末诸朝（除末朝宣统外）基本齐全。这些记录大都为碑记，其中咸丰、同治两朝的修葺记录很少见，尤其咸丰朝的记录是以皇朝款铭文砖的形式出现，更属难得。在我们对城砖的考察中极难见到清末的皇朝款铭文砖。

清末诸朝的频繁修葺记录似乎说明了这段城墙长期以来的糟糕状况。喜仁龙在其书中也曾提道：“东城墙所以比南墙、西墙和北墙更经常发生损坏。主要是因为东墙一带水量最大。原来沿城墙内侧修筑的砖砌城壕，实际上业已毁弃……雨季里水往往没过城墙基石。”[②]

第 59 段：长 50 米。据墙上记名碑，修于乾隆四年（1739 年）。

---

① 孔庆普：《北京的城楼与牌楼结构考察》，东方出版社 2014 年版，第 334 页。

② [瑞典]奥斯伍尔德·喜仁龙：《北京的城墙和城门》，许永全译，北京燕山出版社 1985 年版，第 61 页。

第 60 段：长 60 米。根据兴工记名碑，于乾隆八年（1743 年）重修。

在考察中发现最早的乾隆款是乾隆二年，乾隆四年和乾隆八年的铭文砖目前尚未见到。

第 61 段：9 米。明代中期，砖文为："嘉靖十六年窑户林永寿造"。

第 62 段：25 米。或筑于清代初期，中型砖，无砖文。

第 63 段：长 22 米。下部筑于明代，含有砖文："嘉靖十五年"，上部系清初或更晚时用中型砖砌筑。

在考察中发现，嘉靖十五年（1536 年）和嘉靖十六年（1537 年）的城砖较多用于皇陵的修建。

第 64 段：齐化门与东直门之间马道。最南部分之下部筑于明代，有嘉靖三十二年（1553 年）的砖文。但其上部为后时所筑；中间部分亦有同类区别，其下部所含砖文为"嘉靖十六年窑户林永寿造"；最北部分之下部，所含砖文有"嘉靖二十三年"。

从砖文信息来看，第 61、63、64 段显然为同一时期维修。

第 65 段：长 60 米。下部为明代砖，上部系后世以中型砖重筑。

第 66 段：60 米。上半部当筑于明代中期，下部则系后代重修，砖文："大停细砖"。

第 67 段：24 米。筑于明代中期，砖上印有："嘉靖二十八年"。

嘉靖二十八年（1549 年）的铭文砖考察中仅发现一例。

第 68 段：7 米。据墙上碑记，道光五年（1825 年）。

第 69 段：14 米。明代故墙，无砖文。

没有任何砖文的明代老旧城墙，目前可推断为成化朝之前的某个朝代。

第 70 段：7 米。据碑记，系道光四年（1824 年）重修，砖上印有："瑞顺窑造大城砖"。

第 71 段：长 50 米。明末筑，砖文有："万历三十二年"，有数处经后代修补。

清末对城墙的维护一般都是小范围的修补，似为财力不足的无奈之举，与明嘉靖、万历及清乾隆时的大规模筑修形成鲜明对比。

第 72 段：14 米。筑于 18 世纪末，砖文："大停细砖"。

第 73 段：9 米。主要为明末筑，亦有用"大停细砖"修补之处。

在考察中常见"大停细砖""停泥城砖""细泥停城砖"一类的砖款，朝代、年

图 1-14　20 世纪 20 年代齐化门（朝阳门）至东直门之间马道

代、窑厂都不明确，很难具体确认其所属朝代，仅能确定其为清末某朝的城砖。

第 74 段：30 米。上部修于近代，碑文漫漶，似属光绪时遗物。下部修于明中期，含有嘉靖印文砖。

第 75 段：100 米（或更长）。据一块碑记，上部修于光绪二十年（1894 年），下部筑于明末，砖文："万历三十年"。

第 76 段：60 米。筑于明末，砖文："万历三十二年"。

第 77 段：10 米。两段较短的明代墙垣，多处见有新砖。

明万历时期对城墙的修葺是较具规模的，尤其是万历三十年（1602 年）前后。从目前已发现的砖文来看，也印证了这一点。

第 78 段：长 55 米。当筑于 19 世纪初（碑记不辨）。砖文为："新城砖"。

第 79 段：45 米。筑于 18 世纪末，城墙上有一块显系乾隆年间的碑记。

第 80 段：25 米。明末遗垣，砖文："万历三十二年"。

第 66 段至第 80 段为东直门以南约 110 米的城墙段，即东直门至何家口豁口（二号豁口）之间。1972 年，北京市市政处李广才同志对此段城墙构造的调查如下：

"城墙的上面全宽 16 公尺，净宽 14.70 公尺，底面宽 19.50 公尺，墙高 11.10 公尺。靠近城门的一段城墙（长约 110 公尺），外面砖墙是用大小两种城砖砌成双层砖墙，外层是大城砖墙，砖墙上下厚 1.50 公尺，砖墙高 9.70 公尺。下面有四层青石板，石基高 1.55 公尺，石基宽 1.50 公尺。下面有厚约 70 公分的石灰土基础，灰土宽 2.30 公尺。内层小砖墙的上顶厚约 1.10 公尺，底部厚约 1.50 公尺，小砖墙高 5.70 公尺。砖墙下面无石板墙基，有厚约 70 公分的石灰土基础，灰土宽 1.70 公尺。南段城墙外侧（东面）的砖墙面全是大城砖，上顶厚 1.85 公尺，下面厚 2.10 公尺，砖墙高 9.30 公尺。下面有四层青石板，石板砌筑宽度 2.30 公尺，石基高 1.65 公尺，石灰土基础厚约 60 公分，灰土宽约 2.60 公尺。内侧（西面）的砖墙面全是大城砖，上顶厚约 1.80 公尺，下面厚 2.20 公尺，砖墙高 9.30 公尺。下面有四层青石板，石板砌筑宽度 2.50 公尺，石基高 1.65 公尺。下面有 60—70 公分厚的石灰土基础，灰土宽 2.80 公尺。"①

---

① 孔庆普：《北京的城楼与牌楼结构考察》，东方出版社 2014 年版，第 333—334 页。

图 1-15　1921 年内城东墙东直门南段内侧

3. 东直门至东北角楼

第 81 段：东直门马道及毗连城墙，根据兴工记名碑，系于嘉庆八年（1803 年）重修。砖式样同乾隆砖，砖文为："大停细砖"。

第 82 段：24 米。明中期筑，砖为嘉靖二十四年（1545 年）苏州府分官窑所造。还有一些砖为扬州府造，年代相同。

嘉靖早期的城砖主要来自于江南，如苏州府、安庆府等，嘉靖四年（1525 年）以后，城砖生产地北移并集中于山东临清一带，现发现最早的临清砖窑、厂出产的铭文城砖为嘉靖五年（1526 年）造。而嘉靖四年（1525 年）以后的江南款城砖极其少见。喜仁龙当年记录下的嘉靖二十四年（1545 年）苏州府砖款及扬州府砖款，应当说是非常珍贵的史料。

第 83 段：20 米。据墙上碑记，修于嘉庆四年（1799 年）。

第 84 段：24 米。筑于 18 世纪末，乾隆时代砖，砖文为："工部监督永""工部监督桂"。墙上嵌石碑一块，无铭文。

"工部监督永"和"工部监督桂"在考察中时有所见，尤以后者居多。

第 85 段：80 米。筑于 18 世纪末，砖上印有："永定官窑造大停细砖"。碑上字迹不清。

永定官窑款的砖文在考察中有所发现，如："永定官窑办造新样城砖"。工部、官窑等体现官办性质的砖款为乾隆中前期的特征，而乾隆晚期及嘉庆以后各朝则多采用碑记形式，砖款大部分只记载窑名。

第 86 段：26 米。据墙上碑记，系修于乾隆六年（1741 年），砖文为："通钦窑造大城砖"。

在考察中未见"通钦窑"的款识，而这一时期"遵钦窑"款的铭文砖实物较多，如："遵钦窑大停城砖""遵钦窑停泥城砖""遵钦窑新样城砖记"。"遵""通"二字在模糊的状态下非常相像，故"通钦窑"疑为"遵钦窑"之误。

第 87 段：长 60 米。根据兴工记名碑，重修于嘉庆八年（1803 年）。砖产于瑞盛窑。

第 88 段：3 米。该短段墙垣上部，系用崇祯时薄砖[1]砌成，下部用大砖。

---

① 一般薄城砖尺寸为 42 厘米 × 16 厘米 × 10 厘米，标准大城砖尺寸多为 48 厘米 × 24 厘米 × 12 厘米。

崇祯时期对城墙的维修多采用薄砖，这一点在对外城的考察中尤为明显。

第89段：9米。上半部用中型砖，大概筑于清初，下半部用永顺窑造大砖。

第90、91段：长30米。皆筑于明末，部分用乾隆砖重修。

第92段：20米。筑于明中期，砖上印有："嘉靖二十四年"。

第93段：6米。筑于18世纪末，砖文："工部监督永"。

第94段：6米。筑于19世纪初，砖产于瑞顺窑。

第95段：12米。明代遗垣，部分用乾隆年代砖修葺。

第96段：9米。据记名碑载，为乾隆三十年（1765年）重修，砖文："永通官窑造新停泥大城砖"。

第97段：长3米。筑于18世纪末，系用普通的乾隆时代砖，但砖上无印文。

乾隆中前期，砖窑大部分为官办，砖款多为工部、内务府、官窑等。

第98段：3米。筑于19世纪初，砖文为："王府用砖"。

带有王府款识的城砖一般多见于王府建筑，如"王府足制"。王府用砖除有王府款识的专用城砖外，一般多为只带窑厂名号或只表明制造工艺的铭文砖，如"大新样城砖""细泥停城砖"等。而带有皇帝年款，或标明"钦工物料"性质的城砖只允许用于敕建工程。明清的等级制度在砖瓦等建筑材料上的体现尤为显著。城墙上发现的王府款城砖，极有可能是因疏忽而混入的。

第99段：12米。筑于18世纪末。明代旧垣，大部分经用乾隆时材料重修。

第100段：50米。据墙上碑记，修于乾隆四年（1739年）。

第101段：20米。明末筑，砖文年代为万历三十二年（1604年），亦经后世修葺。

第81段至第101段为东直门以北城墙段，1972年，北京市市政处刘绍润同志对此段城墙构造的调查如下：

"城墙的上面全宽16公尺，净宽14.60—14.80公尺，底面宽18.10—19.20公尺，南段高11.10公尺，北段高11.60公尺。靠近城门的一段城墙（长约120公尺），外面砖墙是用大小两种城砖砌筑而成的双层砖墙，外层是大城砖，砖墙上下等厚度，均约为1.50公尺，砖墙高9.70公尺。下面有四层青石板，石基高1.55公尺，石基宽1.50公尺。下面有厚约70公分的石灰土基础，灰土宽2.30公尺。内侧小砖墙的上顶厚约1.10公尺，底部厚约1.50公尺，小砖墙高5.70公尺。砖墙下面无石板墙基，有厚约70公分的石灰土基础，灰土宽1.70公尺。北段城墙外侧（东面）的砖墙面全是大城砖，上顶厚1.60公尺，下面厚2公尺。下面有四层青石板，石板砌筑宽度2.30公尺，石基高1.65公尺，石板下面是70公分厚的石灰土基础。城墙内侧（西面）的砖墙面全是大城砖，上顶厚1.65公尺，下面厚1.90公尺。下面有四层青石板，石板有宽有窄，砌筑宽度2公尺，石基高1.65公尺。石板下面是70公分厚的石灰土基础。”①

内城东城墙的拆除始于1970年前后。1968年下半年，为配合地铁二号线施工，“从建国门以北200米处至东便门开始实施东护城河南段改暗河工程，1971年，暗河工程需要回填土，于是又开始拆建国门至北京站东街的城墙（这段城墙的城砖已于1970年被拆掉用于修建防空洞），以城墙土为暗河填方。在1971年至1972年间，建国门以北的内城东城墙也全部被拆除。从当时对东城墙状况的调查来看，1971年秋，东直门以北的城墙及东直门至二号豁口（北门仓豁口）的城墙暂时还完整，但二号豁口至朝阳门的城墙上部已经拆掉一米多，而朝阳门至一号豁口（大雅宝豁口）的城墙已拆去将近一半”②。

从喜仁龙的考察记录来看，内城东城墙有明确年代记录的明代遗垣有2110余米，多为明嘉靖及万历年间所筑修。有年代记录的清代墙面有1500多米，在有年代记录的1500多米清代修葺城墙中，乾隆和嘉庆年间的居多，其中乾隆400余米，嘉庆约320米，其余为道光、咸丰、同治、光绪朝维修，内城东城墙内侧的修葺记录包含了清乾隆以后的所有朝代。

其余1700多米城垣中，包括两座城台、五条马道和没有明确砖文或碑记可考的城壁。

（三）内城北墙内侧壁

据喜仁龙的考察，内城北城墙内侧长约6760米，内侧高11.00米多，外侧长约6790米，外侧高约12.00米，城墙断面为梯形，底宽21.70—24.00米，顶宽17.60—19.50米，城墙顶面铺墁双层城砖地面，外侧有垛口墙，内侧有宇墙。城垣

---

① 孔庆普：《北京的城楼与牌楼结构考察》，东方出版社2014年版，第333页。
② 孔庆普：《北京的城楼与牌楼结构考察》，东方出版社2014年版，第333页。

东西两端有城角箭台，上建城角箭楼，外侧筑有墩台 19 座。北城墙设有两座城门，东为安定门，西为德胜门。

喜仁龙对内城北城墙内侧壁的考察是从内城东北角开始由东向西进行的。

1. 东北角楼至安定门

第 1 段：长 75 米。以乾隆时期大砖重筑，砖文莫辨。

城砖的品相与质地在一定程度上可反映出当朝的政治及经济状况。在确认清代的款识特征后，尽管其“砖文莫辨”，仍可从外观、尺寸及材质等方面断定为乾隆时的城砖。

第 2 段：40 米。筑于明末，砖文为：“万历四十六年窑户刘松作头刘能造”。

万历年间不乏砖文作为维修城墙的佐证，但万历四十年（1612 年）以后的铭文砖不是很多。

第 3 段：60 米。据兴工记名碑，重修于道光十年（1830 年）。砖文：“停泥新城砖”。

道光款的城砖考察中很少见，笔者在《山东临清市河隈张庄明清“贡砖”窑址发掘报告》[①] 的图例中曾看到一款，砖文为：“道光十年临清砖程窑作头崔贵造”。以此分析，喜仁龙所记，道光十年（1830 年）重修城墙的“停泥新城砖”，应不属临清砖，这类没有地名的砖应产于北直隶一带。

第 4 段：20 米。一短段明代遗垣。

第 5 段：35 米。用“恒顺窑造停泥城砖”砌筑。

第 6 段：长 9 米。据墙上碑记，于道光九年（1829 年）重修。

第 7 段：长 100 米。根据记名碑，为乾隆辛巳年（1761 年）重修，砖文为：“工部监督永”“工部监督桂”。

乾隆朝是清代对城砖生产监管力度最大的一个时期，很多城砖款识钤有“工部监督”“工部监造官”“工部接办监”等字样。

第 8 段：40 米。嘉庆时（19 世纪初）以“大停细砖”重修。

第 9 段：100 米。大概筑于清初，用中型砖。

---

① 朱超等：《山东临清市河隈张庄明清“贡砖”窑址发掘报告》，载《海岱考古》，2014 年第 0 期。

第 10 段：25 米。当筑于 18 世纪末，采用乾隆砖，无砖文。

第 11 段：50 米。同第 9 段。

第 12 段：9 米。较短的一段，据墙上碑记，为乾隆时重修，工部监督永督造。

第 13 段：50 米。明代遗垣，以新砖补葺过。

第 14 段：25 米。据碑记，修于道光十四年（1834 年）。

第 15 段：75 米。据兴工题记碑，为乾隆四十年（1775 年）重修。

以上 500 多米城墙大多经清代修葺过，其中第 3、6、14 段，近百米，据碑记修于道光年间。道光年间对城墙的维修一般都是小规模、局部的，修葺记录多为碑记，铭文砖不多，皇朝款的砖更少见。

第 7、10、12、15 段是乾隆年间修葺的，共 210 余米，大约占这段城墙的三分之二，砖上有具代表性的“工部监督”款识。

第 16 段：55 米。两段不长的明末遗垣，含有印文砖：“万历三十二年”。

第 17 段：雍和宫后面的一条长马道，主要筑于明末，砖文有：“嘉靖三十年分窑户杨造”。

嘉靖三十年（1551 年）的铭文砖目前仅发现三例，其中一例为“嘉靖三十年分窑户杨□□造”。估计与喜仁龙所记为同一款。明代砖铭中的人名一般都姓名齐全，从实物考察看，从未出现过只记姓氏或只记名字的。故当时可能因为名字漫漶不清，在记录时被舍去。

第 18 段：15 米。一段较短的明末遗垣，砖文为：“嘉靖三十一年窑户林高造”。

第 19 段：20 米。筑于 18 世纪末，系用乾隆时大砖。

第 20 段：25 米。大概筑于 17 世纪末，系用中型砖，无砖文。

第 21 段：45 米。两小段明代遗垣。

第 22 段：30 米。筑于明末，含有万历三十二年（1604 年）的砖，据碑记，重修于乾隆四十年（1775 年）。

第 23 段：40 米。两小段明末遗垣。某些砖上有年代“万历三十二年”。

第 16 段至第 23 段近 300 米的城墙，大约有 230 米仍为明代遗垣，砖文显示为嘉靖和万历中晚期，其余部分经乾隆年间重修。

第 24 段：50 米。上部筑于明末，上部据碑记系于咸丰十年（1860 年）重修。

第 25 段：35 米。较短的两小段，特征同上段。

咸丰年间修葺城墙的记录较少，这应与当时局势动荡无暇顾及有关。

第 26 段：50 米。明末遗垣，所用砖与崇祯时（1628—1644 年）所用的薄砖相似。

据记，明末崇祯时期所用城砖大多为薄砖，这与我们现在考证到的实物基本相符。但考察中也曾见到过标准尺寸的崇祯朝城砖。

第 27 段：40 米。据墙上碑记，修于乾隆二十年（1755 年）。

第 28 段：25 米。筑于 17 世纪末或 18 世纪，系用中型砖，无砖文。

第 29 段：150 米。下部筑于明代，严重失修，据一碑记，上部系道光二十年（1840 年）重修。

第 30 段：115 米。修于乾隆十九年（1754 年），砖产于工顺窑。

第 31 段：马道和安定门城台。主要建于明末。城台上部系用崇祯时流行的薄砖，下部为乾隆时的大砖。

第 32 段：10 米。曾以中型砖修葺。

第 18 段至第 32 段，城墙加马道及安定门城台 400 多米，除小部分还留有明代遗垣外，大部分经清代乾隆朝和道光朝重修。

2. 安定门至德胜门

第 33 段：20 米。明末遗垣，砖文："万历三十二年"。

第 34 段：25 米。下部为明代遗垣，砖文有："嘉靖戊子年"，上部系乾隆时重修。

第 35 段：18 米。下部筑于明代，上部修建年代较晚，系用中型砖。

第 36 段：10 米。筑于明末，无砖文。

这一段城墙 70 余米，主要为明代中晚期遗垣。其中，嘉靖戊子年（1528 年）的款识比较少见，嘉靖朝很少使用干支款，一般皆为较规范的皇朝纪年加窑户名的款识形式。而此类皇帝年号加干支的款识在清乾隆年间则比较常见。

第 37 段：长 60 米。下部筑于明代，上部据城墙上碑记，为道光四年（1824 年）重筑。

第 38 段：40 米。明末遗垣，曾经修葺。

第 39 段：较长一段，据兴工题记碑，修于嘉庆八年（1803 年）。

至今仅发现过一块嘉庆五年（1800 年）的皇朝款铭文砖。

第 40 段：20 米。筑于 18 世纪末，砖文为："通顺窑大停细砖"。

第 41 段：30 米。据碑记，修于道光四年（1824 年）。砖文：“大停细砖”。

第 37 段至第 41 段城墙约 200 米，主要为嘉庆、道光年间所修。

第 42 段：较短，筑于明代中期，砖文：“嘉靖二十一年窑户王林造”。

第 43 段：40 米。筑于 18 世纪末，砖文：“东河窑”。

第 44 段：15 米。明初筑，某些砖上印有文字：“成化十三年”——这是我们在所有城砖上发现的最早年款。

“成化十三年”是喜仁龙在北京城墙上发现的年代最早的砖款，迄今为止，尚未发现成化之前六个朝代（永乐至天顺）的北京铭文砖。在 2005 年对北京城砖的考察中，曾发现一块断为半截的成化款城砖，砖文有：“直棣……成化十年……太湖县……”等字样，这是至今所见北京城砖中最早的纪年款。

第 45 段：50 米。当筑于清初，砖系中型，无印文。

第 46 段：36 米。筑于 18 世纪末，大砖，无印文。

第 47 段：20 米。用料与年代同第 45 段。

如上述无印文砖确系清初遗物，应为康熙、雍正时期。实地考察清东陵时，在顺治皇帝的陵寝（孝陵）见到一些钤有顺治款的城砖，而位于清东陵的康熙陵（景陵）和位于清西陵的雍正陵（泰陵）则未发现有其朝代款识的城砖。

两朝文献中屡见地震损毁京师城墙及皇家建筑的记录，从康、雍二朝地震的频率和强度来看，修葺城墙和皇室建筑应是一个长期持续的工程。

康、雍两朝地震损毁京师城墙的记录：

［康熙四年三月初二日］ 晨十一时，北京便起了一阵地动，摇撼宫殿与全城之建筑，由地隆隆发出雷鸣之声。城内房屋之倒塌者不计其数，甚至城墙亦有百处之塌陷。①

［康熙十八年七月二十八日］京师地震，自巳至酉，声如轰雷，势如涛涌，白昼晦暝，震倒顺承、德胜、海岱、彰义等门，城垣塌毁无数。②

［康熙五十九年六月初七日巳时］（京师）地震，初八日申时复大震，有声自西

① ［德］魏特：《汤若望传》第二册，杨丙辰译，商务印书馆 1949 年版，第 501 页。
② （清）叶梦珠撰：《阅世编》卷一，上海古籍出版社 1981 年版，第 19—20 页。

北来，少刻摇撼，簸荡人不得坐立，城墙北面倒塌一十六丈，城垛摇落大半。[①]

［雍正八年秋］京师地震猛烈异常，连震二十余次，房屋倒塌甚多，压毙人口十万有余……圆明园与畅春园皇上游憩之所，宫殿楼阁，结成一片瓦砾，无一存者。[②]

［雍正八年秋］安定门、宣武门等三处裂缝三十七丈，海墁城砖铺用三层。[③]

第48段：20米。明初遗垣，砖文年代为正德四年（1509年）。

明正德年间的铭文砖在城墙上已很少见到。在考察到的正德款城砖中，年代多为正德二年（1507年），尚未见到正德四年（1509年）的铭文砖。

第49段：25米。年代与用料同第45段。

第50段：一小段明代墙垣，上部曾用薄砖重建。

明清城墙用砖基本都是大城砖，尺寸大多为48厘米 ×24厘米 ×12厘米，唯明末天启、崇祯两朝出现过部分小型城砖，尺寸约为42厘米 ×16厘米 ×10厘米。

第51段：30米。据墙上碑记，为乾隆八年（1743年）重修。

第52段：较短，筑于清初，中型砖，无砖文。

第53段：20米。筑于明代中期，砖文为“嘉靖十一年”。

第54段：35米。筑于明代中期，砖文有：“嘉靖二十八年窑户张明造”。

第55段：长60米。据墙上碑记，系咸丰时（1851—1861年）所修。

咸丰朝款识的铭文城砖目前尚未见到实物，喜仁龙也只是在前述东城墙第58段时提到发现有“咸丰元年作头王泰立造”的铭文城砖。

第56段：40米。或筑于清代；中号砖，无砖文。

第57段：25米。用各种材料混合筑成；大概重修于19世纪初。碑记已不可辨。

第58段：30米。上半部以中型砖砌筑；年代当为19世纪；下半部筑于明末；砖上印有“万历三十二年”。

从考证的万历城砖铭文看，万历三十年（1602年）至三十五年（1607年）是万历朝生产城砖较多的年代。

第59段：12米。明中期筑；无砖文。

---

① （清）周家楣、缪荃孙等编纂：《光绪顺天府志》（一），北京古籍出版社1987年版，第35页。
② 河北献县耶稣会：《圣教史略》卷四，萧若瑟译，光绪三十一年印本，第201页。
③ 雍正九年二月份《钱粮清册》卷四（满文档），见故宫档案。

第 60 段：较长，据兴工题记碑，修于乾隆七年（1742 年）或八年（1743 年）。

第 61 段：40 米。筑于明代中期；大砖，无印文。

第 62 段：马道，很多处经不同时期重修，各个修补部分差异很大，可区别的至少有十二处，大部分修于明代，即嘉靖、万历、崇祯年间，还有一部分修于 18 世纪和 19 世纪初。从这段马道向德胜门方向延伸的一段城墙，也屡经修葺，上部尤其如此，下部则基本是古旧的。

第 63 段：12 米。建于明末；砖文："万历三十二年"。

第 64 段：12 米。筑于 19 世纪初；中型砖，无砖文。

第 65 段：12 米。明末筑；无砖文。

第 66 段：10 米。年代与用料同第 64 段。

第 67 段：20 米。年代与材料同第 63 段。

第 68 段：45 米。下部为明代所筑。上部经 19 世纪重筑，采用中型砖。

第 69 段：12 米。上部建于明代，下部重修于乾隆时。

第 70 段：50 米。明末遗垣；砖文："万历三十四年"。

第 71 段：20 米。下部筑于明代，含有嘉靖十七年（1538 年）的砖；上部系中型砖，于 19 世纪重筑。

从第 60—71 段的城墙状况看，这里是明代遗垣和清代补修部分混杂的区域。

第 72 段：40 米。当筑于 19 世纪初；碑记载有道光年号。

看来在城墙上很难见到道光款的铭文城砖。喜仁龙只能根据碑记确定道光朝修补城墙的区域。

第 73 段：35 米。不长的两小段，筑于 19 世纪中期；系用中型砖。

第 74 段：20 米。两小段明末遗垣，某些砖上印有："万历二十九年"。

第 75 段：10 米。年代与用材同第 73 段。

第 76 段：马道和德胜门城台，系明末以薄砖重筑。根据镶在墙上的一块碑记，"部分城门马道"（约 54 米）为嘉庆七年（1802 年）重修。

第 77 段：50 米。据墙上碑记，重修于道光二十年（1840 年）。

第 78 段：40 米。据兴工题记碑，为嘉庆三年（1798 年）重修。

第 76—78 段的城墙（包括城门马道）约 150 米，喜仁龙当时也没有考察到砖文，只有碑记记录为嘉庆、道光年间重修。

据李卓屏1954年编写的德胜门两边城墙构造考察资料记：

“德胜门两边的城墙，上顶宽19.20公尺，底面（石基）宽21.45公尺，城墙高（石基底面以上）11.20公尺。顶面内外两侧皆有城砖宇墙（外侧远处是垛口墙），宇墙厚50公分，高1.35公尺（包括青石墙帽）。上面铺墁双层城砖地面，下面有厚约45公分石灰土。城门东西两边城墙的构筑略有区别，东边城墙的外侧（北面）砖墙上顶厚2公尺，底部厚2.50公尺，砖墙高10公尺。下面有四层青石板，石基高1.70公尺，石基宽约2.70公尺。石基下面有60公分石灰土基础，灰土宽3公尺。内侧砖墙上顶厚2公尺，底部厚2.50公尺，砖墙高10公尺。下面有三层青石板，石基高1.30公尺，石基宽约2.50公尺。石基下面有60公分石灰土基础，灰土宽3公尺。城门西边城墙的外侧（北面）砖墙上顶厚2公尺，底部厚2.50公尺，砖墙高10公尺。下面有四层青石板，石基高1.70公尺。石基宽约2.70公尺。石基下面有厚90—100公分石灰土，灰土宽3.30公尺。内侧（南面）砖墙上顶厚2公尺，底部厚也是2公尺，砖墙高10公尺。以下的做法与北面墙的做法相同。”[①]

3. 德胜门至西北角楼

第79段：30米。筑于18世纪末或19世纪初；用乾隆时代大砖。

第80段：75米。筑于明末；砖文：“万历三十二年”。

第81段：40米。当系19世纪初所筑；大城砖，墙上镶有碑记。

第82段：20米。筑于19世纪末；中型砖。

第83段：25米。明末遗垣；砖与崇祯时所用薄砖相似。

明末薄砖（小型砖）多见于天启、崇祯时期，尺寸约为42厘米 × 16厘米 × 10厘米。

第84段：12米。筑于18世纪末或19世纪初；大城砖，无砖文。

第85段：40米。或筑于清末；中型砖，无砖文。

第86段：40米。特征同上段。

第87段：40米。乾隆时筑；砖文为：“工部监督萨”。

---

① 孔庆普：《北京的城楼与牌楼结构考察》，东方出版社2014年版，第221页。

“工部监督”是乾隆时期常用的款识内容，目的在于加强城砖生产监造官员的职责意识。

第 88 段：40 米。建于清末；系用乾隆时薄砖。

目前尚未考察到乾隆款识的薄砖。

第 89 段：30 米。上半部筑于明末；采用薄砖；下半部有多处用乾隆时的砖修葺。

第 90 段：20 米。下半部筑于明代中期；砖文“嘉靖十四年”；上半部用崇祯时薄砖。

第 91 段：40 米。下半部筑于明代中期；砖印文有“嘉靖十一年为常州府造”。上半部系以中型砖重筑。

嘉靖四年（1525 年）以后，城砖产地逐渐移至江北的山东、河南、北直隶一带，江南各府基本不再向北京供应城砖。这款“嘉靖十一年为常州府造”的铭文砖是比较罕见的，就其年代和产地而言具有一定的研究价值。

第 92 段：350 米。一大段砌造平整的城垣；筑于乾隆或嘉庆时；砖上文字为：“辛巳年造”和“福金窑造”。

如此庞大的城垣整修工程，应是乾隆时期所为，辛巳年是乾隆二十六年（1761 年）。且嘉庆在位的 26 年中也没有辛巳年。

第 93 段：马道，特征同上段墙垣。马道上的墙壁有两块碑记，字迹模糊。

第 94 段：长 60 米。据兴工题记碑，系嘉庆八年（1803 年）重修。砖文为：“大停细砖”。

乾隆以后的砖文大多不再标注年代，而更注重表述砖的材质，如“大停细砖”“停泥城砖”“细泥大停砖”“澄浆停城砖”等。因此，这类款识更具嘉庆、道光等朝的特征。

第 95 段：24 米。当筑于清末；系用中型砖。

第 96 段：30 米。明末遗垣；砖文：“万历三十一年”。

第 97 段：9 米。建于 19 世纪初；系用嘉庆年代砖。

第 98 段：12 米。当筑于乾隆时期；无砖文。

第 99 段：40 米。当筑于清末；系用中型砖。

第 100 段：用料与上段相同。

第 101 段：长 100 米。筑于明末；用崇祯时的砖。

图 1-16　20 世纪 20 年代内城北城墙内侧一

图 1-17　20 世纪 20 年代内城北城墙内侧二

第102段：75米。筑于18世纪末；砖文为："广成窑甲午年造"。

18世纪末的甲午年为1774年，即乾隆三十九年。另外，道光十四年（1834年）亦为甲午年，但此时已是19世纪初了。

第103段：24米。明末筑；用薄砖。

第104段：两小段用中型砖砌造的墙垣（见第99段）。

第105段：长200米。据兴工题记碑，系嘉庆四年（1799年）重修。砖文为："永定官窑新大城砖"。

清末砖款中常见有"官窑"之称出现，如：兴泰官窑、永定官窑、皇城官窑等。主要在于标示其官办窑厂的身份。

第106段：15米。明代中期筑；大砖，无砖文。

第107段：90米。据碑记，修于嘉庆四年（1799年）。砖文："停泥新城砖"。

第108段：通往角台的马道，重修于18世纪。马道西侧上部有石碑一块，但无镌文。

与其他三面城墙相比，北城墙的尺度较大，其内侧壁收分也较东墙和南墙多。可能由于建造年代较晚及背风的原因，北城垣内侧保存得较好。

（四）内城西墙内侧壁

内城西城墙北段（复兴门以北）是在元大都土城垣基础上加建而成，南段（复兴门以南）建于明永乐十七年（1419年）。1939年，在阜成门以南（原元大都土城垣西南角处）开辟长安门，后改名"复兴门"（单券洞，无城楼）。

据喜仁龙的考察，内城西城墙内侧长约4870米、高约10.40米，外侧长约4910米、高约11.30余米，城墙断面为梯形，底宽约20米，顶宽17—18米。城墙南北两端有城角箭台，上建有城角箭楼，外侧筑有墩台46座。西城墙设有两座城门，南为阜成门，北为西直门。

喜仁龙对内城西城墙内侧壁的考察是从内城西北角开始向南进行的。

1. 西北角楼至西直门

第1段：角楼墩台，主要以明末时所用的薄砖砌筑；角楼马道和毗连城垣均系乾隆时重修，含有印文砖："工部监督桂"和"工部监督福"。

“工部监督”是乾隆时期常用的款识，“工部监督桂”和“工部监督福”在近年的实物考察中也多次发现。

第2、3段：两小段明初城垣，颇有残毁。

第4段：54米。据碑记，上部修于嘉庆二年（1797年）；下部含砖文：“永定官窑造”。

第5段：15米。或筑于明代中期；无砖文。

第6段：30米。似于明初所筑；无砖文。

第7段：24米。建于明代中期或末期；无砖文。

第8段：18米。明初遗垣；无砖文。

第9段：22米。筑于明代，后经修葺。

第10段：26米。年代与筑法同第8段。

第11段：24米。年代与用材同第9段。

第12段：11米。明初遗垣；无砖文。

第13段：20米。或筑于明代中期；砖无文字。

第14段：西直门两条城门马道，以明末式样的薄砖砌成。马道内侧城墙与城台，均系用较大的砖，但亦筑于明代。

从西北角楼墩台到西直门城楼约300米的城墙，从喜仁龙的考察记录中不难看出，大多为明代所建，其中不乏大量明早期遗垣，因无任何砖文可考，推断砌筑于明成化之前，即正统至天顺间。因至今尚未发现明初几朝的铭文砖，也为这段古老墙垣的身世增添了些许神秘色彩。

2. 西直门至阜成门

第15段：38米。建于明朝中期或末期；砖上无印文。

第16段：22米。当筑于19世纪中期；用中型砖。

第17段：15米。筑于18世纪末；系用“停泥城砖”。

从砖款和年代分析，这两段共37米左右的城墙应为清嘉庆、道光时期所筑。

第18段：15米。筑于明代中期或末期；无砖文。

第19段：38米。上部用薄砖（大概筑于崇祯时）；下部用中型砖重修。

第20段：20米。明初遗垣；无砖文。

第21段：15米。似为明末遗垣；无砖文。

图 1-18　20 世纪 20 年代内城西墙西直门迤南一带内侧

第 22 段：38 米。据兴工题记碑，修于乾隆四年（1739 年）。部分采用明代砖，砖文："嘉靖三十一年"。

第 23 段：24 米。根据两块题记碑，系道光二十一年（1841 年）重修。采用乾隆式样的大砖。

第 24 段：8 米。建于 19 世纪初；有砖文："甲申年造"。

19 世纪初的甲申年（1824 年）系道光四年。此后的光绪十年（1884 年）和此前的乾隆二十九年（1764 年）均为甲申年，乾隆砖款干支年的特征较明显。

第 25 段：26 米。筑于 19 世纪中期，砖文为："同治万万岁"。

同治朝的砖款和碑记都很少见，在实物考察中至今未发现同治款的铭文砖。因而，喜仁龙记录的这一砖文非常珍贵，证明同治时期也曾对北京城墙进行过修葺。

第 26 段：20 米。当筑于 19 世纪；中型砖，无砖文。

第 27、28 段：38 米。均为明末遗垣；无砖文。

第 29 段：22 米。明末筑，砖文系："万历十九年"。

第 30 段：15 米。明初遗垣，有砖文："成化十九年高唐州窑造"。

成化年间，高唐州是山东一带主要产砖地之一，已发现的砖铭有："成化十八年高唐州窑造""成化十九年高唐州窑造"。

第 31、32 段：26 米。均建于明代，后经重修。

第 33 段：30 米。用瑞顺窑烧造的砖重修；碑记字体不清，可能修于 19 世纪初。

在考察中曾发现钤有"瑞顺窑造大城砖"的铭文城砖。

第 34 段：15 米。明中期筑；砖文为："嘉靖十六年窑户刘章造"。

在考察中发现嘉靖款的城砖最多，年号几乎涵盖整个朝代，嘉靖十六年的款识大多出现在嘉靖陵寝永陵的城砖上。

第 35 段：7 米。似筑于 19 世纪；砖印文为："永和窑造停泥城砖"。

永和窑款的城砖在考察中还未见到，应属产砖量不大的小型窑厂。

第 36 段：15 米。嘉庆年间（1796—1820 年）重修；砖上印有："瑞盛窑造城砖""永定官窑造停泥细砖"。

瑞盛窑也应属供砖量不大的小型窑厂，故其铭文砖不常见。永定官窑款的砖在嘉庆年间比较常见，据碑记推断有"永定官窑新大城砖""永定官窑办造新样城砖"等。

第 37 段：20 米。年代与用材同第 36 段。

第 38 段：22 米。或筑于 19 世纪初；砖系河盛窑烧造。

河盛窑款的城砖在考察中还未见到，也应属供砖量不大的小型窑厂。

第 39 段：长 70 米。乾隆时重修；碑记莫辨。几块砖上有文字：“辛巳年造”。

乾隆年间常以农历干支年记录城砖生产年代，辛巳年（乾隆二十六年，1761 年）即为其中的一款，目前已发现的有：“乾隆辛巳年”“辛巳年诚造”。

第 40 段：11 米。明末筑；砖文为：“万历三十二年”。

从目前对铭文砖的发掘来看，万历三十二年（1604 年）前后是造砖较多的一个时期，比较典型的砖铭如：“万历三十二年窑户王永寿作头刘景先造”“万历三十二年窑户李显禛作头葛孟阳造”“万历三十二年窑户吴中梓造”。

第 41 段：11 米。当筑于 18 世纪末或 19 世纪初；砖上印有：“源泉窑新大城砖”。

源泉窑目前未见，应属清末的小型窑厂。

第 42 段：38 米。修于乾隆时；砖为东河窑烧造；砖文有：“德顺窑造大停细砖”。

现已发现的德顺窑城砖铭文有：“德顺窑停城砖记”“德顺窑记”“德顺记”等。而从已掌握的砖铭看，东河窑款识尚未发现。

第 43 段：38 米。当筑于 19 世纪初；系用中号砖；砖上无印文。

第 44 段：38 米。据镶砌墙上的碑记，修于乾隆二年（1737 年）。

第 45 段：22 米。据兴工题记碑，为乾隆四十一年（1776 年）重修。砖文：“工部监督萨”。

乾隆年间的城砖铭文形式较为丰富，既有明代的规范样式，也有清代的简化形式，其早期砖款更接近明代特征，如：“乾隆贰年分临清窑户张有德作头焦天禄造”。而“工部监督”款则是乾隆年间具官府特色的主要款识之一。

第 46 段：马道，现状甚佳；其内侧上方城壁已残损；据一块碑记，系于乾隆三十一年（1766 年）重修。有砖文：“内府官办裕成窑造”。

内府款也是乾隆年间的官府款识之一，目前已发现的有：“内府官办裕成窑造”和“内府足制”两款。

第 47 段：22 米。年代与材料同第 43 段。

第 48 段：19 米。明末遗垣；砖文：“万历三十二年”。

这段城墙与前面第 40 段应属同一时期修建的明代遗垣。

第49段：长38米。乾隆时重修；碑记不可辨。砖文："工部监督萨"。

此段城墙与前面第45段应是同一时期重修。

第50段：7米。筑于明末；砖文为："万历三十二年窑户张九志造"。

这段城墙与前面第40、48段属同一时期修建的明代遗垣。

第51段：22米。筑于明代中期；砖上印有："嘉靖十六年窑户陈举造"和"嘉靖十六年窑户姜同造"。

第52段：7米。很短的一段，经不同时期重修。

第53段：70米。明末筑；砖文年代为万历三十年（1602年）、三十一年（1603年）、三十二年（1604年）。基部数处经后世修葺。

从第40、48、50段和第53段明遗垣看，这一带将近400米的城墙应为万历三十二年（1604年）前后大修时砌筑，经乾隆年间不断维修，将这一时期的明代遗垣隔成数段。第51段的22米年代更早，为万历大修前的嘉靖朝遗垣。

第54段：60米。明代中期；无砖文。

第55段：40米。上部用明代薄砖砌筑；下部以不同类型的砖重修。

第56、57段：80米。两段保存较好的明代墙垣。大砖，上无砖文。

第58段：长200米。筑于明末；用崇祯式样的薄砖。

明清时期修葺城墙很少用薄砖，明代薄砖多出于天启、崇祯年间，第55段和第58段如无砖文记录，应为这两朝所造，有可能属应急挪用所致。

第59段：15米。据一碑记，修于嘉庆二十年（1815年）。

有些铭文砖根据碑记推测是嘉庆朝的，但明确钤有嘉庆年号的砖铭却非常少见，在多年的考察中笔者仅发现一例。

第60段：10米。乾隆时重修。砖印文有："东河窑造停泥新城砖""工部监督桂"。

"东河窑"至今未见到，而"工部监督桂"则常见。

第61段：50米。该段延至平则门（元代称平则门，明代改为阜成门），显系乾隆时所修；砖上文字为："广盛窑大城砖"。城台含印文砖："停泥城砖""工部监督桂"。马道偏南部分的墙上，镶有碑记一块：乾隆二十七年（1762年）。

"工部监督桂"是乾隆朝常见的款识，另两款砖文具有清末砖款的普遍特征，不一定就是乾隆朝的砖。

喜仁龙一书中未标明第62段内容，推测此处应为阜成门（平则门）城门位置，从阜成门往南则继续开始对第63段考察。

1953年，阜成门拆除瓮城并在城楼南北两侧各开辟一个城墙豁口，完工后，市建设局养工所周铭敬同志写出《阜成门拆瓮城和开豁口工程施工总结》，其中记载了阜成门两侧的城墙构造情况：

"南北两个豁口处的城墙构造基本相同，城墙的上面厚17.85公尺，底部厚20.15公尺，城墙高（石基以上）11.70公尺。外侧（西面）的墙面是双层砖墙，外表墙面是大城砖，里面是小砖墙。大城砖墙厚1.50公尺，墙高10.20公尺。砖墙的下面有四层青石板墙基，上层石板厚45公分，以下三层石板厚均为35公分，石基高1.50公尺，石基宽2.30公尺。石灰土基础厚60公分，灰土宽2.60公尺。小砖墙厚约1.40公尺，高2.50—4公尺，城砖的下面无石基。石灰土基础厚约60公分，灰土宽2公尺。内侧（东面）砖墙全是用明代大城砖砌成，上顶厚1.80公尺，底部厚2.20公尺，砖墙高9.90公尺。下面有四层青石板墙基，上层石板厚45公分，以下三层石板厚均为38公分，石基高1.60公尺，石基宽2.30公尺。石灰土基础厚60公分，灰土宽2.60公尺。"①

3. 阜成门至西南角楼

第63、64、65段：这三段衔接得较好，均用流行于崇祯年间（1628—1644年）的黑色薄砖砌筑。砖上无印文。

第66段：56米。当筑于清初；中型砖，无砖文。

第67段：19米。年代与建材同第63—65段。

第68段：45米。年代与建材同第66段。

第69段：22米。筑于明代中期（可能于嘉靖年间）；无砖文。

第70段：15米。明末遗垣；砖文为："万历三十二年"。

第71段：45米。筑于明中期；砖文有："嘉靖二十九年窑户陆造"及"嘉靖二十四年造"。

考察中陆续发现了一些嘉靖二十九年（1550年）的铭文砖。如："嘉靖二十九年窑户曹来造""嘉靖二十九年窑户符杰造"等。但嘉靖二十四年（1545年）的铭

---

① 孔庆普：《北京的城楼与牌楼结构考察》，东方出版社2014年版，第199页。

文砖较少，目前仅见到一例。

第 72 段：25 米。与上段相似。

第 73、74 段：长 50 米，均系中型砖，当筑于清初；无砖文。

据喜仁龙记，城墙上无砖文的清初城砖较多，此段与第 66、68 段共计 150 米，当为乾隆之前某朝的城砖。

第 75 段：20 米。据碑记，修于乾隆三十年（1765 年），但有部分古砖，其上印有：“万历三十年窑户孙宝造”。

第 76 段：38 米。筑于明中期（大概为嘉靖时），无砖文。

第 77 段：平则门以南第一条城垣马道，筑于明代，由三部分组成。第一部分系用嘉靖二十九年（1550 年）的砖；第二部分用正德三年（1508 年）的砖；第三部分（年代最早）为成化年间的砖。

目前发现最早的北京城砖款识为成化年款。从喜仁龙书中的记录来看，北京城墙上的成化款和正德款城砖非常稀少。

第 78 段：45 米。建于明代中期；砖上印有：“嘉靖三十一年窑户张钦造”。

第 79 段：长 175 米。明末筑；砖上文字为万历二十三年（1595 年）、二十九年（1601 年）和三十二年（1604 年）的几个窑户姓名。

从笔者多年实物考察城砖的经验来看，不经任何处理，仅凭肉眼观察很难完全看清城砖上的铭文。喜仁龙有些砖文记录不是很确切和完整，大概也是由此所致，毕竟当时很多砖文只能远观或借助望远镜。

第 80 段：较长（近 100 米），据镶砌墙上的碑记，重修于乾隆二十八年（1763 年）。

乾隆二十八年（1763 年）的铭文砖至今尚未考察到。但如此大面积的修葺工程，城砖完全没有铭文，似乎也难以理解，毕竟乾隆中前期铭文砖还是比较常见的。

第 81 段：40 米。或筑于清初；中型砖；无砖文。

第 82 段：10 米。明末遗垣；砖上年代：万历三十二年（1604 年）和万历三十三年（1605 年）。

从考察到的万历朝铭文砖年代记录来看，万历三十一（1603 年）至三十三年（1605 年）是城砖生产较多的一个时期。

第 83 段：50 米。筑于明中期；砖文上载有嘉靖三十一年（1552 年）、三十三年（1554 年）、三十六年（1557 年）和三十九年（1560 年）不同窑户的姓名。

嘉靖三十一年（1552 年）和三十三年（1554 年）也是一个生产城砖的盛期，而嘉靖三十六年（1557 年）和三十九年（1560 年）的铭文砖则不多见。

第 84 段：较短，系用中型砖；40 米。可能修于清朝初期。

第 85 段：60 米。据一碑记，系乾隆三十二年（1767 年）重筑；砖文为："工部监督永"。

"工部监督永"是乾隆朝常见的工部监督款中的一种，"永"字应为监督官的名或名字中的一个字。

第 86 段：一短段明代墙垣。系以嘉靖二十四年（1545 年）和二十七年（1548 年）的砖筑成。

第 87 段：系以乾隆辛巳年（1761 年）和壬午年（1762 年）的砖重修。

第 88 段：平则门（阜成门）至城隅之间的第二条马道，主要筑于明代不同时期。马道北端及所连城墙，系用正德二年（1507 年）和嘉靖二十二（1543 年）、二十三年（1544 年）的薄砖。马道中部和南端，主要用薄砖于明末重筑。

正德和嘉靖朝的薄砖很少，目前仅发现一例嘉靖二十六年（1547 年）的小型薄砖，尺寸为 42 厘米 × 16 厘米 × 10 厘米，砖文为"嘉靖二十六年窑户陈清匠人董志造"。正德二年（1507 年）和嘉靖二十二（1543 年）、嘉靖二十三年（1544 年）的薄砖在考察中尚未发现。

第 89 段：8 米。明末筑；砖文："万历三十二年"。

第 90 段：15 米。明代中期；无砖文。

第 91 段：据兴工题记碑，修于乾隆三十年（1765 年）。砖上印有："甲午年工顺窑造"。

工顺窑的款识在实物考察中曾发现一例，砖文为："工顺窑停城"。

第 92 段：22 米。明初筑；砖印文为："成化十九年"。

成化十九年款的铭文城砖也在十三陵见到过，在北京其他地方的考察中还发现过成化十年和成化十八年款的城砖。

第 93 段：较短，18 世纪末或 19 世纪初重修；一些砖上印着："大停细砖""嘉庆二年"。

嘉庆皇朝款的铭文砖非常罕见，目前仅考察到一例嘉庆五年款，以此看，喜仁龙记录的这一"嘉庆二年"的款识当属珍稀史料。

第 94 段：较长（60—70 米），建于明初；砖剥蚀严重，未见砖文。

第 95 段：筑于明代中期，砖文为“嘉靖二十二年窑户常青”“嘉靖二十六年永义兴窑户王瑞造”和“嘉靖三十二年窑户林永寿”。

嘉靖二十六年（1547 年）和嘉靖三十二年（1553 年）的铭文砖在考察中均有所发现。嘉靖二十二年款的城砖目前还未在北京见到，但在北京城砖主要产地山东临清考察时却发现了嘉靖二十二年（1543 年）的铭文城砖，如：“嘉靖贰拾贰年分窑户胡锦造”“嘉靖贰拾贰年上厂窑户□□□”等。

第 96 段：很短的一段，当筑于明代；无砖文。

第 97 段：较短（10—12 米），筑于明中期，采用嘉靖十六年（1537 年）的砖。

在北京城墙和十三陵都不乏嘉靖十六年（1537 年）的铭文砖。

第 98 段：较短，据一碑记，为乾隆十五年（1750 年）重修；砖文：“丙申年”。

干支款在乾隆朝较常见，如：乾隆辛巳年、乾隆甲午年、乾隆辛未年制 。

第 99 段：很短，用万历三十二年（1604 年）的砖。

第 100 段：较短，为乾隆初年重修，砖产于兴泰窑。

清代兴泰窑款的砖铭大多为“兴泰官窑诚造”。

第 101 段：较短，筑于明末。用嘉靖二十六年（1547 年）的砖。

第 102 段：系西南城角北面城垣，似修于乾隆时，但大部分为旧砖。

从砖铭记录来看，内城西城墙内侧在明代嘉靖、万历两朝都曾进行过大规模修葺，清代对此段城墙的维修则主要集中在乾隆年间。

1969 年，为配合地铁二期工程，内城西城墙被拆除。仅内城西南城角以北一段近 400 米的城墙（约为第 88 段至第 102 段）残存，亦为北京内城仅存的三段残垣之一。

图 1-19　20 世纪 20 年代阜成门（平则门）南侧马道

图 1-20　20 世纪 20 年代内城西城墙南端内侧

二、内城城墙外侧壁寻考

仅从记录来看，喜仁龙对内城城垣外侧壁的考察要比内侧壁简略得多，只是以墩台为区段，借助碑记内容，概括叙述了每一段城墙的现实状况及筑修年代，至于城墙外侧壁的大量砖文，也没有再像内侧壁那样进行详尽的收录。

据史料记载，北京内城最先将城墙外侧壁包砌城砖，《光绪顺天府志·京师志一·城池·明故城考》："旧土城周围六十里，克复后，以城围太广，乃减其东西迤北之半，创包砖甓，周围四十里。创包砖甓。"这里指首先将起防御作用的城墙外侧壁部分包砌砖石，而内外城墙全部以砖石甃城是明正统四年（1439 年）才最终完成的。又记："……两涯悉甃以砖石……自正统二年正月兴工，至是始毕。"[①]

喜仁龙当年未对内城外侧壁的砖文做详细记录，而是完整记录了墩台的状况，北京内城外侧壁共有 167 座墩台，具体如下[②]：

内城东垣：共有 46 座墩台，包括大墩台 2 座，小墩台 44 座。大墩台底部南北宽 39—40 米，向东凸出城墙 16.5—17 米，顶面南北宽 36.20—40.20 米。小墩台底部南北宽 20—21.50 米，向东凸出城墙 16.5—17 米，顶面南北宽 16.90—18.30 米。

内城南垣：共有 60 座墩台，包括大墩台 8 座，小墩台 52 座。大墩台底部东西宽 39—40 米，向南凸出城墙 14—15.50 米。小墩台底部东西宽 22—23 米，向南凸出城墙 14—15.50 米，顶面东西宽 18.50—19.50 米。

---

① （清）周家楣、缪荃孙等编纂：《光绪顺天府志》（一），北京古籍出版社 1987 年版，第 8 页。
② 参见［瑞典］奥斯伍尔德·喜仁龙：《北京的城墙和城门》，许永全译，北京燕山出版社 1985 年版，第 83—95 页。

内城西垣：共有42座墩台，包括大墩台3座，小墩台39座。大墩台底部南北宽39—40米，向西凸出城墙16—17米，顶面南北宽36—37米。小墩台底部南北宽21.50—22.50米，向西凸出城墙14.50—15.50米，顶面南北宽18.50—19.50米。

内城北垣：共有19座墩台，均为大墩台，底部东西宽39—42米，向北凸出城墙16—17米，顶面东西宽36—39米。

喜仁龙对内城外侧的考察从东南角楼开始，向北沿着东城墙的墩台顺序展开。

（一）内城东墙外侧壁

1. 东南角楼至朝阳门

据记，从东南角楼向北的前6座墩台及城壁，外观古老而残破，并推测其筑于15世纪末，而15世纪末正值明弘治年间。20世纪60年代北京内城拆除后，东城墙还残存此处一小段，有200多米，两侧被各类构筑物包裹着。2005年，政府决定清除附着于残城墙两侧的构筑物，将这段残墙加以补修，并计划在其东侧增设绿化带，建成明城墙遗址公园。在对这段残城墙补修的过程中，我们曾对其进行了考察，在其残墙上发现有明弘治年间的纪年款砖，砖文为："弘治八年利津县窑"。

根据史料分析，这段城墙为明永乐十五年（1417年）至十七年（1419年）向南拓展元大都南墙时增建。其内、外壁包砌城砖应完成于明永乐十七年（1419年）与正统四年（1439年），而从目前考察结果来看，在15世纪的一段历史时期中，仅发现成化和弘治两朝的纪年款砖，残墙上的弘治铭文砖，可以作为15世纪末弘治朝修葺此段城墙的记录。

第七座墩台到朝阳门（元代称"齐化门"）共有17座墩台（即第七座至第二十三座），紧靠朝阳门的第二十三座墩台已在民国初期修建小火车站时拆除。据记载，这一段城垣的墩台及城壁大多都经过后世的重修，因而与前6座墩台及城壁在外观上形成鲜明对比。据城墙上的碑记记载，这一带基本为乾隆时期所修葺，筑修年代为乾隆三十一年（1766年）、乾隆三十六年（1771年）、乾隆三十七年（1772年）及乾隆四十六年（1781年），尤以乾隆三十六年（1771年）居多。

朝阳门南段城墙构筑资料（见图1-21a、1-21b）：

城墙断面为梯形，顶部宽16.10米，底部宽19.20米。城墙顶面铺墁双层城砖，

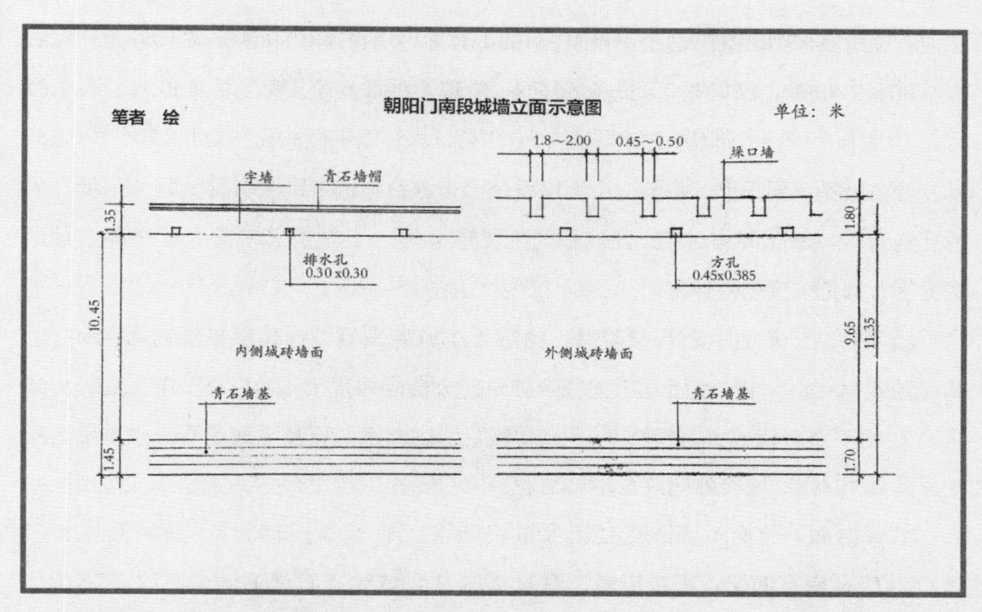

图 1-21a 朝阳门南段城墙立面示意图

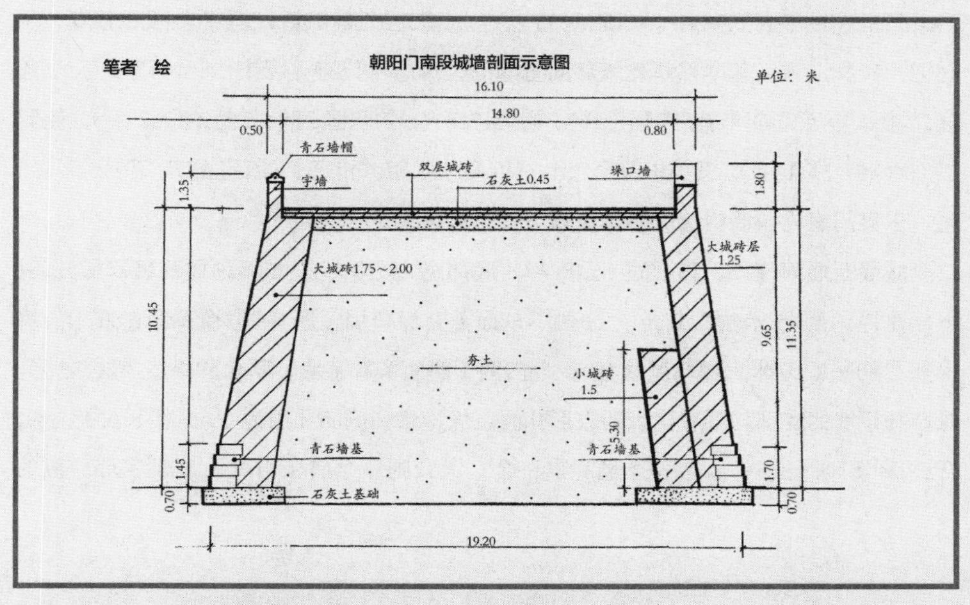

图 1-21b 朝阳门南段城墙剖面示意图

下面有厚约 0.45 米的石灰土。外侧（东面）有垛口墙，厚 0.80 米，高 1.80 米，垛墙宽 1.80—2.00 米，垛口宽 0.45—0.50 米。内侧（西面）有宇墙，厚 0.50 米，高 1.35 米。垛墙和宇墙的底部均开有排水的方形孔洞，垛口墙一侧的孔洞为 0.45 米 × 0.385 米，开在墙垛下部正中，每隔一个墙垛设一个，墩台则每个墙垛均设一个。宇墙一侧的孔洞与垛口墙孔洞相对应，是城墙的主要排水孔，尺寸为 0.30 米 × 0.30 米，洞口底面有石制排水道向外伸出。

城墙外侧（东面）是双层砖墙，内层为小城砖砌筑，小砖层厚度约为 1.50 米，高度约 5.30 米。外层墙面是用大城砖砌筑，大砖层厚度为 1. 25 米，砖墙高度 9.65 米。砖墙下面有四层青石板墙基，石基总高为 1.70 米，石基下面是石灰土基础，灰土厚约 0.70 米。城墙外侧总高 11.35 米。

城墙内侧（西面）墙面都是用大城砖砌筑，厚 1.75—2.00 米，砖墙高度 9.65 米。砖墙下面有四层青石板墙基，石基总高为 1.45 米，石基下面是厚约 0.70 米的石灰土基础。城墙内侧总高 10.45 米。城墙内芯为沙质黏土夯土层。①

2. 朝阳门至东直门

朝阳门城楼迤北至东直门城楼之间有墩台 17 座，第一座墩台也已在修建小火车站时被拆除。据喜仁龙当年考察，第七座墩台和第八、九座墩台及毗连城墙外貌古老，第十三座墩台同样苍老古旧。其余 13 座墩台及毗连城墙均进行过不同程度的修葺，从碑记及砖文上看，基本都是乾隆年间重修的，筑修年代有乾隆十八年（1753 年）、乾隆二十八年（1763 年）、乾隆三十一年（1766 年）、乾隆三十二年（1767 年）、乾隆三十六年（1771 年），其中以乾隆三十一年（1766 年）和三十六年（1771 年）居多。

东直门南段城墙构筑资料（见图 1-22a、1-22b）：

城墙断面为梯形，顶部宽 15.95 米，底部宽 18.10 米。城墙顶面铺砌双层城砖，下面是厚约 0.45 米的石灰土。外侧（东面）有垛口墙，厚 0.80 米，高 1.80 米，墙垛宽 1.80—2.10 米，垛口宽 0.48 米。内侧（西面）有宇墙，厚 0.50 米，高 1.35 米。垛墙和宇墙的底部均开有排水的方形孔洞，垛口墙一侧的孔洞为 0.45 米 × 0.385 米，开在墙垛下部正中，每隔一个墙垛设一个，墩台则每个墙垛均设一个。宇墙一侧的

---

① 参见孔庆普：《北京的城楼与牌楼结构考察》，东方出版社 2014 年版，第 170 页。

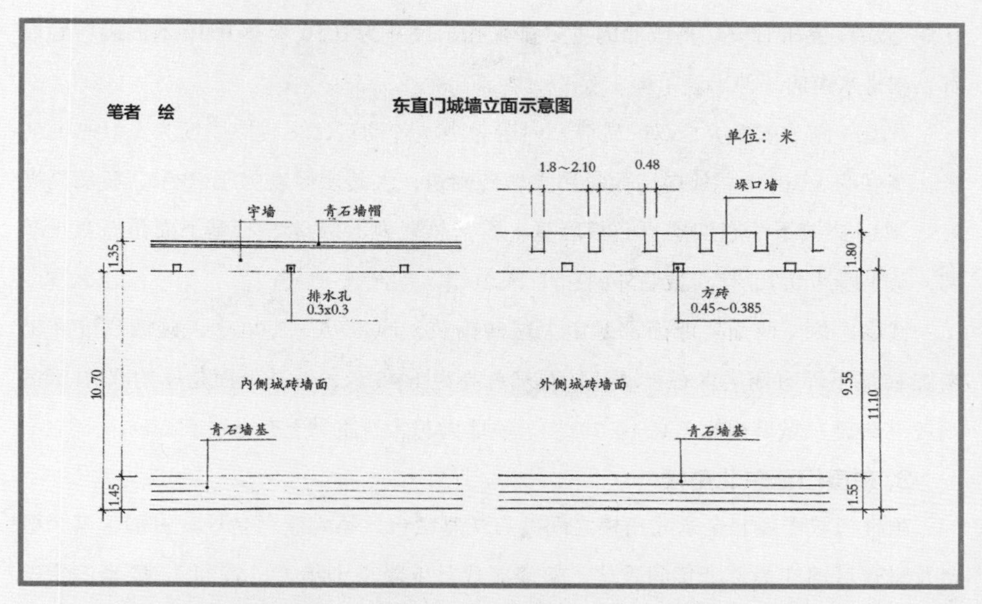

图 1-22a 东直门城墙立面示意图

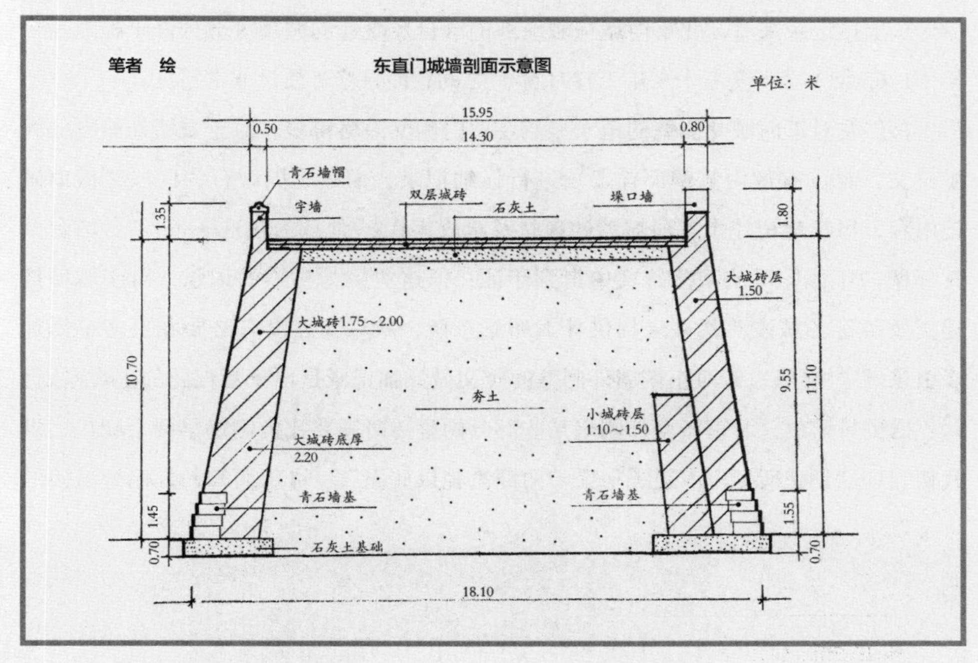

图 1-22b 东直门城墙剖面示意图

孔洞与垛口墙相对应，是城墙的主要排水孔，尺寸为 0.30 米 × 0.30 米，洞口底面有石制排水道向外伸出。

城墙外侧（东面）是双层砖墙，内层为小城砖砌筑，小砖层厚度为 1.10—1.50 米，高度约 5.30 米。外层墙面是用大城砖砌筑，大砖层厚度为 1.50 米，砖墙高度 9.55 米。砖墙下面有四层青石板墙基，石基总高为 1.55 米，石基下面是石灰土基础，灰土厚约 0.70 米。城墙外侧总高 11.10 米。

城墙内侧（西面）墙面都是用大城砖砌筑，厚 1.75—2.00 米，砖墙高度 9.65 米。砖墙下面有四层青石板墙基，石基总高为 1.45 米，石基下面是厚约 0.70 米的石灰土基础。城墙内侧总高 10.70 米。城墙内芯为沙质黏土夯土层。①

3. 东直门至东北角楼

东直门城楼迤北至东北角楼之间共有 7 座墩台，第六座墩台外观古旧，其余墩台及毗连城墙亦为乾隆年间重修，筑修年代是乾隆三十年（1765 年）、乾隆三十一年（1766 年）、乾隆三十六年（1771 年）和乾隆五十一年（1786 年），其中以乾隆三十一年（1766 年）居多。第七座墩台于民国初期修筑环城铁路内城东北角火车券洞时拆除。

从上述记录来看，北京内城东城垣外侧墩台及毗连的城墙大部分修于乾隆三十年（1765 年）至乾隆三十六年（1771 年）之间，而且修葺质量非常精良。

喜仁龙对于内城外侧壁的记录显然要比内侧壁简略得多，对于城墙外侧壁的大量砖文，也没有像内侧壁那样逐段进行详细记录，而只是以墩台为区段，借助碑记内容，概括地记述了各段城墙的现状及筑修年代。他认为在这一带，“各墩台及其邻壁的年代，可从某些砖文中得到印证；但这些极为枯燥的记录，对于城墙修建史及确定各城段年代并未提供什么新鲜东西，所以实在没有必要花更多笔墨加以引录。”② 显然，未对东城墙外侧壁的砖文做详细记录是出于喜仁龙的主观原因。

据史料记载，北京城墙外侧壁某些部分的甃砖时间要比内侧壁早两个朝代，洪武初，即“创包砖甓”。正统初又“两涯悉甃以砖石”。可想而知，外侧壁城砖的

① 参见孔庆普：《北京的城楼与牌楼结构考察》，东方出版社 2014 年版，第 169 页。
② ［瑞典］奥斯伍尔德 · 喜仁龙：《北京的城墙和城门》，许永全译，北京燕山出版社 1985 年版，第 87 页。

考古价值是大于内侧壁的，尽管乾隆年间曾大规模重修城墙，但还是有些“苍老古旧”的部分保留了下来，如前面所提到的：东南角楼往北的前 6 座墩台及城壁；朝阳门至东直门之间的第七和第十三座墩台，第八、九座墩台及毗连城墙；东直门以北第六座墩台。这些外表“苍老古旧”的部分，很可能铃记着有关城墙修建史的珍贵信息。当年未对外侧壁的砖文做详细记录，确实有些遗憾，如今，城墙早已无存，我们再也无法对这些极有可能承载着北京最早建城信息的建筑进行实地考察。

据孔庆普先生所记：为配合地铁二号线施工，1968 年下半年，从建国门以北 200 米处至东便门开始实施东护城河南段改暗河工程。1971 年，暗河工程需要回填土，于是又开始拆建国门至北京站东街的城墙（这段城墙的城砖已于 1970 年被拆掉用于修建防空洞），以城墙土为暗河填方。在 1971 年至 1972 年间，建国门以北的内城东城墙也全部被拆除。从当时对东城墙状况的调查来看，1971 年秋，东直门以北的城墙及东直门至二号豁口（北门仓豁口）的城墙暂时还完整，但二号豁口至朝阳门的城墙上部已经拆掉一米多，而朝阳门至一号豁口（大雅宝豁口）的城墙已拆去将近一半。[①]

（二）内城北墙外侧壁

北墙的墩台，比其他三面城垣的墩台数量少些，但其尺度较大。北墙墩台的间距在 200 米到 350 米之间，而其他三面城墙的墩台间距则一般平均不超过 90 米，有些短至 60—70 米。

1. 东北角楼至安定门

从东北角楼往西至安定门共有 8 座墩台，角楼至第七座墩台及台间城墙外观古旧、破损严重。据记，除第一座墩台及其与角楼之间的一段城墙为乾隆五十六年（1791 年）重修外，其余均为明代中期所修。第八座墩台到安定门城楼之间城墙较古旧，有碑记为乾隆四十二年（1777 年）所修。

---

① 参见孔庆普：《北京的城楼与牌楼结构考察》，东方出版社 2014 年版。

1969 年，安定门东段城墙构筑资料各类数据如下（见图 1-23a、1-23b）：

城墙断面为梯形，顶部宽 18.10 米，底部宽 20.30 米。城墙顶面铺砌双层城砖，下面是厚约 0.45 米的石灰土。外侧（北面）有垛口墙，厚 0.80 米，高 1.80 米，墙垛宽 2.85 米，垛口宽 0.50 米。内侧（南面）有宇墙，厚 0.50 米，高 1.35 米。垛墙和宇墙的底部均开有排水的方形孔洞，垛口墙一侧的孔洞为 0.45 米 × 0.385 米，开在墙垛下部正中，每隔一个墙垛设一个，墩台则每个墙垛均设一个。宇墙一侧的孔洞与垛口墙孔洞相对应，是城墙的主要排水孔，尺寸为 0.30 米 × 0.30 米，洞口底面有石制排水道向外伸出。

内外墙面都用大城砖砌筑，砖层底部厚度为 2.20 米，砖层顶部厚度 1. 80 米，砖墙高度 9.50 米。砖墙下面有四层青石板墙基，石基总高为 1.50 米，石基下面是石灰土基础，灰土厚约 0.60 米。城墙总高 11.00 米。城墙内芯为沙质黏土夯土层。①

2. 安定门至德胜门

从安定门到德胜门共有 5 座墩台，据记，墩台及台间城墙大部分外观古旧，多处经乾隆年间修葺，年代主要为乾隆五十一年（1786 年）。第五座墩台至德胜门之间城墙已残败不堪，从外观看应为明代中期以前所建。遗憾的是当时喜仁龙当时没有详细考察记录砖文内容，如此段墙确为明代中早期所建，即使没有砖文记录，也极有考察价值。

1969 年，安定门至德胜门之间城墙构筑资料（见图 1-24a、1-24b）：

城墙断面为梯形，顶部宽 19.20 米，底部宽 21.45 米。城墙顶面铺砌双层城砖，下面是厚约 0.45 米的石灰土。外侧（北面）有垛口墙，厚 0.80 米，高 1.80 米，墙垛宽 2.85 米，垛口宽 0.50 米。内侧（南面）有宇墙，厚 0.50 米，高 1.35 米。垛墙和宇墙的底部均开有排水的方形孔洞，垛口墙一侧的孔洞为 0.45 米 × 0.385 米，开在墙垛下部正中，每隔一个墙垛设一个，墩台则每个墙垛均设一个。宇墙一侧的孔洞与垛口墙孔洞相对应，是城墙的主要排水孔，尺寸为 0.30 米 × 0.30 米，洞口底面有石制排水道向外伸出。

内、外墙面都用大城砖砌筑，砖层底部厚度为 2.10 米，砖层顶部厚度 1. 80 米，

① 参见孔庆普：《北京的城楼与牌楼结构考察》，东方出版社 2014 年版。

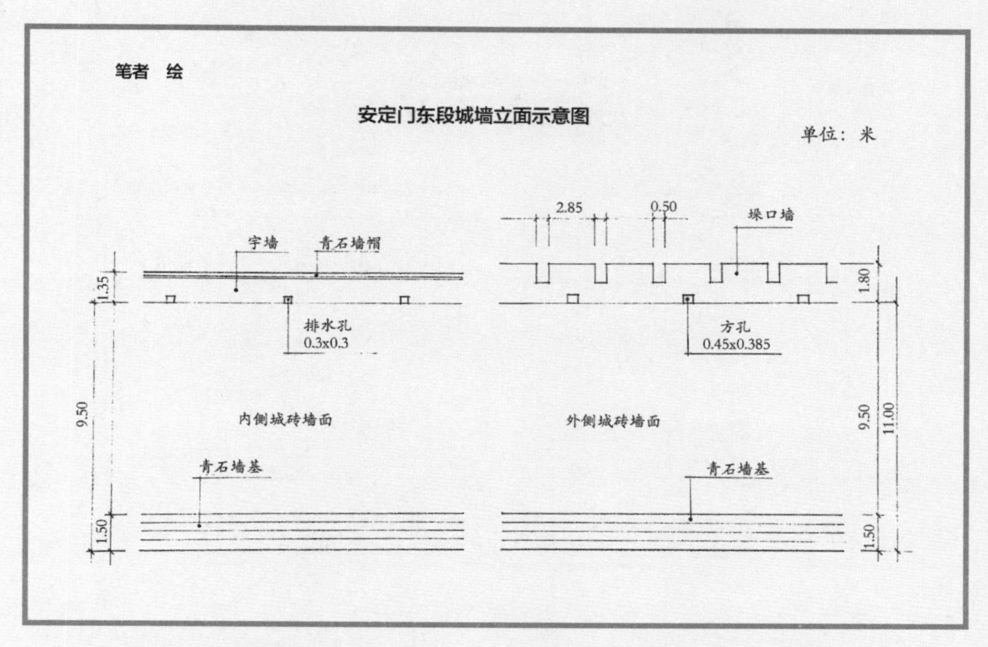

图 1-23a　安定门东段城墙立面示意图

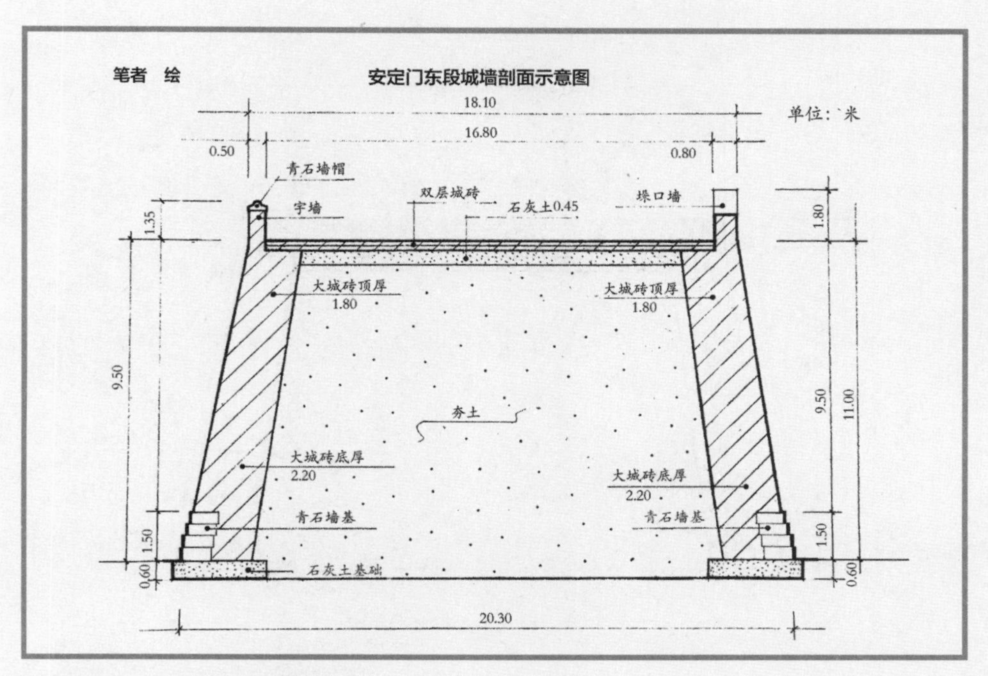

图 1-23b　安定门东段城墙剖面示意图

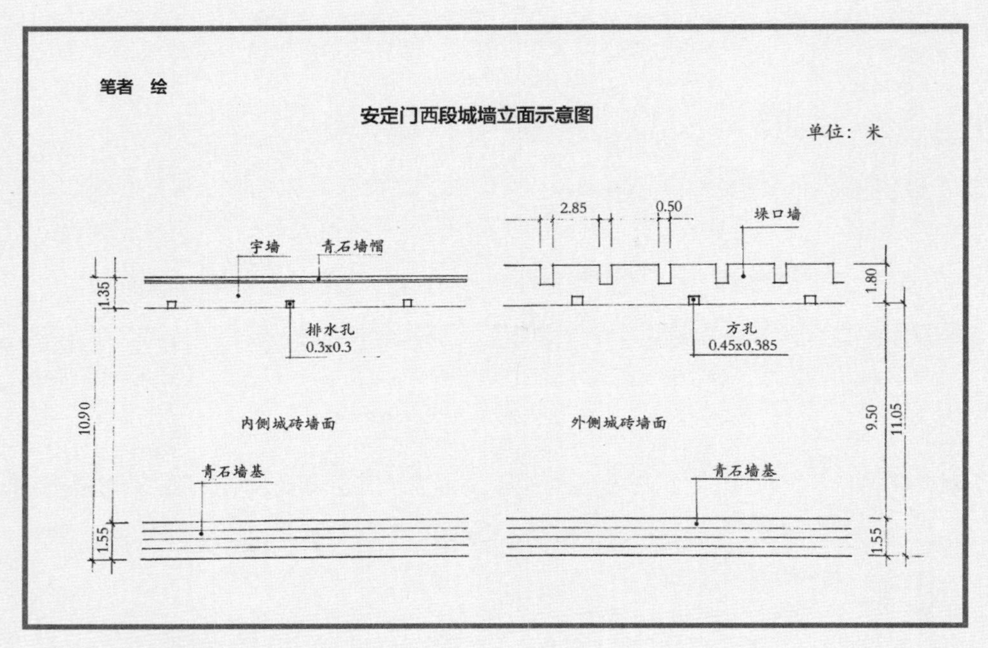

图 1-24a　安定门西段城墙立面示意图

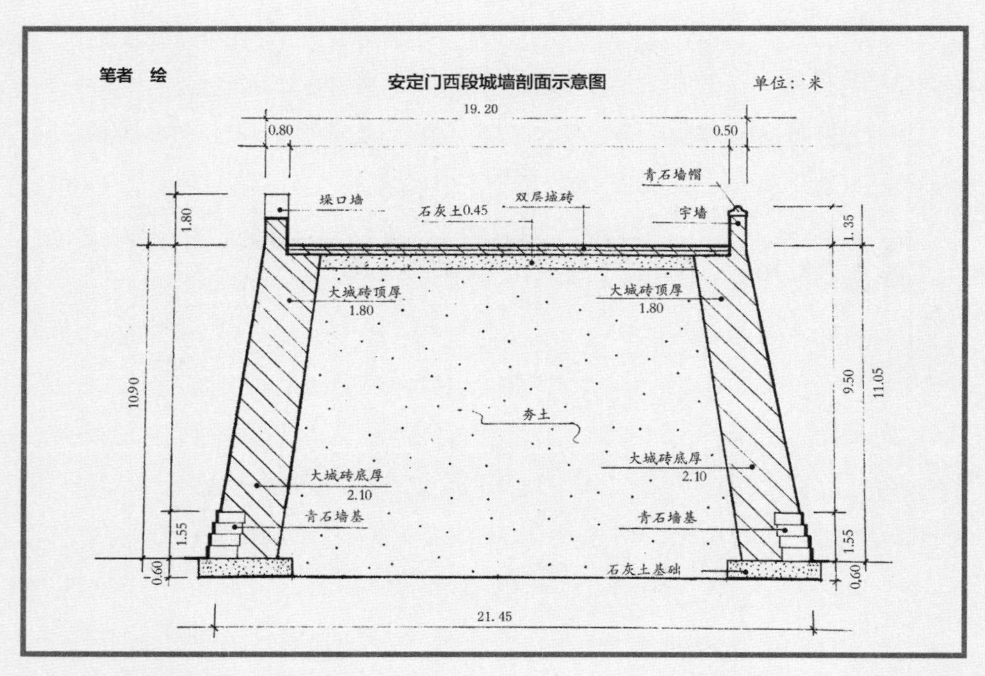

图 1-24b　安定门西段城墙剖面示意图

砖墙高度 9.50 米。砖墙下面有四层青石板墙基，石基总高为 1.55 米，石基下面石灰土基础厚约 0.60 米。墙体总高 11.05 米。城墙内芯为沙质黏土夯土层。①

3. 德胜门至西北角楼

从德胜门到西北角楼共有 6 座墩台，第二、三、六座墩台及第三座墩台毗邻城壁外观古旧，对于这些“显然早于乾隆”的部分古老城墙，喜仁龙没有在书中说明其有否砖文或碑记，如确无任何文字记录，关于这些墙面筑修年代的可能性就有很多，可能是明初六朝，也可能是清初三朝。除此之外，其他部分均为乾隆年间所修葺。碑记年代分别为：乾隆四十七年（1782 年）、乾隆四十八年（1783 年）、乾隆五十一年（1786 年）、乾隆五十二年（1787 年）和乾隆五十六年（1791 年）。

明初将元大都北垣南移 5 里重筑，城垣较其他三面城垣更为高大，墩台数量少而敦厚，垛口也更高，这些对城墙的强化措施主要是为了防御频繁来自北方的侵略。

1969 年，德胜门至西北角楼之间城墙构筑资料（见图 1-25a、1-25b）：

城墙断面为梯形，顶部宽 18.30 米，底部宽 20.45 米。城墙高 11.25 米。城墙顶面铺砌双层城砖，下面是厚约 0.45 米的石灰土。外侧（北面）有垛口墙，厚 0.80 米，高 2.10 米，墙垛宽 3.00 米，垛口宽 0.40 米。内侧（南面）有宇墙，厚 0.50 米，高 1.00 米。垛墙和宇墙的底部均开有排水的方形孔洞，垛口墙一侧的孔洞为 0.45 米 × 0.385 米，开在墙垛下部正中，每隔一个墙垛设一个，墩台则每个墙垛均设一个。宇墙一侧的孔洞与垛口墙孔洞相对应，是城墙的主要排水孔，尺寸为 0.30 米 × 0.30 米，洞口底面有石制排水道向外伸出。

城墙外侧（北面）砖层底部厚约 2.40 米，砖层顶部厚约 2 米，砖墙高 9.60 米。砖墙下面有四层青石板墙基，石基总高为 1.65 米，石基下面石灰土基础厚约 1.60 米。城墙内侧（南面）砖层厚约 2.20 米。砖墙下面四层青石板墙基，石基总高为 1.60 米，石基下面有厚约 1.60 米的石灰土基础。城墙内部为沙质黏土夯土层。②

① 参见孔庆普：《北京的城楼与牌楼结构考察》，东方出版社 2014 年版。
② 参见孔庆普：《北京的城楼与牌楼结构考察》，东方出版社 2014 年版。

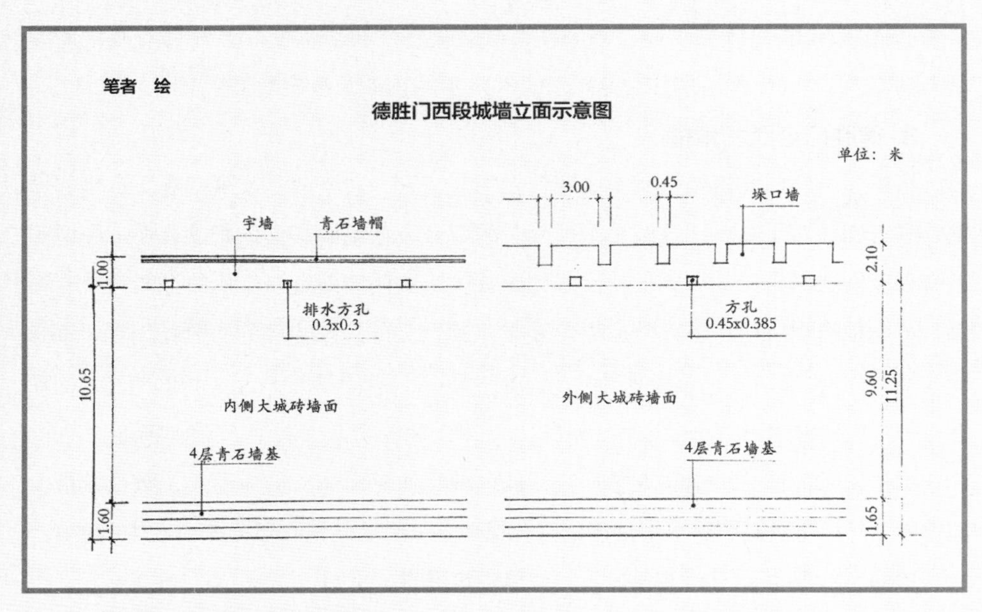

图 1-25a 德胜门西段城墙立面示意图

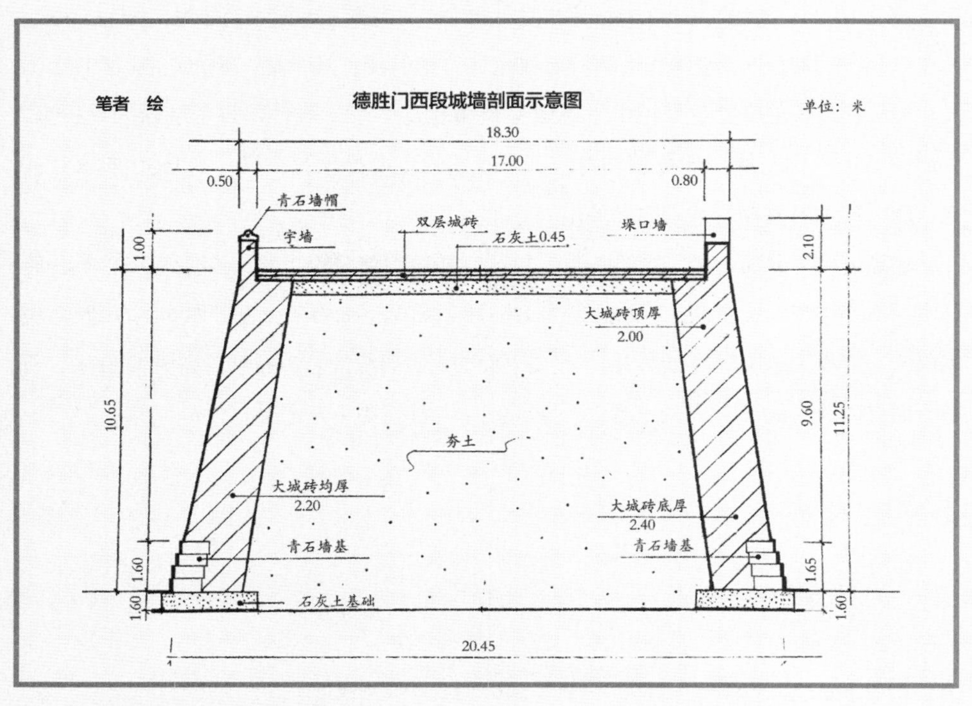

图 1-25b 德胜门西段城墙剖面示意图

图 1-26　20 世纪 20 年代德胜门迤西内城北墙外侧

（三）内城西墙外侧壁

据喜仁龙的考察，北京内城西垣长 4910 米，是内城最短的一面城墙。

1. 西北角楼至西直门

由于西北城隅被抹成斜角的原因，西北角楼至西直门之间仅建有两座墩台，而与之相对应的东直门与东北角楼之间却有 7 座墩台。据记，两座墩台均外观古旧，当筑修于明代。城壁有部分修葺于乾隆五年（1740 年）和光绪二十一年（1895 年），但喜仁龙未提及这些修葺时间系来源于砖文还是碑记。

2. 西直门至阜成门

据喜仁龙记，西直门城楼往南至阜成门（元代称“平则门”）之间共有 15 座墩台，其中第一、五、八座墩台外观古朴、残旧，应为明代遗垣，第四座墩台及相邻城壁和第五座墩台邻壁曾经修葺过，嵌有无铭文碑三方。无字碑在内城的城壁上屡有出现，这也许是某一个朝代独特的铭记方式，抑或是什么特殊原因造成的，还有待进一步研究。

第十四座墩台曾经修葺，却未见碑记。第十五座墩台及毗连城墙大部分经过修葺，有题记碑一方，但已模糊不清。

第二、三、六、七、九、十一、十二、十三座墩台，均经乾隆年间重修过，年代分别为：乾隆二十九年（1764 年）、乾隆四十六年（1781 年）、乾隆四十七年（1782 年）、乾隆五十一年（1786 年）和乾隆五十二年（1787 年）。

2004 年，在西直门外头堆村的拆迁工地发现了大量明清城砖，从纪年款看，主要出自明朝嘉靖、万历、天启、崇祯及清朝乾隆年间，砖文有：“嘉靖二十六年窑户孙子澄造”“万历元年窑户万化作头□自先造”“天启元年临清窑户孙宗义作头张时造”“崇祯元年窑户陈礼作头赵清造”“乾隆丙子年造”“乾隆辛未年制”。此外还有种类繁多的非纪年款文字砖，如：“工部监督桂”“内府官办裕成窑造”“通和窑记”“福泉窑”等。

据头堆村的村民说，当年拆除西直门一带的城墙时，他们拉回来很多城砖，村里好多家盖房都用上了城砖，有打地基的，有垒墙的，就连生产队的马圈围墙都是用城砖砌成的。没想到这些意外存留下来的老城砖在几十年后竟成了我们研究北京城垣文化的珍贵实物资料。

西直门南段城墙构筑资料记载（见图 1-27a、1-27b）：

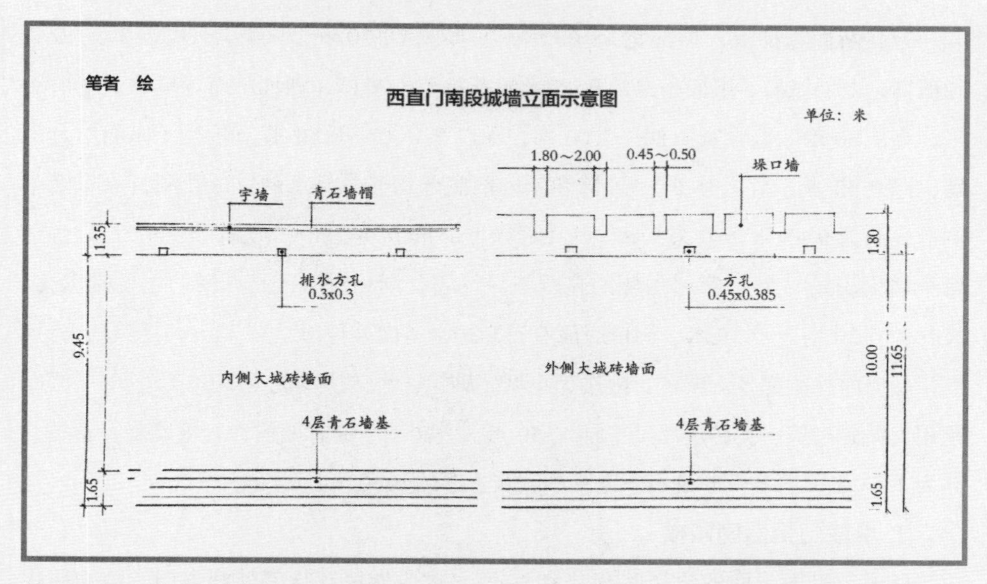

图 1-27a 西直门南段城墙立面示意图

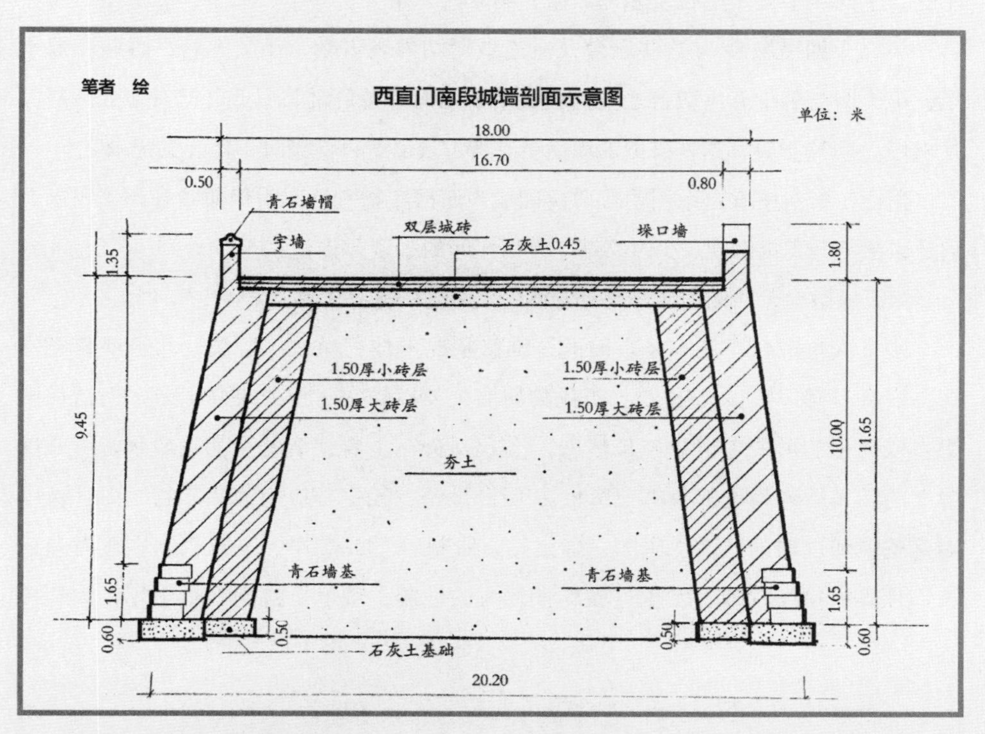

图 1-27b 西直门南段城墙剖面示意图

城墙断面为梯形，顶部宽 18.00 米，底部宽 20.20 米，城墙高 11.65 米。城墙顶面铺砌双层城砖，下面是厚约 0.45 米的石灰土。外侧（西面）有垛口墙，厚 0.80 米，高 1.80 米，墙垛宽 1.80—2.00 米，垛口宽 0.45—0.50 米。内侧（东面）有宇墙，厚 0.50 米，高 1.35 米。垛墙和宇墙的底部均开有排水的方形孔洞，垛口墙一侧的孔洞为 0.45 米 × 0.385 米，开在墙垛下部正中，每隔一个墙垛设一个，墩台则每个墙垛均设一个。宇墙一侧的孔洞与垛口墙孔洞相对应，是城墙的主要排水孔，尺寸为 0.30 米 × 0.30 米，洞口底面有石制排水道向外伸出。

城墙内外侧都是双层砖，内层为小城砖砌筑，小砖层厚度为 1.50 米。外层墙面是用大城砖砌筑，大砖层厚度也是 1. 50 米，大砖墙下面有四层青石板墙基，石基总高为 1.65 米，石基下面是石灰土基础，灰土厚约 0.60 米。[①]

3. 阜成门至西南角楼

阜成门以南至西南角楼共有墩台 24 座，这段城墙有很多外观古旧、似为明代遗垣。如：第一、二、三座墩台及毗连城墙，第六、七、八、九、十座墩台，第十三、十四、十五座墩台及相邻城壁，第十八、十九、二十、二十一、二十二座墩台，第二十四座墩台。这些墩台及毗连城壁均外观古老、年久失修，有些破败不堪，第十四与第十五座墩台之间的城壁及第十七座墩台毗邻城壁，已有多处砖层大片坍塌。毋庸置疑，这些破败的墙面更有考古价值，可惜当时未作砖文记录。

据记，第八座墩台系用明代薄砖砌成，而据实物考证，明代薄砖多产于明末天启、崇祯年间，也发现过少量嘉靖、万历年间的小型薄砖。

第五座墩台，两侧均经修葺，北侧壁上有碑一方，无铭文。

第十八座墩台，基本是古旧的，维修状况不佳，垛口已酥裂，北侧壁曾经修葺，嵌有石碑一方，无铭文。明代的城墙主要以铭文砖作为筑修记录，而清代则更多以碑记的形式来记录修葺信息。若仅从碑刻上看，清乾隆朝是最早留有明确碑文的，其后各朝也都有碑记留世。照此推论，无字碑应为清代产物，而且极可能是乾隆朝以前的顺治、康熙、雍正几朝所制。这几朝中，又以康熙在位时间最长，且康熙年间京师曾发生过破坏性较大的地震，城垣也遭到严重损坏，大规模

① 参见孔庆普：《北京的城楼与牌楼结构考察》，东方出版社 2014 年版。

修葺城墙是在所难免的。既如此，这些多处出现的无铭文石碑是否属康熙年间的可能性更大呢?

这一段的很多部分也都经过清代修葺，据记，第四座墩台修于光绪年间，无碑记。第五座墩台邻壁修于嘉庆四年（1799 年），第十五和第十六座墩台之间城墙修于嘉庆二年（1797 年），只是未提如何断代。年代古老。附近有一座稍大的城台，上面有一座方形的城楼，是北京外城城墙与内城城墙衔接处的标志。据一块兴工碑记，此台为乾隆四十九年（1784 年）重修。看来书中所谓“稍大的城台”系乾隆四十九年（1784 年）将西南角楼以北第一座墩台改建而成，从《乾隆京城全图》上看，这座墩台即阜成门往南至西南角楼 24 座墩台的最后一座。至于书中所提内、外城衔接处的标志——方形城楼，在《乾隆京城全图》上没有见到，应为乾隆四十九年（1784 年）改建墩台时增建的敌楼。其余墩台大部分为乾隆年间重修，碑记有：乾隆三十六年（1771 年）、乾隆三十七年（1772 年）、乾隆三十九年（1774 年）、乾隆四十六年（1781 年）、乾隆四十七年（1782 年）、乾隆四十九年（1784 年）、乾隆五十一年（1786 年）和乾隆五十二年（1787 年）。

据喜仁龙书中记：第二十四座墩台，年代久远。紧邻它的是一座宽大墩台，上面建有方形城楼，连接内城墙与外城墙。这座墩台经过修复，据碑文记载为乾隆四十九年（1784 年）。

如此看来，上面引文中所述第二十四座墩台与“稍大的城台”为两物之说恐有误。

1952 年，阜成门南段城墙构筑（武定侯豁口）资料（见图 1-28a、1-28b）：

城墙断面为梯形，顶部宽 17.90 米，底部宽 20.15 米。城墙顶面铺砌双层城砖，下面是厚约 0.45 米的石灰土。外侧（西面）有垛口墙，厚 0.80 米，高 1.80 米，墙垛宽 1.80—2.00 米，垛口宽 0.45—0.50 米。内侧（东面）有宇墙，厚 0.50 米，高 1.35 米。垛墙和宇墙的底部均开有排水的方形孔洞，垛口墙一侧的孔洞为 0.45 米 × 0.385 米，开在墙垛下部正中，每隔一个墙垛设一个，墩台则每个墙垛均设一个。宇墙一侧的孔洞与垛口墙孔洞相对应，是城墙的主要排水孔，尺寸为 0.30 米 × 0.30 米，洞口底面有石制排水道向外伸出。

城墙内外两侧都是大城砖砌筑，砖层上部厚 1. 80 米，下部厚 2.20 米，砖墙高度 9.90 米。外侧砖墙下面有四层青石板墙基，石基总高为 1.60 米，石基下面是石灰土基

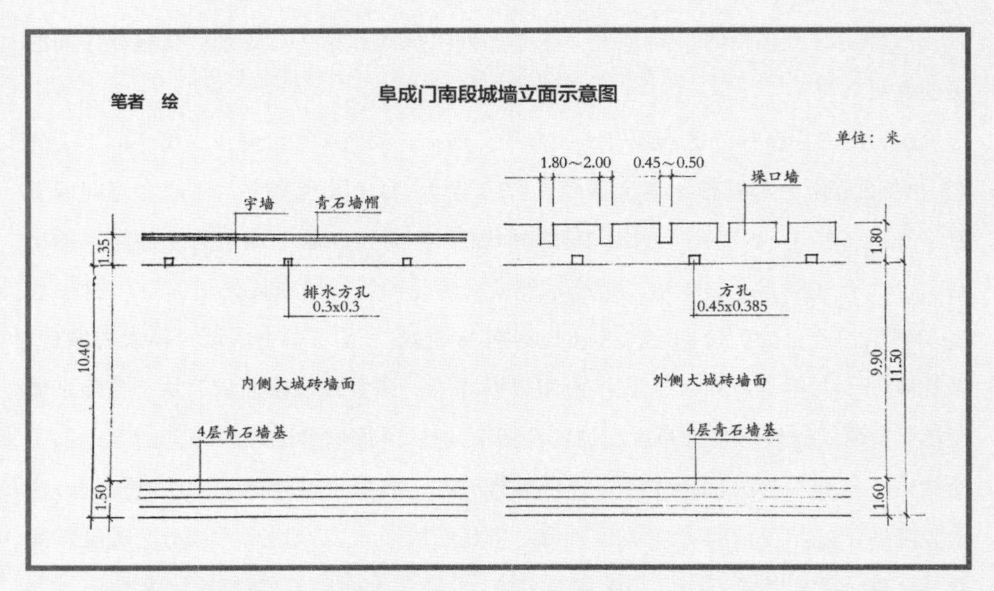

图 1-28a 阜成门南段城墙立面示意图

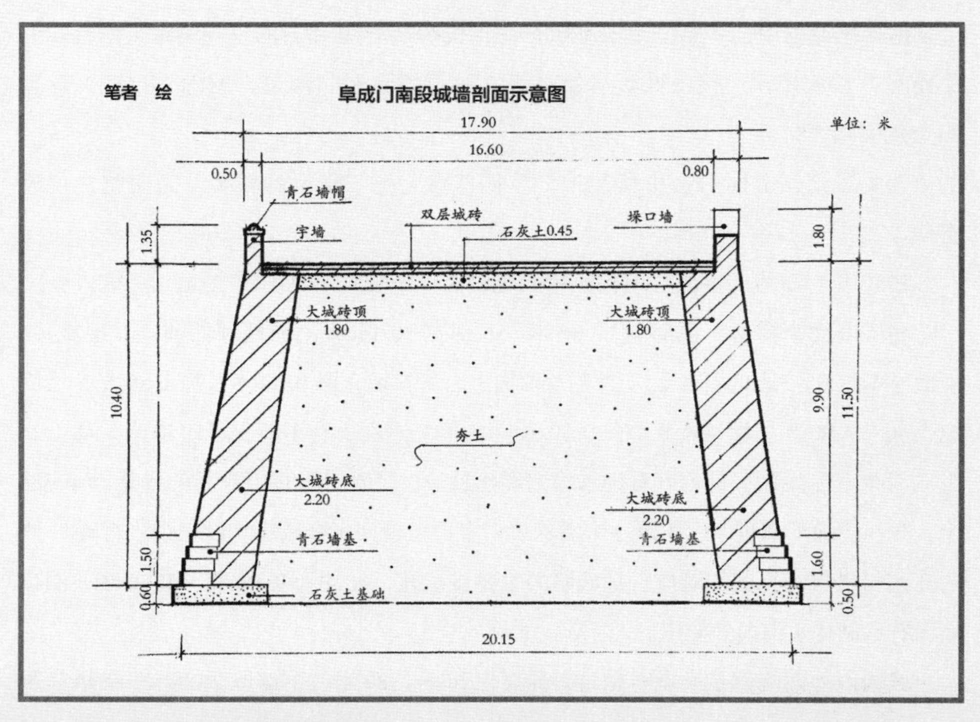

图 1-28b 阜成门南段城墙剖面示意图

础，灰土厚约 0.50 米，城墙高度为 11.70 米。内侧砖墙下面也是四层青石板墙基，石基总高为 1.50 米，石基下面是厚约 0.60 米的石灰土基础，城墙高度为 10.40 米。[①]

1950 年，阜成门至复兴门之间城墙构筑（六号豁口）资料：

城墙断面为梯形，顶部宽 17.90 米，底部宽 20.15 米。城墙顶面铺砌双层城砖，下面是厚约 0.45 米的石灰土。外侧（西面）有垛口墙，厚 0.80 米，高 1.80 米，墙垛宽 1.80—2.00 米，垛口宽 0.45—0.50 米。内侧（东面）有宇墙，厚 0.50 米，高 1.35 米。垛墙和宇墙的底部均开有排水的方形孔洞，垛口墙一侧的孔洞为 0.45 米 × 0.385 米，开在墙垛下部正中，每隔一个墙垛设一个，墩台则每个墙垛均设一个。宇墙一侧的孔洞与垛口墙孔洞相对应，是城墙的主要排水孔，尺寸为 0.30 米 × 0.30 米，洞口底面有石制排水道向外伸出。

内侧（东面）砖墙的厚度为 2.00 米，砖墙高 10.00 米。下面有四层青石板墙基，石基总高为 1.50 米，下面是厚约 0.50 米的石灰土基础，城墙高度为 11.50 米。外侧（西面）砖墙的上部厚度为 1.80 米，底部厚度为 2.20 米，砖墙高 9.90 米。下面有四层青石板墙基，石基总高为 1.60 米，下面是厚约 0.60 米的石灰土基础，城墙高度为 11.50 米。[②]

复兴门城墙构筑（复兴门豁口）资料：

城墙断面为梯形，顶部宽 17.90 米，底部宽 20.15 米。城墙顶面铺砌双层城砖，下面是厚约 0.45 米的石灰土。外侧（西面）有垛口墙，厚 0.80 米，高 1.80 米，墙垛宽 1.80—2.00 米，垛口宽 0.45—0.50 米。内侧（东面）有宇墙，厚 0.50 米，高 1.35 米。垛墙和宇墙的底部均开有排水的方形孔洞，垛口墙一侧的孔洞为 0.45 米 × 0.385 米，开在墙垛下部正中，每隔一个墙垛设一个，墩台则每个墙垛均设一个。宇墙一侧的孔洞与垛口墙孔洞相对应，是城墙的主要排水孔，尺寸为 0.30 米 × 0.30 米，洞口底面有石制排水道向外伸出。

复兴门豁口南北两边的城墙构造有所不同，北面的城墙和六号豁口城墙构造相同，南面城墙外侧（西面）城砖墙面，顶部宽 1.80 米，底部宽 2.00 米，高 10.20

---

① 参见孔庆普：《北京的城楼与牌楼结构考察》，东方出版社 2014 年版。
② 参见孔庆普：《北京的城楼与牌楼结构考察》，东方出版社 2014 年版。

米。下面有四层青石板墙基，石基总高为 1.50 米，下面石灰土基础厚约 0.60 米，总高 11.70 米。内侧（东面）城砖墙面，顶部宽 1.80 米，底部宽 2.00 米，高 10.25 米。下面是四层青石板墙基，石基总高为 1.45 米，石基下面是厚约 0.60 米的石灰土基础。总高 11.70 米。[①]

1966 年，为配合地下铁道修建工程，当年 5 月，将内城西墙复兴门南侧的城墙向南拆除，内城西城墙南端（西南城角箭楼与复兴门之间）城墙仅剩 400 米左右。

1968 年，地铁配套的西护城河改暗河工程开工，城墙拆除进度随着暗河工程的施工进度走，拆出的城墙土全部用于暗河废槽的回填。由于西城墙的土不够盖板河填方的需求量，于是又拆除了一部分北城墙。

1969 年，全市人民“备战备荒”，开始大规模修建防空工事，地铁二期工程也按计划开工了，首先开始拆除残存的内城东城墙、西城墙和北城墙。从城墙上拆下的城砖正好用于修建防空洞。1969 年秋冬之际，为尽快建成防空洞，当时各个街道办事处大力号召全体市民筑砖窑，自己脱坯、烧砖。而这些城墙砖简直就是老天爷适时送来的最省力、最实用的修建防空洞的材料。一时间，成千上万的人都在为修建防空洞而奋力挥锹抡镐扒城墙、取城砖。

20 世纪 80 年代初，在北京内城西南隅内外城城墙相交之处发现了一段南北走向，长近 400 米、高约 4 米的城墙残迹，这段被认为是唯一存留的北京残城墙（当时崇文门以东及东南角箭楼北侧的两段残城墙尚未发掘）受到了社会各界的广泛关注，文物部门还设立了文物保护碑，由于其位置临近西便门，便称其为“明北京城城墙遗存——西便门段”。为纪念北京古城墙，市政府将其重新整修，竣工后又立了一块侯仁之先生撰文的《明北京城城墙遗迹维修记》石碑。

然而，这段以新砖包砌的残墙并未展现出北京古城墙的原有风貌，崭新的墙体很难使人感悟到这座几百年古城的厚重与沧桑。确切地说，这段被称为西便门段城墙遗存的城墙并非西便门城墙，而是北京内城西垣南端的一段残留城墙，建设时间也早于西便门，仅在此处与西便门东侧的外城北墙呈 T 形交接。据罗哲文先生回忆，在 1987 年的专家论证会上，他曾提出这段城墙原属于内城西墙，名称应改为

---

① 参见孔庆普：《北京的城楼与牌楼结构考察》，东方出版社 2014 年版。

图 1-29　20 世纪 20 年代内城西城墙南段外侧

图 1-30　20 世纪 20 年代内城西城墙外侧

“北京内城西城墙南段遗址”。其他专家也指出正在修复的这段城墙无论高度、厚度都与原内城城墙不符，要求停工整改。遗憾的是，后来既未整改也未更名。

（四）内城南墙外侧壁

“南墙外壁保存下来的明代遗垣较多。乾隆年间重修的墙垣，比年代较早的墙垣短得多，十八世纪的碑记，我们仅发现四块，而后期重修的较重要城段，也不过两三处而已。”从喜仁龙的这段记述我们不难看出内城南城墙外侧壁的状况要好于其他几面城墙。内城南墙外壁由于修缮较少，因此保存下来的明代遗迹最多，具有很高的历史文化价值。

早在 20 世纪 50 年代，鉴于复杂的国际形势，中央就已决定修建北京地下铁道，各相关部门也一直在积极地做着前期准备工作。20 世纪 60 年代初，因国家经济困难等原因，地下铁道工程的运作曾暂时停止。20 世纪 60 年代中期，随着国民经济的逐步好转，北京地铁项目又重新上马。中央决定由北京军区、铁道部和北京市三家协作完成北京地下铁道工程，当时针对修建北京地铁曾有过很多不同的建设方案，专家们在经过反复研究后，最终确定了“一环两线”的修建方案。由于城墙已大部分拆除或坍塌，因此，计划沿内城城墙的位置修筑地下铁道。这样即符合军事需要，又可避免大量拆除民房，在施工过程中又不影响城市正常交通，既方便施工，又能降低造价。

北京环城地下铁道工程于 1965 年 7 月 1 日正式开工。在 20 世纪 50 年代末第一次拆城高潮后幸存下来的北京内城城墙、城楼，也难以逃脱被拆除的命运。按照计划，北京地铁工程分为三期：一期为北京站至复兴门、复兴门至石景山一线；二期为东郊热电厂至北京站一线；三期西直门至颐和园一线。计划 1968 年上半年完成一期工程。

北京地下铁道工程由地铁工程局和铁道兵负责施工，北京市负责拆城墙。后由于工期紧、任务重，城墙、城楼的拆除任务也由铁道兵承担。一期工程位于北京内城南城墙一线，由于当时只能采取明挖的方式施工，因此首先需要拆除内城南城墙及城门。按照最初的设计，北京南城墙及沿线的正阳门城楼和箭楼都将在一期工程中被拆除。

在地铁工程动工之前，周恩来总理沿城墙巡视一周，并指示把正阳门箭楼、城楼保留下来，因此，在北京地铁一期工程轰轰烈烈的拆城过程中，正阳门箭楼、城楼才得以逃过被拆的命运。而有着四百多年历史的北京明代内城南城墙则按计划全部拆除了。

根据地铁设计和施工安排，计划1966年9月初开始拆除前三门城墙，9月3日的城墙拆迁会议明确制定了宣武门至北京站之间城墙的拆除日期（见表1–2），按此计划，城墙拆除工作从9月初开始，至次年3月15日止，届时，北京内城南城墙（正阳门城楼、箭楼保留）应全部拆除完毕。

表1–2 北京内城南城墙拆除工程施工日期安排表

区间	地段	拆城墙开工完工日期（1966年）	备注
宣武门—和平门	（1）宣武门以东70公尺	9月1日—9月30日	各项拆迁工作要求在开工前拆迁完，有的项目可以配合但不影响拆城墙
	（2）以东410公尺	10月5日—12月15日	
和平门—前门	（1）70公尺	9月1日—9月30日	
	（2）以东70公尺	10月5日—10月底	
	（3）以东到北京局托儿所210公尺	9月1日—11月底	
	（4）京局托儿所—供电局213公尺	10月5日—12月底	
	（5）供电局—前门370公尺	11月15日—1967年3月15日	

续表

区间	地段	拆城墙开工完工日期（1966年）	备注
前门—崇文门	（1）前门—三官庙693公尺	11月15日—1967年3月15日	
	（2）三官庙—台基厂390公尺	10月5日—11月15日	
	（3）台基厂—崇文门520公尺	9月15日—11月底	
	（4）崇文门以东93公尺	9月15日—10月15日	
资料来源：北京市档案馆，1966年。			

1. 西南角楼至宣武门

西南城角至宣武门（俗称“顺治门”，元代为“顺承门”）之间有墩台13座，这些墩台及城壁的外表都很古老，也没有重修的碑记。与其他城墙不同的是，这一段城墙上镶嵌着一些石刻浮雕。第四和第五座墩台之间的城壁上方，可以看到一幅小型汉白玉浮雕，图案中心为莲花，周围有云饰。在同一段墙上，再往东又有四幅与之大同小异的浮雕。据分析，这些石刻浮雕有可能是佛教的吉祥图案，嵌于此处很可能具有安全、保佑等象征意义。

西南角箭楼及与之相接的一段南城墙于1970年拆除。1970年5月，开工修筑北京至周口店公路，此路起于宣武门西大街西端，向西延伸至周口店。为配合这项道路工程，决定拆除尚存的内城西南角箭楼及与之相接的南城垣西段约330米的城墙。

西南角楼至宣武门之间城墙构筑资料记载（见图1-31a、1-31b）：

城墙断面为梯形，顶部宽18.20米，底部宽20.45米。城墙顶面铺砌双层城砖，下面是厚约0.45米的石灰土。外侧（南面）有垛口墙，厚0.80米，高1.80米，墙垛宽1.80—2.00米，垛口宽0.45—0.50米。内侧（北面）有宇墙（有青石墙帽），厚0.50米，高1.35米。垛墙和宇墙的底部均开有排水的方形孔洞，垛口墙一侧的孔洞为0.45米×0.385米，开在墙垛下部正中，每隔一个墙垛设一个，墩台则每个

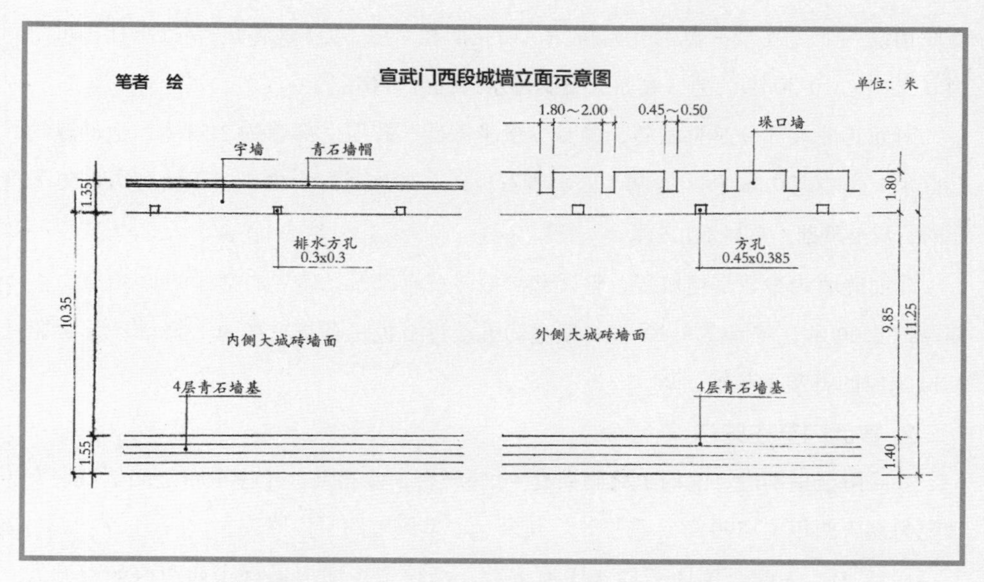

图 1-31a 宣武门西段城墙立面示意图

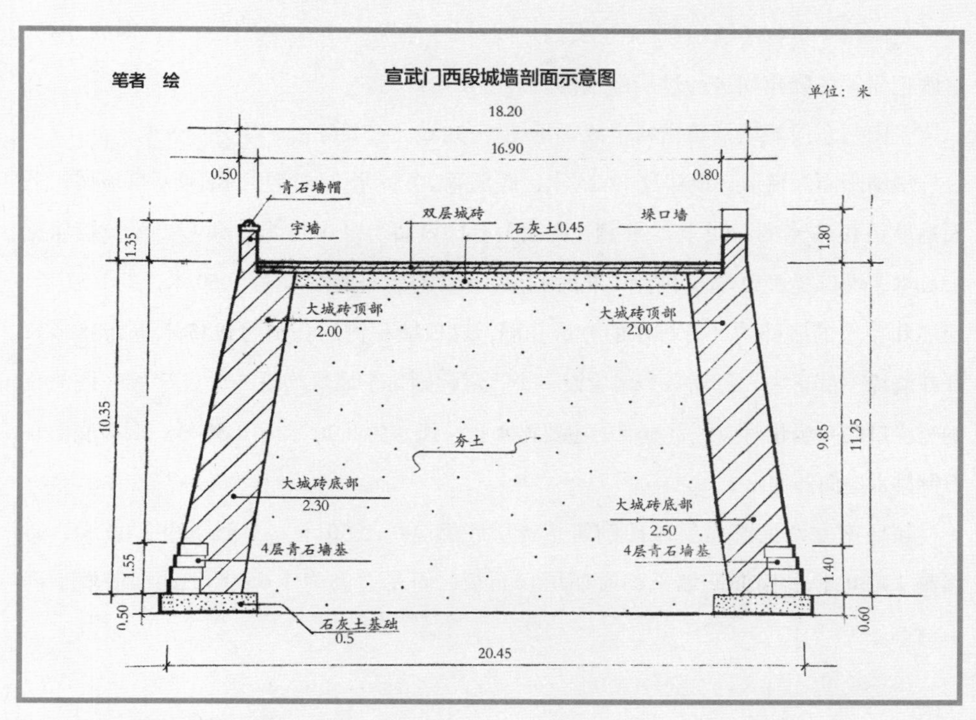

图 1-31b 宣武门西段城墙剖面示意图

墙垛均设一个。宇墙一侧的孔洞与垛口墙孔洞相对应，是城墙的主要排水孔，尺寸为 0.30 米 × 0.30 米，洞口底面有石制排水道向外伸出。

南面砖墙大部分是整城砖，掺有少量半截砖，砖层底部厚约 2.50 米，上部厚约 2.00 米，砖墙高 9.85 米。墙基为四层青石板，石基总高为 1.40 米，下面有约 0.60 米厚的石灰土基础，总高 11.25 米。

北面砖墙约半数是整城砖，整砖和半截砖混合砌筑，砖层底部厚约 2.30 米，上部厚约 2.00 米，砖墙高 9.70 米。墙基为五层青石板，石基总高为 1.55 米，下面是 0.50 米厚的石灰土基础。①

2. 宣武门至正阳门

宣武门至正阳门（前门）之间共有 19 座墩台，除第九、十座墩台之间的城墙有碑记为嘉庆四年（1799 年）重修外，其余基本是保留的明代原貌。

1958 年，为配合国庆十周年庆典工程，拆除了正阳门城楼东西两侧的双洞城门，并拆除两边各 200 米城墙，使原设于东西两侧的双洞城门变成了两个大豁口。

3. 正阳门至崇文门

正阳门（俗称“前门”）至崇文门之间有 15 座墩台，大多仍保留着古旧的外貌，有碑记显示乾隆年间进行过局部维修。

正阳门东段城墙构筑资料记载（见图 1-32a、1-32b）：

城墙断面为梯形，顶部宽 18.25 米，底部宽 20.50 米，城墙顶面铺砌双层城砖，下面是厚约 0.45 米的石灰土。外侧（南面）有垛口墙，厚 0.80 米，高 1.80 米，墙垛宽 2.00 米，垛口宽 0.50 米。内侧（北面）有宇墙（有青石墙帽），厚 0.50 米，高 1.35 米。垛墙和宇墙的底部均开有排水的方形孔洞，垛口墙一侧的孔洞为 0.45 米 × 0.385 米，开在墙垛下部正中，每隔一个墙垛设一个，墩台则每个墙垛均设一个。宇墙一侧的孔洞与垛口墙孔洞相对应，是城墙的主要排水孔，尺寸为 0.30 米 × 0.30 米，洞口底面有石制排水道向外伸出。

城墙南北两面都是整城砖砌筑，砖层底部厚约 2.50 米，上部厚约 2.00 米，砖墙高 10.30 米。南面砖墙下部有四层青石板，石基总高为 1.65 米。北面砖墙下部

---

① 参见孔庆普：《北京的城楼与牌楼结构考察》，东方出版社 2014 年版。

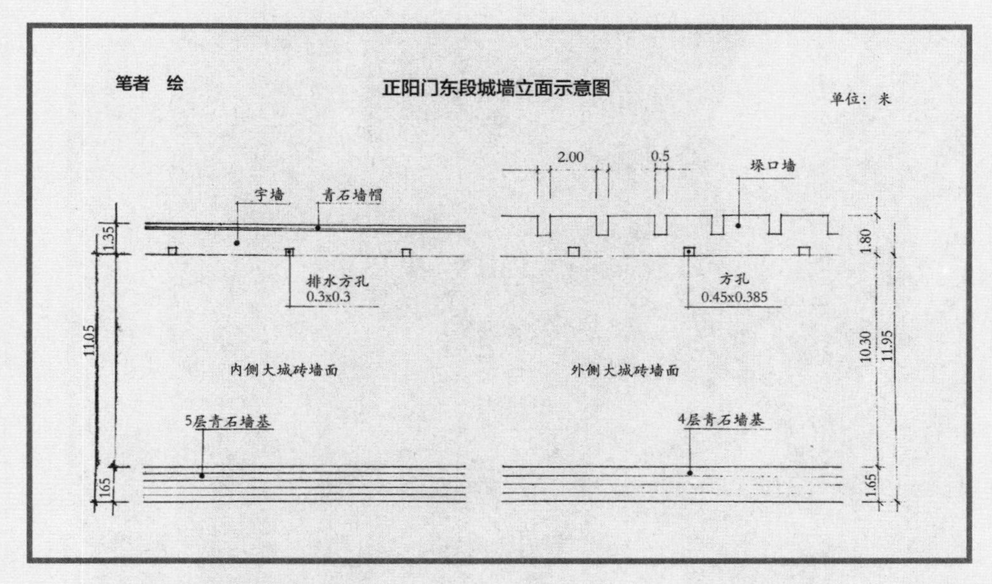

图 1-32a 正阳门东段城墙立面示意图

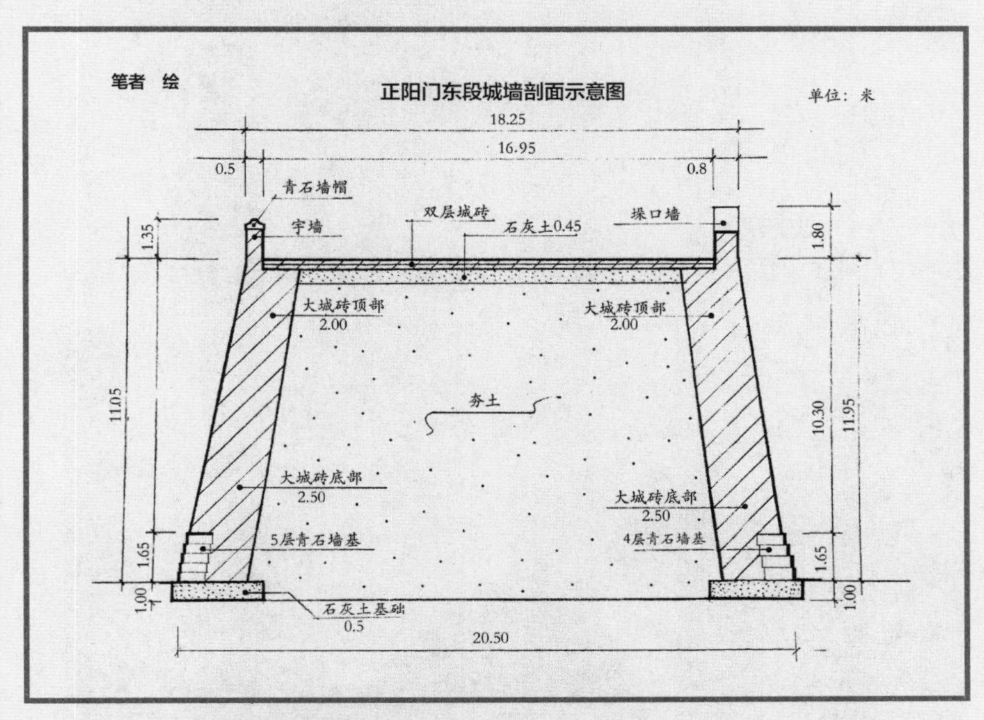

图 1-32b 正阳门东段城墙剖面示意图

图 1-33　20 世纪 20 年代宣武门至正阳门之间城墙内侧

为五层青石板，石基总高为 1.65 米。石基下面的石灰土基础也较其他城墙厚，为约 1.00 米，城墙总高 11.95 米（石基底边以上）。[①]

4. 崇文门至东南角楼

崇文门（俗称“哈德门”“哈达门”，明代为“文明门”）至东南角楼之间共有 12 座墩台，据喜仁龙记，第一座墩台外观颇新，显系光绪年间所修，毗连墙壁年代古老，凋蚀严重。第二到第九座墩台之间的城墙外壁，多处经过小修，但主要部分为明代遗垣。第十座墩台，据碑记，修于乾隆四十六年（1781 年）。

第一座墩台显然因靠近崇文门城楼而受到 1900 年（光绪二十六年）八国联军炮轰城门的影响而损毁严重，当为 1901 年（光绪二十七年）整修崇文门时一并修葺。1915 年（民国四年）筑修环城铁路，为开辟铁路通道而拆除了靠近东南角楼的最后一座墩台，同时整修了紧临东便门火车站的第十一座墩台。

20 世纪 50 年代开辟城墙豁口时，建设部门曾对城墙砖及其结合材料进行了压强试验，试验结果显示，内城南城墙的城砖标号最高。可惜的是，当时由于各类建筑和大量杂物的阻隔，喜仁龙没能近距离地考察这些建于明初且质量较好的城砖，对此，他自己也感到非常遗憾。

1958 年，北京十大建筑之一新火车站的规划位置选在崇文门城楼东侧城墙的北面，为配合新火车站市政建设配套工程，需要拆除崇文门城楼及其两侧部分城墙。拆除时发现城楼楼室西北墙角北面的下部镶有一块青石板，石板厚 0.26 米，宽 0.66 米，高 1.10 米。正面镌刻“泰山石敢当”，背面刻“大明永乐十八年秋月吉日”。

1959 年，作为十大建筑之一的北京火车站在这道城墙北侧建成，城墙成了火车站的后衬墙，其南侧则被施工过程中的各类临时建筑所包裹。

1964 年，北京计划修建地铁，并被纳入了 1965 年规划和“三五”计划。

1966 年，开始拆除前三门一线城墙，但从当时拆城墙的施工计划看，只是安排拆到崇文门以东 93 米处，拆除了 4 座墩台后，没有再向东继续拆，第五座墩台至东南角楼的城墙得以保留。究其可能的原因：一是此段城墙可作为北京火车站的外围屏障；二是其所处位置不影响地铁施工。此后，这段被大量临时建筑包裹的城墙逐渐被

---

① 参见孔庆普：《北京的城楼与牌楼结构考察》，东方出版社 2014 年版。

人们淡忘。直到 21 世纪初，这段城墙才得见天日，它也是当今原始风貌保持最好的一段北京城垣遗迹。

崇文门东段城墙构筑资料记载（见图 1-34a、1-34b）：

城墙断面为梯形，顶部宽 17.60 米，底部宽 20.70 米，高 11.45 米。城墙顶面铺砌双层城砖，下面是厚约 0.45 米的石灰土。外侧（面）有垛口墙，厚 0.80 米，高 1.80 米，墙垛宽 1.80—2.00 米，垛口宽 0.45—0.50 米。内侧（北面）有宇墙（有青石墙帽），厚 0.50 米，高 1.35 米。垛墙和宇墙的底部均开有排水的方形孔洞，垛口墙一侧的孔洞为 0.45 米 × 0.385 米，开在墙垛下部正中，每隔一个墙垛设一个，墩台则每个墙垛均设一个。宇墙一侧的孔洞与垛口墙孔洞相对应，是城墙的主要排水孔，尺寸为 0.30 米 × 0.30 米，洞口底面有石制排水道向外伸出。

豁口西边的城墙，南北两面构筑相同，砖层底部厚约 2.80 米，上部厚约 2.00 米。外表是 0.50—1.00 米厚整城砖砌筑，内部均为半截砖。砖墙下部为四层青石板石基，石基高为 1.65 米。石基下面有厚 0.60—0.80 米的石灰土基础。

豁口东边的城墙，外侧（南面）为整城砖砌筑，内部均为半截砖。砖层底部厚约 2.70 米，上部厚约 2.30 米，砖墙高 10.15 米。砖墙下部为四层青石板，石基高为 1.65 米。石基下面有约 0.60 米厚的石灰土基础。总高为 11.80 米。内侧（北面）用整城砖和半截砖混合砌筑，砖层底部厚约 2.90 米，上部厚约 2.50 米，砖墙高 10.15 米。砖墙下部为四至五层青石板墙基，石基总高为 1.60 米。下面有约 0.60 米厚的石灰土基础。总高为 11.75 米。[1]

---

① 参见孔庆普：《北京的城楼与牌楼结构考察》，东方出版社 2014 年版。

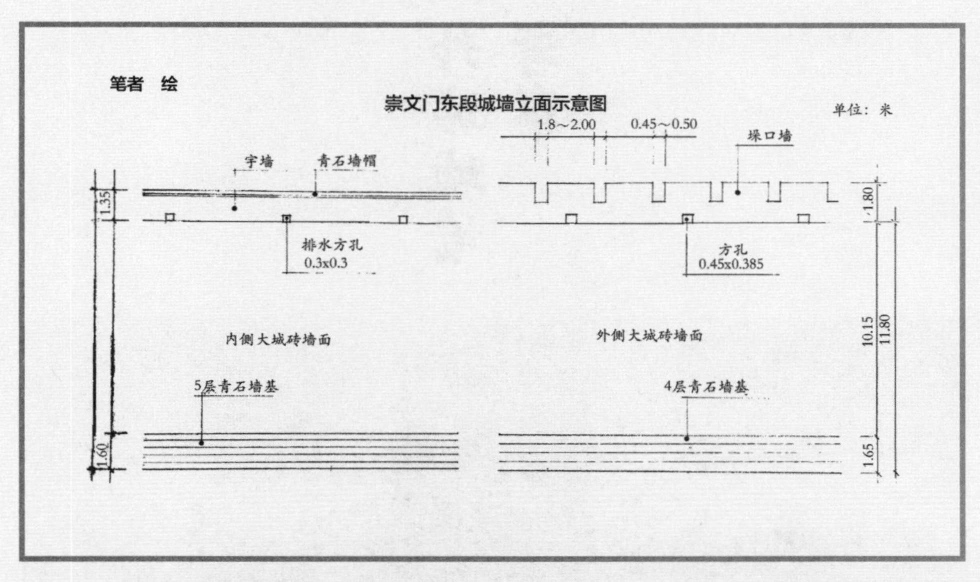

图 1-34a 崇文门东段城墙立面示意图

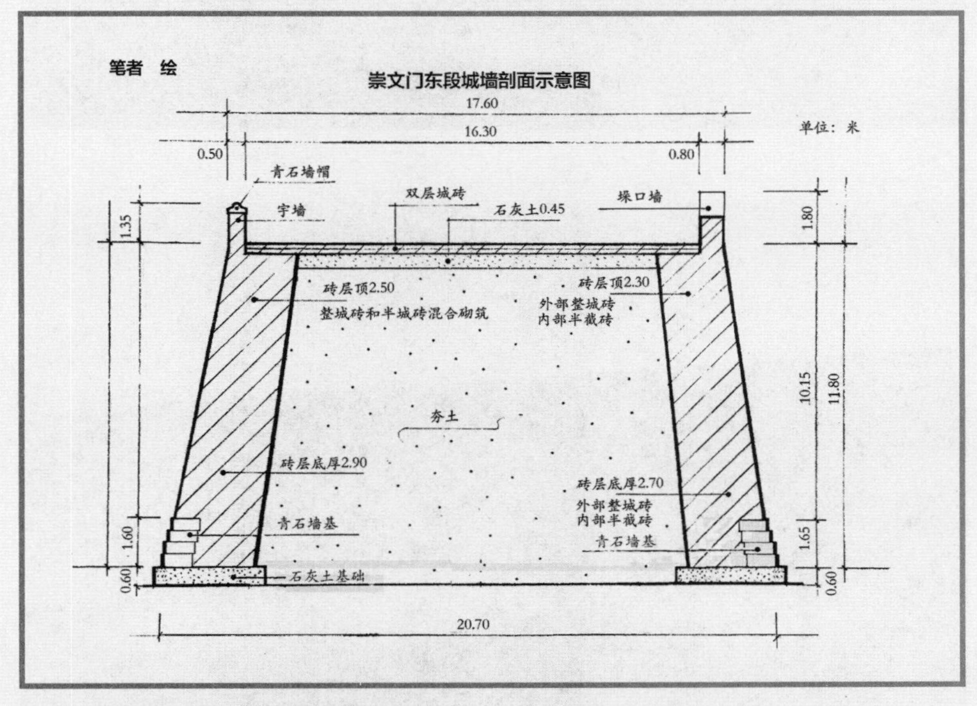

图 1-34b 崇文门东段城墙剖面示意图

外城城墙考察

关于明清外城城墙状况的考察与研究：

北京外城始建于明嘉靖三十二年（1553 年），是内城南垣外围拥的“重城”。明嘉靖年间，蒙古兵屡犯京城，嘉靖二十一年（1542 年）已有增筑外城的建议，至三十二年（1553 年），给事中朱伯辰又以“城外居民繁多，不宜无以围之，臣尝履行四郊，感有土城故址，环绕如规，周可百二十里。若仍其旧惯，增卑补薄，培缺续断，可事半而功倍”（《宸垣识略》）奏请筑外城之事。由此可见，北京外城最初的规划是相当具有规模的，如实现上述设想，新建的外城将成为内城之郭，其南墙 18 里，东墙 17 里，北墙 18 里，西墙 17 里，整个城垣周长将达 70 余里。内、外城之间距离，南、北面约为 5 里，东、西面约为 4 里。

外城城垣建筑形制小于内城，城墙为夯土芯，外壁下部为条石基础，上部墙身包砌城砖，外壁砖层厚约 1.00 米，内壁砖层厚约 0.70 米，城墙顶部铺墁大城砖。外沿砌垛墙（雉堞），内侧有宇墙（女墙）。

建成后的南部外城周长约 28 里，城墙外侧共有墩台 63 座。南城墙辟三门，正中为永定门，东为左安门，西为右安门，东城墙辟广渠门，西城墙辟广宁门（清更名“广安门”），北墙东段与内城东垣南端相接，开东便门，北墙西段与内城西垣南端相接，开西便门，外城四隅各建一角箭楼。

《天府广记》：

京师南面外城建于嘉靖三十二年。先是，二十一年七月，边报日至，御史焦琏等请修关厢墩堑以固防守。都御史毛伯温等复言：古者有城必有郭，城以卫民，郭以卫城，常也。若城外居民尚多，则有重城。凡重地皆然，京师尤重。太祖定鼎金陵，既建内城，复设罗城于外。成祖迁都金台，当时内城足居，所以外城未立。今城外之民殆倍城中，宜筑外城，包络既广，控制更雄。且郊壇尽收其中，不胜大幸。从之，下户、工二部议覆。以给事中刘养直言时尚匮乏，谏止。至二十九年，兵事益急，议筑正阳、崇文、宣武三关厢外城不果。三十二年正月，给事中朱伯宸申其说，谓尝履行四郊，咸有土城故址，环绕如规，周可百二十余里。若仍其旧贯，增卑培薄，补缺续断，事半功倍，良为便计。通政使赵文华亦以为言。上问严嵩，力赞之。因命平江伯陈圭等与钦天监官同阁臣相度形势，择日兴工。复以西南地势低下，土脈流沙，难于兴工，上命先作南面，併力坚筑，刻期报完。其东西北三面，俟再计度，于是年十月工完，计长二十八里。命正阳门外曰永定，崇文门外曰左安，宣武门外曰右安，大通桥门曰广渠，彰义街门曰广宁。内外两城，计垛口二万零七百七十二，垛下砲眼共一万二千六百有二。①

喜仁龙的考察数据如下②：

外城南垣长约7488米，城垣外侧高6.18米，内侧高5.62米，底宽12.20米，顶宽9.90米。外侧垛墙高1.72米，内侧宇墙高1.00米，外侧筑墩台30座。

外城东垣长约2800米，城垣外侧高7.15米，内侧高5.8米，底宽12.40米，顶宽10.30米。外侧垛墙高1.72米，内侧宇墙高1.00米，外侧筑墩台14座。

外城西垣长度、外侧高、内侧高、底宽、顶宽等数据约同东城墙。外侧垛墙高1.72米，内侧宇墙高1.00米，外侧筑墩台13座。

外城北垣东段长约864米，外侧高7.15米，内侧高5.8米，底宽13.30米，顶宽10.40米，外侧垛墙高1.72米，内侧宇墙高1.00米，外侧筑墩台三座，建碉楼1座。

外城北垣西段长约576米，外侧高7.15米，内侧高6米，底宽15米，顶宽11.00米，外侧垛墙高1.72米，内侧宇墙高1.00米，外侧筑墩台三座，建碉楼1座。

嘉靖四十二年（1563年），增筑各门瓮城，四十三年（1564年）元月竣工。外城七门箭楼为清乾隆十五年（1750年）后增建。

---

① （清）孙承泽纂：《天府广记》（上），北京古籍出版社2001年版，第42页。

② 外城东垣长度、北垣东段长度、北垣西段长度均根据喜仁龙《北京的城墙和城门》一书中提供的里数信息推算得出。另外，书中提出外城西垣各项数据约同东城墙。

一、外城城墙内侧壁寻考

20 世纪初，喜仁龙对外城城垣进行了细致的考察，并且记录了墙体状况及大量碑记与砖文内容。

（一）外城北墙东段与东墙内侧壁

1. 东便门至东北角楼至广渠门

喜仁龙对北京外城城墙内侧壁的考察是从东面开始的，他对外城城墙内侧壁研究的重点主要是墙体的状况和碑记内容。据其记载，外城东北角楼至内城东城墙之间的这段北城墙内壁，几乎都是以无砖文的薄型砖砌筑。东便门至东北角楼之间的城墙上嵌有三块碑，据碑文记载，此段城墙系崇祯八年（1635 年）重修。

1958 年，东便门东、西段城墙构造考察资料（见图 1-35、1-36）：

东便门东边的城墙，底部宽 13.00 米，上顶宽 10.00 米。砖墙高约 5.20 米。下面是三层青石板，石基总高 1.10 米，下面有 0.60—0.90 米的石灰土基础，灰土宽 2.50—3.00 米。城墙总高 6.30—7.00 米。

东便门西边的城墙，底部宽 13.00 米，上顶宽 10.00 米。城墙内外两面砖层的厚度基本相同，底部厚约 2.00 米，顶部厚约 1.50 米，砖墙高约 5.20 米。墙基是三层青石板，石基高 1.25 米，下面有 50 公分的石灰土基础。城墙总高约 6.30 米。

城墙断面为梯形，城墙顶面铺墁双层城砖，下面是石灰土基础。外侧（北面）有垛口墙，厚 0.80 米，高 1.60 米，墙垛宽 1.60—1.90 米，垛口宽 0.40 米。内侧（南面）有宇墙（有青石墙帽），厚 0.50 米，高 1.35 米。垛墙和宇墙的底部均开有排水的方形孔洞，垛口墙一侧的孔洞为 0.30 米 × 0.30 米，开在墙垛下部正中，每隔

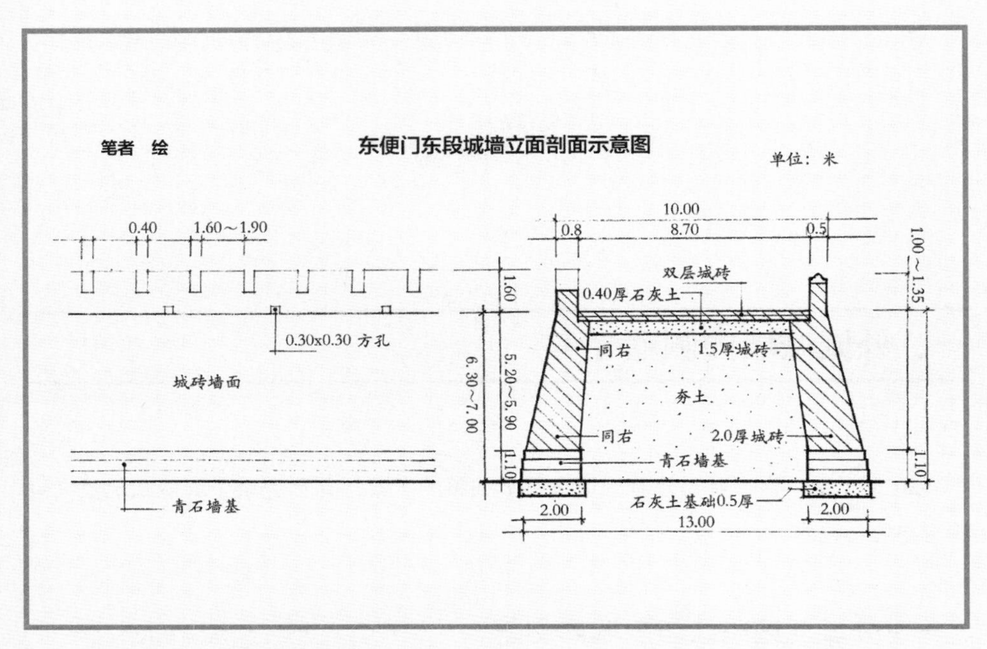

图 1-35 东便门东段城墙立面剖面示意图

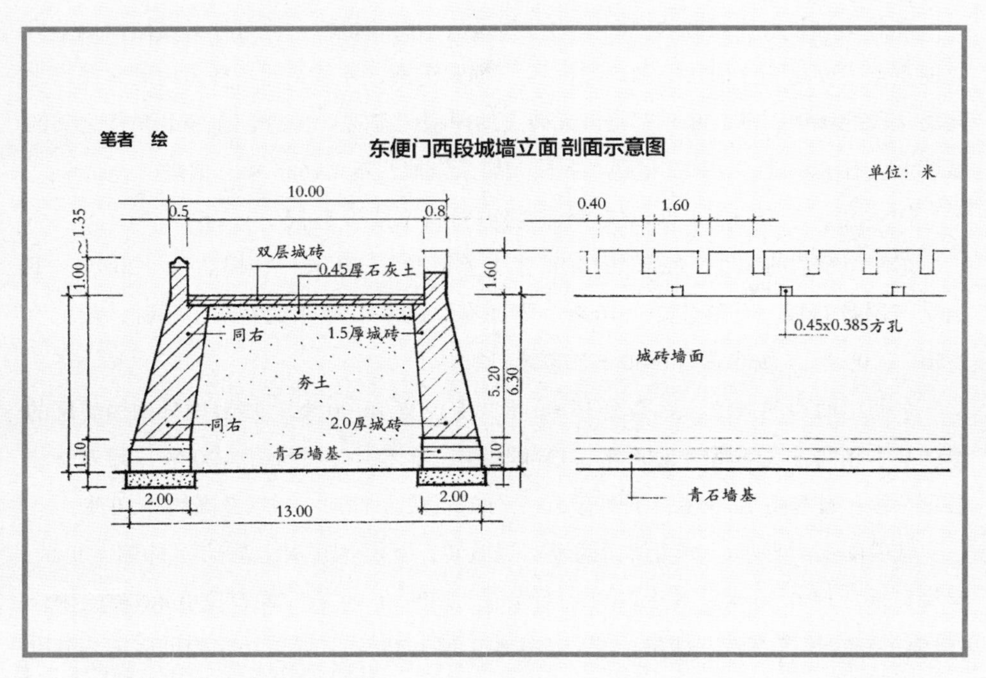

图 1-36 东便门西段城墙立面剖面示意图

一个墙垛设一个，墩台则每个墙垛均设一个。宇墙一侧的孔洞与垛口墙孔洞相对应，是城墙的主要排水孔，尺寸为 0.30 米 × 0.30 米，洞口底面有石制排水道向外伸出。[1]

外城东北角楼至广渠门（俗称“沙窝门”）之间城墙内侧壁凹凸不平，据记嵌有 13 块碑，碑记为崇祯八年（1635 年）重修。

外城东北角楼至广渠门之间城墙构筑资料（见图 1-37）：

城墙断面为梯形，顶部宽 5.50 米，底部宽 7.00 米。城墙顶面铺墁双层城砖，下面是 0.40—0.45 米厚的石灰土。外侧（东面）有垛口墙，厚 0.80 米，高 1.60—1.75 米，墙垛宽 1.60—1.80 米，垛口宽 0.45—0.50 米。内侧（西面）有宇墙（有青石墙帽），厚 0.50 米，高 1.35 米。垛墙和宇墙的底部均开有排水的方形孔洞，垛口墙一侧的孔洞为 0.30 米 × 0.30 米，开在墙垛下部正中，每隔一个墙垛设一个，墩台则每个墙垛均设一个。宇墙一侧的孔洞与垛口墙孔洞相对应，是城墙的主要排水孔，尺寸为 0.30 米 × 0.30 米，洞口底面有石制排水道向外伸出。

外侧（东面）砖墙外表以整城砖砌筑，内部均为半截城砖，其中掺有少量小宽石板，砖层底部厚约 2.10 米，上部厚约 1.75 米，砖墙高 5.55 米。外侧砖墙下部为五层青石板墙基，石基高为 1.60 米。石基下面有厚约 0.80 米的石灰土基础，总高 7.15 米。

内侧（西面）砖墙系少量整城砖和大量半截城砖砌筑，砖层上部和底部厚度均为 2.20 米，砖墙高 5.55 米。内侧砖墙下面有五层青石板墙基，石基高为 1.55 米。下面石灰土基础厚约 0.80 米，总高 7.10 米。[2]

2. 广渠门至东南角楼

> 城门迤南大约一公里内的城墙，由于久经风化雨蚀，又遭兵燹，故现在垛口断缺，状况岌岌可危，城身上可以发现累累弹痕，显系最近在北京城门发生的几次战斗中留下的痕迹。再往南，城墙又显得比较完整……[3]

2005 年夏，在广渠门桥（原广渠门城楼处）沿护城河北岸往南大约 200 米处的

---

① 参见孔庆普：《北京的城楼与牌楼结构考察》，东方出版社 2014 年版，第 243 页。
② 参见孔庆普：《北京的城楼与牌楼结构考察》，东方出版社 2014 年版，第 179 页。
③ [瑞典]奥斯伍尔德·喜仁龙：《北京的城墙和城门》，许永全译，北京燕山出版社 1985 年版，第 102 页。

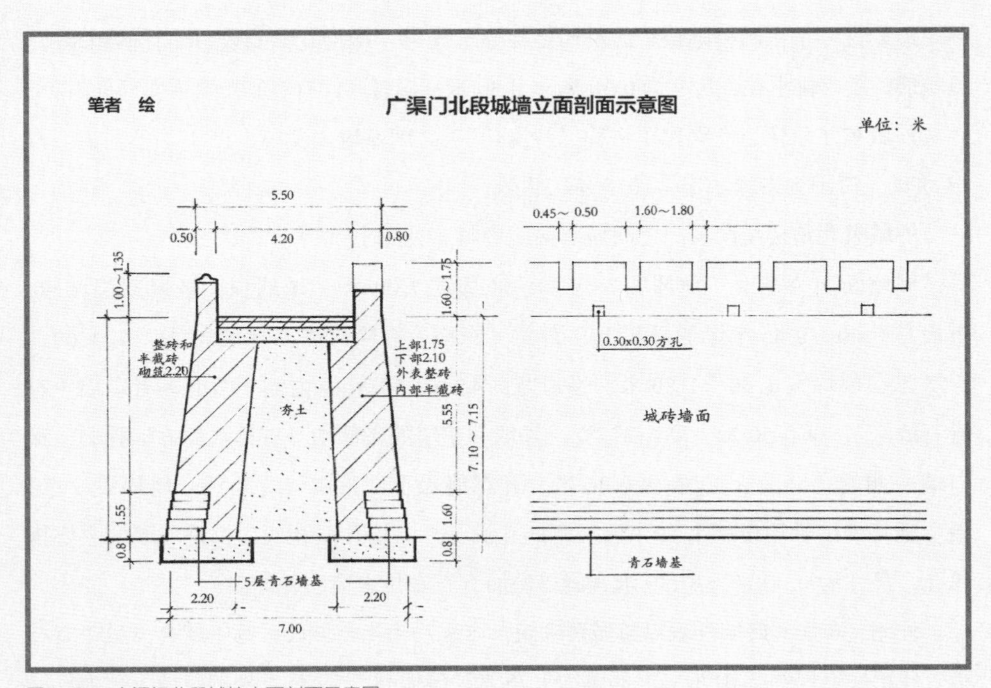

图 1-37 广渠门北段城墙立面剖面示意图

图 1-38 20 世纪 20 年代外城东城墙内侧

一个施工工地内，工人挖沟时发现了原外城东城墙的地基。从挖开的部分看，此处城墙基础所用砖料比较混杂，城砖和小型民用砖都有，这可能也与当时国家的经济状况有关，外城的宏伟规划终因财力不支而未能全部完成。

广渠门南段城墙构筑资料记载（见图 1–39）：

城墙断面为梯形，顶部宽 5.50 米，底部宽 6.90 米。城墙顶面铺墁双层城砖，下面是 0.40—0.45 米厚的石灰土。外侧（东面）有垛口墙，厚 0.80 米，高 1.60—1.75 米，墙垛宽 1.60—1.80 米，垛口宽 0.45—0.50 米。内侧（西面）有宇墙（有青石墙帽），厚 0.50 米，高 1.35 米。垛墙和宇墙的底部均开有排水的方形孔洞，垛口墙一侧的孔洞为 0.30 米 × 0.30 米，开在墙垛下部正中，每隔一个墙垛设一个，墩台则每个墙垛均设一个。宇墙一侧的孔洞与垛口墙孔洞相对应，是城墙的主要排水孔，尺寸为 0.30 米 × 0.30 米，洞口底面有石制排水道向外伸出。

外侧（东面）墙面以半截城砖为主砌筑，砖层底部厚约 2.25 米，上部厚约 1.90 米，砖墙高 5.60 米。外侧砖墙下部为四层青石板，石基总高为 1.45 米。石基下面有约 0.80 米厚的石灰土基础，总高 7.05 米。

内侧（西面）墙面也以半截城砖为主砌筑，砖层底部厚约 2 米，上部厚约 1.80 米，砖墙高 5.50 米。内侧砖墙下部为五层青石板，石基高为 1.55 米。石基下面有约 0.80 米厚的石灰土基础，总高 7.05 米。①

（二）外城西墙与北墙西段内侧壁

1. 西南角楼至广安门

西面城垣内侧整体状况比东面要规整一些。广安门（初为“广宁门”，俗称“彰义门”，清道光年间更名为“广安门”），广安门以南城墙上虽少有碑记，但大部分城砖都是与东面相同的薄型砖，应同为崇祯八年（1635 年）重修。在距西南角楼 200 米范围内，发现有 18 世纪的大砖，据碑记修葺年代为嘉庆八年（1803 年）。

广安门南段城墙构筑资料（见图 1–40）：

---

① 孔庆普：《北京的城楼与牌楼结构考察》，东方出版社 2014 年版，第 178 页。

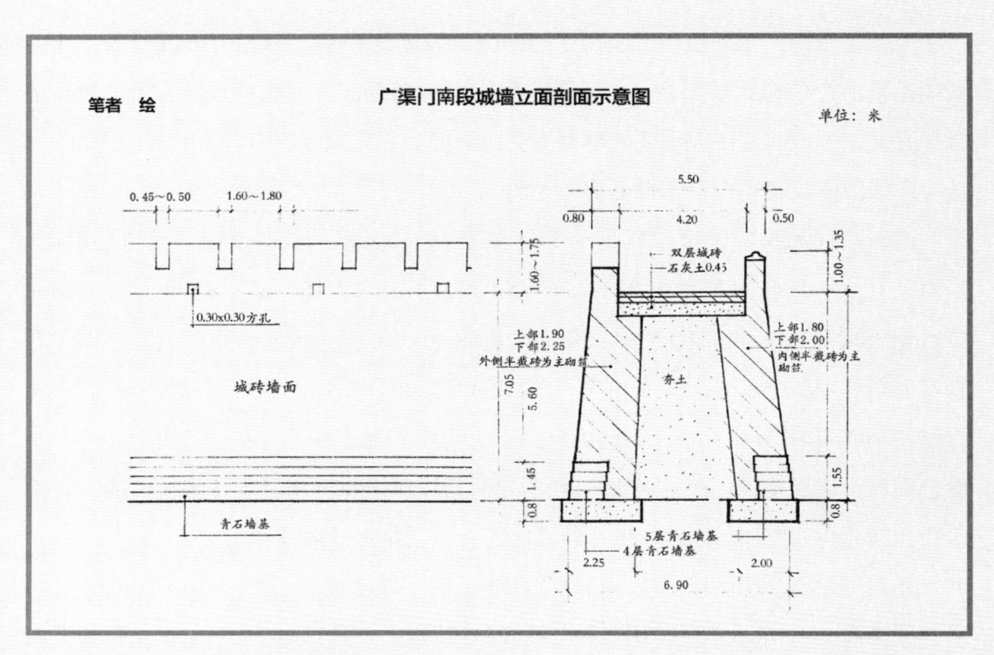

图 1-39 广渠门南段城墙立面剖面示意图

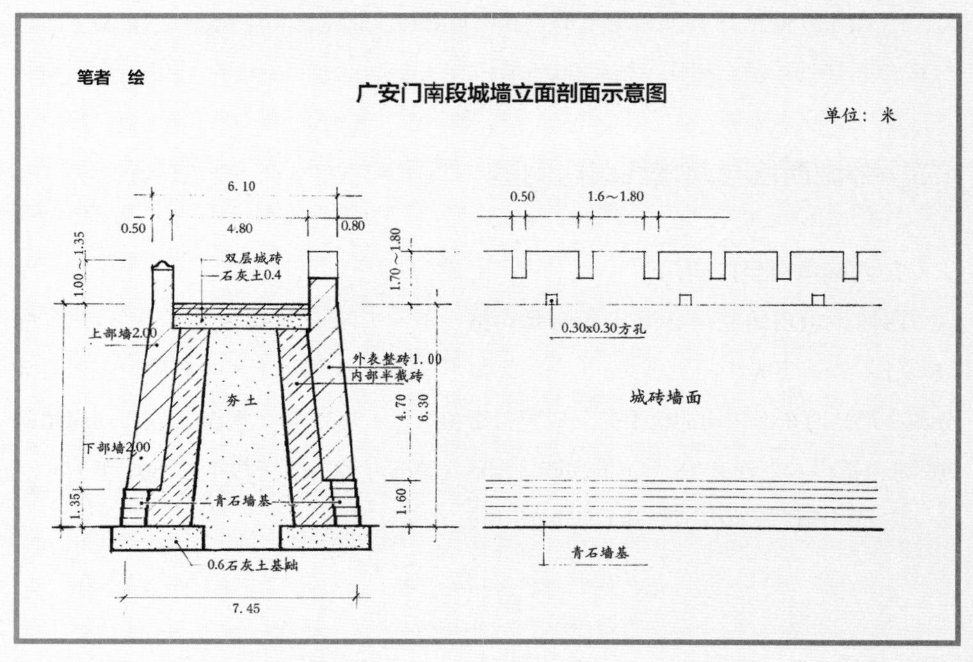

图 1-40 广安门南段城墙立面剖面示意图

城墙断面为梯形，顶部宽 6.10 米，底部宽 7.45 米。城墙顶面铺墁双层城砖，下面是厚约 0.40 米的石灰土。外侧（西面）有垛口墙，厚 0.80 米，高 1.80 米，墙垛宽 1.60—1.80 米，垛口宽 0.50 米。内侧（东面）有宇墙（有青石墙帽），厚 0.50 米，高 1.35 米。垛墙和宇墙的底部均开有排水的方形孔洞，垛口墙一侧的孔洞为 0.30 米 × 0.30 米，开在墙垛下部正中，每隔一个墙垛设一个，墩台则每个墙垛均设一个。宇墙一侧的孔洞与垛口墙孔洞相对应，是城墙的主要排水孔，尺寸为 0.30 米 × 0.30 米，洞口底面有石制排水道向外伸出。

城墙内外两侧表面以整城砖砌筑，内部则为半截砖和碎砖。外侧（西面）砖层厚 2.00 米，砖墙高 4.70 米。砖墙下部有五层青石板墙基，石基总高为 1.60 米，下面有厚约 0.60 米的石灰土基础，总高 6.30 米。内侧（东面）砖层上部厚约 2.00 米，底部厚约 2.00 米，砖墙高约 5.00 米。砖墙下部有四层青石板墙基，石基总高为 1.35 米，下面有厚约 0.60 米的石灰土基础。①

2. 广安门至西北角楼至西便门

广安门迤北至西北角楼之间城墙上兴工碑较多，至少有 8 块是崇祯八年（1635 年）重修城墙的碑记，以此看，北京外城西城墙内壁基本是崇祯八年（1635 年）重修的，墙体状况也比较好。从崇祯年间修葺北京外城城墙的规模，似乎可以看出当时局势的紧张程度，同时也显示了外城城垣对于北京防务的重要性。

外城西城墙北部分多段重修，在西便门至内城西垣之间，有两段能看出是用 18 世纪的大砖修葺。

广安门城墙北侧构筑资料（见图 1-41）：

城墙断面为梯形，顶部宽 5.30 米，底部宽 6.75 米，高 6.95 米（石基底以上）。城墙顶面铺墁双层城砖，下面是厚约 0.40 米的石灰土。外侧（西面）有垛口墙，厚 0.80 米，高 1.80 米，墙垛宽 1.60—1.80 米，垛口宽 0.50 米。内侧（东面）有宇墙（有青石墙帽），厚 0.50 米，高 1.35 米。垛墙和宇墙的底部均开有排水的方形孔洞，垛口墙一侧的孔洞为 0.30 米 × 0.30 米，开在墙垛下部正中，每隔一个墙垛设一个，墩台则每个墙垛均设一个。宇墙一侧的孔洞与垛口墙孔洞相对应，是城墙的主要排水孔，尺寸为

① 孔庆普：《北京的城楼与牌楼结构考察》，东方出版社 2014 年版，第 180 页。

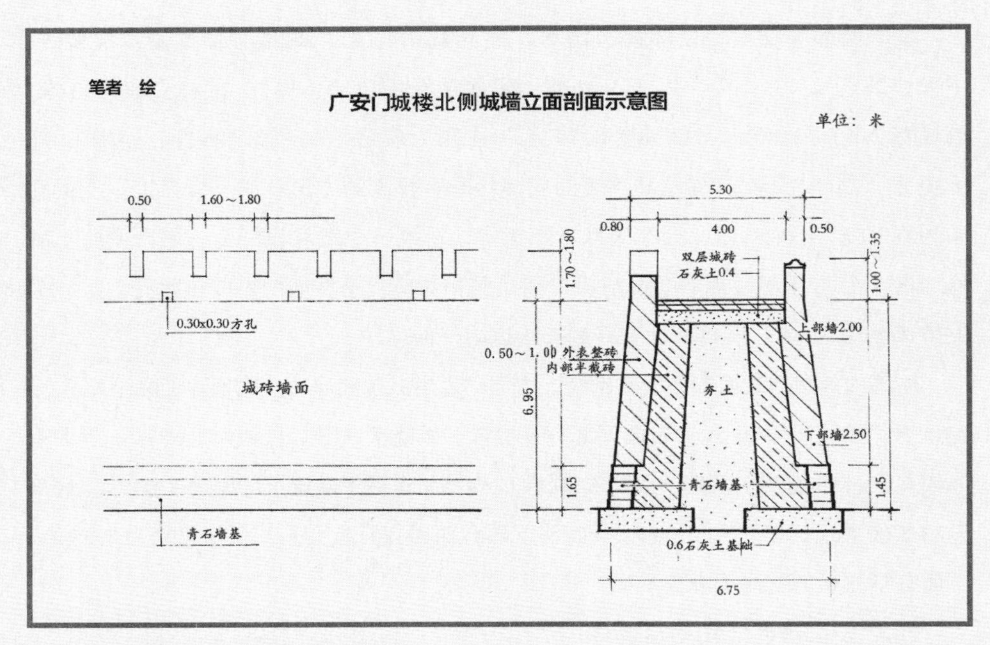

图 1-41 广安门城楼北侧城墙立面剖面示意图

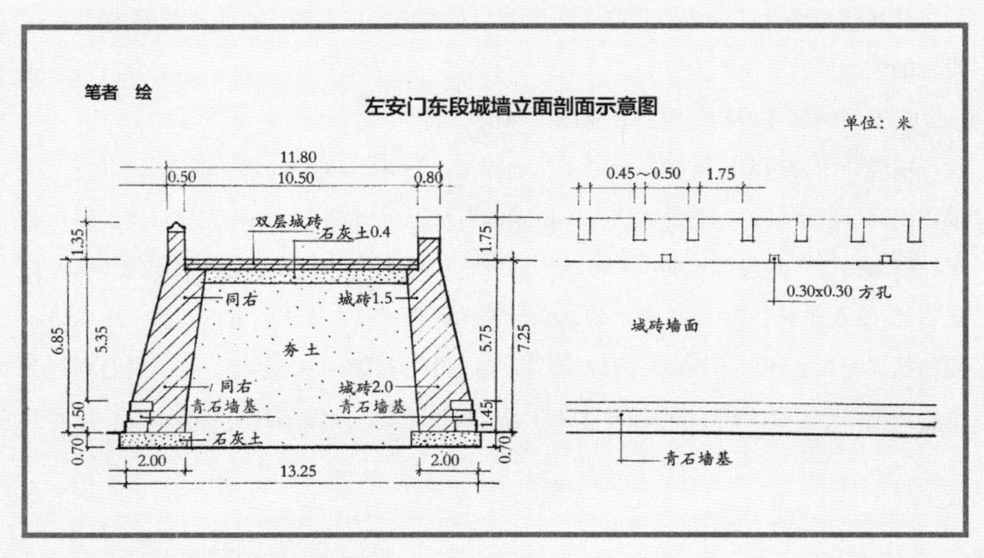

图 1-42 左安门东段城墙立面剖面示意图

0.30 米 × 0.30 米，洞口底面有石制排水道向外伸出。

城墙内外两侧表面以整城砖砌筑，内部大多为半截城砖，墙面砖层底部厚约 2.50 米，上部厚约 2 米，砖墙下部为四至五层青石板墙基，外侧（西面）石基总高为 1.65 米，内侧（东面）石基总高为 1.45 米。石基下面有约 0.60 米厚的石灰土基础。[①]

（三）外城南墙内侧壁

1. 东南角楼至左安门至永定门

> 从东南角出发，我们发现，从城角到天坛东墙的不太长的城壁（不长于 1800 米）上，所含碑记不下三十二块，标示各小段墙垣为十八世纪末所修；计有乾隆三十年（1765 年）碑记七块，乾隆三十一年碑记二十二块，乾隆四十七年（1782 年）碑记两块，及嘉庆六年（1801 年）碑记一块。年代较早的碑记仅有三块，所在墙段似为崇祯八年所修。始建于明代的城垣，只有很短的一段遗留在南墙东端。
>
> 在天坛围墙后的城垣上，可看见较多的古墙。墙壁情况颇似东墙和西墙，即采用深色薄砖，砖逢间抹灰不多，并因长期受风化水蚀，已有相当程度的损坏。……有一长段和一短段（共计 500 米左右），为嘉庆四年（1799 年）重筑，其余大概为乾隆时所修。
>
> 渐渐接近永定门，城墙显得越发破败……[②]

从上述记载来看，北京外城南城墙东段内壁（永定门以东）基本是明崇祯八年（1635 年）及以后重修的，没有在城墙上发现崇祯以前的兴工记载，这一点基本上和东、西两城垣相似，从修葺记录看，清代以乾隆年间为主，另有部分为嘉庆朝修葺。

1956 年，左安门东段城墙构筑资料（见图 1-42）：

城墙断面为梯形，顶部宽 11.80 米，底部宽 13.25 米，外侧（南面）墙高约 7.25 米，

---

① 孔庆普：《北京的城楼与牌楼结构考察》，东方出版社 2014 年版，第 180 页。

② ［瑞典］奥斯伍尔德·喜仁龙：《北京的城墙和城门》，许永全译，北京燕山出版社 1985 年版，第 103—104 页。

内侧（北面）墙高约7.00米。城墙顶面铺墁双层城砖，下面是厚约0.40米的石灰土。外侧（西面）有垛口墙，厚0.80米，高1.75米，墙垛宽1.75米，垛口宽0.45—0.50米。内侧（东面）有宇墙（有青石墙帽），厚0.50米，高1.35米。垛墙和宇墙的底部均开有排水的方形孔洞，垛口墙一侧的孔洞为0.30米×0.30米，开在墙垛下部正中，每隔一个墙垛设一个，墩台则每个墙垛均设一个。宇墙一侧的孔洞与垛口墙孔洞相对应，是城墙的主要排水孔，尺寸为0.30米×0.30米，洞口底面有石制排水道向外伸出。

城墙外侧（南面）砖层底部厚约2.00米，上部厚约1.55米，砖墙高约5.75米（石基底以上）。砖墙下部有四层青石板墙基，石基总高为1.45米，下面有约0.70米厚的石灰土基础。城墙内侧（北面）砖层底部厚约2.00米，上部厚约1.50米，砖墙高约5.50米（石基底以上）。砖墙下部有五层青石板墙基，石基总高为1.65米，下面有约0.70米厚的石灰土基础。[1]

1956年，左安门至永定门之间城墙构筑资料（见图1-43）：

城墙断面为梯形，顶部宽11.80米，底部宽13.25米，外侧（南面）城墙高7.25米，内侧（北面）城墙高6.85米。城墙顶面铺墁双层城砖，下面是厚约0.40米的石灰土。外侧（西面）有垛口墙，厚0.80米，高1.80米，墙垛宽1.60—1.80米，垛口宽0.50米。内侧（东面）有宇墙（有青石墙帽），厚0.50米，高1.35米。垛墙和宇墙的底部均开有排水的方形孔洞，垛口墙一侧的孔洞为0.30米×0.30米，开在墙垛下部正中，每隔一个墙垛设一个，墩台则每个墙垛均设一个。宇墙一侧的孔洞与垛口墙孔洞相对应，是城墙的主要排水孔，尺寸为0.30米×0.30米，洞口底面有石制排水道向外伸出。

城墙外侧（南面）砖墙外表是0.80—1.00米厚的整城砖层，内部则主要是半截城砖，砖层底部厚约2.00米，砖层上部厚约1.50米，砖墙高约5.75米。砖墙下部有四层青石板墙基，石基总高为1.45米，下面有约0.70米厚的石灰土基础。

城墙内侧（北面）砖墙表层是整城砖，内部则大多是半截城砖，砖层底部厚约2.00米，上部厚约1.50米，砖墙高约5.35米。砖墙下部有五层青石板墙基，石基

①　孔庆普：《北京的城楼与牌楼结构考察》，东方出版社2014年版，第226页。

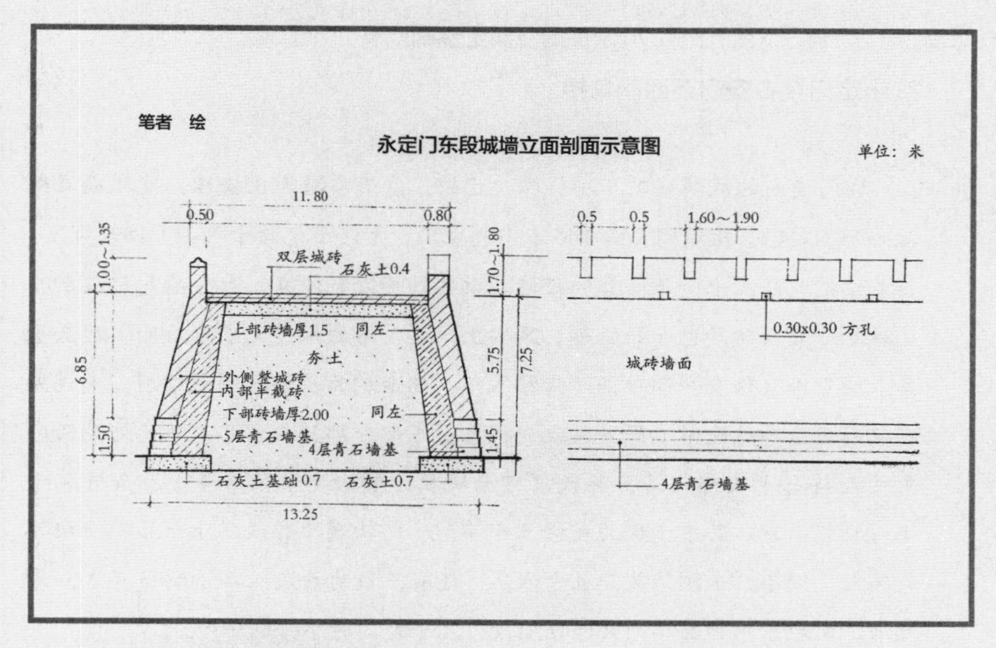

图 1-43　永定门东段城墙立面剖面示意图

图 1-44　20 世纪 20 年代外城南城墙内侧

总高为 1.50 米，下面有约 0.70 米厚的石灰土基础。[①]

2. 永定门至右安门至西南角楼

> 城门迤西的城墙残破不堪；垛口已缺，基石亦被泥土掩埋，使城墙显得低矮而不起眼。距城门大约 100 米内的城垣，重修于光绪十八年（1892 年）。接着便是乾隆五十一年修葺的短墙。毗邻的墙段已废弃，部分墙基已被水冲刷破坏，表面砖层也开始脱落。事实上，这一带城垣（先农坛后面）后来基本未经重修，仅有一部分修于崇祯八年，其余均为较早的明代遗垣。走过先农坛西角后，乾隆时重修墙段就变得象最东部分那样众多了。从此处到西南角共查得三十块碑记；其年代只有一块属于明末（崇祯八年），余皆属于十八世纪末期。其中十块为乾隆三十年，十四块属于乾隆三十一年，一块为乾隆三十六年，一块为乾隆五十六年，还有三块为嘉庆八年（1803 年）。看起来，南垣东端和西端的大部分墙段，几乎是同时整修的……[②]

对北京外城内侧的考察，喜仁龙只是偏重于对碑记的记录和对墙体状况的观察，对于城砖砖文内容并未作详细记录，他在书中曾提到天坛和先农坛后面的城墙均为较早的明代遗垣，但未提到碑记，也未作任何其他说明。因此，现在已很难确定它们的具体情况。明代中早期很少在城墙上嵌记事碑，只是以砖文体现城墙的修葺时间。由此看来，这两段表面覆盖了苔藓和尘埃的墙，极有可能是嘉靖三十二年（1553 年）筑修的原始城墙。

永定门至右安门之间城墙构筑资料：

城墙断面为梯形，顶部宽 11.80 米，底部宽 13.20 米，城墙顶面铺墁双层城砖，下面是厚约 0.40 米的石灰土。外侧（西面）有垛口墙，厚 0.80 米，高 1.80 米，墙垛宽 1.60—1.80 米，垛口宽 0.50 米。内侧（东面）有宇墙（有青石墙帽），厚 0.50 米，高 1.35 米。垛墙和宇墙的底部均开有排水的方形孔洞，垛口墙一侧的孔

---

① 孔庆普：《北京的城楼与牌楼结构考察》，东方出版社 2014 年版，第 181 页。

② [瑞典] 奥斯伍尔德 · 喜仁龙：《北京的城墙和城门》，许永全译，北京燕山出版社 1985 年版，第 104 页。

洞为 0.30 米 × 0.30 米，开在墙垛下部正中，每隔一个墙垛设一个，墩台则每个墙垛均设一个。宇墙一侧的孔洞与垛口墙孔洞相对应，是城墙的主要排水孔，尺寸为 0.30 米 × 0.30 米，洞口底面有石制排水道向外伸出。

城墙内外两侧（南北面）砖墙外表均为 0.80—1.00 米厚的整城砖层，内部大多是半截城砖。城墙外侧（南面）砖层底部厚约 2.00 米，上部厚约 1.50 米，砖墙高 4.90 米。砖墙下部有四层青石板墙基，下面有约 0.80 米厚的石灰土基础，石基总高为 1.65 米，城墙总高 7.00 米（石基底以上）。城墙内侧（北面）砖层底部厚约 2.00 米，上部厚约 1.50 米，砖墙高 4.90 米。砖墙下部有四至五层青石板墙基，石基总高为 1.75 米，下面有约 0.70 米厚的石灰土基础，城墙总高 6.65 米（石基底以上）。①

① 孔庆普:《北京的城楼与牌楼结构考察》，东方出版社 2014 年版，第 182 页。

二、外城城墙外侧壁寻考

喜仁龙一书有如下记录：

北京外城城墙外侧壁保持得较好，这主要有几方面的原因，首先城墙外侧是一座城的外在形象，在战争年代还要面临战火的考验，在修筑方式和建筑材料等方面都与城内侧有一些差异。

北京外城外侧壁共有 60 座墩台：

外城东垣：共有 14 座墩台，均为小墩台。墩台底部南北宽 12.50—14.20 米，向东凸出城墙 10.50 米，顶面南北宽 10.30—12.00 米。

外城南垣：共有 30 座墩台，均为小墩台。墩台底部东西宽 12.50—14.00 米，向南凸出城墙 10.50 米。顶面东西宽 10.30—11.85 米。

外城西垣：共有 13 座墩台，均为小墩台。墩台底部南北宽 12.50—14.20 米，向西凸出城墙 10.50 米，顶面南北宽 10.30—12.00 米。

外城北垣：共有 3 座墩台，均为小墩台，底部东西宽 12.50 米，向北凸出城墙 10.20 米，顶面东西宽 10.20 米。

喜仁龙对外城城墙外侧壁的考察是从西便门开始的。

（一）外城北墙西段与西墙外侧壁

1. 西便门至西北角楼至广安门

喜仁龙对外城城墙外侧的考察与城墙内侧有所不同，偏重于对具体城砖铭文的记录。对外侧城墙的寻考从西便门开始，而西便门以东的城墙在三十多年后又恰巧

图 1-45　20 世纪 20 年代外城北城墙及西北角楼

成为北京整段拆除城墙的起点。

1952 年，拆除西便门城楼、箭楼和瓮城后，此处成为西便门豁口。1956 年开始河道治理工程，包括前三门护城河治理及外城西护城河治理，由于西便门豁口以东城墙水关的过水断面较小，故而将西便门豁口以东与内城西墙相接的外城北墙与水关、水闸一并拆除。

西便门向西至西北角楼为清中晚期重修，嵌有乾隆四十一年（1776 年）碑记。从西北角楼到广安门之间的城墙从外观看表面剥蚀严重，城砖铭文显示系营建初始的古老墙段。据记，西北角楼墩台上的砖文为："嘉靖三十年窑户李裕宝造""嘉靖三十年窑户刘金造""嘉靖三十年窑户楚祝造""嘉靖二十年窑户孙馨造"。

从西北角楼墩台到广安门之间的城墙也是后世重修过的老墙，从砖文看大多为外城初建时的墙体，只有个别之处出现有清代款识的砖。据记，明代砖文有："嘉靖三十六年窑户楚琛造""嘉靖三十六年窑户吴济荣造""嘉靖二十年造""嘉靖三十六年窑户张钦造""嘉靖二十三年窑户杨佩造""嘉靖二十年窑户杨玉造""嘉靖二十二年窑户牛七造""嘉靖二十年窑户王兴造""嘉靖三十年窑户吴济荣造""嘉靖三十二年窑户张楼造""嘉靖二十八年窑户梁章造""嘉靖三十二年窑户周雪造"。

这批砖无疑都是外城初建时的原始材料，始建于嘉靖三十二年（1553 年）的城墙上竟然有很多嘉靖二十年（1541 年）至嘉靖三十二年（1553 年）之间的城砖，看来外城开工的前几年就开始备料了。

这里还可见到一些清代中晚期的铭文砖，如："新城砖""特制城砖"，应该是后来局部修补时更换上去的。

光绪二十六年（1900 年），八国联军占领北京后，先在永定门城楼以东拆辟城墙豁口，将铁路引进城内，继而又在西北角楼至广安门城楼之间拆辟城墙豁口，铁路进城直至正阳门城楼旁。据《庚子记事》（仲蔡氏，庚子年十二月二十一日）记："芦宝铁路直欲进城，现将西便门城墙拆通一段，由城根直至前门西月墙，凡碍路之铺户民房，勒令自行拆挪，拆毁者何止数百家。商民苟延残喘之际，又遭此难，情所难堪。"

喜仁龙在考察西北角楼至广安门城楼之间这段城墙时，并没有提到这处城墙缺口的情况，作为铁路通道，显然会有一定的宽度，对城墙考察的延续性不会没有影响。

据 1955 年广安门北段西北角箭楼一带城墙构筑考察资料记载（见图 1–46）：

广安门北段城墙顶宽 5.30 米，净宽 4 米，城墙底（石基底）宽 6.75 米，城墙

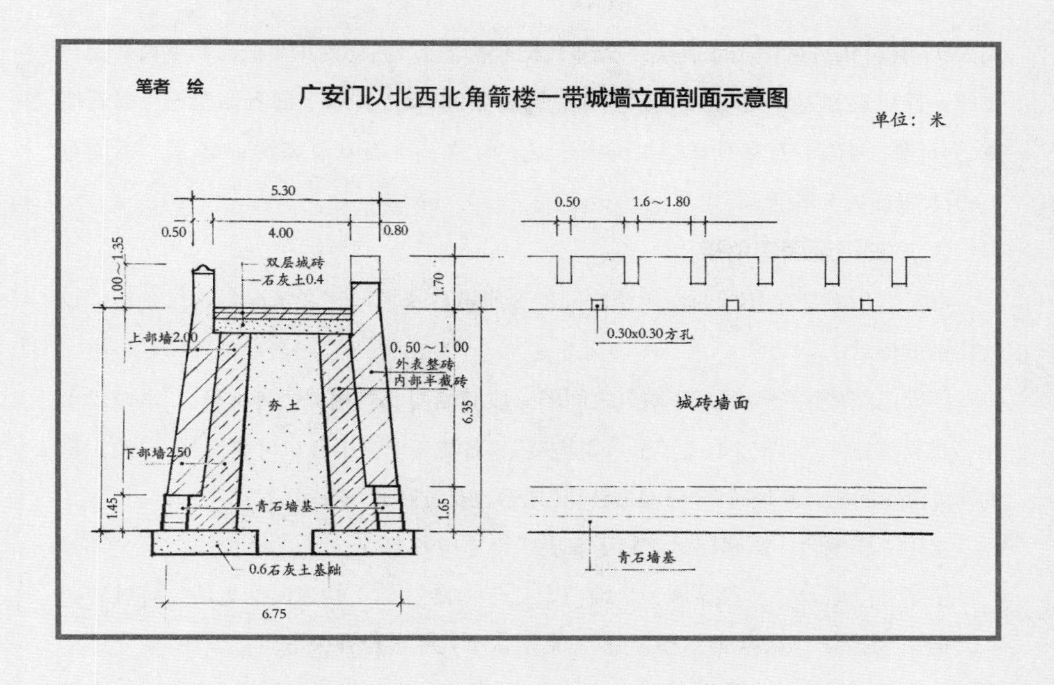

图 1-46　广安门以北西北角箭楼一带城墙立面剖面示意图

高 6.95 米。内外两面砖墙表层砌筑约 1 米的整城砖，内部则用半截砖和整城砖混合砌筑，砖层底面总厚约 2.50 米，上顶总厚约 2.00 米。砖墙下部有四至五层青石墙基，外侧（西面）石基总高约 1.65 米，内侧（东面）石基总高约 1.45 米，下面有 0.60 米的石灰土基础。①

2. 广安门至西南角楼

对广安门城楼至外城西南角楼之间的 8 座墩台及城砖铭文情况，喜仁龙作了较为详细的记录：

广安门城楼南侧至第一座墩台之间的一段城墙与北侧相似，砖文有："嘉靖二十年窑户梁栋造""嘉靖二十三年窑户周均造""嘉靖三十三年窑户付典造"，以及少量的清乾隆年间的"新城砖""停泥城砖"，墩台也是乾隆时修葺过的。

至第二座墩台，据碑记，重修于嘉庆四年（1799 年）。

至第三座墩台，此段城墙为嘉靖三十二年（1553 年）初建时的老墙，有城砖砖文为据："嘉靖二十二年窑户杨金造""嘉靖二十九年窑户曹荣造"。

至第四座墩台，此段年代久远，砖文："嘉靖二十年窑户侯六造""嘉靖二十年窑户常孟阳造""嘉靖十八年窑户杜充造""嘉靖二十年窑户常世荣造""嘉靖二十六年窑户谭德政造""嘉靖二十四年窑户刘茂造""万历戊申年窑户蒋大顺造"。另有少量清代的"新城砖"和"停泥细砖"。

至第五座墩台，此墩台重筑于嘉庆二年（1797 年），但两边仍为较古旧的墙体。

至第六座墩台，此段为初建时的老墙，砖文："嘉靖二十六年窑户李充造"。

至第七座墩台，仍为较古旧的墙体，砖文："嘉靖十四年窑户李仁造"。

至第八座墩台，较古旧，其南侧墙体系嘉庆二年（1797 年）修葺。

西南角楼墩台也较古旧，其城砖多是嘉靖二十八年（1549 年）和嘉靖二十九年（1550 年）的，如"嘉靖二十八年窑户王瑞造"。

广安门城楼至外城西南角楼之间这段城墙上，嘉靖二十年（1541 年）至三十二年（1553 年）的城砖更多，在第七座墩台还出现了"嘉靖十四年"的砖。

---

① 孔庆普：《北京的城楼与牌楼结构考察》，东方出版社 2014 年版，第 180 页。

图 1-47 20 世纪 20 年代外城西南角西外侧

（二）外城南墙外侧壁

1. 西南角楼至右安门

喜仁龙对外城南垣的考察是从西南角楼向东进行的。

外城西南角楼至右安门（俗称“南西门”）之间有 4 座墩台，因年代久远已相当残破。这一区段显然大部分是早期的老城墙，据记砖文也大多为早期年代，如：“嘉靖二十六年窑户杜充造”“嘉靖二十一年窑户张九造”。

2. 右安门至永定门

右安门迤东至永定门共有 11 座墩台，城门至第六座墩台之间的城墙下部比较古旧，上部曾经过修葺，城砖为嘉靖和崇祯年款。第三座墩台有乾隆三十一年（1766 年）重修题记碑，砖文有“工部监督桂”“工部监督永”“工部监督国”。

这段 3 里左右的城墙，喜仁龙没作详细的砖文记录，其原因很可能与城下有众多各类构筑物，难以接近城墙有关，这种无奈他在书中也流露过，提到有时只能用望远镜来观察城墙。

第六座墩台东边的城壁有两块嘉庆二年（1797 年）修葺的碑记。

第七、八座墩台及城壁看上去年代较早，砖款为嘉靖朝，如：“嘉靖三十二年窑户冯大昭造”“嘉靖三十二年窑户林永寿造”。

第九、十座墩台一带有一些清代修葺的墙面，碑记显示为嘉庆二年（1797 年）重修。

第十一座墩台及西侧城壁较古旧残破，砖文有：“嘉靖二十二年窑户孙标造”“嘉靖三十一年窑户宋义造”“嘉靖二十九年窑户陈福造”。

1958 年，为配合道路扩建工程，北京市市政府决定拆除右安门城楼、城台及两边残存城墙，东边约 100 米，西边约 150 米。拆除工程于同年 5 月 6 日开工，5 月 20 日完工。

1958 年记录的右安门两侧城墙构造资料（见图 1–48）：

城门以东尚存约 160 米城墙，西边尚存 180 米城墙，城墙顶面低于城台约 1.10 米，有坡道相连。城墙断面呈梯形。

东段城墙顶部厚 13.15 米，底部厚 15.85 米，高 7.05 米。南北两面砖墙的砖层厚度，上部约 1.40 米，下部约 1.80 米。外侧砖墙下有三层青石墙基，石基高约

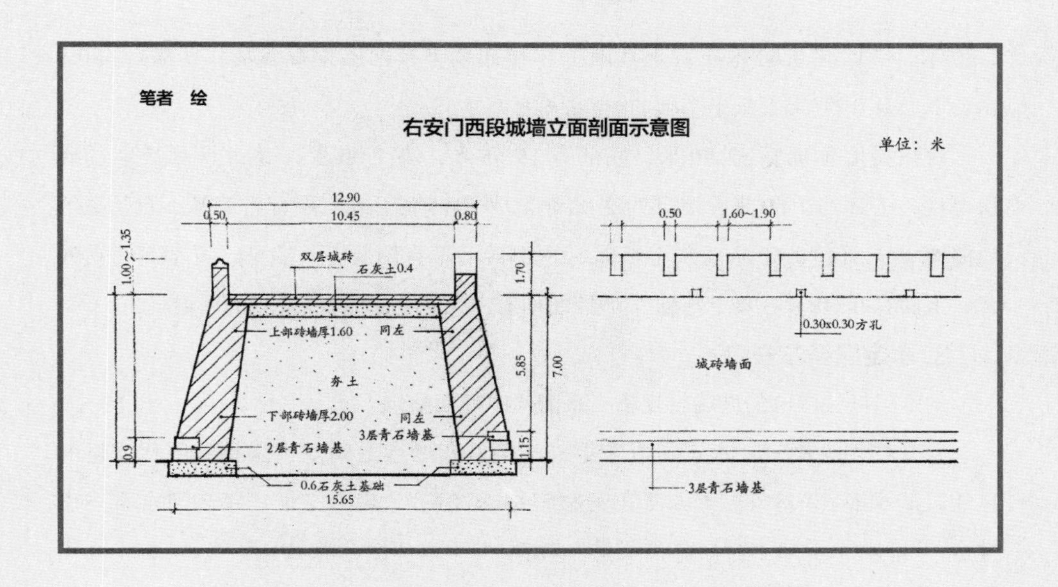

图 1-48　右安门西段城墙立面剖面示意图

1.20 米，下面有 0.60 米石灰土基础。内侧砖墙下有两层青石墙基，石基高约 0.9 米，下面有 0.60 米石灰土基础。

西段城墙顶部宽 12.90 米，底部宽 15.65 米，高 7.00 米。南北两面砖墙的砖层厚度，上部约 1.60 米，下部约 2.00 米。外侧砖墙下有三层青石墙基，石基高约 1.15 米，下面有 0.60 米石灰土基础。内侧砖墙下有两层青石墙基，石基高约 0.90 米，下面有 0.60 米石灰土基础。城墙北面有一条宽 3 米、长 26 米的登城马道。[①]

3. 永定门至左安门

永定门城楼两侧的城墙较规整，系清代中晚期整修。

据喜仁龙书中记，永定门以东第一至第八座墩台之间基本保持着明代城垣的风貌，砖文有："嘉靖二十二年东河窑窑户李经造""嘉靖三十二年东河窑窑户李林造""嘉靖二十二年窑户高尚义造""嘉靖三十六年窑户张钦造""嘉靖二十九年窑户薛香造""嘉靖三十二年窑户陆明扬造"。此外，在第七座墩台还发现有"万历三十五年窑户陈昌造"，说明万历年间曾进行过局部修葺。第五座墩台有乾隆四十七年（1782 年）修葺的碑记，但墙壁上的砖却是嘉靖年间的，估计当时是以旧砖进行的小规模维修。

第九座墩台当时已不存在，这座墩台早在光绪二十六年（1900 年）十月初接修京津铁路时即被拆除。

光绪二十六年（1900 年）七月二十日，八国联军攻入北京后，大肆劫掠、烧杀，搜刮财物无数。京城形成被各国列强瓜分的态势，英军驻守崇文门外一带，掠夺的大量财物皆存放于由其管辖的天坛之内，据当年《申报》转引自西方报纸云："各国联军入京后各统领分兵驻守京城……英则守哈达门（崇文门）前外城一带……"英军为了便于运走劫掠的财物，并在永定门城楼以东第九座墩台处拆辟城墙豁口，接修京津铁路，将铁路线引进城墙内，直接在天坛设立了火车站。据《庚子记事》（仲蔡氏，庚子年十月初九日）记："马家堡火车站自被义和团焚毁，竟成一片荒郊，今英国将京津铁路修齐，改在天坛为火车站。昨出永定门，见印度兵将城楼迤西（东）城墙拆通一段，铁道接修进城，千百人夫大兴工作，不日即可齐全，

---

① 参见孔庆普：《北京的城楼与牌楼结构考察》，东方出版社 2014 年版，第 246 页。

便开火车矣。”

铁路豁口至左安门（俗称“礓礤门”）之间有 5 座墩台，这段城墙看上去年代久远，砖文显示属嘉靖时期建造，如：“嘉靖三十一年窑户常增造”“嘉靖二十三年窑户吴昌培造”“嘉靖三十二年东河窑窑户陈贵造”“嘉靖二十一年窑户李林造”“嘉靖三十年窑户张孟昭造”。

4. 左安门至东南角楼

左安门至东南城角之间这段城墙不太长，也显得较旧，中间只有一座墩台，墙上有嘉靖二十四年（1545 年）的铭文砖。

外城东南角楼的墩台较古旧破败，所用砖皆为嘉靖中早期制造，砖文有：“嘉靖二十四年窑户王瑞造”“嘉靖十五年工顺窑窑户任经造”“嘉靖十八年窑户孙龙造”，从砖文看东南角楼的砖是外城所用砖中年代较早的。

1956 年 9 月，为配合方庄路和左大路的改扩建工程，需拆除左安门城楼及两侧部分城墙。具体包括：拆除左安门城楼及城台，拆除城楼以西 70 米城墙，拆除城楼以东至原豁口之间的城墙。

左安门城楼及城墙拆除工程于 1956 年 9 月 9 日开工，9 月 29 日完工。

（三）外城东墙与北墙东段外侧壁

1. 东南角楼至广渠门

据喜仁龙记，外城东垣长 2800 米，外侧高 7.15 米，垛墙（雉堞）高 1.72 米，筑墩台 14 座。东城墙外侧较古旧，从东南角楼到广渠门之间共有 10 座墩台，城壁与墩台的砖文显示，城砖主要是嘉靖年间制造的。只是在第六、七座墩台一带有清代乾隆、嘉庆年间曾经修葺的碑记。据记，明代的砖文主要有：“嘉靖三十二年窑户张钦造”“嘉靖二十四年窑户杨中矩造”“嘉靖二十四年窑户吴良培造”“嘉靖二十年窑户林永寿造”“嘉靖三十二年窑户吴矩造”“嘉靖三十六年窑户楚吴滨造”等。

外城东垣的拆除始于龙潭湖豁口工程。龙潭湖豁口是龙潭湖及周边道路工程的配套项目。拆除工程于 1956 年 4 月 25 日开工，5 月 9 日完工，豁口宽度为 21 米。

1956 年 7 月，龙潭湖城墙豁口以南拆除 200 米城墙，龙潭湖城墙豁口以北拆除 200 米城墙，两段城墙共计 400 米。城墙拆出的旧城砖用于改建危旧民房。城

图 1-49　20 世纪 20 年代外城东城墙外侧

图 1-50　20 世纪 20 年代外城东城墙外侧及东北角楼墩台

墙拆除工程于1956年7月15日开始，至7月底结束，共拆除龙潭湖豁口两侧城墙486米。

2. 广渠门至东北角楼

广渠门迤北至第三座墩台系乾隆年间修葺，第四座墩台及外城东北角箭楼墩台较为残破，角箭楼已无。

广渠门城门两边城墙构造资料记载：广渠门城台两边城墙的断面是梯形，底边长6.90米，上边长5.45米，高6.85米。内外两面的砖墙上顶厚1.75米，下部厚约2.10米。砖墙高约5.55米。墙基是五层青石板，上两层石板厚0.30米，以下三层石板的厚度0.30—0.35米，石基高约1.60米，石基宽约2.20米。石基的下面有厚约0.70米的石灰土基础，灰土宽约2.50米。由于城砖墙面砌筑不够密实，外表的整城砖大部分完整，城砖的规格有多种：13厘米 × 23.5厘米 × 41.5厘米；12厘米 × 23.5厘米 × 42厘米；11.5厘米 × 23.5厘米 × 41厘米；12厘米 × 23厘米 × 42.5厘米等。[①]

3. 东北角楼至东便门

从东北角箭楼墩台到东便门之间有两座墩台，城门附近的墙上有乾隆三十一年（1766年）重修的碑记，城砖上有“工部监督桂”和“工部监督永”等款识。

1958年，为配合北京新火车站的建设，拆除了东便门城楼及东西两侧全部城墙，拆除项目包括：东便门城楼、城台、城楼东侧城墙（城楼至外城东北城角）、城楼西侧城墙（城楼至内城东城墙）。东便门拆除工程于1958年4月20日开工，城楼、城台于5月5日拆完，城墙拆除工程于5月15日完工。

---

① 参见孔庆普：《北京的城楼与牌楼结构考察》，东方出版社2014年版。

图 1-51　20 世纪 20 年代外城东便门西侧城墙

附录　20 世纪 20 年代和 50 年代北京城墙长宽高资料数据对比表

表 1-3　20 世纪 20 年代和 50 年代北京城墙长度数据对比

单位：米

内外城	墙段	喜仁龙考察资料数据（20 世纪 20 年代）[①]	北京市政城墙技术档案数据（20 世纪 50 年代）[②]
内城	东城墙	5330	5270
	西城墙	4910	4580
	南城墙	6690	6820
	北城墙	6790	6790
	总长度	23767	23460
外城	东城墙	2800	3315
	西城墙	2800	3395
	南城墙	7488	7890
	北城墙东段	864	650
	北城墙西段	576	610
	总长度	约 15552	15860

注：①［瑞典］奥斯伍尔德 · 喜仁龙：《北京的城墙和城门》，许永全译，北京燕山出版社 1985 年版，第 35 页。
②孔庆普：《北京的城楼与牌楼结构考察》，东方出版社 2014 年版，第 28—33 页。

表 1-4　20 世纪 20 年代和 50 年代北京城墙高度、宽度数据对比

单位：米

内外城	墙段	部位	喜仁龙考察资料数据（20 世纪 20 年代）[1]	北京市建设局考察资料数据（20 世纪 50 年代）[2]
内城	东城墙	外侧高	11.10—11.40	11.10—11.60
		内侧高	10.45—10.70	11.10—11.60
		顶宽	11.30—12.30	15.90—17.90
		底宽	16.90—18.10	18.10—20.10
	西城墙	外侧高	10.30—10.95	11.10—11.70
		内侧高	10.10—10.40	11.10—11.70
		顶宽	11.30—14.00	16.90—18.40
		底宽	14.80—17.40	19.50—21.00
	南城墙	外侧高	10.72—11.05	11.65—11.95
		内侧高	9.82—10.15	11.65—11.95
		顶宽	14.80—15.20	17.60—18.25
		底宽	18.08—20.45	20.30—20.70
	北城墙	外侧高	11.50—11.93	11.20—11.75
		内侧高	9.20—11.00	11.20—11.75
		顶宽	17.60—19.50	18.10—19.20
		底宽	21.45—24.00	19.00—21.45
外城	东城墙	外侧高	7.15	6.85—7.10
		内侧高	5.80	6.85—7.10
		顶宽	10.30	5.45—5.50
		底宽	12.40	6.90—7.00
	西城墙	外侧高	约同东城墙	6.35—6.95
		内侧高	约同东城墙	6.35—6.95
		顶宽	约同东城墙	5.30
		底宽	约同东城墙	6.75
	南城墙	外侧高	5.80—6.18	6.85—7.25
		内侧高	5.05—5.62	6.85—7.25
		顶宽	9.82—9.90	11.80—13.15
		底宽	11.80—12.20	13.00—15.85

续表

内外城	墙段	部位	喜仁龙考察资料数据（20 世纪 20 年代）	北京市建设局考察资料数据（20 世纪 50 年代）
	北城墙	外侧高	7.15	6.25—6.95
		内侧高	5.80	6.25—6.95
		顶宽	10.40	10.00—10.60
		底宽	13.30	13.00—13.15

注：①［瑞典］奥斯伍尔德·喜仁龙：《北京的城墙和城门》，许永全译，北京燕山出版社 1985 年版。②北京市建设局考察资料数据源于建设局各部门编写的“城墙构造考察资料”。③表中单个数据表示资料来源只有此一个墙段数据，来源含有多个墙段不同数据的，则取其中最小数据与最大数据。④喜仁龙考察资料中城墙高度数据分内侧和外侧，而北京市建设局的资料中城墙高度只记录一个数据，未分内外侧。

城门

穿越古今的时光隧道

对北京城门艺术风格的兴趣，使我逐渐产生了深入了解这些古建筑文化的含义以及进一步研究它们的建造史与历史沿革的愿望。

—— 奥斯伍尔德·喜仁龙
Osvald Siren

城门记

北京建城始于周初，定型于明代，城史至今已逾3000年。这座伟大的城池是人类文明的创举和骄傲，在世界建城史上占有举足轻重的地位。

古都北京原有四道城垣及众多城门，包括：外城城门、内城城门、皇城城门、宫城（紫禁城）城门等。这些形制不同的城门，是这座古代都城几百年来内外时空交互的重要渠道。

随着时代的发展，古城门的交通与防御功能逐渐减弱。然而，我们却逐渐发现，在历经几个世纪的风云变幻之后，这些庞大的城门似乎不再只是冷峻的砖石建筑，其饱经风霜的券洞累积了厚重的历史遗痕，屡经磨难的容颜也早已成为这座古都世事沧桑的真实写照。

遗憾的是，在过往的时日中，北京古城门的文化价值没有受到真正的重视，更缺少深入研究，以至昔日威严的古城门几乎拆除殆尽。

喜仁龙在其1924年出版的《北京的城墙和城门》一书中说到，北京古城门的“双重城楼昂然耸立于绵延的垛墙之上……像一座筑于高大城台上的殿阁”。

作为城的出入关口，自古至今，物资流动、人员进出、信息传递……城门的重要性不言而喻，不仅是穿流的隘口，还是历史发展的见证。朝代的更迭，战事的惨烈，无不在城门的肌体上留下遗痕。

尽管北京古城门绝大多数已不复存在，但仍期望人们能够通过深入了解这些古城门的历史文化内涵，从内心真正认识这座伟大都城的价值，进而提高保护古都风貌的意识，为这座伟大都城的文化传承尽一份责任！

古都保护永不言晚！

一、北京城门历代营建概况

表 2-1 北京历代城门营建概况

（一）辽南京（燕京）城门	
契丹会同元年（938 年）	契丹占燕云十六州，升幽州为南京，又称燕京，成为五都之一，府名幽都。
辽大同元年（947 年）	契丹改国号为辽，改元大同。
辽开泰元年（ 1012 年）	改称析津府。
南京（燕京）城地理位置	今北京城西南。
南京（燕京）城建设规模	基本沿用唐幽州城城址，加修原城墙，城周长二十五里，城墙高三丈，宽一丈五尺，配置敌楼战橹九百一十座，地堑三重。并在城内西南角加筑宫城，形成西南城东北郭的格局。
南京（燕京）大城城门	大城设八门：东为安东门、迎春门；南为开阳门、丹凤门；西为显西门、清晋门；北为通天门、拱辰门。
南京（燕京）宫城城门	宫城共四门：东为宣和门、南为丹凤门、西为显西门、北为子北门（宫城西墙与外城西墙南段重合、宫城南墙与外城南墙西段重合。故丹凤、显西二门同为外郭城门和皇城门）。

续表

（二）金中都城门	
1122 年	金攻克辽南京（燕京）城。
金天德三年（1151 年）	海陵王完颜亮颁发《议迁都燕京诏》，并开始改建城垣。
中都城垣扩建	在辽南京（燕京）城基础上扩展东、南、西三面城垣。
中都城市格局	新建成的中都共三重城垣，大城呈方形，城周计三十七里余，大城之内西侧有皇城，皇城之内东侧有宫城，构成东城西郭与西城东郭的格局。
中都大城城门	东、南、西面各有三座城门，北面四座城门，每面正中城门特开辟三个门洞。东面：施仁门、宣曜门、阳春门。南面：景风门、丰宜门、端礼门。西面：丽泽门、颢华门、彰义门。北面：会城门、通玄门、崇智门、光泰门。
皇城城门	南为宣阳门、北为拱辰门、东为宣华门、西为玉华门。
宫城城门	南为应天门、东为东华门、西为西华门。
金天德五年（1153 年）	海陵王完颜亮正式下诏迁都，改燕京（南京）为中都，定为国都。改析津府为大兴府。
（三）元大都城门	
1215 年	蒙古军攻克金中都，改中都为燕京。
元至元元年（1264 年）	元世祖忽必烈为迁都做准备。改燕京为中都，府名仍为大兴。
元至元四年（1267 年）	以中都旧城东北郊的琼华岛大宁宫为中心兴建新城。
元至元八年（1271 年）	正式建国号为“元”，始称元朝。
元至元九年（1272 年）	改中都为大都，定为元朝国都。开始筑建大都城城垣。

续表

（三）元大都城门	
元至元十一年（1274 年）	宫城建成。宫城共有六门，南墙正中为崇天门，左星拱门、右云从门，东墙为东华门，西墙为西华门，北墙有厚载门。
元至元十三年（1276 年）	大都城垣建设完成。宫城外建皇城（萧墙），皇城外建大城。形成内城外郭，共三重城垣。
大都城的规划	恪守《周礼 · 考工记》“匠人营国，方九里，旁三门，国中九经九纬，经涂九轨。左祖右社，面朝后市”的原则。总体布局基本符合帝都的营城要求。
大都城市格局	呈长方形，南北略长，城周长 28600 米，城墙由夯土筑成，基部厚 24 米。皇城在大城的南部正中，宫城在皇城的东部，构成东城西郭与南城北郭的三重城池格局。
大都城门	共设十一座城门：南城垣正中为丽正门，东为文明门，西为顺承门；东城垣正中为崇仁门，南为齐化门，北为光熙门；西城垣正中为和义门，南为平则门，北为肃清门；北城垣东为安贞门，西为健德门。
（四）明北京城门	
明洪武元年（1368 年）	明军攻克元大都城，改大都路为北平府。将北垣东侧安贞门改为“安定门”，北垣西侧健德门改为“德胜门”。
明洪武四年（1371 年）	改建元大都城垣，原北城墙以南约五里处新筑北城墙，仍设两城门，东侧仍名“安定门”，西侧仍名“德胜门”。废原北城垣与东、西城垣北段及光熙、肃清二门。
明永乐元年（1403 年）	明成祖朱棣升北平为北京，改北平府为顺天府，称“行在”。并开始筹划迁都北京。
明永乐四年（1406 年）	诏令营建北京宫殿。

续表

（四）明北京城门	
明永乐十五年（1417年）	营建北京城垣。
明永乐十七年（1419年）	大城南墙南拓一里半，重建南城垣，仍辟三城门，并沿用原名。又将东垣崇仁门改为东直门，西垣和义门改为西直门。至此，北京内城城垣完成定位，其南墙长6690米，北墙长6790米，东墙长5330米，西墙长4910米。
明永乐十八年（1420年）	北京城垣宫殿营建完成。下诏定都北京，改北京为京师。
明永乐十九年（1421年）	明成祖朱棣正式迁都北京。
明正统元年（1436年）	命修建京师九门城楼。
明正统二年（1437年）正月	修建京师九门城楼并增建箭楼、瓮城、闸楼，城四隅建角箭楼，整修护城河，改九门木寯桥为石桥。
明正统四年（1439年）四月	城门工程竣工，并将尚未改名的大都城门名称全部改换。丽正门改为正阳门、文明门改为崇文门、顺承门改为宣武门、齐化门改为朝阳门、平则门改为阜成门。
京师大城城门	共十一座城门。南城垣：正阳门（中）、崇文门（东）、宣武门（西）。东城垣：朝阳门（南）、东直门（北）。西城墙：阜成门（南）、西直门（北）。北城墙：安定门（东）、德胜门（西）。各门均有城楼、箭楼、瓮城及闸楼。
京师城市格局	改建后的明北京城，大城之内有皇城，皇城之内有宫城。仍为内城外郭的三重格局。
明嘉靖三十二年（1553年）	修筑外城城垣。
筑建外城城垣	原计划在大城城垣外围加筑一圈外郭城，但因财力不足，只修筑了南面部分城墙。局部外城的修筑，构成了北京城特有的“凸”字形格局。

续表

（四）明北京城门	
建外城城门	计五座城门及两个便门。南城墙：正中永定门，东为左安门，西为右安门。东城墙：广渠门。西城墙：广宁门（清改名“广安门”）。北城墙：东、西两段各辟一便门，北城垣东段便门称东便门，西段便门称西便门。
明嘉靖四十三年（1564 年）	增筑外城城门瓮城。
（五）清京师城门	
清顺治元年（1644 年）	清军攻克京城，同年十月初一诏谕天下，定都北京。清入主京师后，完全沿用了明北京城的建制，也未对城墙进行改扩建，这次改朝换代北京城垣并未遭受大的破坏。
清乾隆十五年（1750 年）	重筑外城七门瓮城，并增建外城七门箭楼。
清光绪二十六年（1900 年）	八国联军攻打北京，正阳门、崇文门、朝阳门、东直门、东便门等多座城门遭受炮击，损毁严重。
（六）民国时期	
民国元年至三十八年（1912—1949 年）	民国时期，北京历经军阀混战、抗日战争及解放战争等历史阶段。由于这一时期时局动荡、战事频仍，北京旧城基本没有大规模建设。在民国初期的几年里，北京皇城墙几乎被拆尽，北京内外城城墙由于缺乏保护性修缮，逐渐残损，不断出现坍塌现象，但城池的整体风貌仍然保存。
（七）中华人民共和国以来	
1949 年至今	中华人民共和国成立以后的 20 年间，由于交通、城市建设等种种原因，北京内外城十六个城门的三十二座城楼、箭楼几乎拆完。仅剩下正阳门箭楼、正阳门城楼和德胜门箭楼三座。

二、辽陪都南京（燕京）城门

936年，契丹占燕云十六州。

会同元年（938年），升唐幽州城为南京，又称燕京，成为五京之一。

辽大同元年（947年），契丹改国号为辽，改元大同。

南京（燕京）大城城垣基本沿袭唐幽州城城址并加修城墙。南城垣在今北京白纸坊东西街稍北一带；北城垣位于今北京白云观西侧的会城门村一带；东城垣在今北京陶然亭以西，法源寺以东；西城垣大致位于今北京甘石桥莲花河（辽南京城西护城河）以东。

宋许亢宗《奉使行程录》称："契丹自晋割赂建为南京，又为燕京析津府……国初更名曰燕京，军额曰清成。周围二十七里，楼壁高四十尺，楼计九百一十座，地堑三重，城门八开。"

《辽史·地理志》载："城方三十六里，崇三丈，衡广一丈五尺，敌楼战橹具。八门：东曰安东、迎春；南曰开阳、丹凤；西曰显西、清晋；北曰拱辰、通天。"

辽南京（燕京）子城（内城、皇城），位于大城西南隅，《乘轺录》称："内城幅员五里，东曰宣和门、南曰丹凤门、西曰显西门、北曰子北门。内城三门不开，止从宣和门出入。"由此可见，大城南垣西侧的丹凤门和西垣南侧的显西门同时亦为皇城的南门和西门（见表2-2、图2-1）。

表 2-2　辽南京（燕京）的大城城门与子城（内城、皇城）城门

大城城门布局	子城（内城、皇城）城门布局
东城垣（从北至南）：安东门、迎春门	东垣：宣和门
南城垣（从东至西）：开阳门、丹凤门	南垣：丹凤门
西城垣（从南至北）：显西门、清晋门	西垣：显西门
北城垣（从西至东）：通天门、拱辰门	北垣：子北门

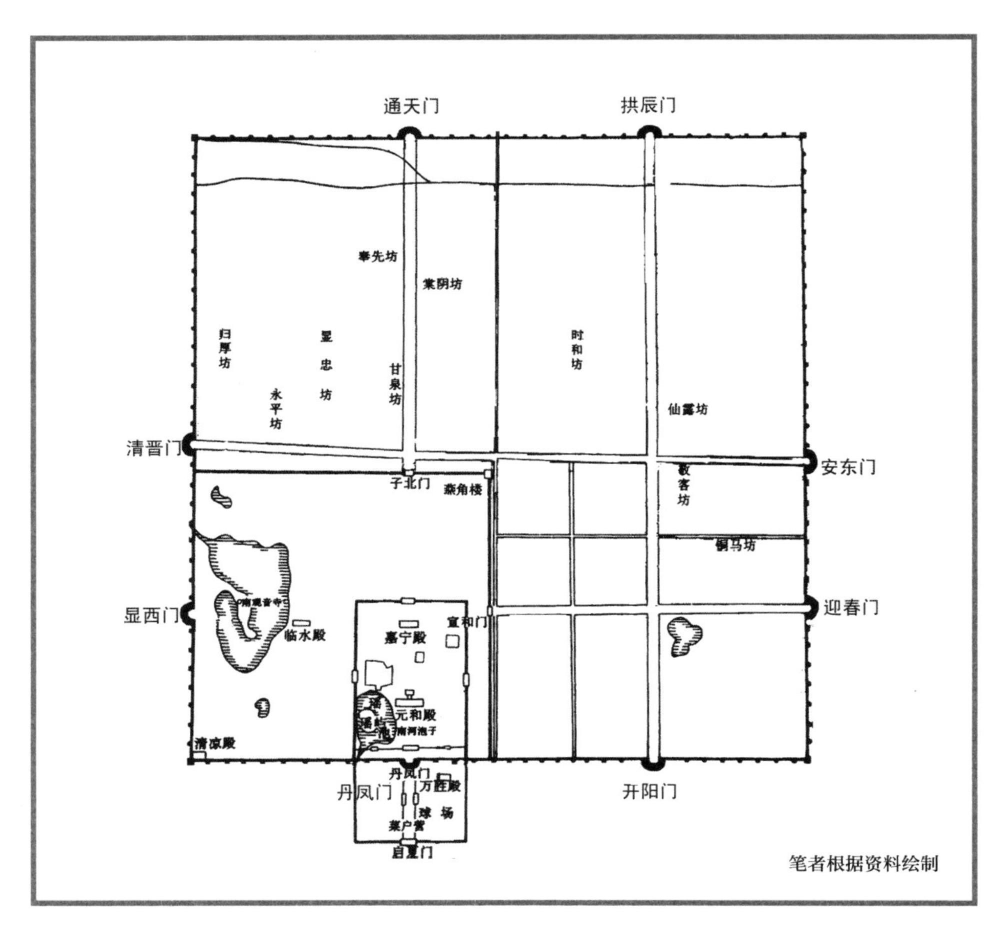

图 2-1　辽南京（燕京）城门分布图

三、金中都城门

1122 年，金攻克辽南京（燕京）。

1127 年，金灭北宋王朝。

天德三年（1151 年），海陵王完颜亮颁发《议迁都燕京诏》，并对原燕京（南京）城进行扩建。天德五年（1153 年），从上都会宁府正式迁都至燕京（南京），改燕京为中都。

中都城在原辽南京（燕京）旧城基础上向东、南、西三面拓展城垣，使宫城、皇城、大城构成内城外郭的格局。据史料载："天德三年新作大邑，燕城之南广斥三里"（《永乐大典》顺天府大觉寺条），"西南广斥千步"（《元一统志》），"都城周长五千三百二十八丈"（《明洪武实录》）。

改建后的中都大城呈方形，东、南、西面各有城门三座，北面有四座城门（见表 2-3、图 2-2）。

东面（北至南）：施仁门、宣曜门、阳春门。

南面（东至西）：景风门、丰宜门、端礼门。

西面（北至南）：丽泽门、颢华门、彰义门。

北面（西至东）：会城门、通玄门、崇智门、光泰门。

各面居中的宣曜、丰宜、颢华、通玄等为正门，特开辟三个门洞。其他皆为偏门，仅一个门洞。

宫城和皇城也都在原基础上进行了扩建，宫城正门应天门与皇城正门宣阳门正对着大城南面正门丰宜门，三座正门在一条中轴线上。

表 2-3　金中都宫城皇城城门

宫城城门	皇城城门
南垣：应天门	南垣：宣阳门
东垣：东华门	东垣：宣华门
西垣：西华门	西垣：玉华门
—	北垣：拱辰门

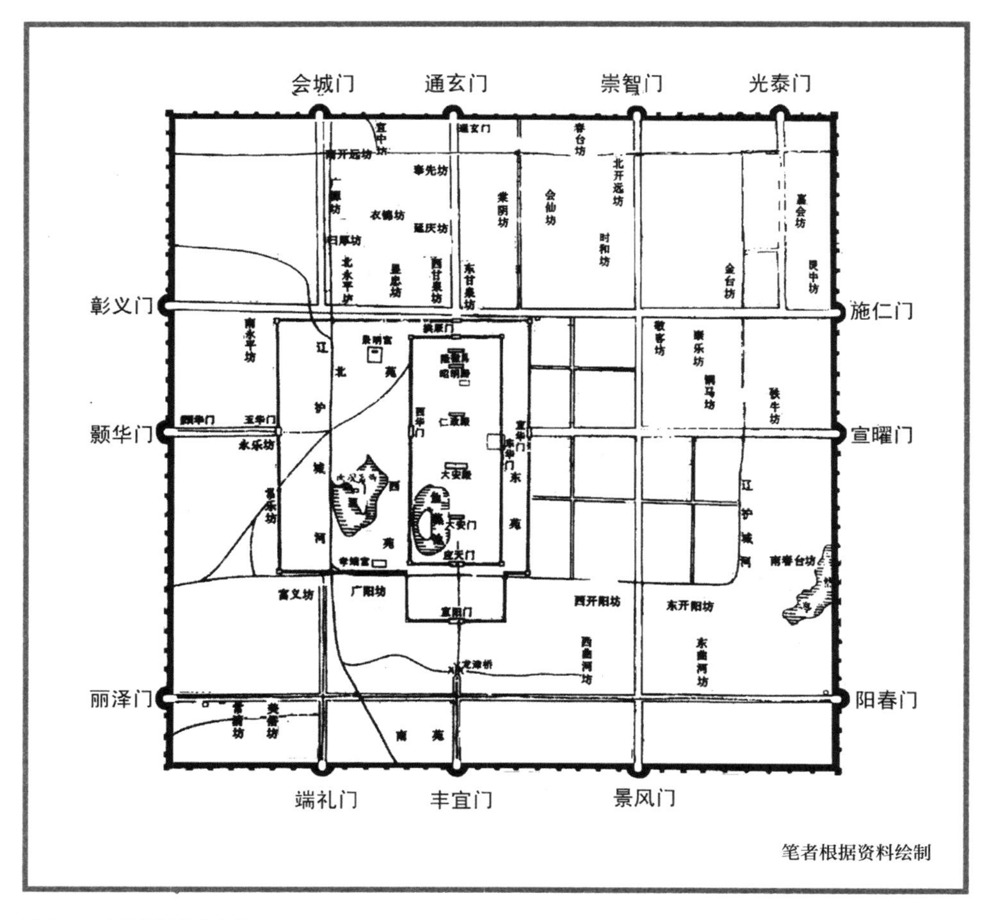

图 2-2　金中都城门分布图

四、元大都城门

1215 年，蒙古军攻克金中都，改中都为燕京。

元至元元年（1264 年），改燕京为中都，府名仍为大兴。

元至元四年（1267 年），元世祖忽必烈决定迁都燕京，改燕京为中都。并计划以旧城东北郊的琼华岛大宁宫为中心兴建新城。

元至元八年（1271 年），正式建国号“元”，始称元朝。

元至元九年（1272 年），改中都为大都，定为国都。开始筑建都城城垣。

元至元十一年（1274 年），宫城建成。宫城共有六门，南墙正中为崇天门，左星拱门、右云从门，东墙为东华门，西墙为西华门，北墙有厚载门。

元至元十三年（1276 年），大都城垣建设完成。宫城外建皇城（萧墙），皇城外建大城。形成内城外郭，共三重城垣，

元大都新城的设计遵循《周礼・考工记》有关王城的规制和理念，城池为长方形，南北略长，东、西、南三面城墙均设三座城门，北面为两座城门（见图 2–3）。这与《考工记》营国制度基本相同，唯北面少一座城门。全城设十一门的原因目前还无确切解释。元张昱《可闲老人集・辇下曲》云：“大都周遭十一门，草苫土筑哪吒城。谶言若以砖石裹，长似天王衣甲兵。”以此看，大都规划之时，曾有巫师编造天宫神话预言城之未来，大都城被喻为哪吒之躯，按其三头六臂设置城门，即南垣三门为三头，东、西两垣各三门为六臂，北城两门则为两足。除北城垣少一门，此规划基本符合《考工记》营国制度中“旁三门”的规制。同时还预言城墙若甃以砖石，其威势堪比天王麾下无数身披铠甲的天兵。元大都的城门城墙均被附以谶语，看来，大都城在按《考工记》营国理念进行规划之时，仍不忘体现封建的君

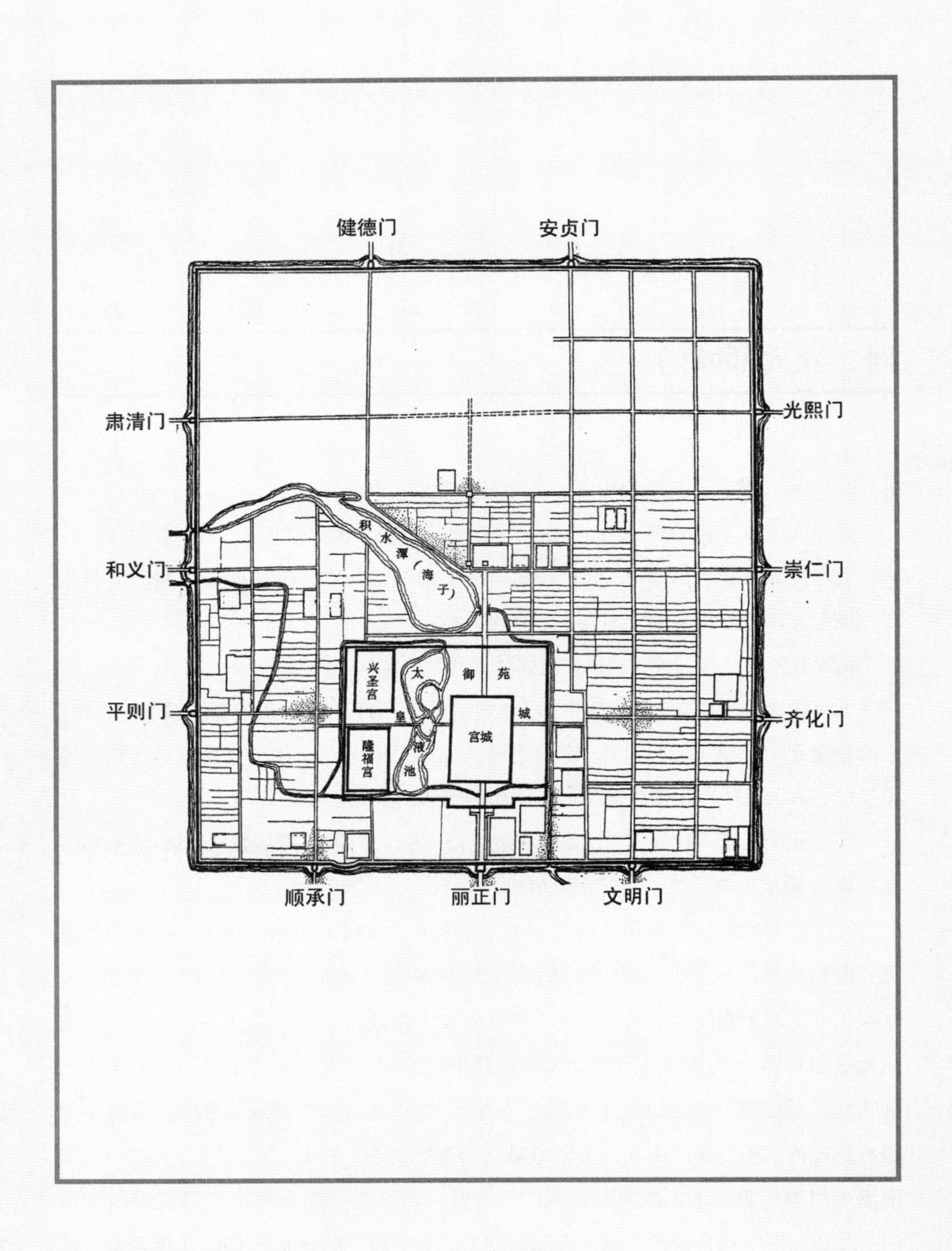

图 2-3　元大都新城城门示意图
参见潘谷西主编：《中国古代建筑史》第四卷，中国建筑工业出版社 2009 年版。

权神授思想，同时对风水及术数也有所考虑。元末明初长谷真逸著《农田余话》也说："燕城系刘太保定制，凡十一门，作哪吒三头六臂两足"，此现象似与精于术数的刘秉忠有关。

关于城门，马可·波罗在书中也有如下描写："全城有十二门（应为误记），各门之上有一大宫（城楼），颇壮丽。四面各有三门（北面实际只有二门）、五宫，盖每角亦各有一宫，壮丽相等。"马可·波罗对大都城规划的赞誉溢于言表，鉴于其在大都城居住 17 年之久，对此城的描述应基本符合事实。

总体来看，元大都整体布局基本上符合传统"礼制"下的营建规制，城市的布局遵循轴线对称的原则，规模宏大，布局严谨。儒家美学理念在元大都的建设中得到了发扬，可以说，元大都城是中国历史上最接近《周礼·考工记》营国制度的一座都城。但大都城的设计又不拘泥于古代典籍，而是因地制宜，结合地域特征进行城市设计，体现出设计者不凡的艺术思维。

元大都城门：

南城垣（从东至西）：文明门、丽正门、顺承门。

东城垣（从南至北）：齐化门、崇仁门、光熙门。

西城垣（从南至北）：平则门、和义门、肃清门。

北城垣（从东至西）：安贞门、健德门。

五、明清京师城门

（一）内城城墙改建与城门建设

1. 明洪武改建北城垣及两城门

洪武元年（1368 年），朱元璋占据元大都后将其更名为“北平府”（元称“大都路”），并计划对城垣进行整改，拟将北城墙南移约 5 里，放弃荒芜的北部城区。《天府广记》载：“明洪武元年戊申，八月庚午，徐中山达取元都。丁丑，命指挥华云龙经理故元都，新筑城垣。南北取径直，东西长一千八百九十丈，高三丈五尺五寸。”[①]《燕都丛考》也提道：“克复后，以城围太广，乃减其东西以北之半，创包砖甓，周围四十里。”[②]新北城墙沿东护城河与积水潭之间的渠道南岸而筑，仍然只设两城门，并沿用其已改新名，东为“安定门”，西为“德胜门”。明初对大都城北城垣进行的大规模改建，主要考虑的应是城市的整体形象与管理问题，北墙南缩，放弃空旷荒芜的北区，城市布局更趋紧凑、合理，不但省却了北区未来的建设成本，精力和财力也可集中到城市整合与建设上面，从而提升了城市的防御能力，这对明代建国初期的统治者来说无疑是明智之举。

2. 明永乐改建南城垣及三座城门

永乐元年（1403 年）正月，即位前曾就藩北平的明成祖朱棣升北平为北京，改

---

① （清）孙承泽纂：《天府广记》（上），北京，北京古籍出版社 2001 年版，第 41 页。
② 陈宗蕃编著：《燕都丛考》，北京古籍出版社 2001 年版，第 16 页。

北平府为顺天府，北平地位的提升预示着朱棣的迁都意向。

永乐五年（1407年）五月开始兴建北京宫殿。永乐十三年（1415年）维修北京城垣。永乐十四年（1416年）有公侯伯五军都督等上疏曰："窃惟北京河山巩固，水甘土厚，民俗纯朴，物产丰富，诚天府之国，帝王之都也，皇上营建北京实为子孙帝王万年之业。……伏惟北京，圣上龙兴之地，北枕居庸，西峙太行，东连山海，南俯中原，沃壤千里，山川形胜，是以控四夷，制天下，诚帝王万世之都也。……伏乞早赐圣断，敕所司择日兴工，以成国家悠久之计，以副臣民之望。"① 文中关于政治、经济、地理形式的综合构想可谓颇具宏观的艺术想象力。

明代对大都城基本以整合与改建为主，延续了原有的建筑格局，但在整建过程中，既有传承又有较大发展。新的城市格局以拆除元宫城后重新营建的明宫城（紫禁城）为中心，其外围依次是皇城、大城（嘉靖三十二年增建外城后，大城又称为"内城"）、外城，街巷仍延续原方正平直的格局。

继洪武年间北城墙南移后，永乐十七年（1419年）又拓展南城垣，将原大都城南城墙（今长安街南侧一线）南移约二里（今前三门大街一线），仍设三座城门，旧名沿用。

永乐五年（1407年）开始兴建的紫禁城也在元大内的旧址上稍向南移，东西两墙仍延续旧址，南、北两墙分别南移了约400米和500米，皇城南墙也相应南移。

3. 明正统增建各城门瓮城及箭楼

正统元年（1436年）至正统四年（1439年），北京完成了京师九门城楼、箭楼、瓮城的改建和装饰，城四隅增建角楼，砖石砌筑城濠两壁，木窎桥改筑石桥。一系列改造使北京城门的形态有了很大改观，构成了包括城楼、箭楼、瓮城、石桥的建筑组群。城门修建工程完工后，将尚未更改的大都城门名称全部改换（见图2-4）。

南城墙：丽正门改为正阳门（中）、文明门改为崇文门（东）、顺承门改为宣武门（西）。

东城墙：齐化门改为朝阳门（南），东直门（北，永乐时改）。

---

① 赵其昌主编：《明实录北京史料》（一），北京古籍出版社1995年版，第324页。

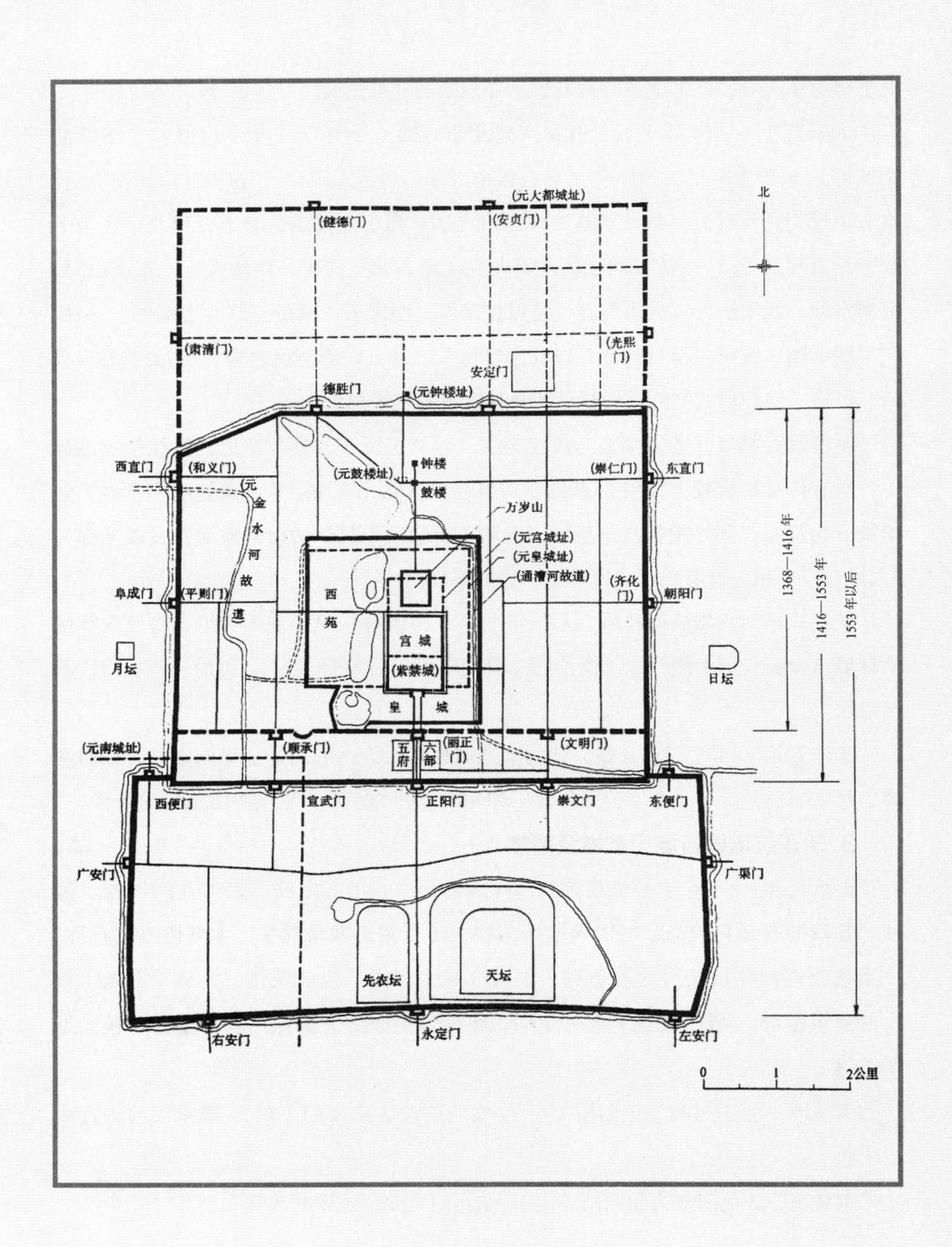

图 2-4　明北京发展三阶段示意图
参见潘谷西主编：《中国古代建筑史》第四卷，中国建筑工业出版社 2009 年版，第 35 页。

西城墙：平则门改为阜成门（南），西直门（北，永乐时改）。

北城墙：安定门（东）、德胜门（西）（均为洪武时改）。

城楼、箭楼经过改建也更具艺术观赏性。杨士奇《纪略》曰："正统四年，重作北京城之九门成。崇台杰宇，巍巍宏壮。环城之池，既浚既筑。堤坚水深，澄洁如镜，焕然一新。耄耋聚观，忻悦嗟叹，以为前所未有，盖京师之伟望，万年之盛致也。"[①]

明代对北京城池的增建与改造使得这座"草披土筑"的城垣"焕然金汤巩固，足以耸万年之瞻矣"。不仅满足了军事防御的需要，同时也使其兼具实用功能与审美价值，成为古代城池设计的艺术典范。此时的北京城不仅城楼和城墙"崇台杰宇，巍巍宏壮"，整个城市形态也是"前所未有，盖京师之伟望，万年之盛致也"。登正阳门城楼观之，但见："高山长川之环顾，平原广甸之衍迤，泰坛清庙之崇严，宫观楼台之壮丽，官府居民之麟次，廛市衢道之坌布，朝觐会同之麇至，车骑往来之坌集，粲然明云霞，滃然含烟雾，四顾毕得之。"[②] 寥寥数语形象地赞颂了这座古城特有的景观意境。而"泰坛清庙之崇严，宫观楼台之壮丽"，则以正阳门城楼为观察点，描绘出在太庙和社稷坛的左右烘托下明代宫城建筑群辉煌壮丽的艺术景象。

（二）外城城墙增建与城门建设

北京外城城垣始建于明嘉靖三十二年（1553 年），形成与内城南面相接的"重城"。嘉靖年间蒙古兵屡犯京城，自嘉靖二十一年（1542 年）起就已有增筑外城的建议。至三十二年（1553 年），给事中朱伯辰，又以"城外居民繁多，不宜无以围之，臣尝履行四郊，感有土城故址，环绕如规，周可百二十里。若仍其旧惯，增卑补薄，培缺续断，可事半而功倍"[③]。奏请筑外城之事。当时外城城垣的规划是距内城五里之处新建外罗城，环绕内城。另据兵部尚书聂豹等计量，"大约南一面计

① （清）孙承泽纂：《天府广记》（上），北京古籍出版社 2001 年版，第 42 页。
② （清）孙承泽纂：《天府广记》（上），北京古籍出版社 2001 年版，第 42 页。
③ 陈宗蕃编著：《燕都丛考》，北京古籍出版社 2001 年版，第 21 页。

一十八里，东一面计一十七里，北一面势如椅屏，计一十八里，西一面计一十七里，周围共计七十余里”[①]。聂豹对北城墙“势如椅屏”的形象比喻，道出了北城垣在防御功能方面的重要性，只有椅屏牢固，坐在椅上才能舒适安稳。

外城城垣于嘉靖三十二年（1553年）闰三月开工营建，由城南开始建设，但兴工不久即感“工非重大，成功不易”，后因财力不足，无力成“四周之制”，仅修建了内城南面的一部分，形成转抱内城南端的重城（见图2-5）。南城墙辟有三门，正中为永定门，东为左安门，西为右安门，东城墙辟广渠门，西城墙辟广宁门（清代更名“广安门”），北城墙与内城东南角相接开东便门，与内城西南角相接开西便门，外城四隅各建一角楼。至此，北京城垣形成了“凸”字形轮廓。

北京虽最终未能完成“环绕如规，周可百二十里”的宏伟规划，但从其距大城五里等距离环筑城垣，对应大城门开设城门，各设门楼的营建方案，我们还是可以看到《考工记》规划理念的影响。

这一宏伟的城垣规划如果实现，将是对《周礼·考工记》营国制度最具新意的诠释和发展，从某种视角看，更是儒家理想王城的超级版本。

建筑大师梁思成在《北京——都市计划的无比杰作》一文中认为：“北京是在全盘的处理上，完整地表现出伟大的中华民族建筑的传统手法和在都市计划方面的智慧和气魄。……证明了我们的民族在适应自然，控制自然，改变自然的实践中有多么光辉的成就。这样的一个城市是一个举世无双的杰作。”[②]

北京的城门建筑是“礼”的典范，儒家美学观认为，单纯的形式美和审美享受并不是真正的艺术和美，只有“通于伦理”的、节之以礼的、缺乏形式美的、缺乏审美的艺术才是真正的艺术和真正的美。即：美不是善加上美的形式，而是善及其形式。这一点在北京城门建筑形制上得到了充分体现。

内城九座城门的建筑组群基本相同，皆由城楼、瓮城、箭楼、闸楼及瓮桥组成，展现出别具风采的城门建筑艺术。

---

① 陈宗蕃编著：《燕都丛考》，北京古籍出版社2001年版，第21页。
② 梁思成：《北京——都市计划的无比杰作》，载《新观察》，1951年第7—8期。

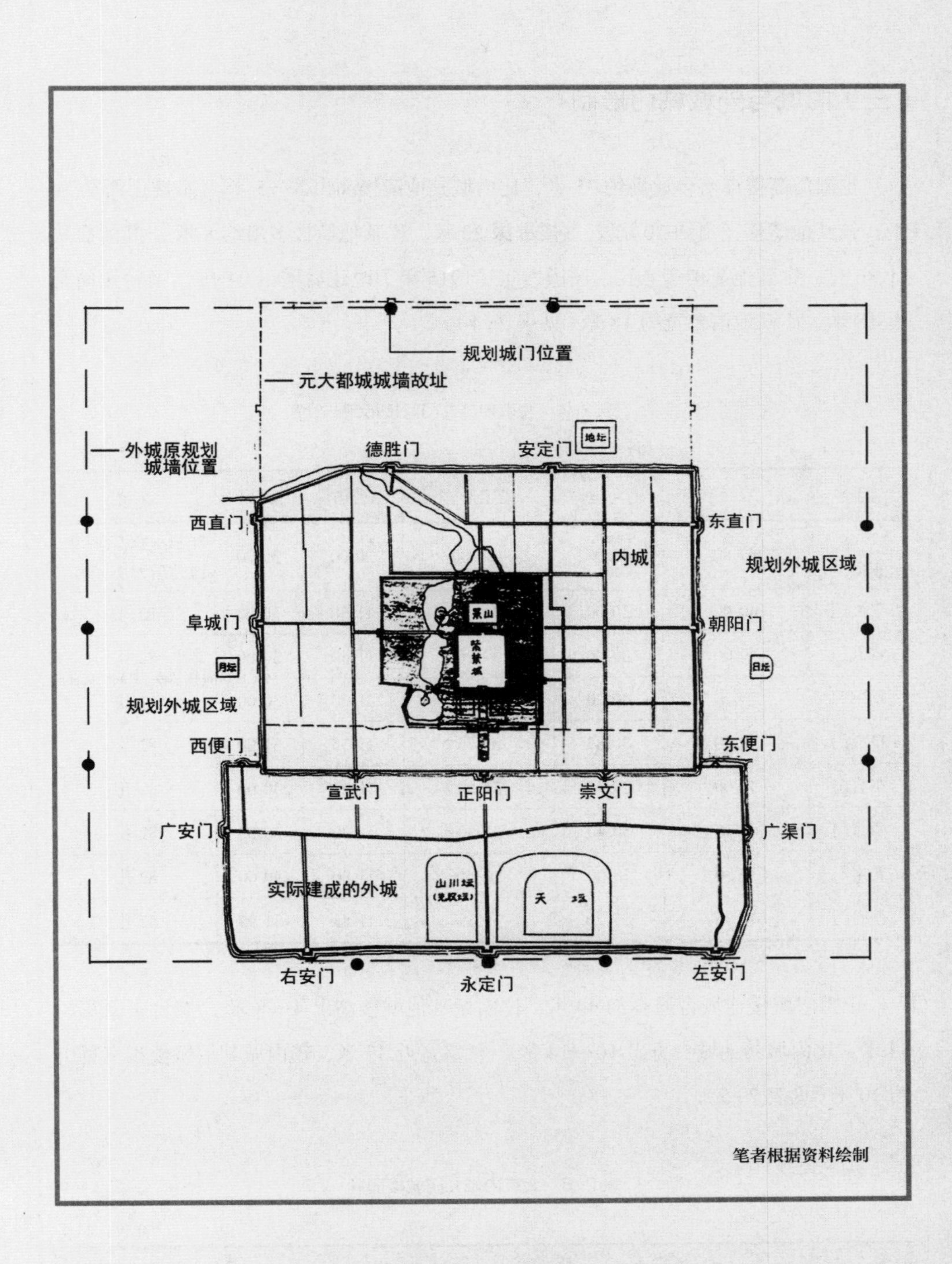

图 2-5 明嘉靖三十二年北京外城规划示意图

（三）内城与外城城门形制

正阳门箭楼连箭台通高约 35 米，比内城其他箭楼高出 4—5 米。主楼正面宽 54 米，较其他箭楼宽出约 20 米。主楼进深 20 米，比其他箭楼多出约 8 米。其箭窗共计 86 孔，比其他箭楼多 4 孔，民国四年（1915 年）改建后增至 94 孔。箭台正面宽近 58 米，比其他箭台宽约 18 米（见表 2-4）。

表 2-4　北京内城九门箭楼形制

单位：米

箭楼	箭台正面宽度	箭台进深	主楼正面宽度	主楼进深	通高	箭窗
正阳门	57.80	39.00	54.00	20.00	35.00	86 孔（民国四年改建后为 94 孔）
崇文门	40.00	30.00	34.20	11.50	30.00	82 孔
宣武门	40.00	30.00	34.20	11.50	30.00	82 孔
朝阳门	39.20	30.20	34.20	11.60	30.00	82 孔
阜成门	39.70	30.85	34.75	11.35	31.00	82 孔
东直门	39.00	29.95	34.80	11.20	30.00	82 孔
西直门	40.15	30.40	35.30	11.20	30.00	82 孔
安定门	39.30	28.00	34 .50	11.80	30.00	82 孔
德胜门	40.35	27.20	35.35	11.85	31.90	82 孔

正阳门城楼连城台通高约 40 米，比内城其他城楼高出 4—8 米。城台正面宽约 54 米，比内城其他城台宽出 10—14 米。楼室宽近 37 米，较内城其他城楼楼室宽出约 10 米（见表 2-5）。

表 2-5　北京内城九门城楼形制

单位：米

城楼	面阔	楼室宽度	楼室进深	城台正面宽度	城台进深	通高
正阳门	七间	36.70	16.50	53.90	32.50	40.00

续表

城楼	面阔	楼室宽度	楼室进深	城台正面宽度	城台进深	通高
崇文门	五间	27.50	13.30	44.30	28.95	35.20
宣武门	五间	27.00	12.60	43.80	27.10	33.00
朝阳门	五间	27.45	12.80	40.25	25.15	32.00
阜成门	五间	27.70	17.60	42.20	30.50	34.72
东直门	五间	26.75	10.65	41.80	24.20	34.00
西直门	五间	26.25	12.90	42.70	25.75	34.41
安定门	五间	25.85	12.30	39.60	25.75	37.50
德胜门	五间	26.00	12.25	40.35	28.35	36.00

正阳门瓮城面积大于其他所有城门瓮城，而且瓮城内除了常规的关帝庙外，还建有其他瓮城都没有的观音庙（见表 2-6）。

表 2-6　北京内城九门瓮城形制

单位：米

瓮城	南北长	东西长	瓮城内建筑
正阳门	108	88	关帝庙、观音庙
崇文门	86	78	关帝庙
宣武门	83	75	关帝庙
朝阳门	68	62	关帝庙
阜成门	68	62	关帝庙
东直门	68	62	关帝庙
西直门	68	62	关帝庙
安定门	62	68	真武庙
德胜门	117	70	真武庙

正阳门瓮城建有左右两座带闸楼的瓮城门，内城其他城门均只有一座（见表 2-7）。

表 2-7　北京内城九门闸楼形制

闸楼	数量	面阔	箭窗	顶部规制
正阳门	2 座	三间	12 孔	灰筒瓦顶绿剪边单檐歇山小式，绿琉璃脊兽
崇文门	1 座	三间	12 孔	灰筒瓦顶绿剪边单檐歇山式，灰瓦脊兽
宣武门	1 座	三间	12 孔	灰筒瓦顶绿剪边单檐歇山式，灰瓦脊兽
朝阳门	1 座	三间	12 孔	灰筒瓦顶绿剪边单檐歇山式，灰瓦脊兽
阜成门	1 座	三间	12 孔	灰筒瓦顶绿剪边单檐歇山式，灰瓦脊兽
东直门	1 座	三间	12 孔	灰筒瓦顶绿剪边单檐歇山式，灰瓦脊兽
西直门	1 座	三间	12 孔	灰筒瓦顶绿剪边单檐歇山式，灰瓦脊兽
安定门	1 座	三间	12 孔	灰筒瓦顶绿剪边单檐歇山式，灰瓦脊兽
德胜门	1 座	三间	12 孔	灰筒瓦顶绿剪边单檐歇山式，灰瓦脊兽

外城是在箭楼的箭台中间开辟一个正对城楼门的箭楼城门，因而瓮城没有闸楼（见表 2-8）。

表 2-8　北京外城七门箭楼形制

单位：米

箭楼	箭台正面长度	箭台进深	主楼正面长度	主楼进深	通高	箭窗
永定门	22.00	11.40	12.80	6.70	15.85	26 孔
左安门	26.30	11.00	12.80	6.20	16.60	26 孔
右安门	26.50	11.00	12.80	6.70	16.60	26 孔
广渠门	19.85	12.15	13.00	6.00	16.60	26 孔
广安门	19.85	12.00	13.00	6.00	16.60	26 孔
东便门	15.50	6.60	9.00	4.60	10.25	16 孔
西便门	13.90	8.30	8.80	4.65	11.00	16 孔

表 2-9　北京外城七门城楼形制

单位：米

城楼	面阔	楼室连廊长度	楼室连廊进深	城台正面长度	城台进深	通高
永定门	五间	24.00	10.80	32.00	17.00	26.00
左安门	三间	16.00	9.00	27.90	17.50	15.00
右安门	三间	16.00	9.00	27.50	17.50	15.00
广渠门	三间	19.50	10.30	24.20	18.45	15.70
广安门	三间	18.00	11.00	25.00	17.35	26.00
东便门	三间	11.45	5.75	17.70	17.60	12.00
西便门	三间	11.50	5.80	17.70	17.60	11.65

表 2-10　北京外城七门瓮城形制

单位：米

瓮城	南北长	东西长	瓮城墙高
永定门	36.00	42.00	6.18
左安门	24.00	29.00	7.25
右安门	24.00	29.00	7.40
广渠门	39.35	23.85	7.00
广安门	39.35	23.85	7.00
东便门	15.50	27.50	6.15
西便门	7.50	30.00	6.20

北京内城城门

一、内城南垣

（一）正阳门

正阳门（俗称“前门”），位于北京内城南垣正中（见图 2-6）。元代为大都城南垣正中的城门，称“丽正门”。明永乐十七年（1419 年），将大都南城墙南移约二里后重建，仍辟三门，中间正门仍沿元代“丽正门”旧称。正统元年至四年（1436—1439 年），重建城楼并增建箭楼、瓮城、闸楼，改称为“正阳门”，正阳门的规格、等级和尺度明显高于内城其他八座城门，九门箭楼中唯有正阳门辟有箭楼券门，其箭楼门正对城楼门，专供皇帝御驾进出城之用。正阳门建筑组群俗称“四门三桥五牌楼”，远大于内城其他八门的“二门一桥”。

正阳门建筑组群由城楼、箭楼、瓮城、闸楼、穹桥、牌楼构成。

1. 正阳门建筑形制

（1）正阳门城楼

城楼加城台通高约 40.00 米。

城台正面宽 53.90 米，进深 32.50 米。主楼面宽七间，楼室连廊通宽 36.70 米，进深 16.05 米。上下两层楼阁，上层外有回廊，前后檐装菱花槅扇门窗，下层朱红砖墙，辟过木方门，朱梁红柱，金花彩绘。城楼形制为灰筒瓦绿剪边重檐三滴水楼阁式建筑，绿琉璃脊兽。

（2）正阳门箭楼

箭楼加箭台通高约 35.00 米。

箭台正面宽 57.80 米，进深 39.00 米。主楼面宽七间，正面通宽约 54.00 米，进

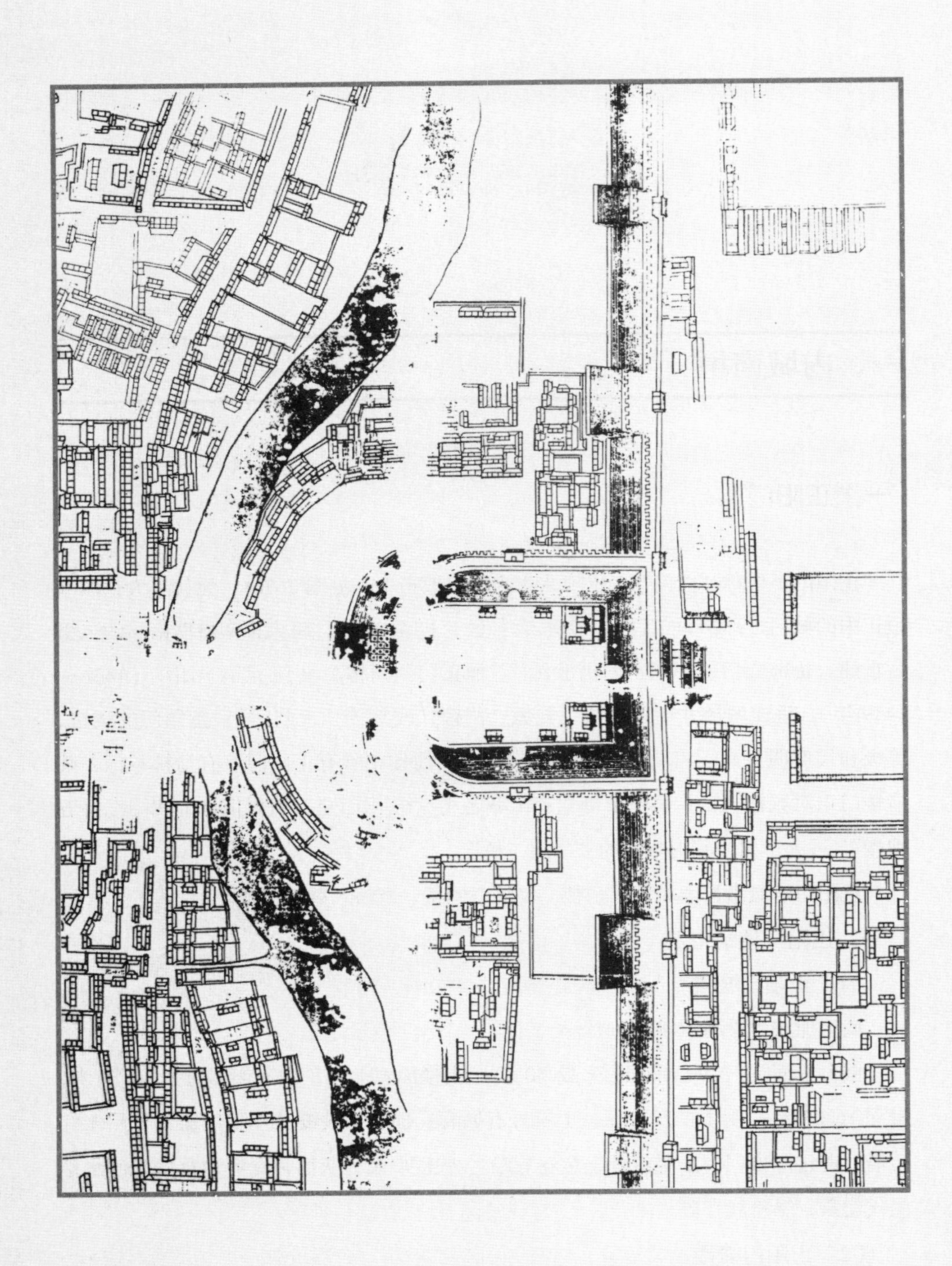

图 2-6《乾隆京城全图》正阳门

深20.00米，北出抱厦庑座五间，宽4.20米，进深12.00米，主楼通进深32.00米。箭楼为灰色筒瓦绿剪边重檐歇山顶，绿琉璃脊兽。箭楼东、西、南三面各辟箭窗四层，南面每层13孔，共52孔。东、西两面每层4孔，每面各16孔，连抱厦二孔合计共有箭窗86孔。民国四年（1915年）改建后为94孔。内城九门箭楼中，唯正阳门箭楼设有城门，箭楼门正对城楼门，此门只供皇帝御驾进出城之用，平时关闭。

（3）正阳门瓮城

瓮城南北长108米，东西长88米，墙基厚约20米。东南、西南为弧形转角接箭楼，东北、西北与城墙直角相接。瓮城东西两侧墙均开瓮城门，券门内有“千斤闸”。瓮城内东北角建观音庙，西北角建关帝庙。

（4）正阳门闸楼

瓮城东西两侧券门上均建有闸楼。闸楼面宽三间，正面开箭窗二排，每排6孔，共12孔。闸楼背面正中开过木方门，两侧间各开一方窗。顶为灰筒瓦绿剪边单檐歇山小式，绿琉璃脊兽。

（5）正阳桥牌楼

正阳桥牌楼又称“前门五牌楼”，始建于明正统四年（1439年），为五间六柱五楼式带戗柱木质结构，牌楼匾额上书“正阳桥”三个大字。五牌楼在明万历及清乾隆、道光、同治、光绪年间曾多次遭受火灾，亦屡经修缮。

民国二十四年（1935年），北京将部分牌楼的主体改建为混凝土结构，其中就包括正阳桥牌楼。

2. 正阳门历代伤损及修葺记录

永乐十年（壬辰，1412年）十二月，修正阳门城楼。

永乐十三年（乙未，1415年）八月，修复正阳门霪雨损坏台址。

洪熙元年（乙巳，1425年）九月，修正阳门城垣、城楼。

正统元年（丙辰，1436年）十二月，修筑正阳门城楼、闸楼。

正统五年（庚申，1440年）九月，修正阳门城垣。

天顺元年（丁丑，1457年）六月，修正阳门城门楼铺。

弘治三年（庚戌，1490年）六月，修正阳等门城垣、闸坝堤岸。

弘治十四年（辛酉，1501年）七月，修葺正阳门。

弘治十七年（甲子，1504年）七月，正阳门西廊火灾。

万历二十年（壬辰，1592 年），修正阳门城楼。

万历三十八年（庚戌，1610 年）四月，正阳门箭楼火灾。

万历三十九年（辛亥，1611 年）五月，雷震正阳门城楼，旗杆毁。

万历四十三年（乙卯，1615 年）五月，大风损毁正阳桥牌楼。

万历四十四年（丙辰，1616 年）五月，修复正阳桥牌楼。

崇祯十七年（甲申，1644 年），正阳门箭楼火灾。

乾隆四十五年（庚子，1780 年）十一月，正阳门箭楼火灾。

乾隆四十六年（辛丑，1781 年）十二月，重修正阳门箭楼、城台。

道光二十九年（己酉，1849 年）十一月，正阳门箭楼、牌楼火灾。

道光三十年（庚戌，1850 年），重修正阳门箭楼、牌楼。

同治五年（丙寅，1866 年），正阳门瓮城火灾。

光绪十八年（壬辰，1892 年）十一月，修正阳桥牌楼及正阳桥

光绪二十六年（庚子，1900 年）七月，正阳桥牌楼遭火焚。

光绪二十六年（庚子，1900 年）七月，正阳门箭楼遭火焚炮击。

光绪二十六年（庚子，1900 年）八月，正阳门城楼火灾。

光绪二十九年（癸卯，1903 年）六月，重建正阳门城楼、箭楼。

光绪三十三年（丁未，1907 年）九月，正阳门城楼、箭楼复建工程完工。

民国四年（1915 年），拆除正阳门瓮城，改建正阳门箭楼。

民国七年（1918 年），修葺正阳门箭楼。

民国八年（1919 年），改建正阳门瓮桥。

民国二十四年（1935 年），改建正阳桥牌楼。

民国二十九年（1940 年），修葺正阳门城楼。

1952 年，维修正阳门城楼。

1955 年，拆除正阳桥牌楼。

1966 年，拆除正阳门瓮桥。

1976 年，地震损坏正阳门城楼、箭楼。

1977 年，大修正阳门城楼、箭楼。

1989 年，维修正阳门箭楼。

1990 年，大修正阳门城楼。

1991 年，大修正阳门城楼。

2001 年，复建正阳桥牌楼（改为新制）。

2005 年，修缮正阳门城楼、箭楼。

2007 年，重建正阳桥牌楼（恢复原规制）。

2017 年，修缮正阳门箭楼。

3. 正阳门纪事

（1）箭楼火灾

正阳门箭楼始建于明正统元年至四年（1436—1439 年），迄今已有五百多年历史，作为京师内城城垣的南大门，它见证了北京几百年间的风云变幻，也屡遭火灾人祸。

明万历三十八年（1610 年）箭楼失火，大火从傍晚一直烧到第二天辰时，《明史》卷二九《五行志》记：万历“三十八年四月丁丑夜，正阳门箭楼火”。

清乾隆四十五年（1780 年）五月十一日，正阳门外商铺失火，火势蔓延，殃及箭楼及东西闸楼。据记，此次火灾导致正阳门大修，工程浩大，所费甚巨。

清道光二十九年（1849 年），箭楼再次失火被焚。《清实录》道光二十九年（1849 年）十一月二十九日记：“正阳门箭楼灾。”

清光绪二十六年（1900 年）“庚子之乱”箭楼遭遇了有史以来最惨重的灾难。

庚子年间，北京城内的义和团运动如火如荼，在“扶清灭洋”的口号下，义和团对在北京的外国使馆、教堂、商号等进行了全面围攻。庚子（1900 年）五月二十日，义和团在前门一带查禁洋货，并放火焚烧了老德记大药房（德国商人开办），不料火势凶猛，失去控制，不但焚毁周边建筑，且延烧至正阳门箭楼，并越过城墙殃及东交民巷一带，大火连续烧了一天一夜。此举虽为焚烧洋药房，却连带烧毁了大片民宅、商铺，正阳门箭楼在这次火灾中遭到严重损毁。

据仲芳氏《庚子记事》庚子（1900 年）五月二十日记：

> 义和团焚烧前门外大栅栏老德记大药房，不意团民法术无灵，火势猛烈，四面飞腾，延烧甚凶。计由大栅栏庆和园戏楼延至齐家胡同、观音寺、杨梅竹斜街、煤市街、煤市桥、纸巷子、廊房头条、廊房二条、廊房三条、门框胡同、镐家胡同、三府菜园、排子胡同、珠宝市、粮市店、西河沿、前门大街、前门桥头、前门正门箭楼、东荷包巷、西荷包巷、西月墙、西城楼。火由城

墙飞入城内，延烧东交民巷西口牌楼，并附近铺户数家。自清晨起火直至次日天晓始止，延烧一日一夜……

火灾余温未息，庚子（1900年）七月二十日，八国联军攻入北京外城，在天坛架设大炮向正阳门狂轰，箭楼再遭重创，城台以上楼体尽毁。

（2）城楼焚毁

清光绪二十六年（1900年）七月，八国联军攻入北京。京城失陷后，正阳门由英军驻守，当时负责守卫正阳门城楼的是英属印度士兵。

八月初二（1900年8月26日）夜间，约11点左右，正阳门城楼突然起火，“火势凶猛，全城皆惊，至天晓方熄……”正阳门在遭炮击后，仅隔十几日又遇火灾，致使“城上焚烧罄尽”。据说此次火灾是英军在城楼上用火不慎所致。

仲芳氏《庚子记事》记：“……其前层箭楼五月被义和团所烧。后层城楼，洋人欲在楼上屯兵，已经打扫干净，今天火自焚，决非人力所燃。更奇者瓮洞内关帝、观音两庙紧贴城墙，城上焚烧罄尽，城下二庙巍然独存，毫无伤损。”似乎关帝、观音显灵，欲报应城楼上的侵略者。在庚子之乱的几个月内，北京这座最重要的城门连续遭遇炮击及火灾，损毁殆尽。

（3）城门扎彩

光绪二十七年（1901年）七月二十五日，清政府在北京与十一国列强签订了丧权辱国的《辛丑各国和约》（通称《辛丑和约》或《辛丑条约》）。和约签订后，避逃在外的慈禧太后和光绪皇帝即筹划回銮，光绪二十七年（1901年）年末，两宫从西安启程回銮京师。为表明接受新政，特从保定府乘火车抵京，进永定门，再经正阳门回到紫禁城。

据《庚子记事》载：“正阳门被烧之前后城楼，亦清理拆平。将来迎驾必使焕然一新，仿佛太平盛世也。”[1]

按大清礼制，銮驾入城须进京城正门正阳门，可当时正阳门城楼和箭楼的楼体部分尽毁，仅剩两座光秃的城台，昔日雄姿早已不在，此“太平盛世”实在有些

---

① （清）仲芳氏:《庚子记事》，光绪二十七年辛丑五月十二日。

图 2-7　1900 年焚毁的正阳门箭楼

图 2-8　1900 年焚毁的正阳门城楼

令人尴尬。此时重建显然来不及。为顾全大清王朝的面子，“以备驾到时，籍壮观瞻”，负责迎銮回宫的官员们不得不采取应急措施，耗费巨资，让工匠用杉篙、苇席、彩绸在已“清理拆平”的箭楼和城楼的城台上临时搭建彩牌楼，以此虚荣而滑稽的形式迎接銮驾。

为使这一面子工程得到慈禧太后的认可，工部尚书张百熙令画工预先绘制了《正阳门箭楼分位成搭悬挂结彩牌楼图式》（见图 2-9）与《正阳门大楼分位成搭悬挂结彩牌楼图式》（见图 2-10）两幅彩牌楼设计效果图，与信函（见图 2-11）一起快马速递到随銮的直隶总督荣禄手中，请荣禄转呈御览。

据曾任直隶总督的陈夔龙所著《梦蕉亭杂记》记载：“庚子京师拳匪之乱，正阳门城楼化为灰烬。辛丑两宫回銮有期，余奉命承修跸路工程，以规制崇闳，须向外洋采办木料，一时不能兴工，不得已，命厂商先搭席棚，缭以五色绸绫，一切如门楼之式，以备驾到时籍壮观瞻。”百年前的这项面子工程虽遮掩了一时的尴尬，勉强维护了清政府的面子，却留下了一段笑料。

（4）城门复建

正阳门作为北京内城的正门，其形象的重要性不言而喻。为此，朝廷以“门楼为中外观瞻所系，急[亟]须修建”为由，要求“全国二十一行省，大省报效二万，小省报效一万……”举国集凑银两修复城门，可见其作为国门的地位。

光绪二十八年（1902 年）十一月二十六日上谕：“正阳门工程着派袁世凯、陈璧核实查估修理，钦此。”

光绪二十九年（1903 年）二月二十三日，直隶总督袁世凯、顺天府尹陈璧具奏估修正阳门大楼（城楼）、门楼（箭楼）一事。

正阳门楼工程奏稿（一）[1]

直隶总督臣袁世凯

跪奏

---

① 《正阳门楼工程奏稿》（铅印本），工艺官局印书，光绪二十九年。

正陽門箭樓分位成搭
懸柱結綵牌樓南
北面各一座四柱三
樓分三間通面寛
四丈八尺明柱高三
丈二尺綵做迎面

图 2-9　正阳门箭楼搭建结彩牌楼图
参见刘铮云主编：《知道了——硃批奏折展》，中国台湾“国立故宫博物院”，2009 年。

箭楼彩牌楼做法说明

正陽門大樓分位成搭
懸柱結綵牌樓一座
六柱五樓分五間通
面寛七丈二尺明柱
高三丈六尺綵做迎面

大楼（城楼）彩排楼做法说明

图 2-10　正阳门大楼（城楼）搭建结彩牌楼图
参见刘铮云主编：《知道了——硃批奏折展》，中国台湾“国立故宫博物院”，2009 年。

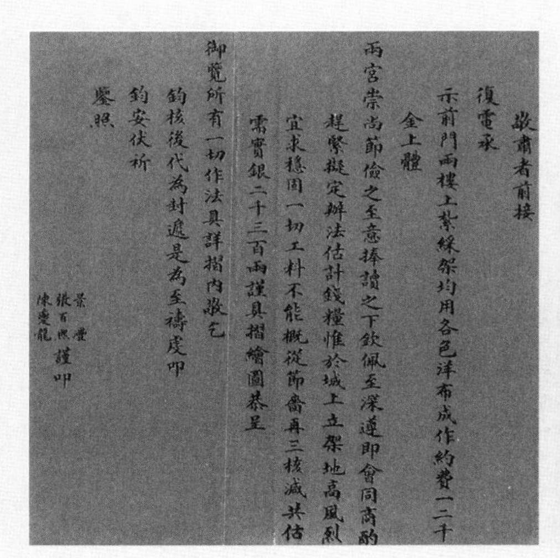
敬肅者前接
復電承
示前門兩樓上紮綵架均用各色洋布成作約費一二千
金上體
兩宮崇尚節儉之至意捧讀之下欽佩至深遵即會同商酌
提緊擬定辦法估計錢糧惟於城上立架地高風烈
宜求穩固一切工料不能概從節省再三核減共估
需實銀二十三百兩謹具摺繪圖恭呈
御覽所有一切作法具詳摺內敬乞
鈞核後代為封遞是為至禱虔叩
鈞安伏祈
鑒照
景豐
張百熙 謹叩
陳夔龍

图 2-11　工部尚书张百熙致荣禄信函
参见刘铮云主编：《知道了——硃批奏折展》，中国台湾“国立故宫博物院”，2009 年。

图 2-12　1901 年慈禧太后和光绪皇帝回銮京师时的正阳门扎彩箭楼

图 2-13　1901 年慈禧太后和光绪皇帝回銮京师时的正阳门扎彩城楼

顺天府尹臣陈　璧

为正阳门楼原建丈尺无案可稽，谨会同酌拟办法请旨定夺，敕以昭慎重，恭摺仰祈圣鉴事，窃臣等钦奉光绪二十八年十一月二十六日上谕："正阳门工程着派袁世凯、陈璧核实查估修理，钦此。"

当即钦遵，会商办理，伏思正阳门，宅中定位，气象巍峨，所以仰拱宸居，隆上都而示万国，现在奉旨修复，其工费固宜核实樽节，而规模制度，究未可稍涉庳隘，致损观瞻。臣等一面遴委新授天津道王仁宝，敬谨驰往，详细勘估，一面咨部调查旧卷，稽考原建丈尺，以便有所遵循。旋准工部覆称，该部自经庚子之变，从前案卷全行遗失无存。臣等迭次往复函商，博采舆论，原建丈尺，既已无凭稽考，惟有细核基址，按地盘之广狭，酌楼度之高低，并比照崇文、宣武两门楼度，酌量规划，折衷办理。查崇文门大楼（城楼）面宽十丈一尺五寸，高八丈二尺八寸；门楼（箭楼）现尚未经修复。宣武门大楼面宽十丈二尺二寸，高八丈二尺二寸；门楼面宽十丈九尺五寸，高六丈八尺四寸二分。以上楼度尺寸，皆系自地平至正兽上皮止计算，城身均不在内。查正阳门大楼旧址，面宽十三丈另六寸，较崇文、宣武两门大楼面宽均增二丈有奇，其门楼旧址面宽十一丈八尺五寸，较正阳门大楼，面宽已窄一丈二尺一寸，较宣武门门楼面宽仍增九尺，自应准宽为高，格外崇隆，以宏体制。

今拟除城身不计外，正阳门大楼自地平至正兽上皮止，谨拟九丈九尺，较崇文门大楼高一丈六尺二寸，较宣武门大楼高一丈六尺八寸。正阳门门楼自地平至正兽上皮止，谨拟七丈六尺三寸（合门尺改为七丈六尺七寸），较正阳门大楼低二丈二尺七寸（改为低二丈一尺三寸），较宣武门箭楼高七尺八寸。后仰而前俯，中高而东西两旁皆下，似与修造作法相合，而体格亦尚属匀称惟是。此事关系重大，又无旧案可稽，臣等参互比较，酌拟办法，是否有当，未敢擅专，相应请旨定夺，遵敕。俟命下之日，再由臣等督饬承办各员，敬谨兴修，庶足以昭慎重。所有请旨遵行缘由，谨合词恭摺具陈，伏乞

皇太后

皇上圣鉴训示　　谨奏

光绪二十九年二月二十三日具奏

四月十一日奉旨："依议，钦此。"

直隶总督袁世凯和顺天府尹陈璧对正阳门修复工程颇为慎重，其奏折中提道“其工费固宜核实樽节，而规模制度究未可稍涉庳隘，致损观瞻”，可见花钱多少还在其次，重要的是其原有规制不可随意更改。但在庚子战乱中，工部所存案卷已“全行遗失无存”。因而，奏折中又拟出一个补救办法，“原建丈尺，既已无凭稽考，惟有细核基址，按地盘之广狭，酌楼度之高低，并比照崇文、宣武两门楼度酌量规划折中办理”。看来这也是当时不得已而采取的措施。

光绪二十九年（1903 年）五月十八日，直隶总督袁世凯、顺天府尹陈璧为估修正阳门城楼、箭楼作法、钱粮、丈尺等具奏如下：

正阳门楼工程奏稿（二）[1]

奏为估修正阳门大楼门楼要工谨拟作法钱银丈尺分缮清单，恭摺仰祈圣鉴事

窃臣等钦奉光绪二十八年十一月二十六日上谕：“正阳门工程着派袁世凯、陈璧核实查估修理，钦此。”

当经咨查，工部因旧卷遗失，原建丈尺无可稽考，惟有按地盘之广狭，酌楼度之高低，并以崇文、宣武两门楼度，参互比较，酌拟办法，于本年二月二十日会同具奏，旋准军机大臣片交。

四月十一日奉旨：“依议，钦此。”

自应钦遵办理。伏查正阳门拱卫宸居，为中外观瞻所系，现在重新修建，既已详筹程度，尤须慎选良材，庶足以固若金汤，垂之永久。派据正任天津道王仁宝，指分安徽试用道尹家棡，查得此项工程，需用大小木植数千件，内以金柱、中柱为最重，详加商酌，惟黄梨木体坚干直，极为合用。其次则角梁各件亦需任重之材，宜用铜梨木。余若翘飞斗科各件宜用樟木。柁梁额枋各件，宜用黄花松木。檐柱、铜柱以及装修各件，宜用杉木。如此分别配用，庶节慎度支之中，仍寓保固工程之意。至于琉璃瓦件、木叶铁等项，向

①　《正阳门楼工程奏稿》（铅印本），工艺官局印书，光绪二十九年。

由户工二部行取，所费转巨。今拟统归商办，以期核实。该道等饬厂商据造具作法，钱粮丈尺清册，呈送前来，臣等会同详核。所拟作法，系照部定“营造章程”办理，尚属妥协。其楼度、库门、炮窗各尺寸，遵照门尺计算度数，均得吉星。所估钱粮，悉心核计，按照市价，再四删减，计修造大楼工程，拟给工料二两平十成足银二十七万四千二百二两四钱二分。门楼工程拟给工料二两平十成足银十五万五千六百九十八两八钱七分，以上通共拟给二两平十成足银四十二万九千九百一两二钱九分。现在物料人工无不增昂，此项钱粮委系核实估计，并无浮冒。由各省报效项下先行发给银十八万两，购备材料，余俟陆续具领。

一面知照钦天监择定吉期，即行开工。立限三年，自本年五月承揽工程起，扣至三十二年五月止，全工报齐，并取具厂商领款、运料、认限、保固各项切实甘结。臣等仍当督饬在工各员，认真监修，以期坚固而免延宕。

再查正阳门原有堆拔房二座，东马道门楼一座，现皆拆毁。大楼下前后二面城身上面宇墙，两山礓𰴟，外口海墁，东四马道礓𰴟地面，象眼、城墙并箭楼下罩门圈、千斤闸，两边将台之台帮、台面、礓𰴟，皆有塌裂情形，均应一律修复，以昭整齐。当饬厂商，分别拟具体做法，核实估计。开送清册前来，详加阅看，做法尚合。所有钱粮数目，按照市价再三删减，共拟给二两平十成足银一万三千九十八两七钱一分，饬令领款修办，所有做法钱粮，谨缮清单恭呈御览。理合附片具陈，伏乞

圣鉴训示　　谨奏

五月二十一日奉旨：“依议，钦此”。

正阳门修复工程于当年（光绪二十九年，1903 年）五月始，至光绪三十二年（1906 年）五月全部完工。据记，整个工程共耗费足银四十多万两，其中门楼（箭楼）耗银十五万五千六百九十八两八钱七分，大楼（城楼）耗银二十七万四千二百二两四钱二分。

关于正阳门城楼的焚毁和复建，喜仁龙曾引用布雷登（Bredon）夫人书中的内容：“围攻结束几个月后，当城楼偶然失火时，这个场面又重演一遍。有些人说失

火原因是由于印度军队的疏忽，中国人唯恐噩运殃及全城，匆忙重建两楼……门楼的修建历时近五年，场面颇为壮观。”对重建后的正阳门城楼，喜仁龙有如下描述：“前门楼的形制与其他各门楼相同，但其形体大得多。楼的正面朝南，齐城台平面处宽为约 54 米；城台进深为 32.5 米，通高 40 米。建筑构件的强度和数量均有增加。墙壁倾斜，基厚约 2.5 米，三排粗重的柱子撑持着屋顶。外部亦有檐两重，顶为歇山式，覆盖着整个建筑物；下层檐是半个倾斜的屋顶，从楼体伸出。两檐均覆盖以耀眼的绿琉璃瓦。”并感叹“前门城楼，无疑是北京在本世纪中以传统方式重建的最重要建筑……在此期间，还有不少重建的城楼、宫殿和庙宇，但其规模都不及前门城楼”[①]。

（5）正阳门改建

民国四年（1915 年），市政府为解决正阳门一带日益加剧的交通拥堵问题，经过周密计划（后附《修改京师前三门城垣工程呈》），决定对正阳门城门区域进行改建。这次改造工程包括：拆除正阳门瓮城及闸楼，在城楼东西两侧城墙各开辟两个券门，改建并装饰正阳门箭楼。出于对此项目的重视，内务部特意聘请了德国建筑师罗思·凯格尔（Roth Kegel）作为主设计师，负责正阳门整体改造工程的规划设计。

改建城门交通虽为利民之举，但正阳门毕竟是国门，拆砖动土非同儿戏，当时反对意见也时有所闻。为使民众对正阳门改造工程加深了解，政府特意制作了正阳门改建工程模型，并将其陈列于中央公园（今中山公园）内供民众参观。

民国四年（1915 年）五月十三日《顺天时报》报道：

> 拆撤前门瓮城开辟城门一事，经内务部已于年前议定然未实行，兹于昨日见中央公园内陈列拆撤瓮城开辟城门之模型一副，系将前门东西门洞及月墙一律拆撤仅留南北城楼并于东西城墙各开二门共计进城路线五处……[②]

① [瑞典]奥斯伍尔德·喜仁龙：《北京的城墙和城门》，许永全译，北京燕山出版社 1985 年版，第 150 页。
② 《拆撤瓮城模型》，载《顺天时报》，民国四年五月十三日。

由于正阳门城楼及东侧城墙当年仍在美军管辖之下，内务部就正阳门工程一事特向美公使交涉，要求美方人员暂时退避，以便于施工。此事经美国公使协调后美军退出，由提署派员临时接管正阳门。

自清光绪二十七年（1901年）《辛丑条约》签订后，正阳门至崇文门之间的城墙即成为美军兵营及使馆区的南边界，城楼及城墙上皆由美军设岗。进入民国以后，每年也只有到了“国庆”之日（十月十日），中国军队才被允许在正阳门站一天岗。每当看到在正阳门城墙上持枪游弋的外国士兵，广大民众无不反感，正可谓“都城严肃最应当，那许登临豁眼光。今日正阳门左右，外人随意立高墙”。自古以来，城门、城墙皆属严管之地，更何况是京师正大门。

民国四年（1915年）七月十八日《顺天时报》发表以《拆毁正阳门瓮城亦须外人包办》为题的文章：

> 兹闻该门之拆毁及建筑均为美国人所包办，甚为一般人士所讥笑。盖以建筑之学我国人或不及外人之巧妙，至于拆毁一项断无何等秘术，我国必可自为之，而乃一并包之于外人诚不知当局者是何用意也。亦不知古时建筑城墙之时必须聘用外人或包办于外人否耳！非然者倘黄帝有灵当在九泉之下痛哭流涕以骂此无知无识之不肖子孙也。

从这一报道来看，美军暂时交出正阳门城楼及城墙的管制权是有条件的，在当时的背景下，出现由美国人承包中国城门改建工程之事恐怕也是在所难免，但广大民众却对此报以极度的不忿。

民国四年（1915年）六月十六日，正阳门改造工程正式开工。作为当时京城的一件大事，开工仪式相当隆重。内务总长朱启钤冒雨亲临现场主持开工典礼，并用袁世凯以大总统名义所赐银镐拆下第一块城砖。此银镐长50公分，重30余两，红木手柄上嵌有银箍，錾有“内务总长朱启钤奉大总统命令修改正阳门，爰于1915年6月16日用此器拆去旧城第一砖，俾交通永便”。报载：“闻日前拆城时尚有一番慎重礼式，即内务总长朱启钤暨交通次长麦信坚二君在城上设列香案，焚香祭告毕，由朱总长亲将城砖拆下一块，然后由工人按照所拆处接续扩张云。”[①]

工程开工后，麦信坚次长每天登城监督进度，时值夏日，白天天气炎热，为不延误工期，经常夜间赶工。

同年十月初，正阳门箭楼改建工程基本完工，由于项目是由德国建筑师罗思·凯格尔主持设计，因而改建后的正阳门箭楼融入了一些西洋建筑的韵味。箭楼北面券门两边各加建“之”字形蹬道；原箭楼东西两侧与瓮城墙相接处包砌城砖并装饰半月形图案；下两层箭窗上沿附加白色弧形装饰；原城门上方所嵌满汉文字合璧的匾额被撤下，换上只刻有“正阳门”三个汉字的新匾额。

民国四年十月六日《顺天时报》报道：

> 正阳门南箭楼改修工程现将告竣，惟该门上嵌设之匾额系书以汉满合璧之字，故由内务部将该额字迹一律取消，兹于日昨就该匾额上改书正阳门三字饬石匠镌刻矣。[②]

正阳门整体改建工程于民国四年（1915 年）年底全部竣工，内务总长朱启钤率督修官交通部次长麦信坚、德国工程师罗思·凯格尔、京师警察总督吴炳湘等对工程进行了验收。

瓮城拆除后，正阳门箭楼傲然孤立，成为北京这座古老城市中具特殊意义的标志性建筑。

工程完工后，正阳门城门一带的道路宽敞通畅，城门由原来的一个增加到五个，东边两个门洞直通户部街，西边两个门洞直通西皮市，东出西入，有效地改善了前门一带的交通拥堵状况。正如《京华百二竹枝词》所言：“人马纷纷不可论，插车每易见前门。而今出入东西判，鱼贯行来妙莫言。”[③] 喜仁龙认为正阳门的改建从交通意义来看是一项“十分重要，意义深远的使北京正中大门现代化的计划”。但他又感叹，“当初有幸见过前门瓮城、瓮城门及其场地原貌的人，看到如此多的古建

---

① 《拆城式之慎重》，载《顺天时报》，民国四年六月十九日。
② 《改镌正阳门额》，载《顺天时报》，民国四年十月六日。
③ （清）杨米人等著，路工编选：《清代北京竹枝词（十三种）》，北京古籍出版社 1982 年版，第 121 页。

图 2-14　1911 年拆除前的正阳门瓮城东闸楼

图 2-15　1915 年拆瓮城改建正阳门

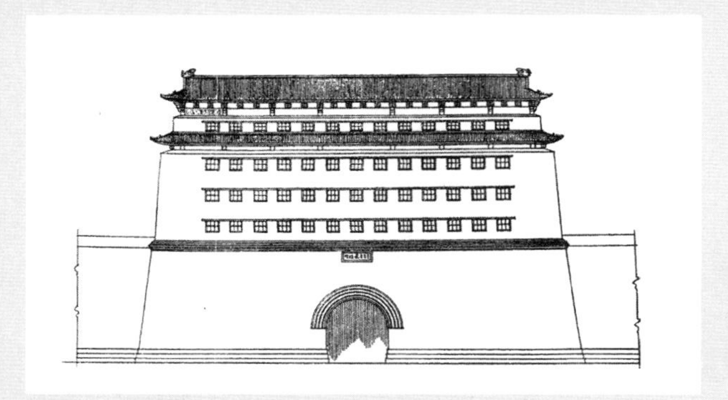

图 2-16　正阳门箭楼正立面图（改建前）
参见［瑞典］奥斯伍尔德·喜仁龙：《北京的城墙和城门》，许永全译，北京燕山出版社 1985 年版。

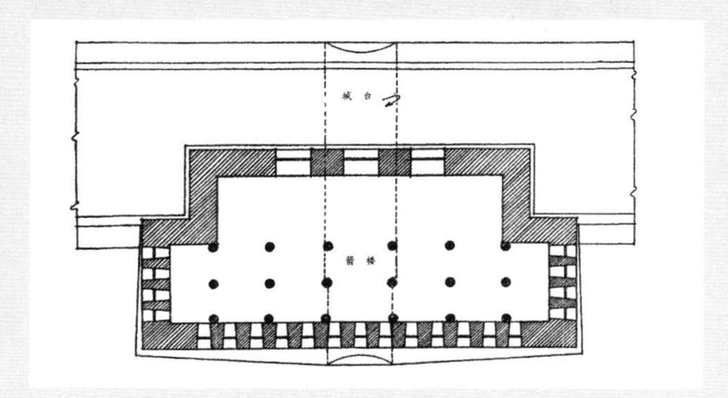

图 2-17　正阳门箭楼平面图（改建前）
参见［瑞典］奥斯伍尔德·喜仁龙：《北京的城墙和城门》，许永全译，北京燕山出版社 1985 年版。

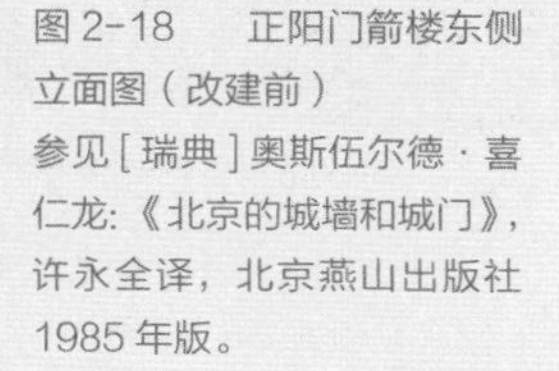

图 2-18　正阳门箭楼东侧立面图（改建前）
参见［瑞典］奥斯伍尔德·喜仁龙：《北京的城墙和城门》，许永全译，北京燕山出版社 1985 年版。

筑被大规模拆毁，无不感到痛惜”[①]。他从建筑美学的角度评论道：“今天，这个中央大门给人的印象，无论从哪方面看都是令人失望的。诚然，门楼仍然保留原样，但城门马道新开了两道拱门（这拱门似有损结构之坚固性），前面广场也显得过于西洋化，与城楼的建筑风格不大协调。当然，如果从南面观望，其景象则更令人扫兴。箭楼的情形也如是，不仅如此，它还用一种与原来风格风马牛不相及的方式重新加以装饰。箭楼孑然而立，两侧瓮城残垣所余无几。两条直达城台顶部的马道皆呈之字形，台阶中间隔有数层平台，平台上修有汉白玉栏杆和凸出的眺台。不但如此，箭窗上侧还饰有弧形华盖，弄巧成拙地仿照着宫殿窗牖式样。在前门整个改造过程中，箭楼的改建确实是最令人痛心的，而且这种改建简直没有什么实际价值和理由。”[②]负责设计的建筑师罗思·凯格尔则抱怨中国政府并未严格执行他最初的设计方案，任意修改了很多设计细节。

正阳门改建完工后仍由美军控制，这种状况一直延续到民国八年（1919年）。中美双方经多次交涉，终在当年10月31日就正阳门管制权的移交问题达成了协议。11月1日，美军正式向中方交还了正阳门城楼的管辖权。据当年报刊报道：

> 美国于本月一日交还正阳门一案及其经过情形已见报载，兹将步军统领衙门接收后分致各处声明接收公函志下：
>
> 敬启者查正阳门城楼自前清庚子后，由美国兵丁占领，迄未退还。迨至民国改建以还，迭经交涉仅于国庆日暂让我兵站岗，大阅后仍归占领。王懋宣统领莅任后以此事为国体攸关未容漠视，当与英国朱公使美国丁署使往复磋商一再交涉，幸而公使鉴于交涉之诚，力予维持并允约集公使团开议以期达到交还目的。当由本衙门函知外交部正式照会公使团定期以便接收，一面函致朱丁两公使要求定期交还。兹于十月三一日准丁署公使函称前准来函要求交还前门城楼本署公使极表赞成，惟查早年占领一事系出自各国之意。素仰贵将军治军有声至为钦佩，经已达开公使团会议对于交还一节均表满意，

① ［瑞典］奥斯伍尔德·喜仁龙：《北京的城墙和城门》，许永全译，北京燕山出版社1985年版，第147页。
② ［瑞典］奥斯伍尔德·喜仁龙：《北京的城墙和城门》，许永全译，北京燕山出版社1985年版，第149页。

即请派员于十一月一日登城接收等因，现已于十一月一日完全收回由本衙门派兵接管。查正阳门城楼经外国兵丁占领十有余年今幸完全收回，全赖英美及各国公使敦睦邦交容纳诚意之所致也。除呈报外，相应将接收交涉情形函达贵处查照可也。此颂公绥步军统领衙门启。[①]

具有讽刺意味的是，收回自己城门的管辖权还要表示“全赖英美及各国公使敦睦邦交容纳诚意之所致”。

正阳门是北京城的正大门，也是这座城市的标志性建筑。明清时期，正阳门箭楼门洞只供皇帝出入城之用。1949 年，人民解放军经正阳门进入北京内城时，箭楼曾作为军政领导的检阅台。中华人民共和国成立以后，政府又多次对正阳门城楼和箭楼进行修缮，并于 1990 年 1 月对公众开放。1991 年，城楼再次进行大修及内部装修，于当年 7 月 1 日重新对外开放。至今，在北京众多城门中，唯有正阳门城楼、箭楼俱在。

附：

《修改京师前三门城垣工程呈》[②]

京师为首善之区，中外人士观瞻所萃，凡百设施，必须整齐宏肃，俾为全国模范。正阳、崇文、宣武三门地方，阛阓繁密毂击肩摩。益以正阳城外京奉、京汉两干路贯达于斯，愈形逼窄，循是不变，于市政交通动多窒碍，殊不足以扩规模而崇体制。启钤任交通总长时，曾于修筑京都环城路案内，奉令修改瓮城，疏浚河道及关于土地收用事宜，应由内务部会同步军统领，督饬各该管官厅、营汛协力补助，俾速施工。查修改正阳门工程一案，所有关于拆去瓮城，改用城内外民房、官厅，添辟城门及展修马路，修造暗沟各项办法，曾于上年由内务、交通两部派员，迭次筹商备具议案，提出国务院

① 《步军统领衙门声明接收正阳门公函》，载《顺天时报》，民国八年十一月。

② 北京市政协文史资料研究委员会、中共河北省秦皇岛市委统战部编：《蠖公纪事——朱启钤先生生平纪实》，中国文史出版社 1991 年版，第 17—19 页。

会议决在案。现奉明令，遵即会同组织改良前三门工程委员会拣派专员，悉心规画，赓续办理，以策进行。兹特就原订各条逐加研究，参酌情形分别修正扩充，妥拟办法，俾期完备。如正阳门瓮城东西月墙分别拆改，与原交点处东西各开二门。即以月墙地址改筑马路，以便出入。另于西城根化石桥附近，添辟城洞一处，加造桥梁以缩短内外之交通。又瓮城正面箭楼，工筑崇巍拟仍存留。惟于旧时建筑不合程式者，酌加改良；并另添修马路，安设石级，护以石栏，栏外种植树木，以供众览。又箭楼以内正阳门以外，原有空地，拟将关于交通路线酌量划出外，所余之地一律铺种草皮，杂植花木，环竖石栏，贯以铁练，与箭楼点缀联络一致，并留为将来建造纪念物之地。又正阳门地势低洼，夏令常易积水，拟于新开左右城门之下修砌暗沟，自中华门前石栅栏内起，通至护城河止，藉资宣泄，此关于修改瓮城之工程计划也。复查围绕瓮城东西两面，原设有正阳商场一所，麇集贸易阻碍交通，应即撤去，现已由警察厅协商发价迁移。又正阳门东西城垣附近，内外各官厅及民房，各处堪定之后，认为有碍交通者，按照收用房地暂行章程，一体饬令迁让，以维公益。其瓮城内旧有古庙二座，拟仍保存加以髹饰，俾留古迹。此关于收用土地改正道路之大概情形也。至疏浚河道事宜，内务部查京内外城河道沟渠淤塞已久，业经组织测量队分段实地勘测，如将来勘定河身裁湾取直，势须略向南移，其北岸腾出空地，拟即全行拨归交通部接管，以备扩充东西车站之用。至此次建筑工程及收用土地等项所需经费，交通部查前门东西车站，在两路为全线之首站，在中央系全国之观瞻，现今各路联运来往频繁，与世界交通尤有关系，所有车站设备及附属车站之建筑物，亟应进求完备，未可因仍旧观。此次工程改良以后，平治道路，便利交通，点缀风景，展拓余地，凡所设施莫不直接间接与该两站有关，且获相当之利益。前项经费，拟饬由京奉、京汉两路，各拨银元二十五万元列入预算，仍视工程之需要分期支拨，撙节动用。惟此工程重大，规划必期周详，庶于市政、交通前途多所俾益。启钤等职任所在，有当随时会商，督饬承办各员妥慎将事，克期开工。并知照该管官厅、营汛协力辅助，晓谕商民，共维公益，俾成盛举而蒇全工。

朱启钤

民国三年六月二十三日

图 2-19　1915 年改建后的正阳门箭楼

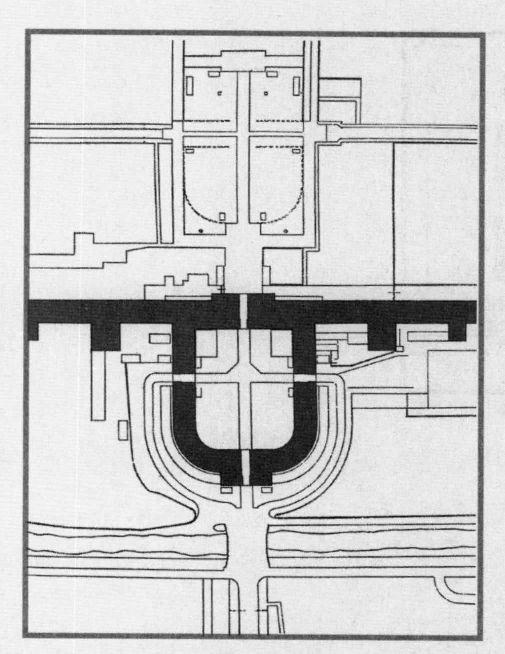

图 2-20　改建前的正阳门平面图
参见[瑞典]奥斯伍尔德·喜仁龙:《北京的城墙和城门》，许永全译，北京燕山出版社 1985 年版。

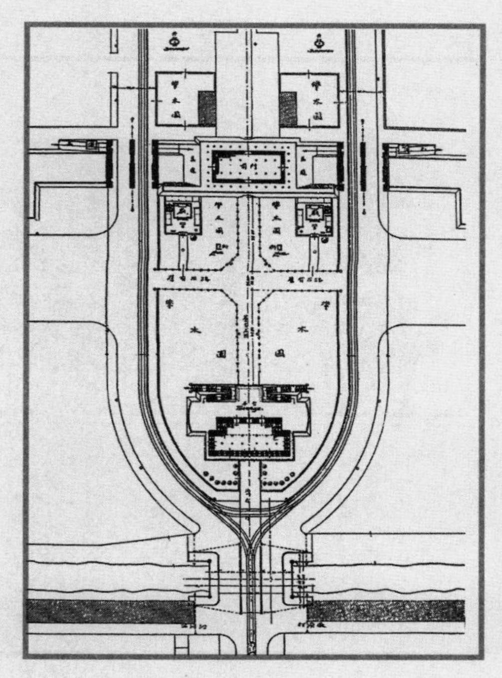

图 2-21　改建后的正阳门平面图
参见[瑞典]奥斯伍尔德·喜仁龙:《北京的城墙和城门》，许永全译，北京燕山出版社 1985 年版。

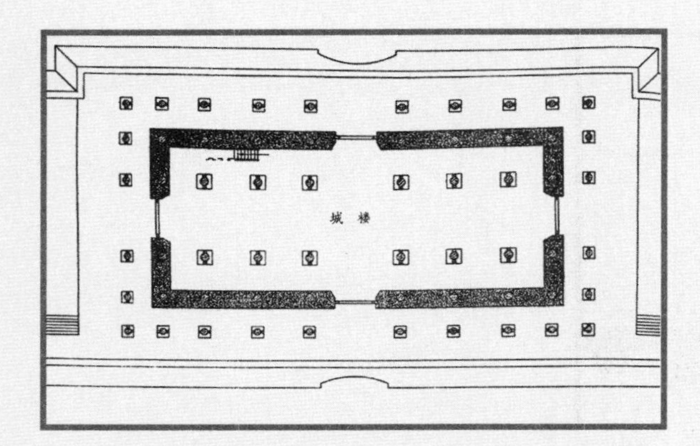

图 2-22　正阳门城楼平面图（改建前）
参见 [瑞典] 奥斯伍尔德 · 喜仁龙：《北京的城墙和城门》，许永全译，北京燕山出版社 1985 年版。

图 2-23　正阳门城楼正立面图（改建前）
参见 [瑞典] 奥斯伍尔德 · 喜仁龙：《北京的城墙和城门》，许永全译，北京燕山出版社 1985 年版。

（6）城楼与箭楼幸存

20世纪60年代，北京实施地铁修建项目。按照最初的计划，1966年9月初开始拆除前三门城墙，9月3日的城墙拆迁会议明确制定了宣武门至北京站之间城墙的拆除日期，按此计划，城墙拆除工作从9月初开始，至次年3月15日止，届时，北京内城南城墙将全部拆除。北京南城墙及沿线的正阳门城楼和箭楼都将在一期工程中被拆除。

在地铁工程动工之前，周恩来总理沿城墙巡视一周，并指示把正阳门箭楼、城楼保留下来，因此，在北京地铁一期轰轰烈烈的拆城工程中，正阳门城楼和箭楼才得以逃过被拆除的命运。

（二）崇文门

崇文门（俗称“哈德门”“哈达门”），位于北京内城南垣东侧。原为元大都南垣东侧城门，称“文明门”。明永乐十七年（1419年），将大都南城墙南移约2里后重建，仍辟三门，东侧城门仍沿元“文明门”旧称。正统元年至四年（1436年—1439年），重建城楼并增建箭楼、瓮城、闸楼，城门改称为“崇文门”。

崇文门由箭楼、城楼、瓮城、闸楼、弯桥构成建筑组群（见图2-24）。

1. 崇文门建筑形制

（1）崇文门城楼

城楼加城台通高约35.20米。

城台正面底基宽44.30米，进深28.95米。城台高10.20米，城台顶宽43.45米，顶进深28.55米。内侧券门高9.49米、宽6.95米，外侧券门高5.60米、宽6米。城台内侧左、右有马道一对，宽4.85米。城楼面宽五间，楼室通宽约27.50米，楼室进深13.30米。城楼一层为红垩砖墙，四面明间各辟一过木方门，二层有回廊，明间前后为槅扇门窗，西侧暗间为10.20米，梁柱为红色，施墨线旋子彩画，形制为歇山重檐三滴水楼阁式，顶为灰筒瓦绿剪边，绿琉璃脊兽。

（2）崇文门箭楼

箭楼加箭台通高约30.00米。

箭台正面宽40.00米，进深30.00米。主楼正面通宽约34.20米，进深11.50

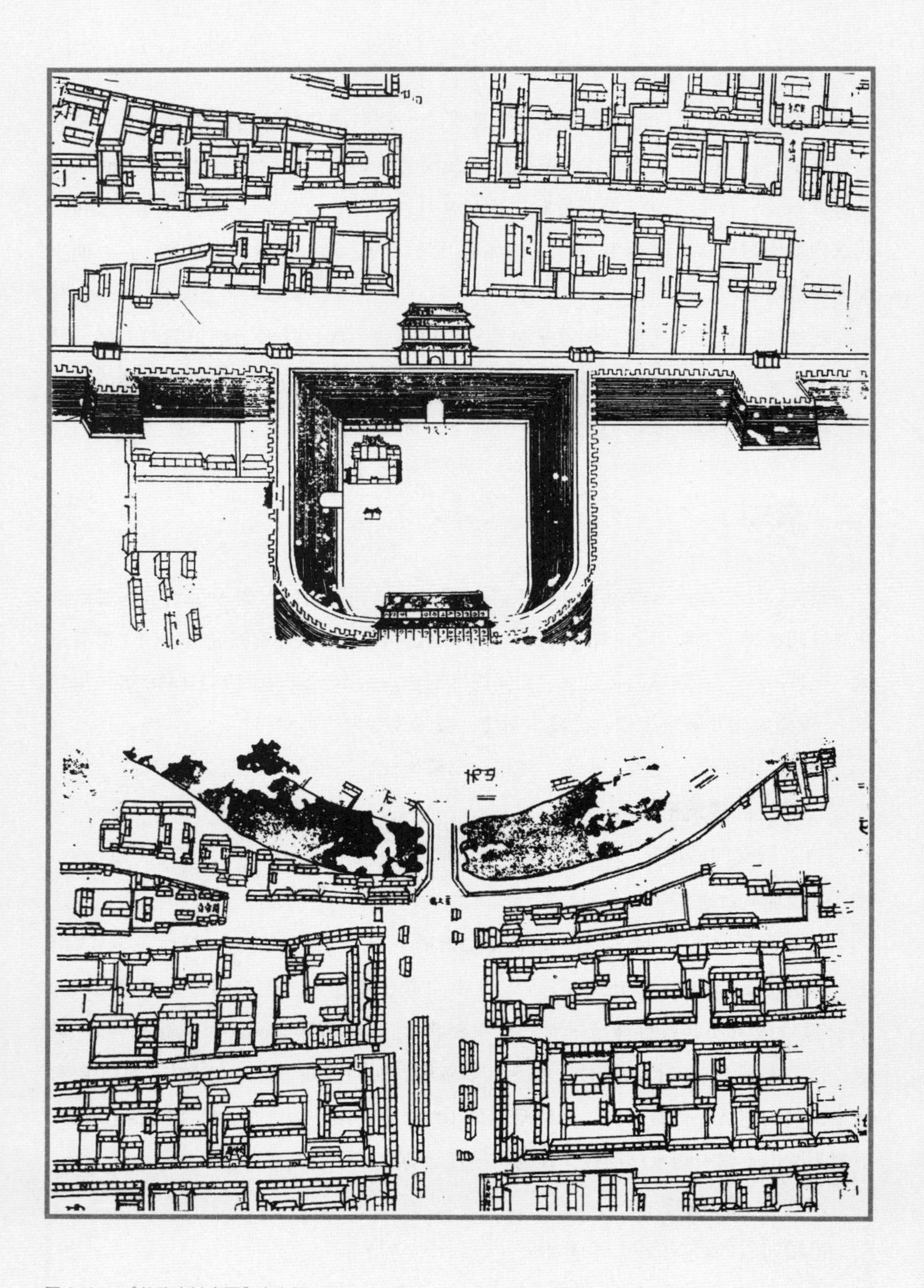

图 2-24 《乾隆京城全图》崇文门

米。北出庑座五间，面宽 27 米。南面开箭窗四层，每层 12 孔，东西两侧各开箭窗四层，每层 4 孔，抱厦东西两侧各开箭窗 1 孔，整个箭楼共有箭窗 82 孔。顶为灰筒瓦绿剪边重檐歇山式，绿琉璃脊兽。

（3）崇文门瓮城

瓮城为长方形 ，南北长 86 米，东西长 78 米，东北端和西北端与城墙外侧直角相接，东南、西南为弧形转角接箭楼。瓮城西墙开辟券门，上建闸楼，瓮城西北角建关帝庙。

（4）崇文门闸楼

闸楼建于瓮城券门之上，面阔三间，正面开箭窗二排每排 6 孔，共 12 孔。闸楼背面正中开过木方门，两侧间各开一方窗。灰筒瓦硬山顶，饰灰瓦脊兽。

2. 崇文门历代伤损及修葺记录

永乐十年（壬辰，1412 年）十二月，修崇文门城楼。

洪熙元年（乙巳，1425 年）九月，修崇文门城垣、城楼。

正统元年（丙辰，1436 年）十二月，修筑崇文门城楼、闸楼。

正统五年（庚申，1440 年）九月，修崇文门城垣。

弘治十四年（辛酉，1501 年）七月，修缮崇文门。

嘉靖元年（壬午，1522 年）三月，修崇文门城垣。

万历二十年（壬辰，1592 年），修葺崇文门城楼。

康熙十八年（己未，1679 年）七月，地震损毁崇文门城楼，后修复。

乾隆二十五年（庚辰，1760 年），大修崇文门城楼

乾隆三十四年（己丑，1769 年）十二月，修葺崇文门门楼、马道、城墙、宇墙等。

乾隆五十年（乙巳，1785 年）十月，崇文门城楼后檐坍塌。

乾隆五十一年（丙午，1786 年）十二月，修崇文门城楼。

乾隆五十二年（丁未，1787 年）十月，修崇文门箭楼。

光绪二十年（甲午，1894 年）十一月，修崇文门城楼、马道。

光绪二十六年（庚子，1900 年）七月，崇文门箭楼毁于炮火，仅存箭台。

光绪二十七年（辛丑，1901 年）七月，在箭台中间开辟券门。

民国十年（1921 年），修饰崇文门城楼。

3. 崇文门纪事

（1）箭楼损毁

光绪二十六年七月十九日（1900 年 8 月 13 日），八国联军从通州沿潞河向北京进犯，北京城东侧城垣全面受敌。按照联军事先制定的作战计划，沿潞河北岸进发的日、俄军队负责攻打内城东城墙的朝阳门和东直门，而沿潞河南岸进发的英、美军队攻打外城的东便门和广渠门。

1900 年 8 月 14 日晨 7 时 30 分，日军率先攻打朝阳门和东直门。当美军按计划于 14 日抵达京城时，日军已炮击朝阳门、东直门多时。据史料记载，当日军猛烈炮击朝阳门和东直门时，俄军则在猛攻朝阳门南边的东便门。

在日、俄两军猛烈攻城之时，英、美军队推进到南面的外城东墙脚下，在这里他们竟意外地发现有一段城墙上当时几乎无人防守，这一不可思议的现象，大概只能解释为守军都被紧急调去增援战事吃紧的东便门和朝阳门了。这似乎也显露了清军仓促应战、顾此失彼、指挥无章法的战时状况。英美军队抓住时机派士兵利用软梯沿墙向上攀爬，不费一枪一弹便轻而易举占据了城墙，继而翻入城内，从里面打开广渠门城门，英美军队顺势攻入外城。

进入城内的英军迅速占领了天坛，在天坛架炮猛烈轰击崇文门，崇文门在炮火中惨遭重创，其箭楼城台以上部分几乎完全被摧毁。在崇文门遭受炮火轰击的同时，英军在向导的引导下，悄然钻过崇文门西侧的御河水门，率先进入内城并直达英国公使馆，因而成为最早攻入北京内城的联军部队。

当时身处法国公使馆的法国海军军官皮埃尔·洛蒂（Pierre Loti）在其纪实文学作品《北京的陷落》一书中，以日记的形式记录了其亲身经历的这一历史事件：

8 月 14 日

……2 点，枪声又重新开始。我们同时听到北京南部和东南方向的炮声（俄军炮击东便门）。炮声比我们原来听到的声音要近，似乎在攻打城墙或城门。……4 点，一个小伙子突然跑到法国公使馆报告，所有欧洲人开始都不敢相信："欧洲人经御河内侧来到英国公使馆！"志愿兵一直跑到使馆街的桥上，又迅速跑回来。一切是真的！前锋部队到了！他们看到了援兵！他们还相互握了手。

> 随后，一些细节不断传到我们这里：俄国人和日本人最早到达北京城墙脚下，他们用大炮轰开了东边（东便门、朝阳门和东直门）和西边（崇文门和正阳门）的城门；他们损失了不少人……另外的人（英印军）在一个可靠向导的带领下沿着御河经城墙进入北京……[①]

洛蒂系根据情报和所听到的炮声做了上述记录，细节虽不一定完全准确，但却从另一个角度为我们记录了这一中国历史上屈辱的史实。

光绪二十六年（1900年），崇文门箭楼被联军炮火击毁，仅剩城台。

《辛丑条约》签订后，朝廷为了维护脸面，从全国各地募集银两修复城门。正阳门系国门，为京师九门之首，首先对毁于战火的正阳门箭楼和城楼进行了复建。当时由于清政府背负了大量的赔款负担，国库空虚，根本无财力对所有损坏的城楼都重建，因此，只剩下城台的崇文门箭楼一直光秃秃地存留着。

1901年，英军为将铁路修至正阳门下，拆崇文门东、西瓮城墙及闸楼，开辟豁口，继而修建铁路券门，崇文门也因此成为北京最早的有铁路横穿瓮城的城门。因原瓮城门洞不能再作出入城的通道，于是在箭楼城台正中开辟券门为进出城之路。

（2）崇文门改造

1950年5月24日，北京市人民政府正式发布公告，为改善崇文门城门处的交通拥堵状况，决定拆除崇文门瓮城及箭台，并在城楼两侧开辟券门。

> 北京市人民政府公告
>
> （审公建字第二号）
>
> 崇文门拆除瓮城工程，定于五月二十六日全部展开工作，为避免发生危险及便利工程进行，自同日起，崇文门全部交通暂行断绝，所有车辆行人，一律改道通行。
>
> 在崇文门施工期间，其附近街巷交通秩序，暂行变更，其办法列后。
>
> 以上办法系临时性质，俟工程完竣后，即恢复正常交通秩序。希车辆行人，

① ［法］绿蒂：《北京的陷落》，刘和平等译，山东友谊出版社2005年版，第48页。

本协助政府顺利完成市政建设之精神，切实遵行为要！

一九五零年五月二十四日

市　长　聂荣臻

副市长　张友渔

副市长　吴　晗

中华人民共和国成立后，北京交通流量不断增加，崇文门城楼前由于有火车通过，因而交通拥堵状况也较其他城门更为严重。曾有文章对崇文门的交通现状作过如下描述："火车就在瓮城里面穿过，积年烟熏的结果，城墙呈乌黑色。火车一过，瓮城里外都塞满了车辆和人群。每次火车过去之后，必然造成一场大乱，当这些人群和车辆还没走尽的时候，往往又会被栅栏卡住，下一列车又要过来了，于是乱上加乱。人们便把通过崇文门当做'过关'。"显然，传统的城门已不能适应新时代的交通需求了，因此，市政府下决心对崇文门采取改造措施，崇文门也因而成为北京解放后第一批被动"手术"的城门。

出于城市建设发展的需要，1950 年 2 月 7 日，北京市政府成立了以聂荣臻为主任，张友渔、梁思成任副主任的北京市都市计划委员会，委员会的任务首先就是要制定北京的城市发展整体规划。但刚刚解放的北京百废待兴，拿出整体规划还有待时日，当务之急是要先解决现实生活中的一些遗留问题和影响市民生活的难题。

在这种形势下，以崇文门当时的交通状况，城门改造已是势在必行之事。鉴于崇文门地理位置及作为交通枢纽的重要性，市建设局根据"各界人民代表会议"决议，决定将崇文门瓮城全部拆除，并在现有城门两侧各开辟一个豁口。全部工程量约 5 万立方米土方，约需 12 万个工，预计工期三个半月。据悉工程由某兵团承包，并于 5 月 15 日局部开工。

5 月 26 日，崇文门改造工程全面展开，计划三个半月竣工，共有 1200 多名部队指战员参加施工。

崇文门成为北京解放后第一批为改善交通开辟通道的城门。豁口开辟工程 9 月上旬开始，施工一段时间后，又接到市政府变更设计的通知，将开辟豁口改为修建城墙券门。新建门洞宽为 11.00 米，车行道宽 9.00 米，两侧人行步道各宽 1.00 米，

11月初竣工通车。

5月17日,《光明日报》报道:

本市崇文门拆除瓮城及开砌门洞工程,已于本月十五日局部开工。全部工程共计约五万立方米土砖方,约需十二万个工,已由某兵团承包,预计三个半月即可竣工。

崇文门为本市内外城仅次于前门的重要孔道,交通量甚大,特别在汽车通行时,城门内外车马行人拥塞不堪。本市建设局根据各界人民代表会议决议,改善该处交通,决定将崇文门瓮城全部拆除,并在原有城门两旁各辟修门洞一个,同时改为单行交通线,其铺装路面亦将在同一时间内完成。[①]

5月24日,市政府在《人民日报》上发布了《北京市人民政府公告》,同时公布了《拆除崇文门瓮城及辟修门洞工程期间整理附近交通秩序临时办法》。

5月25日,《光明日报》报道:

京市新闻处讯:崇文门拆除瓮城及开砌门洞工程定于明(二十六)日全面展开工作。参加施工的是部队的指战员,共约一千二百人。全部工程共约土砖五万立方公尺,约需十二万个工,预计三个半月可全部完工。崇文门是本市内外城的重要孔道之一,交通量很大,且每天有火车80次—100次的列车要从门前横过,相距时间最短仅三五分钟,最多也过不了半点钟。火车通过时即得断绝交通,因而造成城内城外车马拥塞的现象。市人民政府为便利来往交通,决定将瓮城全部拆除。在原有城门两旁各辟修门洞一个,为避免施工期间发生危险及便利交通起见,市人民政府转发出公告,规定自二十六日起出行人及自行车可于每日上午十一时至下午两时、下午七时至次日晨四时通行以外,所有车辆行人一律暂时改道而行。市政府并自五月二十四日起在《人民日报》上公布了“拆除崇文门瓮城及辟修

① 《改善崇文门交通·开始拆瓮城并增辟门洞两个》,载《光明日报》,1950年5月17日。

门洞工程期间整理附近交通秩序临时办法”。[1]

在中华人民共和国成立初期，崇文门交通改造无疑是一项引人注目的工程，也确属有益民众之举。当时并没有拆除城楼的打算，工程对城楼也没有太大的损害，就是从今天保护古都风貌的角度来看也还是能够让人接受的。

1950 年 9 月初，遵照周恩来总理关于保护古代建筑等历史文物的指示精神，北京市人民政府指示建设局，对城楼、牌楼等古代建筑的状况进行调查并提出修缮计划。当月北京市建设局按照政务院和北京市政府《关于实施城楼等古代建筑修缮工程的通知》，于 9 月中旬开始对城楼等古代建筑进行勘察、测绘。进行初步调查后对北京市各城楼、牌楼制定了详细的分期修缮计划。

《关于城楼等古代建筑状况调查报告》

奉命调查城楼等古代建筑一事，自 9 月 11 日开始，至 10 月 10 日（其中 9 月 20 日以后因参加国庆工程暂停），业已初步调查完毕。共调查城楼 15 座、箭楼 11 座、牌楼 32 座，以及影壁 2 座、砖塔 1 座。

内城 9 座古代城门中共有城楼 8 座（德胜门无城楼，仅剩城台），箭楼 5 座（东直门、阜成门、宣武门、崇文门无箭楼），外城 7 门中共有城楼 7 座、箭楼 6 座（广渠门已塌毁，尚存留城墙基等）……[2]

当时确定的修缮工程分为三类（广安门城楼和箭楼因损坏严重，只能翻修，暂不考虑修缮）。一是重点修缮项目：东直门城楼、德胜门箭楼、安定门城楼和箭楼、阜成门城楼、东便门城楼和箭楼。二是次重点修缮项目：西直门城楼和箭楼、宣武门城楼、朝阳门城楼、崇文门城楼、左安门城楼和箭楼、右安门城楼和箭楼。三是一般维修项目：正阳门城楼和箭楼、永定门城楼和箭楼、西便门城楼和箭楼。

---

① 《解决崇文门拥塞现象明日开始拆瓮城——市府发布交通秩序临时办法》，载《光明日报》，1950 年 5 月 25 日。

② 北京市建设局：《关于城楼等古代建筑状况调查报告》，1950 年 10 月 10 日。

1951年4月，政务院为城楼修缮工程拨付给北京市15亿元（旧制人民币），建设局选定东直门、安定门、德胜门、阜成门、东便门作为第一批修缮项目，并将工期定为1951年9月至1952年8月，历时一年左右。

1952年3月，建设局呈报第二批城楼修缮计划时，市政府下达了停止下一步城楼修缮工程的指示："关于城楼修缮工程，已经开工的要把它做完，没有开工的就一概不再做了。"[①] 北京第二批城楼修缮计划就此搁浅。

崇文门城楼作为第二批"次重点修缮项目"未能获得维修的机会。

（3）城楼拆除

1958年，北京十大建筑之一新火车站的规划位置选在崇文门城楼东侧城墙的北面，为配合新火车站市政建设配套工程，需要拆除崇文门城楼及其两侧部分城墙。崇文门城楼拆除工程于1958年9月5日开工，在拆除城楼时，同时拆除城楼东边的城墙，拆除工程9月30日完工。城门上拆下的石匾是由三块青石板拼成，正面镌刻"崇文门"三个凹形大字，背面有凸边儿，匾上刻有凸形"文明门"三个字。正面的"崇文门"三个凹形大字应为明正统四年（1439年）城门更名时所刻，背面所刻"文明门"为元代此城门名称，匾额应为元大都城遗物。

拆除工程完工后，养工所李卓屏编写了包括城楼和城台考察资料的《崇文门城楼拆除工程施工总结》[②]，以下资料主要选取其中有关城楼结构和城台构造的部分数据、材质和做法，并结合其他文献内容编写。

1958年，崇文门城楼结构资料：

首层：廊下明柱24根（红松料），柱径0.66米，楼室墙壁厚2米，墙内有16根木柱（黄松料），柱径0.50米。二层：廊下明柱24根（红松料），柱径0.55米，擎檐柱直径0.25米。楼室墙壁厚1米，墙内无木柱。楼室内有八根明柱，由上下两段对接而成，下段铁力木，上段黄松木，立柱下径0.76米，中径0.74米，上径0.72米。楼内4根大梁和4根大枋均为楠木料，大梁断面是0.42米×0.48米，大枋的断面是0.44米×0.50米，中间两根大梁各钉一块刻有"上梁大吉"四字的

① 孔庆普：《北京明清城墙、城楼修缮与拆除纪实》，载《北京文博》，2002年第3期。
② 参见孔庆普：《北京的城楼与牌楼结构考察》，东方出版社2014年版，第250页。

图 2-25 20 世纪 20 年代崇文门城楼

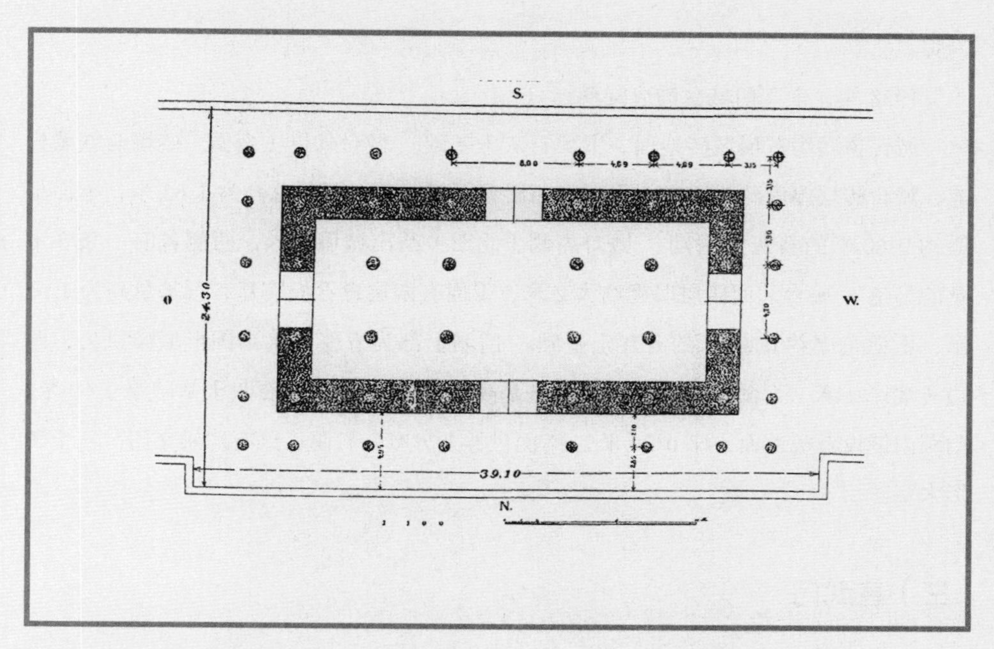

图 2-26　崇文门城楼平面图
参见 [瑞典] 奥斯伍尔德 · 喜仁龙：《北京的城墙和城门》，许永全译，北京燕山出版社 1985 年版。

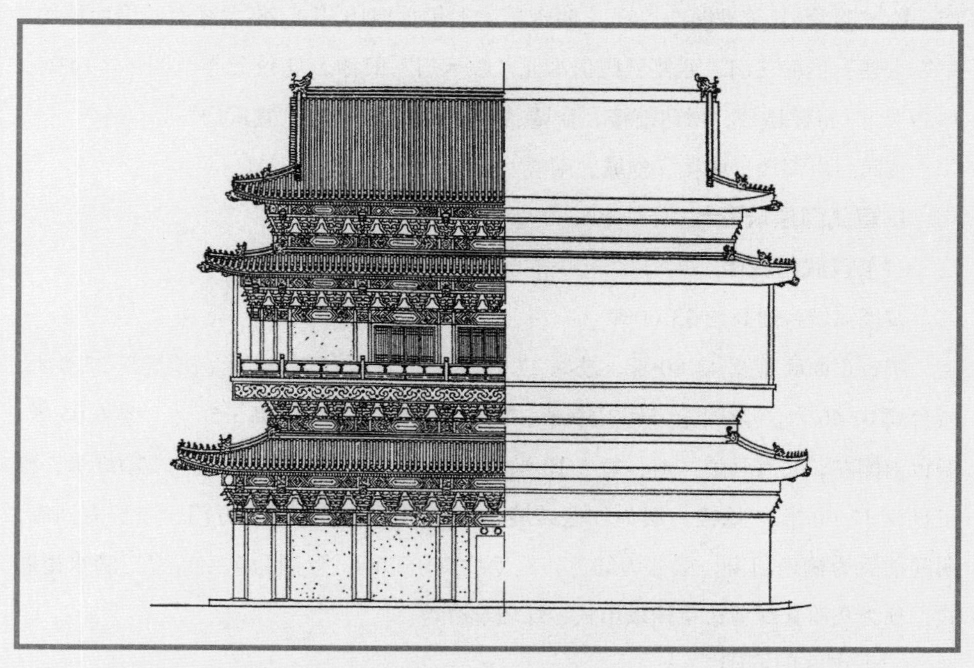

图 2-27　崇文门城楼正面（城台以上部分）
参见 [瑞典] 奥斯伍尔德 · 喜仁龙：《北京的城墙和城门》，许永全译，北京燕山出版社 1985 年版。

铜牌。

1958 年，崇文门城台构造资料：

城台顶面为双层城砖地面，下面石灰土基础。城台外侧（南面）砖墙与城墙相连，城台砖层厚度约为 2 米，下面有四层青石板墙基，石基总高为 1.65 米，下面是厚约 0.60 米的石灰土基础。城台内侧（北面）凸出城墙 4 米，两侧各有一条 3 米宽的马道。城台北面砖层厚度约为 2 米，下面有四层青石板墙基，石基总高为 1.65 米，下面是厚约 0.60 米的石灰土基础。门洞上部为五甃五伏半圆形城砖拱碹，两边砖墙厚 2 米，下面是四层青石板，石基高 1.65 米，下面的石灰土基础厚 0.60 米。门洞内铺设石板地面，厚 0.30 米。南面拱券上方有一石匾，刻有“崇文门”三个凹形大字。

（三）宣武门

宣武门（俗称“顺治门”），位于北京内城南垣西侧，原为元大都南垣西侧城门，称“顺承门”（见图 2-28）。明永乐十七年（1419 年），将大都南城墙南移约 2 里后重建，仍辟三门，西侧城门仍沿元“顺承门”旧称。正统元年至四年（1436—1439 年），重建城楼，增建箭楼、瓮城、闸楼，城门更名为“宣武门”。

宣武门由箭楼、城楼、瓮城、闸楼、弯桥构成建筑组群。

1. 宣武门建筑形制

（1）宣武门城楼

城楼加城台通高约 33.00 米。

城台正面底基宽 43.80 米，进深 27.10 米，城台顶宽 42.85 米，顶进深 23.8 米，城台高 10.40 米。内侧券门高 8.50 米、宽 6.05 米，外侧券门高 5.50 米、宽 6.05 米，城台内侧左、右有马道一对，宽 5.10 米。城楼面宽五间，楼室通宽约 27.00 米，楼室进深 12.60 米。城楼一层为红垩砖墙，四面明间各辟一过木方门，二层有回廊，明间前后为槅扇门窗，梁柱为红色，施墨线旋子彩画，形制为歇山重檐三滴水楼阁式，顶为灰筒瓦绿剪边重檐歇山式，绿琉璃脊兽。

（2）宣武门箭楼

箭楼加箭台通高约 30.00 米。

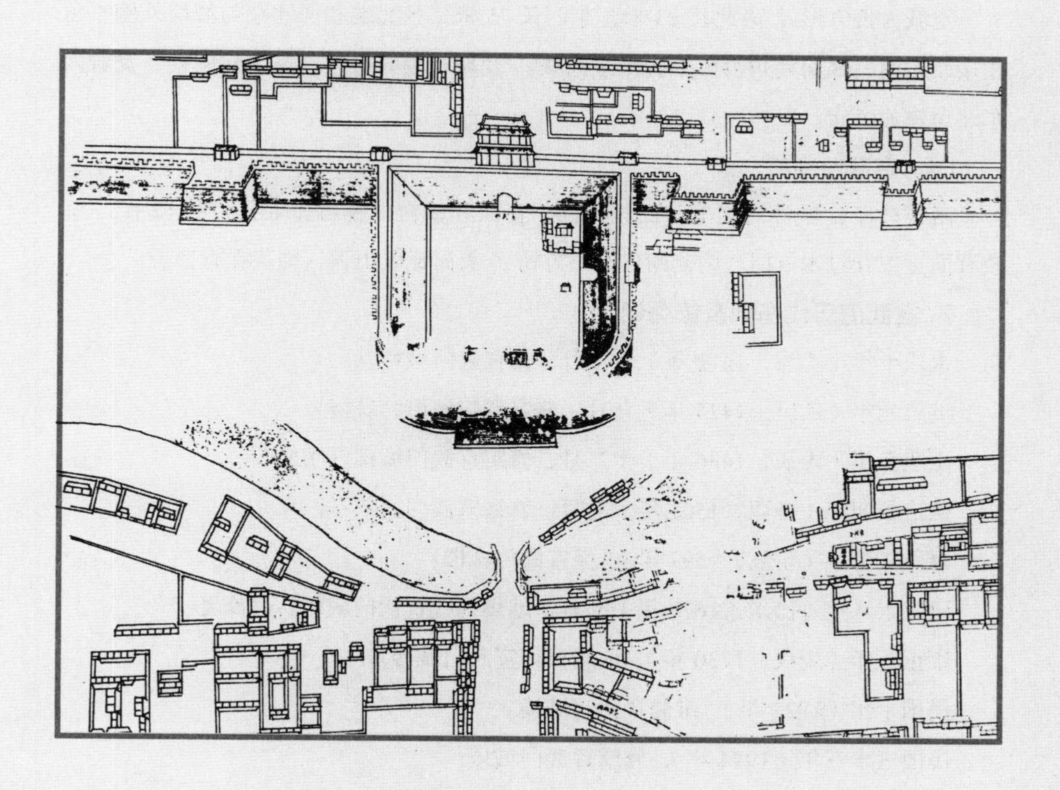

图 2-28　《乾隆京城全图》宣武门

箭台正面宽 40.00 米，进深 30.00 米。主楼正面通宽 34.20 米，进深 11.50 米。北出庑座五间，面宽 27 米。南面开箭窗四层，每层 12 孔，东西两侧各开箭窗四层，每层 4 孔，抱厦两侧各开箭窗 1 孔，整个箭楼共有箭窗 82 孔。顶为灰筒瓦绿剪边重檐歇山式，绿琉璃脊兽。

（3）宣武门瓮城

瓮城为长方形，南北长 83 米，东西长 75 米，东北端和西北端与城墙外侧直角相接，东南、西南两角为弧形转角接箭楼。瓮城东墙开辟券门，上建闸楼，瓮城内东北角建关帝庙。

（4）宣武门闸城

闸楼建于瓮城券门之上，面阔三间，正面开箭窗二排每排 6 孔，共 12 孔。闸楼背面正中开过木方门，两侧间各开一方窗。灰筒瓦硬山顶，饰灰瓦脊兽。

2. 宣武门历代伤损及修葺记录

永乐十年（壬辰，1412 年）十二月，修宣武门城楼。

洪熙元年（乙巳，1425 年）九月，修宣武门城垣、城楼。

正统元年（丙辰，1436 年）十二月，修筑宣武门城楼、闸楼。

弘治十四年（辛酉，1501 年）七月，修缮宣武门。

万历二十年（壬辰，1592 年），修宣武门城楼。

康熙十八年（己未，1679 年）七月，地震损毁宣武门城楼，后修复。

雍正八年（庚戌，1730 年），地震损坏宣武门城楼。

民国十年（1921 年），维修宣武门城楼。

民国三十三年（1944 年），修缮宣武门城楼。

3. 宣武门纪事

（1）箭楼拆除

民国九年（1920 年），宣武门箭楼因年久失修出现险情。经查，箭台以上楼体木料糟朽，砖瓦构件亦有脱落危险。当年 9 月，内务部又接报宣武门箭楼有坍塌危险。考虑到已无经费对其进行大修，为防止坍塌伤及过往行人，市政公所决定先将箭台以上部分拆除，并拍卖所拆砖石木料，以此款项补充市政经费。存留的箭台仿照崇文门箭台形式开辟券洞，使之东西对应。

民国九年（1920 年）九月十八日报载：“……箭楼亦已招工拆去改修门洞冀与

崇文一式，昨派技工程见中带匠会同外右三区勘查路线，定于十月一日兴工。”①

民国九年（1920年）十二月十六日报载：“……箭楼已经拆撤多日，惟其四柱横梁大木仍旧竖立未动……欲将该项木料拍卖候待购买投标之故云。”②

民国十年（1921年）七月，宣武门箭台的修葺改建工程始告完成，从拆卖材料到改建竣工历时10个月。排除了坍塌隐患，箭楼只剩一个光秃的砖台，城门建筑群失去了完整性。

（2）瓮城与箭台拆除

民国十九年（1930年），为改善交通状况拆除宣武门瓮城与箭楼城台。

早在民国七年（1918年），京都市政公所就已计划拆除宣武门瓮城，在其致内务部的公函中曾提出：“西城一带近年交通倍形繁盛，宣武一门实为内外城往来要道，惟因该门洞甚狭经过车马拥挤不堪外，复有瓮圈阻碍交通尤形不便，本公所为求发展方面便利交通起见，拟定计划将该门外瓮圈拆去，加修往来马路，至原有箭楼仿前门样式仍行保留以存古迹。”看来早就有改造宣武门的打算，不知是何原因当年没有实施。

民国九年（1920年），宣武门箭楼楼体部分因有坍塌危险而被拆除，仅剩城台。考虑到原瓮城只有东侧瓮洞，出入城非常不便，经反复权衡改造方案，最后决定开辟箭楼城台券洞。

因民国初年以来连年战乱，经济落后，市政府经费匮乏，一来无力维修历史古迹；二来在当时“贯彻革命精神，打倒封建制度”的舆论影响下，拆毁文物古迹之事时有发生。鉴于此状况，民国十八年（1929年）四月，北平大学古物保管委员会致函北平市政府，称历史文物属“无价宝物，一经摧毁，不可复得，文化损失，宁可数计。应请转饬所属，嗣后发现关于具有历史美术上研究之价值，足为考古学上重要材料者，随时加应保存，借供考古学者之参考……”③

市政府接函后，立即向北平公安局发出训令：“案准北平大学古物保管委员会函开，查近年各省市摧毁偶像之事，时有所闻。……此等无价宝物一经摧毁，不可复

① 《定期拆去箭楼》，载《顺天时报》，民国九年九月十八日。
② 《箭楼大木危险》，载《顺天时报》，民国九年十二月十六日。
③ 《北大请市府保存古代建筑偶像》，载《顺天时报》，民国十八年四月。

得，文化损失宁可数计，本曾之所切望者……摧毁之先，允宜别择，凡古代之建筑物其檐角椽柱彩画，与近代迥不相同，凡名人之所塑偶像，其容态衣褶亦与俗工所为者显有不同，苟能精密审查，不难明其泾渭。……具有历史美术上研究之价值，均足为考古学上重要材料。……合行令仰该局，遵照办理并转饬所属，一体知照，此令。”①

北平大学以保护文物为己任，市政府也非常重视知识界的建议。当时曾有《北大请市府保存古代建筑偶像》一文将此事见诸报端。

宣武门瓮城及箭楼城台拆除一事未受当时保护舆论的影响，原因可能有两个：一是瓮城确实影响交通；二是箭楼、闸楼均已拆除，瓮城形象已残缺不全。有报道称：“崇文宣武两门瓮城，因有关封建制度，且妨碍交通，曾经市政府于上次举行市政会议时当经议决拆卸，并交令工务、公安、社会等三局于春暖冻解后实行拆卸各节已志报端。兹闻工务局等机关接奉市府指令后，以现在天气渐暖，兴工拆撤颇为适当，惟崇文宣武两门瓮城地方，尚有各项商号经营业务，亟应饬令迁移腾让，以期早日兴工拆卸，俾利交通……”②

民国十八年（1929 年）末，市工务局决定拆除宣武门箭楼城台，据报载：“本市工务局代理局长刘砚池现在计划拟续拆宣武门瓮洞，使宣武门向南直通马路，并拆西直门箭楼工程甚为浩大现正预备招标云。”③ 宣武门箭楼城台于当年年底至次年年初被拆除。

民国十九年（1930 年）初，工务局为拆宣武门瓮城及修御河桥工程进行公开招投标，当年报名参与竞标的厂商共有 19 家之多，可见竞争之激烈。经对十多项招标内容的报价比较，最后由星记厂和永大厂分别中标。工务局局长刘砚池在给北平特别市政府的呈报中称：“修筑御河桥南段暗河标价最低之和记木号，既声请撤销标函，应准以标价次之星记协兴营造厂承做。至拆运宣武门瓮城砖石一节应采用列表第二种办法以标价最低之永大厂承做……”④

---

① 《北大请市府保存古代建筑偶像》，载《顺天时报》，民国十八年四月。
② 《平市行将拆撤崇文宣武月城》，载《顺天时报》，民国十八年三月。
③ 《工务局续拆宣武门瓮洞，并将拆西直门箭楼》，载《顺天时报》，民国十八年十一月十一日。《工务局续拆宣武门瓮洞，并将拆西直门箭楼》，载《顺天时报》，民国十八年十一月十一日。
④ 《市工务局报北平特别市政府呈》，民国十九年三月二十二日。

图 2-29　20 世纪 20 年代宣武门箭楼

当年宣武门瓮城的拆除也确实给人们进出城门带来了方便，民国刘子达《故都竹枝词·鸟市》云："宣武门前撤瓮城，轮无诘屈路胥平，回思东走还西折，列肆雕笼听鸟声"（瓮城旁旧有鸟肆），描述了当年拆除宣武门瓮城后人们出城感到的便捷和惬意。道路畅通了，车辆好走了，再也不用"东走还西折"了。

（3）城楼拆除

1955 年，为改善宣武门城门一带的交通拥堵状况，拆除了宣武门城楼，此处改建为城门豁口。拆除工程于 1955 年 8 月 19 日开工，9 月 20 日完工。

在首层楼室东北角西面下部，镶有一块青石板，镌刻"奠基石"三个凹形大字，石板背面刻"大明永乐十八年秋月吉日"。石板厚 0.32 米，宽 0.70 米，高 1.12 米。

宣武门城门匾额原由三块青石板组成，拆除时，中间一块已缺失，仅剩刻有"宣"字和"门"字的两块，拆下后发现，宣字背面刻有"顺"字，门字背面刻"门"字。以此看，原城门上的石匾刻字应是"顺承门"，顺承门是此门的元代名称，"宣武门"应为明正统四年（1439 年）城门更名时所刻。

拆除工程完工后，参与拆除工程的孔庆普编写了包括城楼结构和城台构造考察资料的《宣武门城楼拆除工程施工总结》[①]，有如下记载：

1955 年，宣武门城楼结构资料：

首层：廊下明柱 24 根（黄松木料），柱径 0.55 米，楼室墙壁厚 2 米，墙内有 16 根木柱（黄松木料），柱径 0.55 米。二层：廊下明柱 24 根（黄松料），柱径 0.55 米，擎檐柱直径 0.25 米。楼室墙壁厚 0.80 米，墙内无木柱。楼室内有八根明柱，由上下两段对接而成，下段铁力木，长 9.9 米；上段黄松木，长 8.8 米。立柱下径 0.76 米，中径 0.74 米，上径 0.72 米。楼内明柱间有三层长梁，每层 4 根，均为黄花松木料，长梁断面是 0.42 米 × 0.50 米，长约 7.2 米。明柱外侧短梁的断面是 0.42 米 × 0.50 米。

1955 年，宣武门城台构造资料：

城台顶面为双层城砖地面，下面石灰土基础。城台外侧（南面）砖墙与城墙整体相连，城台砖层上部厚度为 2 米，底部厚约 2.50 米，下面有四层青石板墙基，石

① 孔庆普：《北京的城楼与牌楼结构考察》，东方出版社 2014 年版，第 215—217 页。

图 2-30　1950 年宣武门城楼

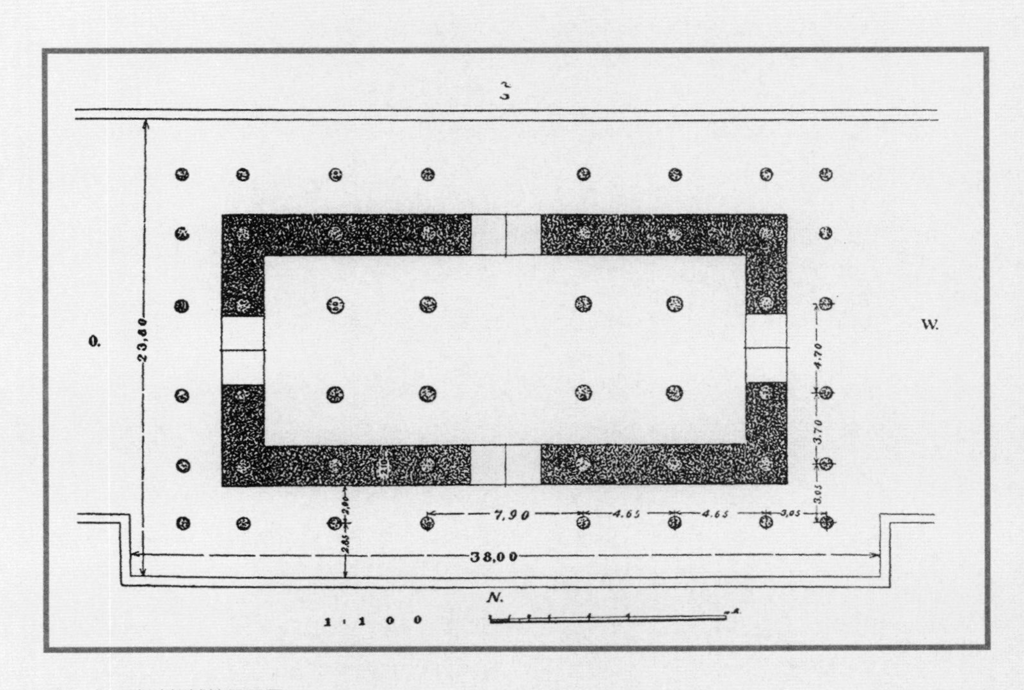

图 2-31　宣武门城楼平面图
参见 [瑞典] 奥斯伍尔德 · 喜仁龙：《北京的城墙和城门》，许永全译，北京燕山出版社 1985 年版。

基总高为 1.70 米，下面是 0.60 米厚石灰土基础。城台内侧（北面）凸出城墙 4 米，城台墙壁砖层厚度为 2.50 米，下面有四层青石板墙基，石基总高为 1.65 米，下面是厚约 0.60 米的石灰土基础。门洞上部为五甃五伏半圆形城砖拱碹，两边砖墙厚 2.5 米，下部是四层青石板，石基高 1.70 米，下面的石灰土基础厚 0.60 米。门洞内铺设石板地面，厚 0.30 米，下面石灰土基础。南面拱券上方为三块石板拼接的石匾，原刻有“宣武门”三个凹形大字，现中间刻着“武”字的一块石板缺失。城台北面两侧各有一条 3.15 米宽的马道。

二、内城东垣

（一）朝阳门

朝阳门，位于北京内城东垣南侧（见图 2-32）。元代为大都城东垣南侧城门，称“齐化门”。明代改建城垣后仍为内城东垣南侧城门，正统元年至四年（1436—1439 年）重建城楼，增建瓮城、箭楼、闸楼，并改称“朝阳门”。明清两代漕粮经京杭大运河运至京城后，皆入朝阳门转至城内各粮仓，故有“粮门”之称。

朝阳门由城楼、箭楼、瓮城、闸楼、弯桥构成建筑组群。

1. 朝阳门建筑形制

（1）朝阳门城楼

城楼加城台通高约 32.00 米。

城台正面底宽 40.25 米，底进深 25.15 米。城台高 11.70 米，顶宽 33.75 米，顶进深 20.60 米，内侧券门高 8.00 米，宽 6.40 米，外侧券门高 6.00 米，宽 5.10 米，城台内侧左、右有马道一对，宽 5.00 米。城楼面阔五间，楼室通宽约 27.45 米，楼室进深 12.80 米。城楼一层为红垩砖墙，四面明间各辟一过木方门，二层有回廊，明间前后为槅扇门窗，梁柱为红色，施墨线旋子彩画，形制为歇山重檐三滴水楼阁式，顶为灰筒瓦绿剪边，绿琉璃脊兽。

（2）朝阳门箭楼

箭楼加箭台通高约 30.00 米。

箭台正面底宽 39.20 米，底进深 30.20 米。顶宽 34.75 米，顶进深 26.75 米。箭楼正面通宽 34.20 米，进深 11.60 米。北出庑座五间，面宽 27 米。正面开箭窗四层，每层12孔，两侧面各开箭窗四层，每层4孔，抱厦东西两侧各开箭窗1孔，整个箭楼共有箭窗82孔。顶为灰筒瓦绿剪边重檐歇山式，绿琉璃脊兽。

（3）朝阳门瓮城

瓮城为方形，东西长62米，南北长68米，西南、西北与城墙外侧直角相接，东南、东北为弧形转角接箭楼。瓮城北墙开辟券门，瓮城内西北角建关帝庙。

（4）朝阳门闸楼

闸楼建于瓮城券门之上，面阔三间，为灰筒瓦硬山顶，饰灰瓦脊兽，正面开箭窗二排每排6孔，共12孔。闸楼背面正中开过木方门，两侧间各开一方窗。

2. 朝阳门历代伤损及修葺记录

永乐十年（壬辰，1412年）十二月，修朝阳门城楼。

洪熙元年（乙巳，1425年）九月，修朝阳门城垣、城楼。

正统元年（丙辰，1436年）十二月，修筑朝阳门城楼、闸楼。

正统三年（戊午，1438年）正月，修葺朝阳门城楼。

弘治十四年（辛酉，1501年）七月，修朝阳门。

万历二十年（壬辰，1592年），修朝阳门城楼。

光绪二十四年（戊戌，1898年）闰三月，修朝阳门城楼。

光绪二十六年（庚子，1900年）七月，朝阳门箭楼毁于炮火。

光绪二十八年（壬寅，1902年）正月，重修朝阳门箭楼。

3. 朝阳门纪事

（1）炮毁箭楼

清光绪二十六年七月二十日（1900年8月14日），八国联军大举进攻北京。

按照列强事先的分工，日、俄两军负责进攻朝阳门和东直门。日军沿通州潞河北岸进犯北京城，晨时，推进至城下的日军开始攻打朝阳、东直二门。炮火配合步兵攻城未取得进展后，发现火力威胁主要来自箭楼，于是集中全部炮火猛轰朝阳、东直二门箭楼，两座箭楼瞬间陷入火海之中。

面对日军猛烈炮火及步兵的冲击，中国守军进行了英勇顽强的抗击。很快，两座箭楼被炸毁，朝阳、东直两城门随即被日军用炸药桶轰开，两门失守。

据转载译自日本《东京日报》的消息："七月二十日，日本师团抵京外即开炮猛攻，自清晨八九下时钟攻至午前十下钟时，东直、朝阳二门同时攻破，兵士遂蜂拥

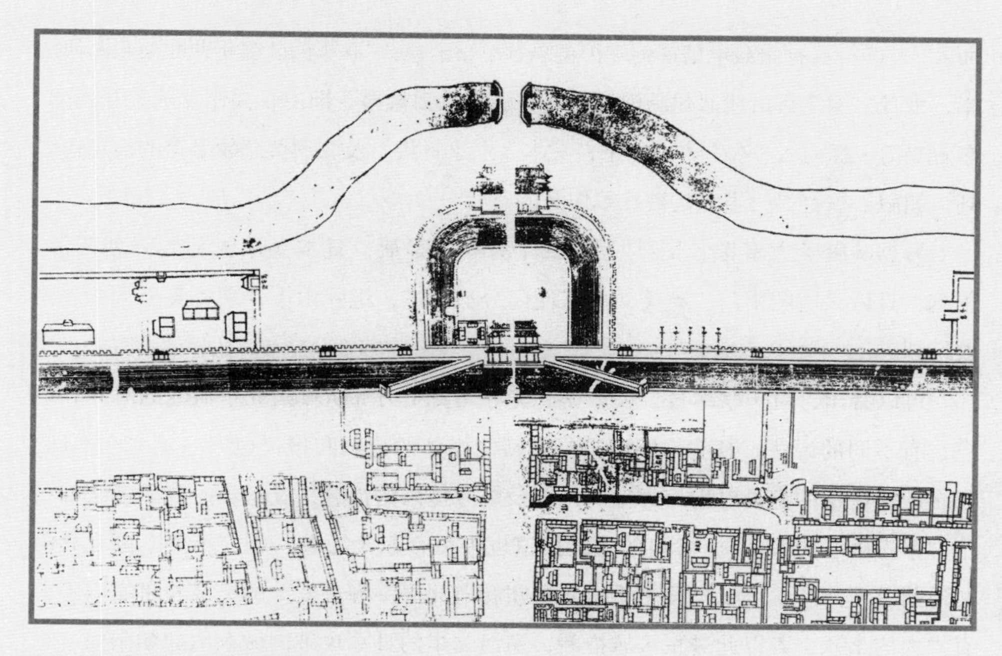

图 2-32 《乾隆京城全图》朝阳门

图 2-33 1900 年毁于炮火的朝阳门箭楼

而入……”[①] 又据报载电信译传驻沪英总领事馆消息：“联军前队实于西北通州潞河南岸，俄日二国之兵沿北通州潞河北岸一齐进发兵力雄厚，即由日兵用炸药轰开朝阳、东直二门一拥而入……”[②] 以上来自日本《东京日报》及驻沪英总领事馆的消息均提到，朝阳、东直二门当时是被日军炸开的。

另据《庚子大事记》记：“七月二十日……是晨，日本兵以火药轰开朝阳门。午刻，日俄兵由朝阳门，英美兵由东便门分道而进，炮弹雨下，乘势直至天坛、先农坛。”

可以看出，对于联军日、俄、英、美等几支主力部队攻破北京城池的时间和地点，有不同的说法，其实，即便是当年新闻媒体的记载和报道也不一定完全准确，很多记录依据的都是对炮声方位的判断及前方传来的消息，况且当时各国部队都在争“率先破城的头功”，各自的战况报道也难免有夸大之嫌。但“英美二国之兵沿北通州潞河南岸，俄日二国之兵沿北通州潞河北岸一齐进发”的记录与事实应不会有太大的出入，若以此进军区域推断，潞河北岸的日军攻破内城东垣的朝阳门、东直门，俄军攻入东便门，而潞河南岸的英、美军队由外城东垣广渠门攻入城内的结论似乎更合理。

惨烈的战火使朝阳、东直二门遍体鳞伤，箭楼在炮火轰击下损毁极为严重，城台以上楼体部分被炸成废墟。

光绪二十八年（1902 年），重建朝阳门箭楼、东直门箭楼和东便门箭楼。

（2）瓮城、闸楼拆除

民国四年（1915 年），北京筑修京师环城铁路，环城铁路以朝阳门外旧太平仓运粮铁路为起点，在城墙与护城河之间向北延伸，环绕城垣一周，同时还将在城西与京张铁路接轨。

据报载：“该路之规划系由朝阳门外旧太平仓之运粮铁路起点向北延长，绕越东直、安定、德胜等城门与京张铁路线接通。”[③]

城东垣一线，由于铁路离城墙较近。而转过城角时又必须拐弧形弯道，因此在

① 《详记联军入京事》，载《申报》，清光绪二十六年八月初七日。
② 《详记联军入京事》，载《申报》，清光绪二十六年七月二十八日。
③ 《赶筑环城工程》，载《顺天时报》，民国五年三月二十八日。

东北角楼和东南角楼两处开辟券洞供火车通过，即“拆改角城，内城东北角本直角形，外限护城河，不变转旋，拆城通轨，界以新墙”①。开辟铁路券洞之举使东北角楼及东南角楼当时免遭拆除，东南角楼也幸运地保留至今。

“京师建筑环城铁路时所有沿线经过之德胜、安定、东直、朝阳等门瓮城皆有拆去以便火车穿行。”②拆除了瓮城，四座城门失去了建筑组群的完整性，幸运的是当时并没有因拆瓮城而同时拆掉这四个城门的箭楼。“四门瓮城皆拆开通轨，仍留外楼（箭楼），两旁砌石梯（登城步道）以壮观瞻。”③

朝阳门虽被拆除了瓮城，但箭楼仍然完整保留。

城西一带，由于铁路从城西北角跨出河道走护城河外侧，故西直门、阜成门瓮城得以保全。京师环城铁路沿途共建有 15 座车站（见表 2-11）。

表 2-11　京师环城铁路车站

车　站	地　点
京奉正阳门车站	正阳门外
京奉正阳门东站	正阳门迤东
京汉正阳门车站	正阳门迤西
水关车站	正阳门东站迤东
朝阳门车站	朝阳门外
东直门车站	东直门外
安定门车站	安定门外
德胜门车站	德胜门外
京绥西直门车站	西直门外
东便门车站	东便门外
西便门车站	西便门外

①《环城路之起点》，载《顺天时报》，民国四年五月十六日。
② 林传甲：《大中华京兆地理志》，中华印书局民国八年版，第 208 页。
③ 林传甲：《大中华京兆地理志》，中华印书局民国八年版，第 208 页。

续表

车 站	地 点
广安门车站	广安门外
永定门车站	永定门外
通州岔道车站	正阳门东站迤东
大红门小车站	南苑大红门
资料来源：吴廷燮：《北京市志稿·建置志》，北京燕山出版社 1998 年版，第 218—219 页。	

民国四年（1915 年）6 月，京师环城铁路开工，同年 12 月竣工，全长 12.6 公里。民国五年（1916 年）1 月 1 日正式通车。

（3）城楼拆除

北京的拆城之举始于 1952 年对外城的拆除，当时虽然还没有动内城，但主张拆的呼声早已见诸报端。1953 年 3 月 31 日《北京日报》编者按写道："我们常接到一些读者来信，反映有些古老的建筑物妨碍交通，以至经常造成车祸。读者认为像阜成门、朝阳门、地安门这些严重妨碍交通的建筑物，应该优先加以拆除……"[①] 报纸当时刊发的多篇相关文章也都呼吁政府拆除城楼改善交通，当时矛头所指主要也是朝阳门、阜成门、地安门等，一时间，拆城楼的呼声成了舆论的主导。

尽管主拆的呼声甚高，但还是有持不同意见的读者致信报社发表自己的见解，如梁思明、文保京、张新、野文等数位读者来信认为朝阳门、阜成门的交通状况可以设法改善，不应该拆除这些古建筑，他们希望在改造朝阳门、阜成门时能考虑参照西直门、崇文门的做法。主张拆城楼、保民房的观点和开豁口、保城楼的观点形成了鲜明的对立。自此之后，关于北京城墙存废问题的争论就一直没有停止过。

以梁思成先生为代表的"保城派"尽管竭尽全力为保护北京的城楼、城墙进行抗争，但在当时强大的舆论压力下终显势单力薄。古老的城墙被定性为封建腐朽的东西，拆城在当时已成为一种趋势。

1956 年，朝阳门城楼被拆除。当年指导朝阳门城楼拆除工程的养工所综合技术

① 《阜成门等处严重妨碍交通——读者建议予以拆除》，载《北京日报》，1953 年 3 月 31 日。

工程队技术员李卓屏在完工后编写了《朝阳门城楼结构考察报告》和《朝阳门城台构造考察报告》[①]。以下资料主要选取其中有关城楼结构的部分数据、材质和做法，并结合一部分其他文献编写。

1956 年，朝阳门城楼结构考察报告：

首层：廊下明柱 20 根（黄松木料），柱径 0.60 米，楼室墙壁厚 2 米，墙内有 20 根木柱（黄松木料），柱径 0.60 米。二层：廊下明柱 20 根（红松木料），柱径 0.56 米，四角各有一根擎檐柱，柱径 0.26 米（红松木料）。楼室墙壁厚 1 米，墙内无木柱。楼室内有 12 根明柱，由上下两段对接而成，下柱径 0.76 米，中柱径 0.74 米，上柱径 0.72 米（黄松木料）。楼室内铺设大方砖地面。

1956 年，朝阳门城台构造考察报告：

城台顶面为双层城砖地面，下面石灰土基础。城台外侧（东面）墙体与城墙平齐，城台内侧（西面）凸出城墙 3 米，两侧各有一条 2.10 米宽的马道。城台高 12 米，高于城墙 0.75 米。

城台外侧（东面）砖层上部厚约 1.50 米，底部厚 2 米，砖墙高 10.30 米，下面有四层青石板墙基，石基总高为 1.70 米，下面有 0.60 米厚的石灰土基础。城台内侧（西面）砖层厚 2 米，砖墙高 10.30 米，下面有四层青石板墙基，石基总高为 1.70 米，下面有 0.60 米厚的石灰土基础。门洞上部为五甃五伏半圆形城砖拱券，门洞两边砖墙厚 2 米，下面有四层青石板墙基，石基总高为 1.70 米，下面石灰土基础厚约 0.60 米。门洞内铺设石板地面，厚 0.35 米，下面石灰土基础。外侧（东面）拱碹上方嵌一块钤有“朝阳门”三个凹形大字的石匾。

（4）箭楼拆除

1958 年 5 月，北京市上下水道工程局在朝阳门箭楼处实施排水暗沟工程，在进行下水道顶管施工时发现朝阳门箭楼已有裂缝现象，而且随着施工的进行，险情还在不断发展。为防止发生意外，上下水道工程局当即与相关部门联系，协商箭楼下商户的迁移事宜，同时上报北京市人民委员会，请求市委就朝阳门箭楼的处置作出指示。

① 参见孔庆普：《北京的城楼与牌楼结构考察》，东方出版社 2014 年版，第 231—233 页。

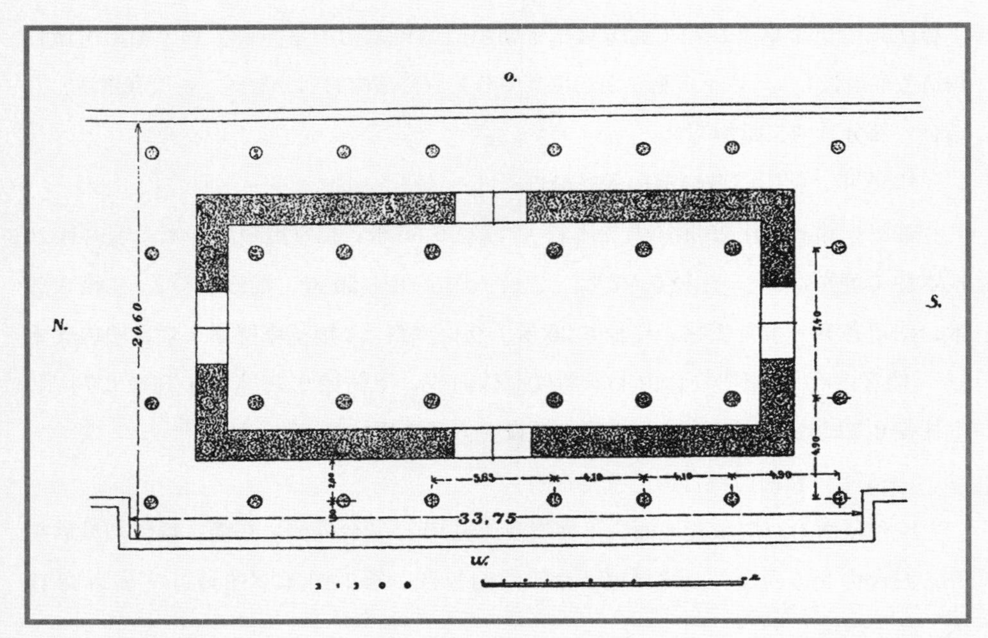

图 2-34　朝阳门城楼平面图

参见 [瑞典] 奥斯伍尔德 · 喜仁龙：《北京的城墙和城门》，许永全译，北京燕山出版社 1985 年版。

图 2-35　20 世纪 20 年代初朝阳门城楼

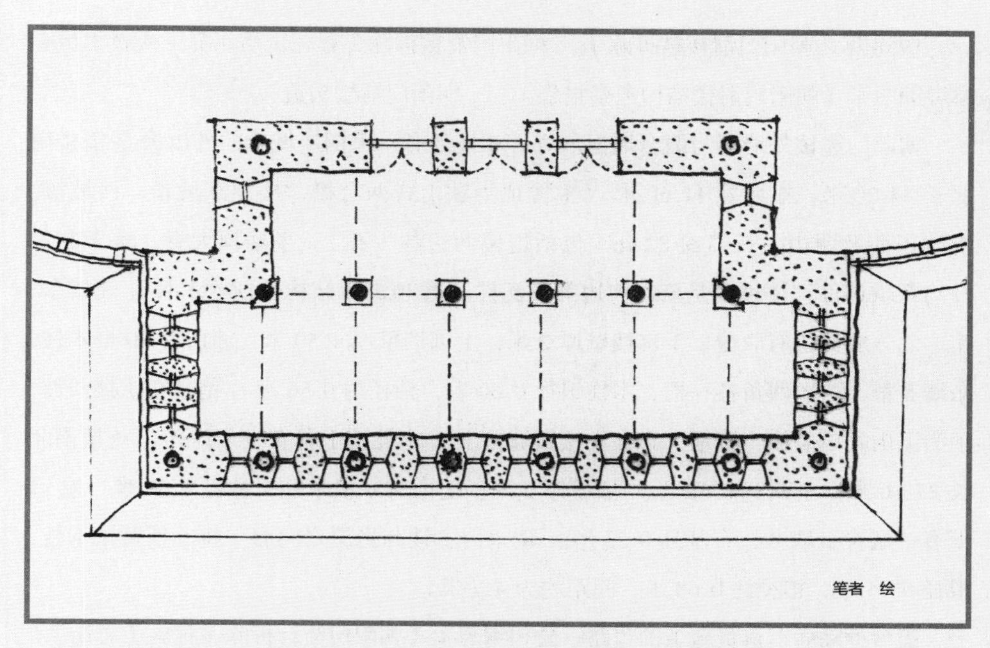

图 2-36　朝阳门箭楼平面图

图 2-37　1906 年朝阳门箭楼

1958 年，朝阳门箭楼被拆除了。朝阳门箭楼拆除工程完工后，养工所技术员李卓屏编写了《朝阳门箭楼结构考察报告》[①]。朝阳门箭楼构造：

朝阳门箭楼外墙面与箭台墙面取齐，相接处有一道四层城砖的外出檐。箭楼南北长 34.20 米，东西宽 11.60 米。主楼顶为歇山式两层檐，楼顶东坡长，西坡短。箭楼正面及两山共有箭窗 82 孔（包括抱厦两边各一孔）。主楼顶大脊、垂脊和岔脊均系琉璃件，楼顶面是琉璃剪边陶质瓦件。楼顶部木结构是红松木料。箭楼东、南、北三墙面皆有收分，下部墙壁厚 2 米，上部墙壁厚 1.50 米，墙内有 10 根木柱，东墙 8 根，西墙两角各一根，木柱根径 0.60 米，梢径约 0.56 米。抱厦在主楼西面，顶为歇山式单层檐，楼顶大脊在主楼西坡檐下。南北墙上各有一个箭孔。抱厦南北长 27.80 米，东西宽 6.60 米。墙壁厚 2 米，墙内有 6 根木柱，柱径 0.60 米。砖墙下有一层青石墙基，石基高 0.25 米。楼室内主楼与抱厦之间有一排 6 根黄松木柱，根径 0.75 米，梢径约 0.68 米，间距均为 4.7 米。

箭台拆除后，负责施工的道路一公司编写了《朝阳门箭台拆除工程施工总结》[②]其中有一部分关于箭台构造的记载：

朝阳门箭台顶面南北长 34.75 米，东西宽 26.75 米，底面南北长 39.20 米，东西宽 30.20 米，台高 11.90 米。东面凸出部分砖墙的砖层厚度约 3 米。砖墙下部有四层青石墙基，石基下面有 0.60 米厚的石灰土基础。西面砖墙的砖层顶部厚度 2 米，底部厚度 2.50 米。砖墙下部有四层青石墙基，石基下面有 0.60 米厚的石灰土基础。箭台两边的瓮城墙，顶面宽 6.90 米，底面宽 10.05 米。

（二）东直门

东直门，位于北京内城东垣北侧（见图 2-38）。元代为大都城东垣居中的城门，称“崇仁门”，明代改建北城垣后，成为东垣北侧城门。正统元年至四年（1436—1439 年）重建城楼，增建瓮城、箭楼、闸楼，并改称“东直门”。

---

① 参见孔庆普：《北京的城楼与牌楼结构考察》，东方出版社 2014 年版，第 232 页。
② 参见孔庆普：《北京的城楼与牌楼结构考察》，东方出版社 2014 年版，第 233 页。

图 2-38 《乾隆京城全图》东直门

东直门由城楼、箭楼、瓮城、闸楼、弯桥构成建筑组群。

1. 东直门建筑形制

（1）东直门城楼

城楼加城台通高约 34.00 米。

城台正面宽 41.80 米，进深 24.20 米。城台高 11.58 米，内侧券门高 7.70 米、宽 6.35 米，外侧券门高 5.25 米、宽 5.30 米，城台内侧左、右马道宽 4.80 米。城楼面阔五间，楼室通宽约 26.75 米，楼室进深 10.65 米。城楼一层为红垩砖墙，四面明间各辟一过木方门，二层有回廊，明间前后为槅扇门窗，梁柱为红色，施墨线旋子彩画，形制为歇山重檐三滴水楼阁式，顶为灰筒瓦绿剪边，绿琉璃脊兽。

（2）东直门箭楼

箭楼加箭台通高约 30.00 米。

箭台正面底宽 39.00 米，底进深 29.95 米，台高约 12 米。箭楼正面通宽约 34.80 米，进深 11.20 米。后出庑座五间，南北宽 28.50 米，东西进深 7.30 米。正面开箭窗四层，每层 12 孔，两侧面各开箭窗四层，每层 4 孔，抱厦两侧各开箭窗 1 孔，整座箭楼共有箭窗 82 孔。顶为灰筒瓦绿剪边重檐歇山式，绿琉璃脊兽。

（3）东直门瓮城

东直门瓮城为正方形，东西长 62 米，南北长 68 米，西南、西北与城墙外侧直角相接，东南、东北均为 90 度直转角。瓮城南墙开辟券门，瓮城内西北角建关帝庙，庙内无关帝塑像，仅供牌位，所谓“九门十座庙，一座无神道”，这一座庙就是指东直门关帝庙。

（4）东直门闸楼

闸楼建于瓮城券门之上，闸楼面阔三间，为灰筒瓦硬山顶，饰灰瓦脊兽，正面开箭窗二排每排 6 孔，共 12 孔。闸楼背面正中开过木方门，两侧间各开一方窗。

2. 东直门历代伤损及修葺记录

永乐十年（壬辰，1412 年）十二月，修东直门城楼。

洪熙元年（乙巳，1425 年）九月，修东直门城垣、城楼。

正统元年（丙辰，1436 年）十二月，修筑东直门城楼、闸楼。

成化九年（癸巳，1473 年），东直门城楼遭火焚，后修复。

弘治十四年（辛酉，1501 年）七月，修东直门。

万历二十年（壬辰，1592 年），修东直门城楼。

嘉庆三年（戊午，1798 年），重修东直门城楼。

光绪二十年（甲午，1894 年）十一月，修东直门城楼、马道。

1951 年，修缮东直门城楼。

3. 东直门纪事

（1）炮毁箭楼

清光绪二十六年（1900 年），八国联军进攻北京。七月二十日（8 月 14 日），日、俄两军沿通州潞河进军京城，晨时，兵临城下的日军开始攻打东直、朝阳二门。为配合步兵攻城，日军集中全部炮火猛轰东直门、朝阳门箭楼。两座箭楼很快被炮火炸毁，东直、朝阳两城门随即被日军用炸药桶轰开。

据转载译自日本《东京日报》的消息："七月二十日，日本师团抵京外即开炮猛攻，自清晨八九下时钟攻至午前十下钟时，东直、朝阳二门同时攻破，兵士遂蜂拥而入……"[①] 又据报载电信译传驻沪英总领事馆消息："联军前队实于西北通州潞河南岸，俄日二国之兵沿北通州潞河北岸一齐进发兵力雄厚，即由日兵用炸药轰开朝阳、东直二门一拥而入……"[②] 以上来自日本《东京日报》及驻沪英总领事馆的消息均提到，朝阳、东直二门当时是被日军炸开的。

另据《庚子大事记》记："七月二十日……是晨，日本兵以火药轰开朝阳门。午刻，日俄兵由朝阳门，英美兵由东便门分道而进，炮弹雨下，乘势直至天坛、先农坛。"

猛烈的炮火使东直、朝阳二门箭楼损毁严重，箭台以上楼体部分几乎全部被毁。

光绪二十八年（1902 年），重建东直门和朝阳门箭楼。

（2）瓮城、闸楼拆除

如前面所述朝阳门瓮城、闸楼的拆除，同期，东直门瓮城、闸楼也被拆除，但箭楼仍然完整保留。

（3）箭楼拆除

民国十三年（1924 年）夏，东直门箭楼由于年久失修已呈颓败之势，提署多次

---

① 《详记联军入京事》，载《申报》，清光绪二十六年八月初七日。
② 《详记联军入京事》，载《申报》，清光绪二十六年七月二十八日。

请求内务部修缮，内务总长程克竟以政府无钱维修为由，决定将已有险情的东直门箭楼拆除。当时认为，此举既能保障民众安全，节省修缮费用，同时还可将拆下的砖、瓦、大木等材料变卖以补贴财政，可谓一举三得。由于拆卸箭楼尚需不少人工费用，内务部遂向商家借款一万元以用作拆城的启动资金。

当时反对拆除箭楼的舆论认为，北京是四朝古都，城池已有六七百年历史，颇具文物价值，每年慕名而来的中外人士亦络绎不绝。对于这种历史古迹，无论遇到何种困难，政府都应首先以保护为重，不可轻易作出拆毁的决定。当年《顺天时报》也报道了拍卖东直门箭楼之事，并对此作法进行了评论：

> 内务部总长程克，近因提署呈报京师东直门城楼势将颓坏，请派员勘查修理、俾壮观瞻等情，因此竟借口该部无款修理，遂决定将该城箭楼拆卸，不但可省修理更可将拆卸之大木砖瓦等料变卖后，可获数千元之款，但拆卸箭楼需用工款亦属不赀，于是乃向商号借得一万元债款，以充拆城之用。刻下已将债款借妥昨已招商投标，包办拆卸城楼工作矣。惟北京城系属六七百年有名之古建筑物，有历史的价值，并且中外人士，远道来京瞻观者络绎不绝，在程内长应如何力为保护以存古迹，讵竟不加保护反出破坏消灭之手段，而且又利用此事借债款，诚不知程氏是何居心也。[①]

然而，面对舆论，内务部仍积极筹备拆城事宜，在向商家借款之事办妥后，于六月二日开始招商承包拆卸东直门箭楼。

（4）箭台拆除

1954 年 1 月 21 日，市政府批准拆除东直门箭台。2 月 24 日，东直门箭台拆除工程开工，3 月 10 日完工。施工期间，养路工程事务所的王怀厚对东直门箭台的构筑进行了考察，并编写了《东直门箭台构造考察报告》[②] 以下资料主要选取其中有关箭台构造的部分数据、材质和做法，并结合部分其他文献编写。

---

① 《内务部招商毁古迹——东直门箭楼大拍卖》，载《顺天时报》，民国十三年六月三日。
② 参见孔庆普：《北京的城楼与牌楼结构考察》，东方出版社 2014 年版，第 205 页。

图 2-39　20 世纪 20 年代东直门箭楼

1954 年，东直门箭台构造资料：

东直门箭台西面墙体与瓮城城墙平齐，顶部砖墙的砖层厚度约 1.50 米，底部砖层厚度约 2 米。砖墙下部有四层青石墙基，石基高 1.65 米，石基下有厚约 0.60 米石灰土基础。东面墙体凸出瓮城，底部凸出 11.85 米，顶部凸出 10.75 米，箭台底部南北长 44 米，顶部南北长 39.80 米。东面墙体凸出部分砖层顶部厚度 2.50 米，底部厚度 3 米。砖墙下部有四层青石墙基，石基高 1.65 米，下面有 0.60 米厚石灰土基础。箭楼主楼南北长 39.80 米，东西宽 11.85 米。抱厦南北长 28.50 米，东西宽 7.30 米。

（5）城楼拆除

1957 年 8 月底，市政府通知建设局，要求在 9 月底之前完成东直门城楼的拆除工作，三年前因各界反对而暂缓拆除的东直门城楼，又被提到拆除的议事日程，并要求尽量缩短工期，避免节外生枝。

1957 年 9 月 9 日，东直门城楼拆除工程正式开工，9 月 14 日完工。

东直门的石制城门匾额两面都刻有文字，四周皆有凸起的边框。正面镌刻“东直门”三个凹形大字，应为明正统四年（1439 年）城门更名时所刻，背面刻有“崇仁门”三个凸形大字，为元代此城门名称，匾额应为元大都遗物。

东直门城楼拆除后，养工所综合技术工程队技术员李卓屏编写了东直门城楼结构考察报告①。

东直门城楼基本结构：

首层：廊下明柱 24 根（红松木料），柱径 0.65 米，楼室墙壁厚 2 米，墙内有 12 根木柱（黄松木料），柱径 0.50 米。二层：廊下明柱 24 根（黄松料），柱径 0.56 米，擎檐柱直径 0.25 米。楼室墙壁厚 1 米，墙内无木柱，外部墙面上部是白色麻刀灰混水墙，下部是城砖清水墙。内部墙面都是白色麻刀灰混水墙。

中间楼室内有 8 根明柱，由上下两段对接而成，均为铁力木，立柱下径 0.76 米，中径 0.74 米，上径 0.69 米。楼内柱间大梁、大枋皆楠木料，大梁断面是 0.42 米 × 0.52 米，大枋的断面是 0.44 米 × 0.54 米。楼室内铺设大方砖地面。

① 参见孔庆普：《北京的城楼与牌楼结构考察》，东方出版社 2014 年版，第 239 页。

图 2-40　20 世纪 20 年代东直门城楼

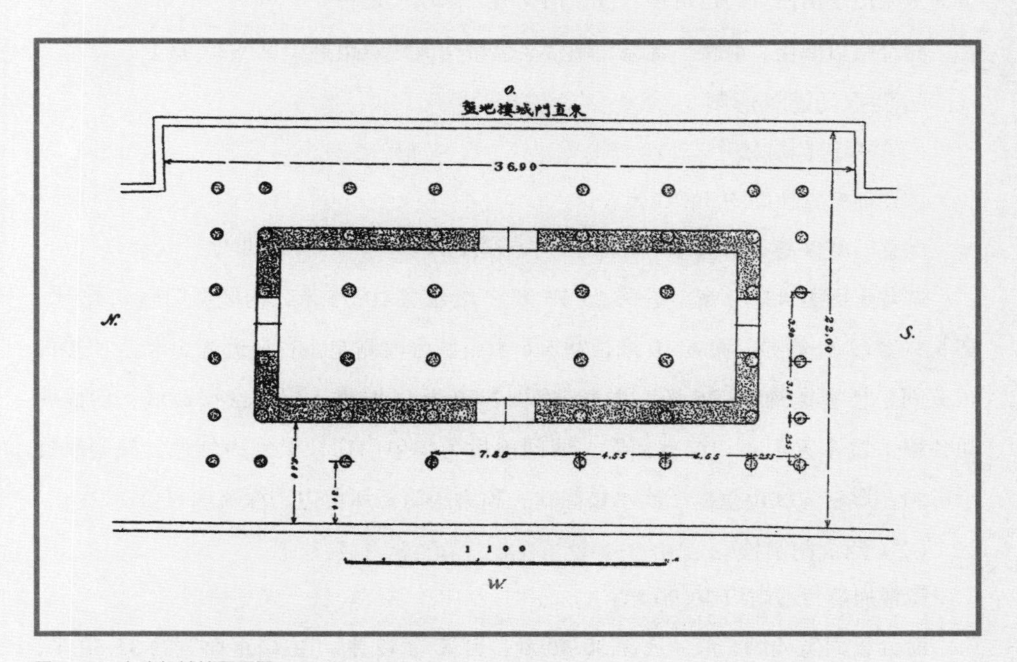

图 2-41　东直门城楼平面图

参见 [瑞典] 奥斯伍尔德 · 喜仁龙：《北京的城墙和城门》，许永全译，北京燕山出版社 1985 年版。

三、内城西垣

（一）西直门

西直门，位于北京内城西垣北侧（见图 2-42）。元代为大都城西垣居中之城门，称“和义门”，明初改建城垣后，成为内城西垣北侧城门。正统元年至四年（1436—1439 年）重建城楼，增建瓮城、箭楼、闸楼，并改称“西直门”。因专供皇室的玉泉山水由西直门运进城，故该门又有“水门”之称。

西直门由城楼、箭楼、瓮城、闸楼、窎桥构成建筑组群（见图 2-43）。

1. 西直门建筑形制

（1）西直门城楼

城楼加城台通高约 34.41 米。

西直门城楼基本结构：

城台正面宽 42.70 米，进深 25.75 米。城台高 10.75 米，内侧券门高 8.46 米，宽 6.90 米，外侧券门高 6.30 米，宽 5.6 米，城台内侧左、右马道宽 5 米。主楼面阔五间，楼室宽约 26.25 米，楼室进深 12.90 米。城楼一层为红垩砖墙，四面明间各辟一过木方门，二层有回廊，明间前后为槅扇门窗，梁柱为红色，施墨线旋子彩画，形制为歇山重檐三滴水楼阁式，顶为灰筒瓦绿剪边，绿琉璃脊兽。

（2）西直门箭楼

箭楼加箭台通高约 30.00 米。

箭台正面宽 40.15 米，进深 30.40 米，台高约 12 米。主楼正面宽约 35.30 米，进深 11.20 米。后出庑座五间，面宽 25 米，进深 6.8 米，正面开箭窗四层，每层

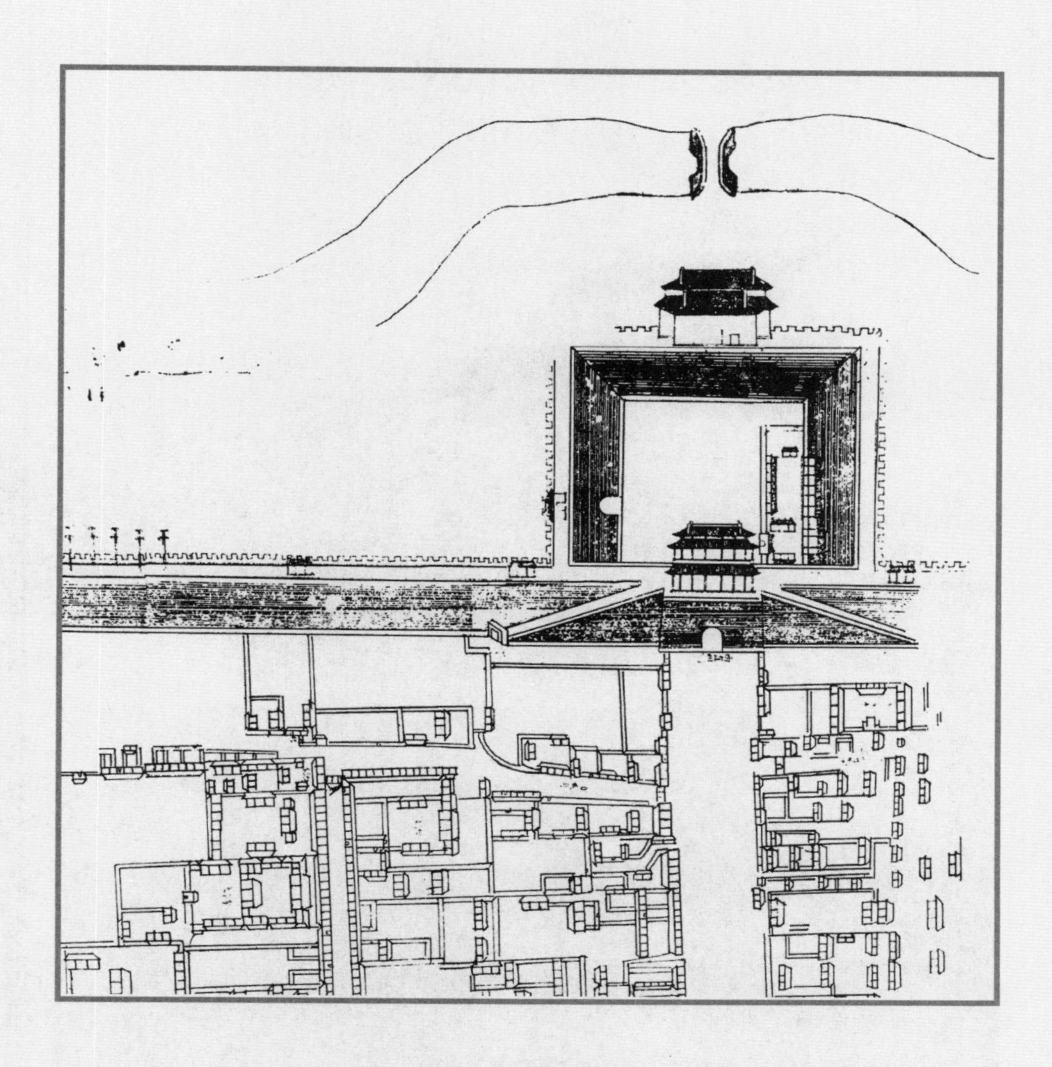

图 2-42 《乾隆京城全图》西直门

图 2-43　20 世纪 50 年代西直门建筑组群

12孔，两侧面各开箭窗四层，每层4孔，抱厦两侧各开箭窗1孔，整座箭楼共有箭窗82孔。顶为灰筒瓦绿剪边重檐歇山式，绿琉璃脊兽。

（3）西直门瓮城

西直门瓮城为正方形，东西长62米，南北长68米，东南、东北与城墙外侧直角相接，西南、西北均为90度直转角。瓮城南侧开辟券门，瓮城内东北角建关帝庙。

（4）西直门闸楼

闸楼建于瓮城券门之上，闸楼面阔三间，为灰筒瓦硬山顶，饰灰瓦脊兽，正面开箭窗二排每排6孔，共12孔。闸楼背面正中开过木方门，两侧间各开一方窗。

2. 西直门城门历代伤损及修葺记录

永乐十年（壬辰，1412年）十二月，修西直门城楼。

洪熙元年（乙巳，1425年）九月，修西直门城垣、城楼。

宣德八年（癸丑，1433年）九月，修西直门城楼。

正统元年（丙辰，1436年）十二月，修筑西直门城楼、闸楼。

成化六年（庚寅，1470年）四月，修西直门城垣。

弘治十四年（辛酉，1501年）七月，修西直门。

弘治十七年（甲子，1504年）八月，修西直门城垣铺舍。

万历二十年（壬辰，1592年），修西直门城楼。

乾隆五十三年（戊申，1788年），修西直门门楼（箭楼）。

光绪二十一年（乙未，1895年）十月，修西直门城墙。

1952年，维修西直门城楼。

3. 西直门纪事

城楼、箭楼、瓮城、闸楼拆除

从1952年开始，随着北京城墙存废问题争论的持续，城墙也在不断地减少，在20世纪50年代初到60年代末的近20年时间里，北京拆城墙几乎未间断过。期间修筑地下铁道二期工程，一举拆除了北京内城东、西、北三面所有尚存的城墙（内城南城墙已在一期地铁工程中拆除），尤为可惜的是西直门被拆除，这是北京除正阳门外仅剩的一座城楼和箭楼都健在的城门。

当时北京内城九门中也就只有正阳门、德胜门、安定门和西直门这四座城门了。而德胜门仅剩一座箭楼，它的存在对于修建地铁来说似乎不像保存完整的西直门和安定门城楼那么碍事了。于是，被拆除的厄运便落到了西直、安定两座城门身上。

西直门不但城楼、箭楼俱在，瓮城、闸楼也都幸存，可以说是当时北京所有城门中仅有的一座形制保持完整的城门。

西直门能完整地保留下来，也并非一帆风顺。早在1929年（民国十八年）当时的北平市工务局就曾筹划拆除西直门箭楼，消息传出后，古物保管委员会北平分会立即致函工务局，阐述了西直门的历史价值和艺术价值，称其“工程伟大，规模壮丽”，希望政府能够改变计划，保留西直门箭楼。接此函后，工务局立即派人对西直门箭楼进行了认真勘察，查明箭楼除顶部外其他部位仍然坚固，遂决定接受建议停止拆除西直门箭楼。西直门幸运地躲过了这一劫。

中华人民共和国成立后，社会主义城市建设高速发展，城内外的交通运输也日渐繁忙，为了解决城关的交通问题，从1950年市政府就开始为改善城门处的拥堵状况采取措施。

西直门是北京西部的重要门户，是通往颐和园、圆明园、海淀、玉泉山、香山及清华大学、北京大学等处的必经之路。中华人民共和国成立后，西直门一带的交通流量逐渐增大，城门处不时地出现拥堵现象，因此，市政府当时决定拆除西直门，以彻底解决交通问题。如果从“纯交通”的观点来看待这一问题，毫无疑义，造成交通不畅是因为城门洞太窄，而解决这一问题最简单的办法恐怕就是把城门拆除。

可梁思成不这么看。在他眼中，北京城是“一件气魄雄伟，精神壮丽的杰作。……它不只是一堆平凡叠积的砖堆，它是举世无匹的大胆的建筑纪念物，磊拓嵯峨，意味深厚的艺术创造”[①]。时任北京市都市计划委员会副主任的梁思成对拆除西直门持强烈的反对态度。

对于城门阻碍交通之说，梁思成认为可以在城楼两侧开券洞，把城楼一带建成交通环岛形式，这样既能保留城楼、箭楼和瓮城，又可以使交通顺畅。这一建议后来得到了采纳，当时的《光明日报》以《西直门开辟两豁口》为题报道了西直门的改造工程：“本市西直门开辟豁口工程已于四月一日开始施工……西直门为往来京绥路站及西部名胜地区之孔道，交通量大，而其门洞狭窄，形成严重的交通问题。为

① 梁思成：《关于北京城墙存废问题的讨论》，载《新建设》，1950年第2卷第6期。

图 2-44　20 世纪 50 年代 西直门城楼

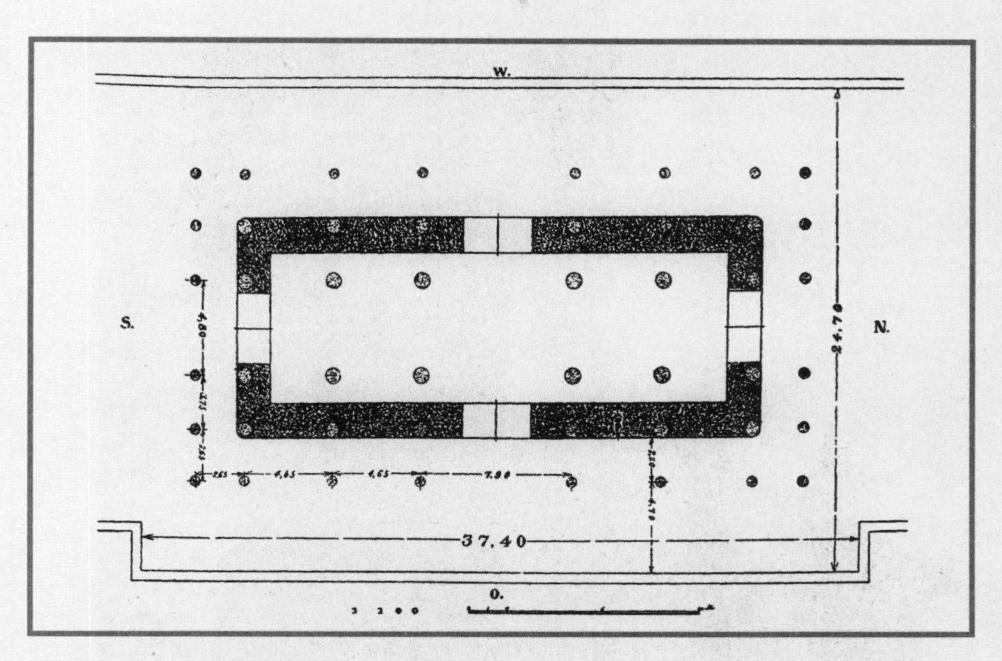

图 2-45　西直门城楼平面图
参见 [瑞典] 奥斯伍尔德 · 喜仁龙：《北京的城墙和城门》，许永全译，北京燕山出版社 1985 年版。

图 2-46　20 世纪 50 年代西直门箭楼

疏散西直门内外的交通量便利城内外交通，决定在城门南北两面各距瓮城十六公尺处开辟豁口两座，并于门楼左右绕瓮城订为单行交通路。……原有瓮城将根据需要与可能使其美化成为园野地区，靠近城墙处布置为绿化地区。西直门城楼前设置较大的交通岗位，南北两豁口前分别设置安全岛……”正是由于梁思成先生对北京城垣的深厚感情和理性分析以及不懈的努力，西直门才第二次侥幸躲过了被拆毁的厄运。

令人遗憾的是，20 世纪 60 年代末，在北京地铁工程面前，这座距今已有 500 年历史且为内城各门中保存最完整的城门，又一次面临被拆除的命运。

1969 年 5 月，在拆除西直门箭楼时，出乎意料地发现里面竟还包着一个小城门，这就是历史上元大都的和义门。这一发现，为研究元代城垣建筑提供了难得的资料。但是，具有重要文物价值的元大都和义门最终还是随西直门一起被拆除了。始建于明代已有 500 年历史的北京西直门，在公元 1969 年彻底消失了！

西直门城楼基本结构：

首层：廊下明柱 24 根（红松木料），柱径 0.65 米，楼室墙壁厚 2 米，墙内有 16 根木柱（黄松木料），柱径 0.55 米。二层：廊下明柱 24 根（红松料），柱径 0.65 米，擎檐柱直径 0.25 米。楼室墙壁厚 1 米，墙内无木柱。楼室内有 8 根明柱，由上下两段对接而成，均为铁力木。大梁和大枋为楠木料。[①]

（二）阜成门

阜成门，位于北京内城西垣南侧。元代为大都城西垣南侧城门，称“平则门”（见图 2–47）。明代城垣改建后，仍为内城西垣南侧城门。正统元年至四年（1436—1439 年）重建城楼，增建瓮城、箭楼、闸楼，并改称“阜成门”。明清时京西煤炭主要经阜成门运进城内，故有“阜成梅花”之誉。

阜成门由城楼、箭楼、瓮城、闸楼、穹桥构成建筑组群（见图 2–48）。

1. 阜成门建筑形制

（1）阜成门城楼

城楼加城台通高约 34.72 米。

---

① 参见孔庆普：《北京的城楼与牌楼结构考察》，东方出版社 2014 年版。

城台正面宽 42.20 米，进深 30.50 米。台高 10.75 米，内侧券门高 8.46 米、宽 6.90 米，外侧券门高 6.30 米、宽 5.60 米，城台内侧左、右马道各宽 5.00 米。主楼面阔五间，楼室宽约 27.70 米，楼室进深 17.60 米。城楼一层为红垩砖墙，四面明间各辟一过木方门，二层有回廊，明间前后为槅扇门窗，梁柱为红色，施墨线旋子彩画，形制为歇山重檐三滴水楼阁式，顶为灰筒瓦绿剪边，绿琉璃脊兽。

（2）阜成门箭楼

箭楼加箭台通高约 31.00 米。

箭台正面宽 39.70 米，进深 30.85 米，台高约 13.00 米。主楼正面宽约 34.75 米，进深 11.35 米。高约 18.00 米，后出庑座五间，面宽 28.20 米，进深 7.50 米，正面开箭窗四层，每层 12 孔，两侧面各开箭窗四层，每层 4 孔，抱厦两侧各开箭窗 1 孔，整座箭楼共有箭窗 82 孔。顶为灰筒瓦绿剪边重檐歇山式，绿琉璃脊兽。

（3）阜成门瓮城

阜成门瓮城为长方形 ，东西长 62 米，南北长 68 米，东南、东北与城墙外侧直角相接，西南、西北为弧形转角。瓮城北墙开辟券门，瓮城东北角建有关帝庙。

（4）阜成门闸楼

闸楼建于瓮城券门之上，闸楼面阔三间，为灰筒瓦硬山顶，饰灰瓦脊兽，正面开箭窗二排每排 6 孔，共 12 孔。闸楼背面正中开过木方门，两侧间各开一方窗。

2. 阜成门历代伤损及修葺记录

永乐十年（壬辰，1412 年）十二月，修阜成门城楼。

洪熙元年（乙巳，1425 年）九月，修阜成门城垣、城楼。

正统元年（丙辰，1436 年）十二月，修葺阜成门城楼、闸楼。

弘治十四年（辛酉，1501 年）七月，修阜成门。

万历二十年（壬辰，1592 年），修缮阜成门城楼。

光绪二十年（甲午，1894 年）十一月，维修阜成门城墙。

1951 年，修缮阜成门城楼。

3. 阜成门纪事

（1）箭楼拆除

民国二十四年（1935 年），北平市工务局为改善西直门和阜成门的交通拥堵状况，计划对两城门实施拆改工程，以解决日益加剧的交通拥堵问题，这项计划当时

图 2-47 《乾隆京城全图》阜成门

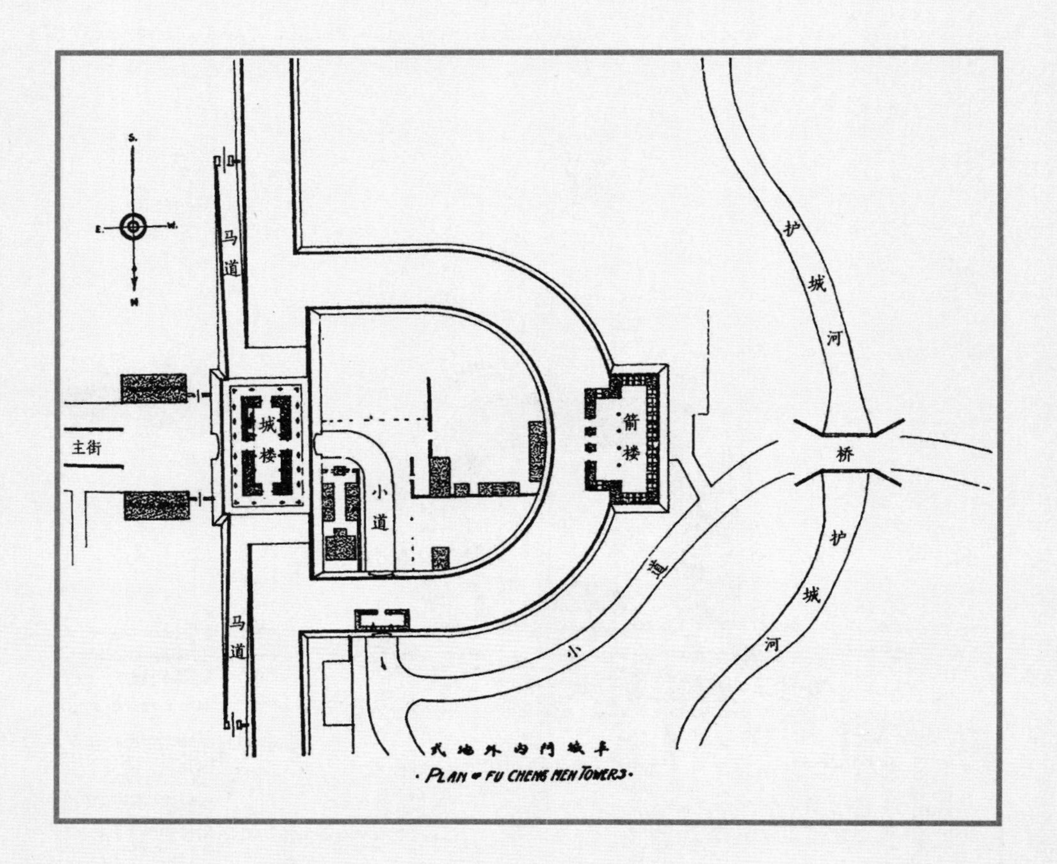

图 2-48　阜成门建筑组群平面图

参见 [瑞典] 奥斯伍尔德 · 喜仁龙：《北京的城墙和城门》，许永全译，北京燕山出版社 1985 年版。

被称为“改善交通治标计划”。

1935年6月，工务局第二科首先针对西直门城门一带的交通状况草拟了“西直门拆除瓮城及改善交通计划”，此计划包括甲、乙、丙、丁四种改建方案，这四个方案虽略有不同，但全都涉及拆除西直门瓮城。也就是说，无论采用哪个方案，西直门瓮城都将被拆除。

《草拟西直门改善交通治标计划》

奉谕

西直门瓮城仿照朝阳门办法（箭楼保存）拆除，渣土由平绥路代运须自行雇工装车着勘估拟定实施计划以凭办理。阜成门及崇文门瓮城只应妥拟处置办法以期改善交通等因。兹由刘技正及葛主任等将西直门改善交通方案先行草就分成甲、乙、丙、丁办法四种，拟定采纳一种，并函文整处，征求同意，预备工款，以便着手拟详细施工规范，所拟各节是否有当，恭请鉴核

第二科科长袁香华呈

六月十八日[①]

此计划上报后并未得到认可，上级认为几个改建方案都不够周全，要求再深入研究并重新调整方案，同时一并考虑阜成门的交通改造问题。看来上述四个方案所提出的以拆除瓮城为主的计划是存在一定问题的。

计划的修改仍由原方案设计负责人文整建筑股的葛主任负责。

1935年9月11日，新的城门改善交通治标计划及方案草图完成。在这个重新设计的方案中，最明显的变化就是修改了上次计划中拆除西直门瓮城的内容，改为在瓮城北面新开辟一个瓮城门。而阜成门的改建方案则提出，由于阜成门箭楼年久失修，已有坍塌危险，故计划将其上部楼体拆除，仅留城台，并拟在城台正中开辟一门洞，使出入城车辆可以直线行驶。

---

① 北平市工务局：《草拟西直门改善交通治标计划》，民国二十四年。

经反复调整最终上报的两城门改造方案如下：

《阜成门及西直门改善交通治标计划》

阜成门：该处原有门洞，一在大城城楼之下，一位于瓮城北墙。兹拟就箭楼原地下面墙中添辟一门（箭楼已经拆除可无危险），俾出城车辆可以不绕远道，直向西行，至交通方面，则在瓮城正中，修筑泼油路，宽十公尺（沿路有民房阻碍者，则官价收用）直通护城河桥。并将原有马路翻筑泼油道，瓮城内新旧马路交叉之处，设指挥岗位，城门洞里面，挂红绿指挥灯，统由该岗位司之，车辆之行驶，须遵指挥而行，出城可直向行；入城者，于护城河桥东端，转西北行，遵原有马路入瓮城。主交叉处，依岗位之指挥，而定进止。如此原有城楼门洞成为出入单行车道，于人行方面亦可免去诸多危险也。

西直门原有门洞，依旧不动，现拟于瓮城北面墙上添辟一门，与南面原有门洞相对，城外沿墙筑新路一道，并将南面城外原有马路翻筑，与新路同一弯曲，吊桥两旁加入人行道（洋灰混凝土）各宽一公尺半，又在新旧门洞之间，筑相连马路，中设指挥岗位，城门内口，悬红绿指挥灯，通连于岗位，以便指挥出入车辆，免除拥挤，减去危险，至此计划内收用民房民地，为数尚少，较为省事也。

以上两种草拟计划，是否可行，并函处审核之处

尚乞

核夺

文整建筑股主任葛宏夫谨签

九月十一日[①]

从上述新的计划中不难看出，对城门的拆改程度已经降到了最小，无须再拆除瓮城，只是阜成门箭楼上部楼体被拆除。但不管怎样，此计划毕竟使阜成门和西直门大体保存了下来。

---

① 北平市工务局：《阜成门及西直门改善交通治标计划》，民国二十四年。

1949年，北京解放时，内城九座城门中只有西直门和阜成门还保留着城楼、箭楼（阜成门箭楼仅存箭台）、闸楼和瓮城。

（2）瓮城、箭台、闸楼拆除

1953年年初，为配合道路扩建工程，拆除阜成门瓮城、箭台被提到议事日程。

1953年3月25日，阜成门拆除瓮城开辟豁口工程开工，这次道路扩建工程的配套项目包括拆除瓮城、箭台、闸楼，开辟南、北两个城墙豁口，拆除城门至穹桥的石板道，新建豁口内外道路等项目。拆除瓮城开辟豁口工程于4月10日完工。

从建设局的阜成门城门交通改建规划图上看，瓮城和箭台已被抹掉，根据规划方案，将在原旧穹桥南侧建一座新穹桥，出城的道路将不再往北拐，而是直接向西至新穹桥。另外，市建设局还计划在城门南侧新开辟一豁口，使出入城的车辆分上下行，以此改善城门的交通状况。自从1952年北京市交管局提出拆城楼、牌楼，解决交通问题以来，北京虽不断有一些古建筑被拆除，但反对的声音和努力也从未停止过。这次阜成门的交通改造方案，并没有像以往一样简单地提出拆除城楼拓宽道路的计划，而是独具匠心地采取变通措施，在不拆除城楼的情况下改善交通状况。这使人感到里面似乎蕴含着一个试图通过合理的改造方案留住阜成门城楼的愿望。

工程完工后，养工所王怀厚编写了《阜成门瓮城构造考察报告》[①]。以下资料主要选取其中有关瓮城城墙、箭台和闸楼构造的部分数据、材质和做法，并结合其他文献编写。

1953年，阜成门瓮城城墙构造资料：

阜成门瓮城墙的西半部呈半圆形，瓮城墙东边与大城墙直角相接。

瓮城墙顶面铺墁双层城砖地面，下面有0.45米厚的石灰土。外侧有垛口墙，厚0.80米，高1.85米。墙垛宽2米，垛口宽0.50米。内侧是宇墙（有青石墙帽），厚0.50米，高1.35米。瓮城墙顶宽14.50米，底宽19.50米。内外墙砖层顶部厚1.75米，底部厚2.25米。下部有四层青石墙基，石基高1.70米，下有0.60米石灰土。

1953年，阜成门箭台构造资料：

阜成门箭台西面凸出瓮城，底部凸出约12.00米，顶部凸出约11.00米，底部南北长37.30米，顶部南北长34.90米，顶部东西宽26.80米。箭台顶面南、西、北三面皆有三层城砖外出檐（凸出约0.30米），顶面东边有宇墙，与瓮城宇墙相同并

---

① 参见孔庆普：《北京的城楼与牌楼结构考察》，东方出版社2014年版，第198—199页。

相连。箭台西部砖墙的砖层厚度上下均为 3 米，砖墙下部有四层青石墙基，石基高 1.70 米，下面是 0.60 米厚石灰土基础。箭台东面墙壁和瓮城墙连为一条弧形墙面。

1953 年，阜成门闸楼结构资料：

阜成门闸楼在瓮城北面，闸楼墙与瓮城墙平齐。楼顶是硬山两坡式，陶质瓦件。楼顶木结构由四架木柁、五趟檩构成。外侧（北面）有两层箭窗，每层 6 孔，两山墙上各有一孔。南面正中有一门。闸楼面阔三间，东西长 14.25 米，进深一间，南北宽 7.45 米。外侧（北面）墙面是城砖清水墙，厚 1.00 米，南、东、西三面是白色混水墙，墙内有 8 根木柱，柱径 0.38 米。

闸楼下面是闸门，门洞内有门掩，门掩两端上部结构是半圆形五甃五伏半圆形城砖拱碹，门洞宽 5.45 米，高 5.75 米。门洞内两边砖墙厚 2.50 米，砖墙下有四层青石板墙基，石基高 1.70 米，下面有 0.60 米的石灰土基础。门洞两壁上有闸板口，闸口在门掩北面 0.85 米处，由青石料制成，石料宽 0.90 米、厚 0.70 米，闸口宽 0.37 米、深 0.40 米。门洞内铺设石板地面，下面有石灰土基础。

（3）城楼拆除

1956 年，为配合阜成门内道路扩建和穹桥改建工程，市政府决定拆除阜成门城楼，这一举动在社会上引起了较大的反响。

孔庆普先生在《北京的城楼与牌楼结构考察》一书中记述："市民和专家学者对拆除阜成门城楼有意见。阜成门城楼于 1951 年刚刚修完，全楼完好。市民闻讯要拆除阜成门城楼，纷纷给《北京日报》和建设局写信，报社将信件随时转给建设局。市民的主要意见是，阜成门城楼刚刚修完不久，结构完好，又非常美丽，如此完美的一座城楼，为什么一定要拆掉它？等等。建设局于是将群众的呼声如实向市政府汇报。"①

阜成门城楼还是被拆除了，城楼及城台拆除工程于 1956 年 6 月 12 日开工，6 月 21 日全部完工。

阜成门的城门匾额为石制，正面镌刻"阜成门"三个凹形大字，应为明正统四年（1439 年）城门更名时所刻。背面四周有凸边儿，匾面上刻"平则门"三个凸形大字，为元代此城门名称，匾额为元大都遗物。

工程完工后，养工所王怀厚与周铭敬编写了《阜成门城楼与城台结构考察报

① 孔庆普：《北京的城楼与牌楼结构考察》，东方出版社 2014 年版，第 223 页。

告》[1]。以下资料主要选取其中有关城楼结构与城台构造的部分数据、材质和做法，并结合其他文献编写。

1956年，阜成门城楼结构考察资料：

阜成门城楼是两层歇山顶重檐三滴水楼阁式建筑，楼顶大脊、垂脊、岔脊均为琉璃件，大脊两边是琉璃剪边，瓦面均为陶质瓦件。楼顶大木件皆红松木料。首层：廊下明柱20根（黄松木料），柱径0.66米，楼室墙壁厚3.00米，楼梯旁壁厚2.00米，墙外侧有20根半明柱，柱径0.56米。墙内侧有11根半明柱，另有一根明柱（楼梯旁）。柱径0.66米（黄松木料）。二层：廊下明柱20根（红松木料），柱径0.56米，4根擎檐柱（红松木料），柱径0.24米。楼室墙壁厚1.50米，墙内侧有11根半明柱木柱和一根明柱。柱径0.55米。城楼台座南北长33.10米，东西宽23.90米。四周有一圈青石台明，厚0.25米，宽0.65米，台明石下有五层城砖。

1956年，阜成门城台构造资料：

城台东面墙体砖层厚度上下均为2.50米，砖墙高9.60米，砖墙下部有四层青石墙基，石基高1.70米，石基下有0.60米石灰土基础。城台西面墙体砖层顶部厚度2米，底部厚2.50米，砖墙高9.60米，砖墙下部有四层青石墙基，石基高1.70米，石基下有0.60米石灰土基础。门洞上部为三甃三伏半圆形城砖拱碹，门洞内有门掩，西侧门洞宽5.65米，门洞高6.75米。东侧门洞宽6.55米，门洞高8.95米。门洞内两边砖墙厚2.00米，下面有四层青石墙基，石基高为1.70米、宽2.00米，下面有0.60米厚石灰土基础。门洞内铺设花岗岩石板路面，厚0.30米，下面有石灰土基础。西面门脸拱碹上方嵌有一块白石匾，刻有“阜成门”三个凹形大字。城台东面两边均设有登城马道。

① 参见孔庆普：《北京的城楼与牌楼结构考察》，东方出版社2014年版，第223—224页。

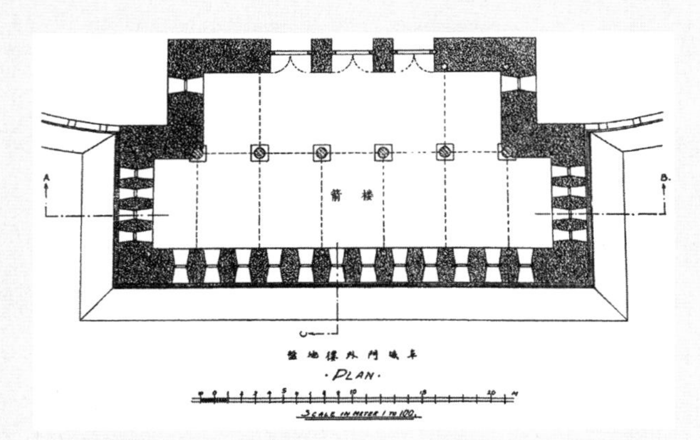

图 2-49　阜成门箭楼平面图
参见 [瑞典] 奥斯伍尔德 · 喜仁龙：《北京的城墙和城门》，许永全译，北京燕山出版社 1985 年版。

图 2-50　阜成门箭楼正立面图
参见 [瑞典] 奥斯伍尔德 · 喜仁龙：《北京的城墙和城门》，许永全译，北京燕山出版社 1985 年版。

图 2-51　阜成门箭楼侧立面图
参见 [瑞典] 奥斯伍尔德 · 喜仁龙：《北京的城墙和城门》，许永全译，北京燕山出版社 1985 年版。

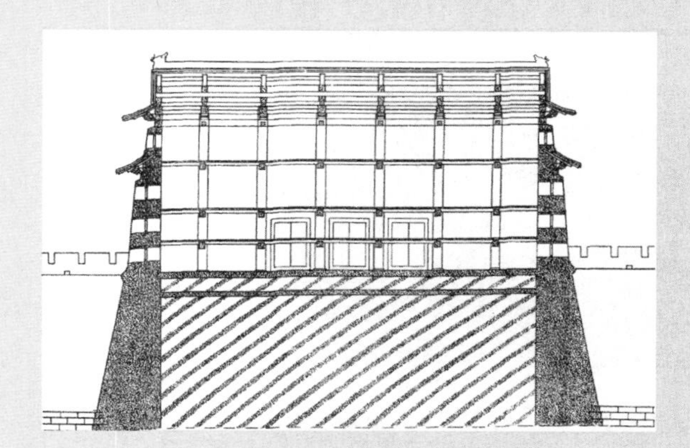

图 2-52　阜成门箭楼剖面图
参见［瑞典］奥斯伍尔德·喜仁龙:《北京的城墙和城门》，许永全译，北京燕山出版社 1985 年版。

图 2-53　阜成门箭楼侧剖面图
参见［瑞典］奥斯伍尔德 · 喜仁龙：《北京的城墙和城门》，许永全译，北京燕山出版社 1985 年版。

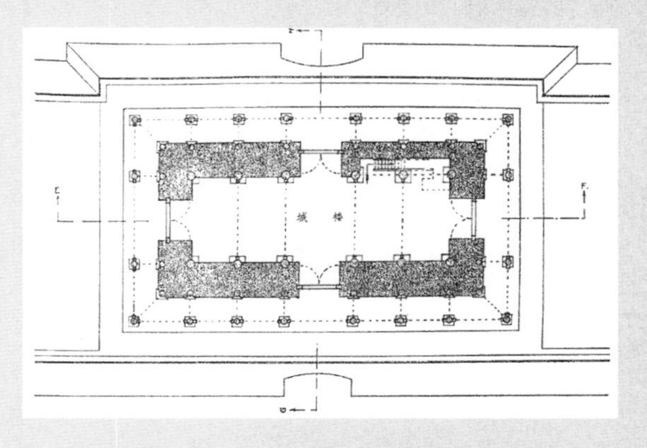

图 2-54　阜成门城楼平面图
参见［瑞典］奥斯伍尔德 · 喜仁龙：《北京的城墙和城门》，许永全译，北京燕山出版社 1985 年版。

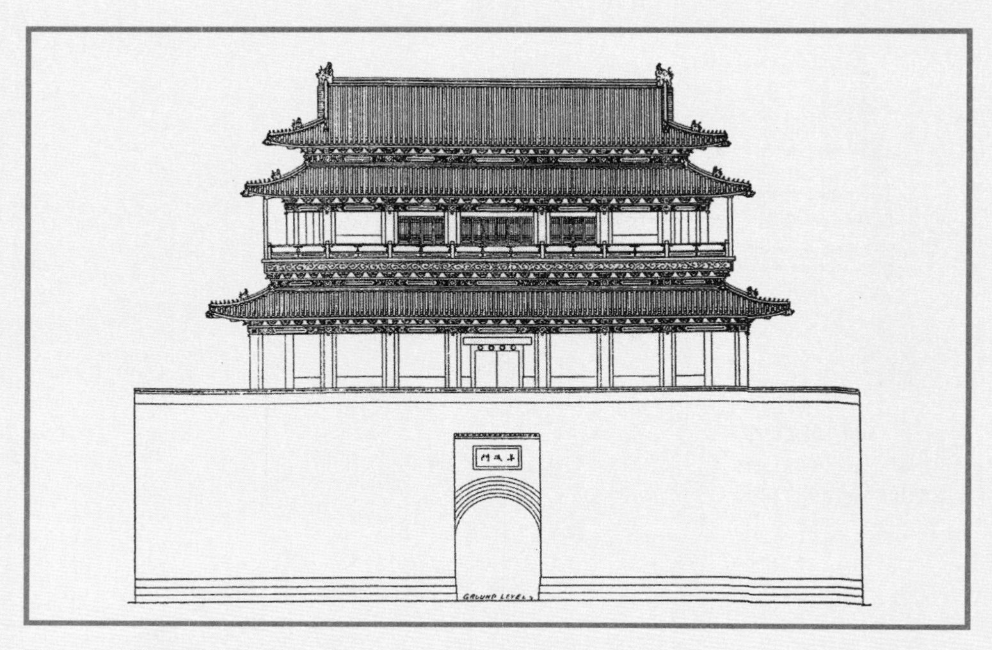

图 2-55　阜成门城楼正立面图
参见 [瑞典] 奥斯伍尔德 · 喜仁龙：《北京的城墙和城门》，许永全译，北京燕山出版社 1985 年版。

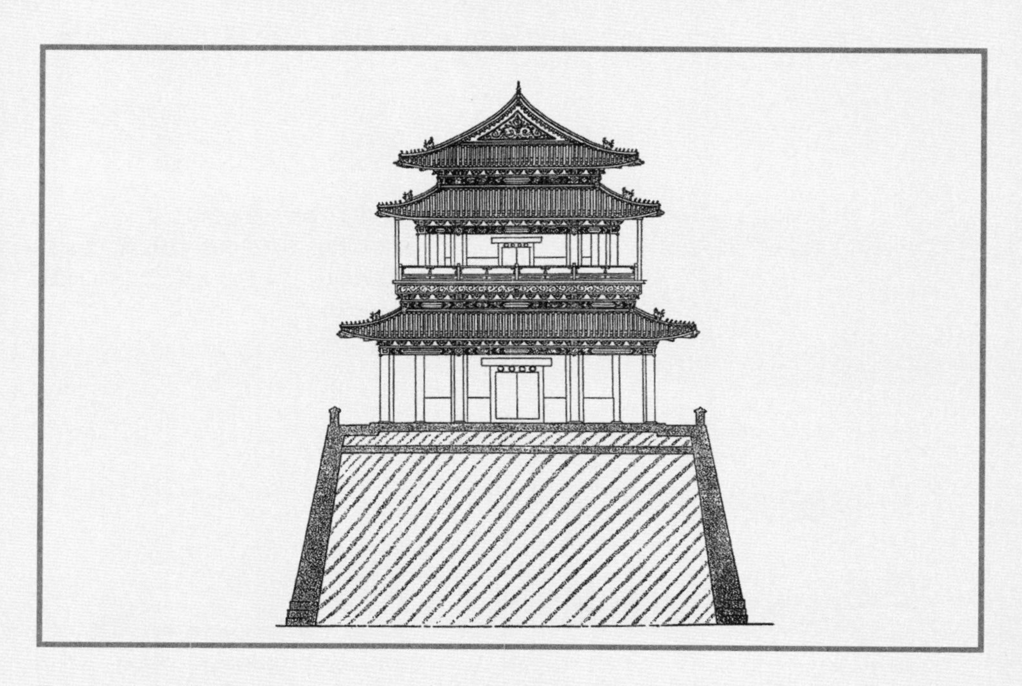

图 2-56　阜成门城楼侧立面图
参见 [瑞典] 奥斯伍尔德 · 喜仁龙：《北京的城墙和城门》，许永全译，北京燕山出版社 1985 年版。

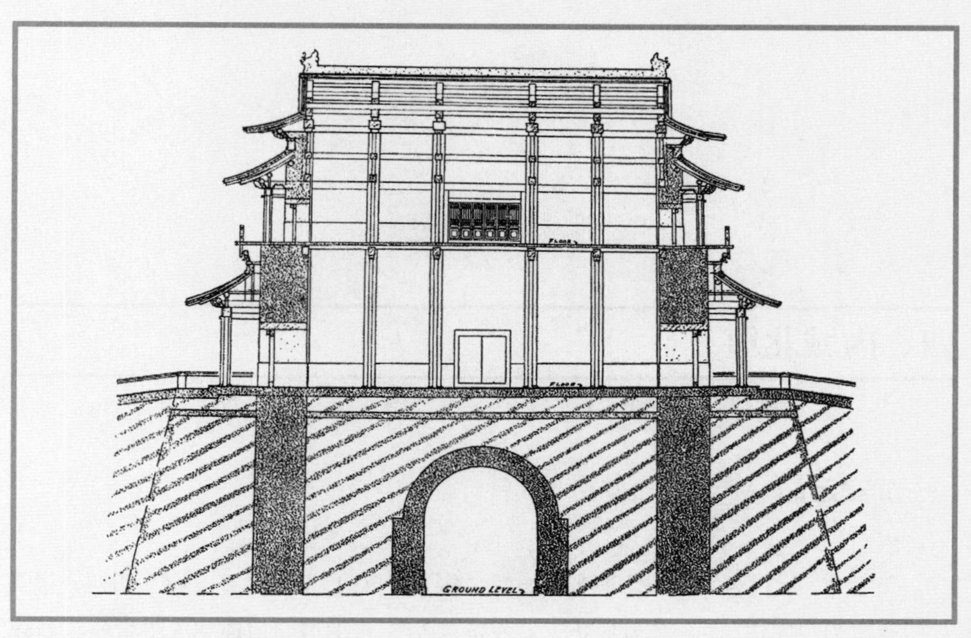

图 2-57　阜成门城楼剖面图
参见 [瑞典] 奥斯伍尔德 · 喜仁龙：《北京的城墙和城门》，许永全译，北京燕山出版社 1985 年版。

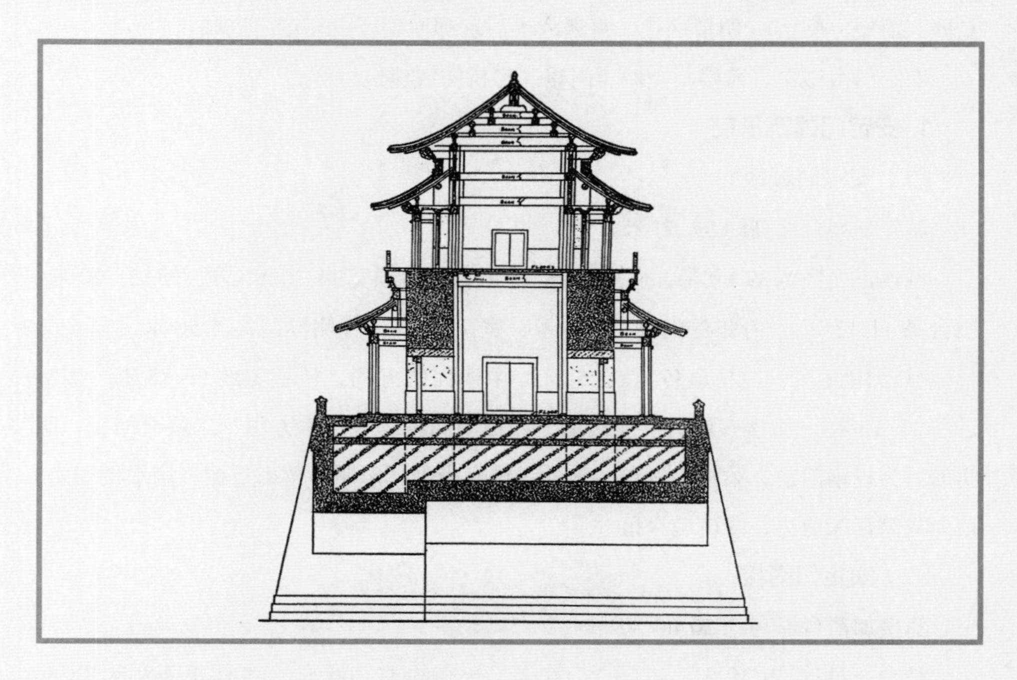

图 2-58　阜成门城楼侧剖面图
参见 [瑞典] 奥斯伍尔德 · 喜仁龙：《北京的城墙和城门》，许永全译，北京燕山出版社 1985 年版。

四、内城北垣

（一）安定门

安定门，元代为大都城北垣东侧城门，称“安贞门”（见图 2-59）。明初，将安贞门改名为“安定门”，意为从此天下安定。后又将旧城北垣南移 5 里重筑，新建北城垣东侧城门仍称安定门。明正统元年至四年（1436—1439 年）重建城楼，增建瓮城、箭楼、闸楼。明清两代，每遇战事后班师回朝皆由安定门进城。

安定门由城楼、箭楼、瓮城、闸楼、窎桥构成建筑组群。

1. 安定门建筑形制

（1）安定门城楼

城楼加城台通高约 37.50 米。

城台正面底宽 39.60 米，底进深 25.75 米，城台顶宽 34.70 米，顶进深 21.20 米，城台高 11.13 米。内侧券门高 10.00 米、宽 7.00 米，外侧券门高 5.50 米、宽 5.60 米，城台内侧左、右马道各宽 5.25 米。主楼面阔五间，楼室宽约 25.85 米，楼室进深 12.30 米。城楼一层为红垩砖墙，四面明间各辟一过木方门，二层有回廊，明间前后为槅扇门窗，梁柱为红色，施墨线旋子彩画，形制为歇山重檐三滴水楼阁式，顶为灰筒瓦绿剪边，绿琉璃脊兽。

（2）安定门箭楼

箭楼加箭台通高约 30.00 米。

箭台正面宽 39.30 米，进深 28.00 米，台高约 12 .00 米。主楼正面宽约 34.50 米，进深 11.80 米。高约 18.00 米，后出庑座五间，面宽 28.50 米，进深 7.30 米，

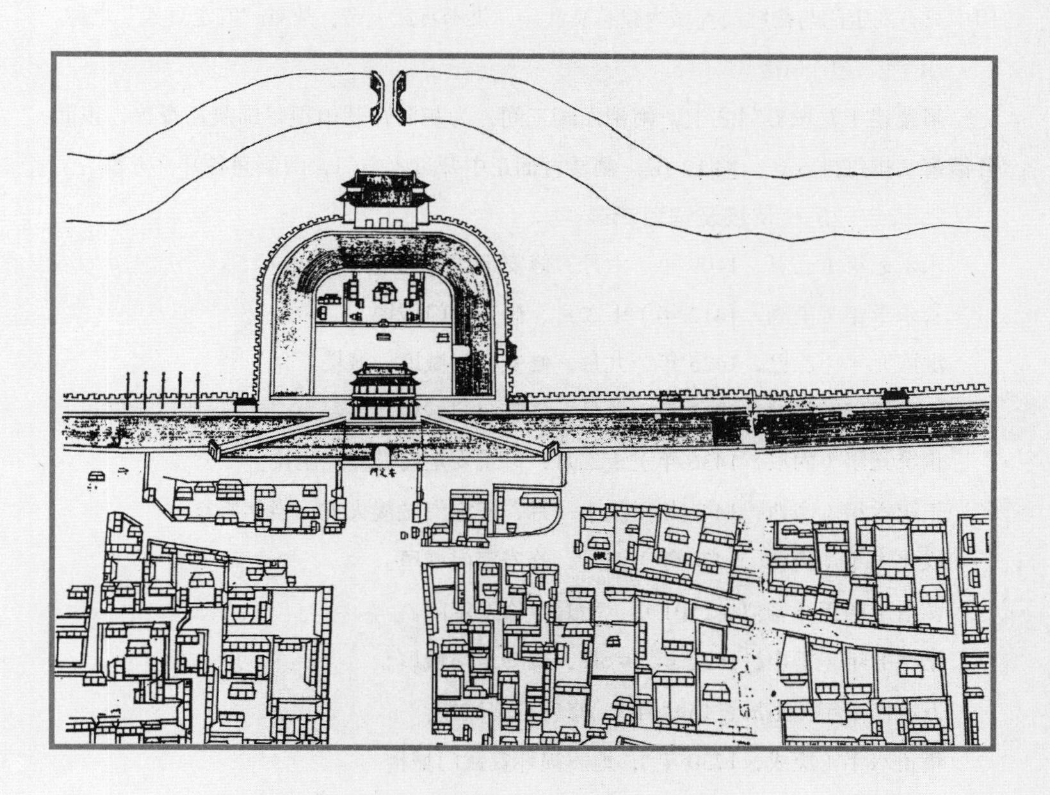

图 2-59 《乾隆京城全图》安定门

正面开箭窗四层，每层 12 孔，两侧面各开箭窗四层，每层 4 孔，抱厦两侧各开箭窗 1 孔，整座箭楼共有箭窗 82 孔。顶为灰筒瓦绿剪边重檐歇山式，绿琉璃脊兽。

（3）安定门瓮城

瓮城为长方形，南北长 62 米，东西长 68 米，东北、西北为弧形转角，东南、西南与城墙外侧直角相接。瓮城东侧开辟券门，瓮城内箭楼正下方建有真武庙，北京内城九门中只有安定门与德胜门瓮城内建有真武庙，供奉真武大帝，故有“安定真武”之称。

（4）安定门闸楼

闸楼建于瓮城券门之上，闸楼面阔三间，为灰筒瓦硬山顶，饰灰瓦脊兽，正面开箭窗二排每排 6 孔，共 12 孔。闸楼背面正中开过木方门，两侧间各开一方窗。

2. 安定门历代伤损及修葺记录

永乐七年（己丑，1409 年）六月，修安定门城池。

永乐十年（壬辰，1412 年）十二月，修安定门城楼。

洪熙元年（乙巳，1425 年）九月，修安定门城垣、城楼。

宣德八年（癸丑，1433 年）九月，修安定门城楼。

正统元年（丙辰，1436 年）十二月，修筑安定门城楼、闸楼。

正统六年（辛酉，1441 年）闰十一月，安定门城楼火灾，当年修复。

成化六年（庚寅，1470 年）四月，修安定门城垣。

弘治十四年（辛酉，1501 年）七月，修安定门。

正德七年（壬申，1512 年）六月，修安定门城垣。

万历二十年（壬辰，1592 年），修安定门城楼。

雍正八年（庚戌，1730 年），地震损坏宣武门城楼。

乾隆五十年（乙巳，1785 年）十月，安定门城楼后檐坍塌。

乾隆五十一年（丙午，1786 年）十二月，修安定门城楼。

乾隆五十二年（丁未，1787 年）十月，修安定门门楼（箭楼）。

道光六年（丙戌，1826 年），安定门城楼失火，当年修复。

1951 年，修缮安定门城楼和箭楼。

3. 安定门纪事

（1）瓮城、闸楼拆除

如前面所述朝阳门瓮城、闸楼的拆除，同期，安定门瓮城、闸楼也被拆除，但箭楼仍然完整保留。

（2）箭楼拆除

1956 年，为配合道路建设工程，市政府批准拆除安定门箭楼，箭楼拆除工程于 1956 年 12 月 8 日开工，1957 年 1 月 8 日完工。养路工程事务所李卓屏编写了《安定门箭楼拆除工程施工总结》[①]。以下资料主要选取其中有关箭楼结构与箭台构造的部分数据、材质和做法，并结合其他文献内容编写。

安定门箭楼结构资料：

安定门箭楼主楼顶为歇山式两层檐，楼顶东坡长，西坡短。主楼的大脊、垂脊和岔脊均系琉璃件，顶面是琉璃剪边陶质瓦件。楼顶部木结构都是红松木料。箭楼外墙（北面）与箭台墙面取齐，相接处有一道四层城砖的外出檐。箭楼正面及两山共有箭窗 82 孔（包括抱厦两边各一孔）。箭楼东、北、西三面外墙皆有收分，下部墙壁厚 2.00 米，上部墙壁厚 1.50 米，墙内有 10 根木柱，四角各一根，北墙角柱之间有 6 根，根径 0.64 米，梢径约 0.60 米。抱厦在主楼南面，顶为歇山式单层檐，大脊在主楼后檐下。抱厦东西长 28.50 米，南北宽 7.30 米。墙壁厚 2.00 米，墙内有 6 根木柱，柱径 0.55 米。楼室内主楼与抱厦之间有一排 6 根木柱，根径 0.72 米，梢径 0.68 米，柱基石上圆下方。

安定门箭台构造资料：

朝阳门箭台顶面用双层城砖铺墁，下面有 0.45 米厚的石灰土。北面凸出部分砖墙的砖层上下厚度均为 3.00 米，砖墙下部有四层青石墙基，石基高 1.70 米、宽 3.30 米，石基下面有 0.60 米厚的石灰土基础。箭台南面砖墙的砖层顶部厚度 1.80 米，底部厚度 2.30 米。砖墙下部有四层青石墙基，石基高 1.70 米、宽 3.30 米，石基下面有 0.60 米厚的石灰土基础。

（3）城楼拆除

从中华人民共和国成立初期开始，城垣拆除从未间断，拆与保的争论也一直在继续，在此背景下，安定门城楼能完整地保留到“文革”时期已属不易。1969 年下半年，象征安定的安定门最终还是难逃被彻底拆除的命运。

国家文物局文物学家罗哲文先生在安定门被拆除 31 年后，发表了《安定门的拆

① 参见孔庆普:《北京的城楼与牌楼结构考察》，东方出版社 2014 年版，第 229—230 页。

图 2-60 1915 年安定门箭楼

图 2-61　1961 年安定门城楼

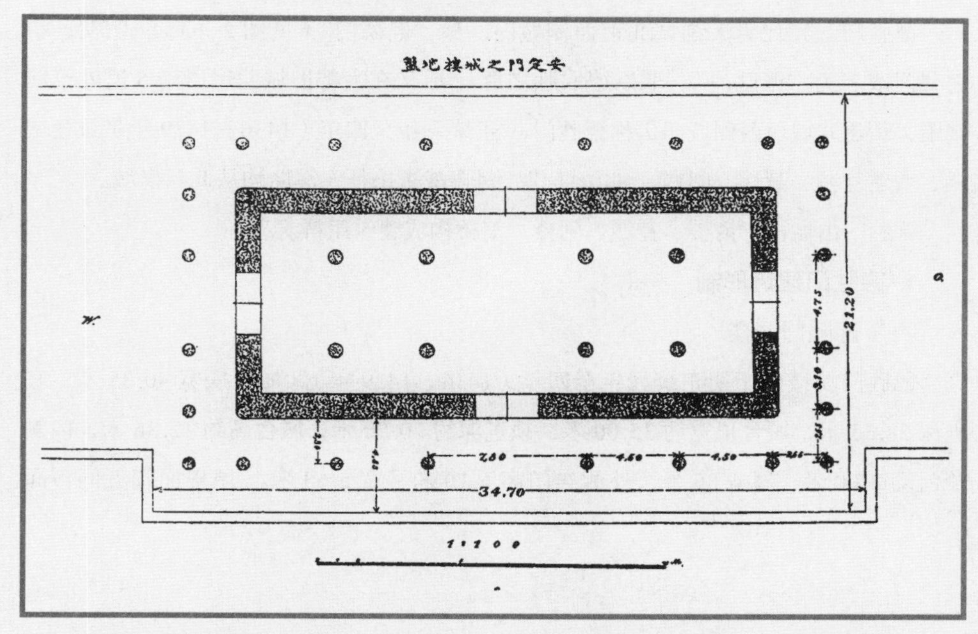

图 2-62　安定门城楼平面图
参见 [瑞典] 奥斯伍尔德 · 喜仁龙：《北京的城墙和城门》，许永全译，北京燕山出版社 1985 年版。

除》一文，描述了当时拆除安定门的情况。他回忆道：“1969 年夏，我在拍摄西直门拆除照片的时候，很快就想到了安定门的命运，于是又立刻骑车绕到了安定门。……我第一次来的时候，还未动手拆除……待第二次来时，城楼已经搭上了拆除脚手架。第三次来，城楼已拆了一半……由于‘文化大革命’的紧张‘战斗’和其他一些事情缠身，我隔了一段时间才又来，城楼已经无影无踪了，只好叹息一番。”[①]

1969 年，拆除时的工作人员记录，安定门城楼基本结构：

首层：廊下明柱 24 根（红松木料），柱径 0.65 米，楼室墙壁厚 2.00 米，墙内有 12 根木柱（黄松木料），柱径 0.50 米。二层：廊下明柱 24 根（黄松料），柱径 0.56 米，擎檐柱直径 0.25 米。楼室墙壁厚 1 米，墙内无木柱。中间楼室内有 8 根明柱，均为铁力木，从上至下为一整根，全长 20.15 米，二层楼板以下柱高 10.15 米。下柱径 0.76 米，中柱径 0.74 米，上柱径 0.70 米。楼内柱间大梁、大枋皆楠木料，大梁断面是 0.42 米 × 0.52 米，大枋的断面是 0.44 米 × 0.54 米。楼室内铺设大方砖地面。[②]

（二）德胜门

德胜门，元代为大都城北垣西侧城门，称“健德门”（见图 2-63）。明初，将健德门改名为“德胜门”，取以德取胜之意。后又在大都旧城北垣以南 5 里处筑新城墙，新建北城垣西侧城门仍称德胜门。正统元年至四年（1436—1439 年）重建城楼，增建瓮城、箭楼、闸楼。明清两代，每遇战事出征，军队均从此门出城。

德胜门由城楼、箭楼、瓮城、闸楼、弯桥构成建筑组群。

1. 德胜门建筑形制

（1）德胜门城楼

德胜门城楼建于明正统元年至四年（1436—1439 年）。城台底宽 40.35 米，底进深 28.35 米，城台顶宽约 35.00 米，顶进深约 20.00 米，城台高约 12.36 米，内侧券门高 8.00 米、宽 6.85 米，外侧券门高 6.10 米、宽 5.60 米。城楼面阔五间，面

① 罗哲文：《安定门的拆除》，载《中国文物报》，2001 年 2 月 21 日。
② 孔庆普：《北京的城楼与牌楼结构考察》，东方出版社 2014 年版。

图 2-63　《乾隆京城全图》德胜门

宽 26.00 米，进深三间 12.25 米，楼高 23.64 米。城楼加城台通高 36.00 米。城楼一层为红垩砖墙，四面明间各辟一过木方门，二层有回廊，明间前后为槅扇门窗，梁柱为红色，施墨线旋子彩画，形制为歇山重檐三滴水楼阁式，顶为灰筒瓦绿剪边，绿琉璃脊兽。

民国十年（1921 年），因糟朽而拆除城楼上部。

（2）德胜门箭楼

箭楼加箭台通高约 31.90 米。

箭台正面宽 40.35 米，进深 27.20 米，台高约 12.00 米。主楼正面宽约 35.35 米，进深 11.85 米。高约 18.00 米，后出庑座五间，面宽 27.00 米，进深 6.50 米，正面开箭窗四层，每层 12 孔，两侧面各开箭窗四层，每层 4 孔，抱厦两侧各开箭窗 1 孔，整座箭楼共有箭窗 82 孔。顶为灰筒瓦绿剪边重檐歇山式，绿琉璃脊兽。

（3）德胜门瓮城

瓮城为长方形，南北长 117 米，东西长 70 米，东北、西北为弧形转角接箭楼，东南、西南与城墙外侧直角相接。瓮城东墙开辟券门，瓮城内箭楼正下方建真武庙，瓮城内西侧有建于乾隆二十三年（1758 年）的祈雪碑和碑亭。故有“德胜祈雪”之称。

（4）德胜门闸楼

闸楼建于瓮城券门之上，闸楼面阔三间，为灰筒瓦硬山顶，饰灰瓦脊兽，正面开箭窗二排，每排 6 孔，共 12 孔。闸楼背面正中开过木方门，两侧间各开一方窗。

2. 德胜门历代伤损及修葺记录

永乐十年（壬辰，1412 年）十二月，修德胜门城楼。

洪熙元年（乙巳，1425 年）九月，修德胜门城垣、城楼。

宣德八年（癸丑，1433 年）九月，修德胜门城楼。

正统元年（丙辰，1436 年）十二月，修筑德胜门城楼、闸楼。

正统四年（己未，1439 年）六月，修德胜门内外土城及砖城。

正统十年（乙丑，1445 年），砖甓德胜门内侧

弘治十四年（辛酉，1501 年）七月，修德胜门。

嘉靖元年（壬午，1522 年）三月，修德胜门城垣。

万历二十年（壬辰，1592 年），大修德胜门城楼。

康熙十八年（己未，1679 年），城楼、箭楼因地震严重损毁，后重修。

光绪二十年（甲午，1894 年）十一月，修葺德胜门城墙。

光绪二十六年（庚子，1900 年）七月，德胜门箭楼损坏。

光绪二十八年（壬寅，1902 年），修葺箭楼。

1951 年，修缮德胜门箭楼。

1976 年，箭楼因地震损毁严重，后重修。

1980 年，全面维修德胜门箭楼。

3. 德胜门纪事

（1）瓮城、闸楼拆除

如前面所述朝阳门瓮城、闸楼的拆除，同期，德胜门瓮城、闸楼也被拆除，但箭楼仍然完整保留。

（2）城楼拆除

1921 年，德胜门城楼因梁架糟朽被北洋政府拆除，仅剩城台。

（3）城台拆除

德胜门是北京城北部的重要交通要道之一，是通往京张公路的必经之路。1953 年修筑德清公路后，此路更显交通繁忙，而当时德胜门（城楼尚存城台及门洞）城门洞是这条路的通行关口，门洞的宽度仅有 6 米左右，车马、人流来往不够通畅，加上城外环城火车频繁通过形成阻碍，使城门一带经常出现拥堵现象。

1955 年 6 月，德胜门城台和券洞被拆除，这个结果可以说既在意料之外又在意料之中，因为，当年凡城墙与交通发生矛盾时，总是以拆城而告终。

拆除德胜门城台时，从城门上方拆下一块镌刻着“德胜门”三个凹形大字的白石匾额，后发现石匾背面还刻有“健德门”三个凹形大字。《光绪顺天府志・京师志一・城池・明故城考》记：“洪武初，改大都路为北平府，缩其城之北五里……新筑城垣……改元都安贞门为安定门，健德门为德胜门。”[①]《太祖洪武实录》记：“大将军徐达改元都安贞门为安定门，健德门为德胜门。”[②] 可见洪武初改造元城墙时即已将健德门改名为德胜门，故利用“健德门”旧匾改刻“德胜门”新匾之举应是洪武初期

---

① （清）周家楣、缪荃孙等编纂：《光绪顺天府志》（一），北京古籍出版社 1987 年版，第 8 页。

② 赵其昌主编：《明实录北京史料》（一），北京古籍出版社 1995 年版，第 8 页。

图 2-64　民国初期德胜门城楼

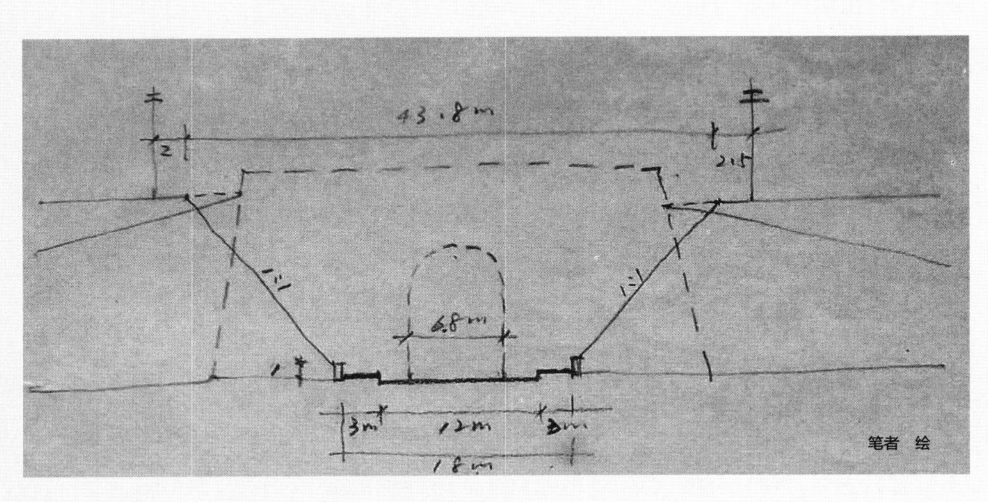

图 2-65　德胜门豁口示意图

所为。

拆除德胜门城台时还发现，在城门东侧门扇后的墙上嵌有一块刻着“黄道吉日”四个凹形字的石板，拆下后发现石板后面还刻着“大明永乐乙酉丁亥甲寅吉日”。一块碑记刻有三个干支历，且注明皆为吉日，应是某年黄历的干支历。永乐朝大型城市营建与这三个干支历集于一年的只有永乐四年（1406 年）和永乐十五年（1417 年）。永乐四年（1406 年）：“四年闰七月，建北京宫殿，修城垣。”① 永乐四年（1406 年）黄历的干支历包括：正月乙酉、八月丁亥（朔）、五月甲寅。永乐十五年（1417 年）：“初营建北京……自永乐十五年六月兴工，至十八年冬告成……”（《明成祖实录》）永乐十五年（1417 年）黄历的干支历包括：十月乙酉、三月丁亥（朔）、十一月甲寅。故此字碑应为永乐四年（1406 年）或永乐十五年（1417 年）修建德胜门城楼时所刻。据记，正统元年（1436 年）十月，“修建京师九门城楼，四年四月，修造京师门楼、城濠、桥闸完”。② 此“黄道吉日”碑刻，应是正统元年（1436 年）修建德胜门城楼时，沿用原有“大明永乐乙酉丁亥甲寅吉日”的碑石，在其背面所刻。

德胜门城台拆除工程完工后，养工所李卓屏编写出《德胜门城台拆除及改建豁口工程施工总结》。③ 以下资料主要选取其中有关城台构造的部分数据、材质和做法，并结合其他文献资料编写。

1955 年，德胜门城台构造资料：

德胜门城楼无存，城台上面尚遗有城楼台座，台座东西长 34.10 米，南北宽 20.10 米，高 0.45 米，四周有一圈青石台明。台座上还能看到原廊下 24 个明柱的柱基石、楼室墙基内的 16 个柱基石以及楼室内 8 个明柱的柱基石。楼室内以方砖墁地，城楼台座以外的地面铺墁双层城砖，下面有石灰土基础。城台外墙（北面）砖层上部厚 2.00 米，底部厚 2.50 米，下面有五层青石板墙基，石基高为 2.20 米，下面有 0.60 米石灰土基础。城台内墙（南面）砖层上下均厚 2.00 米，下面有四层青石板墙基，石基高为 1.60 米，下面有 0.60 米的石灰土基础。券门上部结构为五

---

① （清）周家楣、缪荃孙等编纂：《光绪顺天府志》（一），北京古籍出版社 1987 年版，第 9 页。
② （清）周家楣、缪荃孙等编纂：《光绪顺天府志》（一），北京古籍出版社 1987 年版，第 8 页。
③ 参见孔庆普：《北京的城楼与牌楼结构考察》，东方出版社 2014 年版，第 210 页。

甃五伏半圆形城砖拱碹，门洞内两边砖墙均厚 2.50 米，下面有五层青石板墙基，石基总高为 2.20 米，下面有石灰土基础。外侧（北面）拱碹上方嵌有一块镌刻“德胜门”三个凹形大字的石匾。

（4）箭楼幸存

1965 年，北京地铁工程开工，从五棵松、万寿路、军事博物馆一带开始（今地铁一号线），采用明挖填埋法修建地铁隧道。1969 年，地铁二期工程沿北京内城墙及护城河形成环线（今地铁二号线），内城各城门、城墙全部拆除。新街口豁口到德胜门的城墙外侧原是建筑材料集散场。地铁工程开始后，这里拆城墙，开挖十几米宽的隧道大沟。按计划德胜门箭楼也在拆除之列，一位负责施工的铁道兵领导看到拆德胜门箭楼的工作量太大，地铁任务很急，而且德胜门箭楼又不在地铁隧道的主线上，不太影响施工，于是决定暂缓拆除德胜门箭楼，就这样德胜门箭楼逃过一劫。

1978 年，地铁土建工程基本完成，隧道大沟已经开始填埋，地面将修筑北二环路。又有人提出要拆除德胜门箭楼。但遭到很多专家学者的反对。

1979 年 2 月 14 日，为保住德胜门箭楼，全国政协委员郑孝燮致信国家副主席陈云，陈述了北京即将拆除一座明朝建筑德胜门箭楼一事，请求中央考虑制止这类拆古建筑的事。并提出五条建议：①德胜门箭楼是现在除前门箭楼外，沿新环路（原城墙址）剩下的唯一的明代建筑，如果不拆它并加以修整，那就会为新环路及北城一带增添风光景色。②德胜门箭楼是南面什刹海的借景，与东面的鼓楼、钟楼遥相呼应的重点景点。从整个北京城的景观效果来看，保留它与拆掉它大不一样。③风景文物也是“资源”，发展旅游事业又非常需要这种“资源”，因此是不宜轻易拆毁的。④风景名胜有两种情况：一是拆或改；二是不拆。我们的城市规划、文物保护、园林绿化工作，迫切需要有机配合，共同把风景名胜保护好。⑤像德胜门箭楼的拆留问题，可以请有关单位的领导、专家、教授座谈座谈，听听他们是什么意见。（本建议信内容有删节。）

当时负责处理此类事物的谷牧副总理看到“建议”后批示：不拆！作为兵器博物馆。就这样德胜门箭楼幸运地保留了下来。1979 年 8 月，德胜门箭楼被公布为北京市第二批市级文物保护单位。

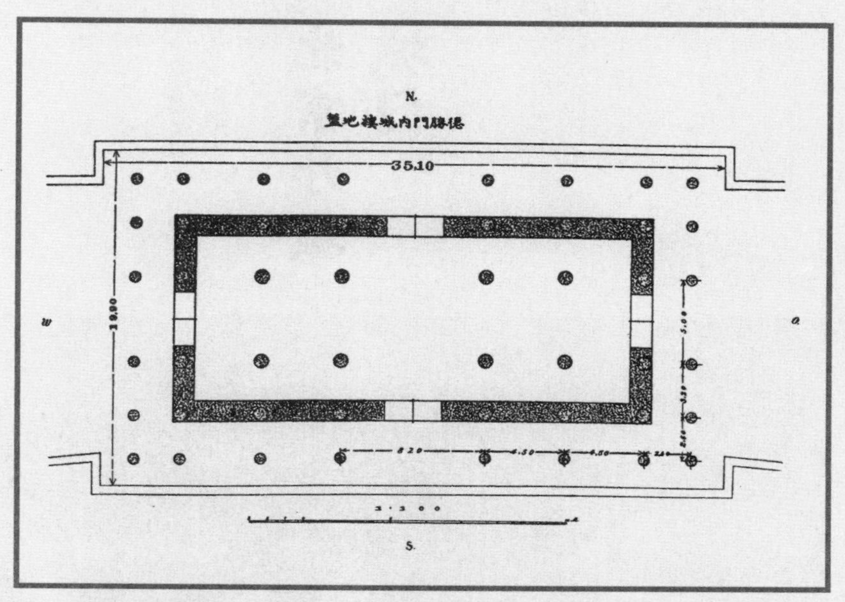

图 2-66　德胜门城楼平面图
参见［瑞典］奥斯伍尔德·喜仁龙:《北京的城墙和城门》，许永全译，北京燕山出版社 1985 年版。

图 2-67　20 世纪 50 年代德胜门箭楼

北京外城城门

一、外城南垣

（一）永定门

永定门，位于外城南垣正中（见图 2-68）。始建于明嘉靖三十二年（1553 年），嘉靖四十三年（1564 年）增建圆弧形瓮城。乾隆十五年（1750 年）后重建瓮城并增筑箭楼。

1. 永定门建筑形制

（1）永定门城楼

城楼连城台通高 26.00 米。

永定门城楼城台基宽 32.00 米、深 17.00 米、高 7.80 米，正中辟券门，上部结构为三甃三伏城砖拱碹，门洞内侧高 6.90 米、宽 5.85 米，门洞外侧高 5.30 米、宽 5.20 米。南门脸拱碹以上嵌石匾，刻有“永定门”三字。

城楼为两层歇山顶，重檐三滴水，灰筒瓦绿剪边饰绿色琉璃脊兽，城楼面阔五间，通宽 24.00 米，进深三间，连廊通深 10.80 米，城楼高 18.20 米。一层走廊内为红垩砖墙，前后及东、西两侧壁各开过木方门。二层楼外有回廊，明间前后各装菱花槅扇门六扇，东、西两次间各装菱花格槅扇门四扇，东、西稍间为红垩砖墙，上下层梁、枋均施彩画，廊、椽、檐、柱、门、槅扇均为红色油漆。

（2）永定门箭楼

箭楼连箭台通高 15.85 米。

箭楼于乾隆十五年（1750 年）后增建，为灰筒瓦单檐歇山式屋顶，饰灰瓦脊

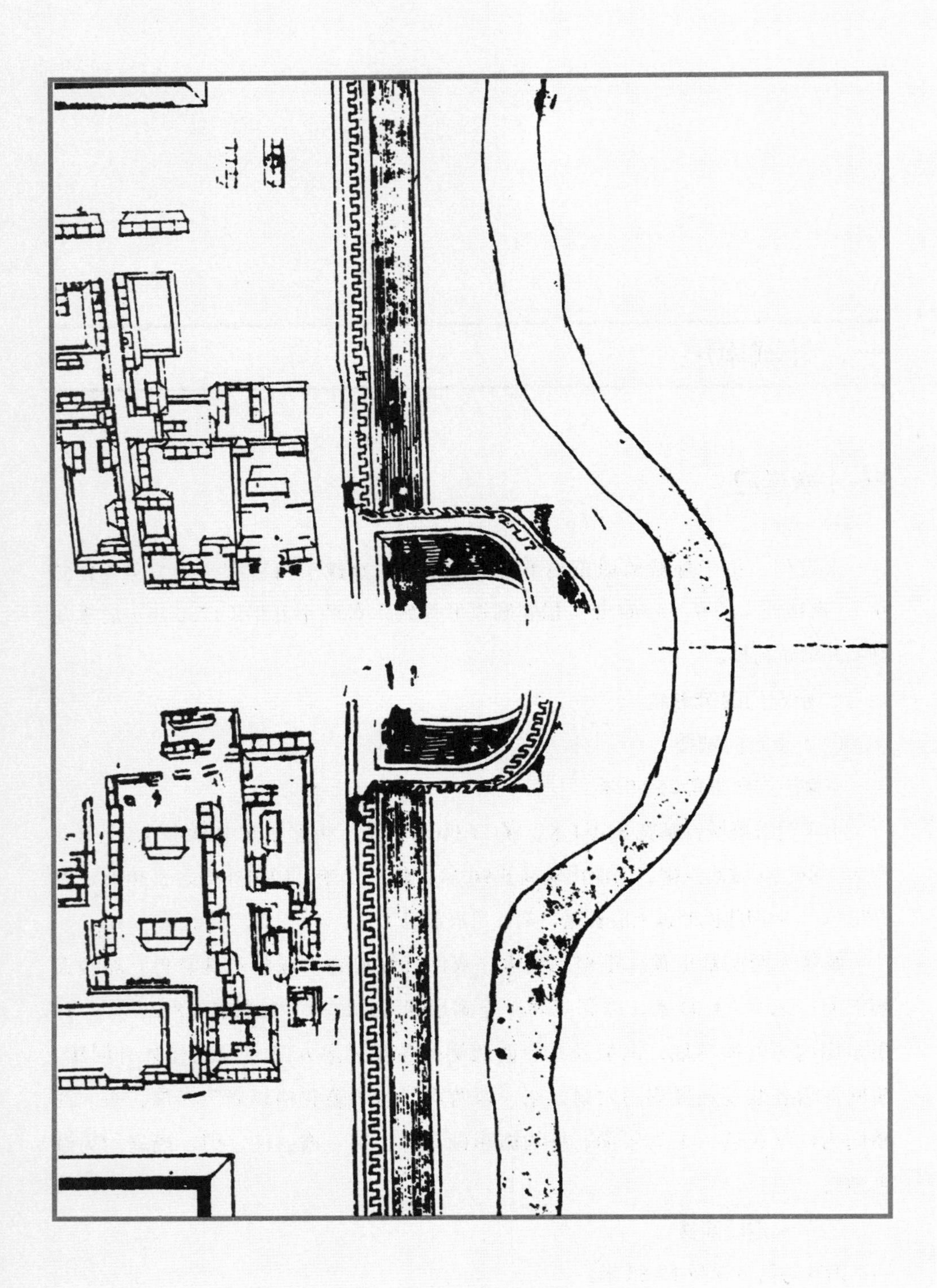

图 2-68 《乾隆京城全图》永定门

兽，城台底宽22.00米，台深11.40米，顶宽19.60米，顶深9.10米，台高7.85米。正中辟券门，上部结构为三甃三伏城砖拱碹，门洞外侧高5.20米、宽5.20米，门洞内侧高约6.00米、宽5.80米。箭楼面阔三间，宽12.80米，进深一间6.70米，楼高8.00米。正面辟箭窗二排，每排7孔，左右两侧各辟箭窗二排，每排3孔，全楼共有箭窗26孔，楼背后辟过木方门。

（3）永定门瓮城

瓮城为明嘉靖四十三年（1564年）增建，为圆弧形，在正对城门处辟券门，初建时券门上未建箭楼，乾隆十五年（1750年）后改建为方形，东北、西北端与城墙外侧直角相接，东南、西南为弧形转角接箭楼。南北长36米，东西长42米，瓮城墙高6.18米，墙顶宽6米。

2. 永定门历代伤损及修葺记录

嘉靖三十二年（癸丑，1553年）闰三月至十月，建京师外城，设永定等五城门，开东西便门。

嘉靖四十三年（甲子，1564年）正月，增筑永定门瓮城。

乾隆十五年（庚午，1750年），增建永定门箭楼。

乾隆三十一年（丙戌，1766年），重建永定门箭楼、瓮城。

乾隆三十二年（丁亥，1767年），重建永定门城楼。

1952年，修缮永定门城楼。

3. 永定门纪事

（1）瓮城拆除

1950年，北京为解决交通问题首先改造了崇文门和西直门两处城门。继而于年底又开辟了六个城墙豁口。在感受到豁口带来的方便后，公交管理部门及市民要求开辟更多城墙豁口的呼声不断高涨。

1951年2月，市政府根据公安局关于城区交通及建议增辟城墙豁口的报告，批准逐步开辟城门旁的豁口，以改善城门一带的交通状况。此后，拆辟的城门豁口不断增多。1951年冬季，出于交通方面的原因，有关部门拆除了永定门瓮城，同时在城门东侧又开辟了一个豁口。

（2）城楼和箭楼拆除

永定门是北京城中轴线南起点的标志性建筑，由于民国期间曾对其进行修缮，因而使永定门成为北京解放时外城七门中形制保存最为完整（城楼、箭楼、瓮城俱在）、建筑最为坚固的一座城门。

北京市建设局于1950年9月对北京的城门、城墙等古建筑进行了初步调查，并完成了《关于城楼等古代建筑状况调查报告》。报告中提道："永定门城楼和箭楼基本完整。……室内外的木柱漆皮尚好。地面及宇墙完整。二层楼板的中间部位只有龙骨而无木地板。屋面及各层挑檐基本完整。有杂草，楼顶未发现漏雨。箭楼的楼门封堵，外墙完整，楼顶上面有少量杂草。"①

在1951年1月4日召开的第一次城楼修缮工程技术研讨会上，与会者认为外城的城楼应根据其损坏的不同程度制订报修计划。唯独永定门，经研究达成一致意见："永定门城楼和箭楼曾于民国三十五年（1946年）做过修缮，目前尚完整，暂不列入修缮计划。"②

由此可见当时永定门城楼和箭楼的基本状况还是相当不错的。

中华人民共和国成立初期的几年里，永定门一带的社会主义建设发展很快。1957年，又在永定门外新建了永定门火车站（北京南站）。城市建设的发展使永定门内大街交通流量剧增，永定门一带正日渐成为北京城南的繁忙区域。

永定门内大街是北京南中轴线的南段。当时的永定门内大街只有10米宽，而且水泥路面大多已破损，不良的路况已对交通运输产生了严重影响。鉴于此情况，市政府决定对永定门内大街进行大规模扩建，"旧路改建以后在永定门向北200公尺一段，将拓成25到35公尺宽（合75到105市尺），中间修筑18公尺的水泥路面。再向北直到西沟旁，路中心修成11公尺宽，专供机动车行驶的水泥路，左右两侧各修5公尺宽的沥青路，做慢行车道，在道路两侧的路树地带，还要铺装4公尺宽的人行道"③。这条宣称"中轴大道宽百尺"的城南新路，当时被人们满怀期望地憧憬为一道"永定门内好风光"。

拓宽城市道路、改善交通状况无可非议，但遗憾的是本应在道路扩宽后更加显著、壮观的永定门城楼却被同时拆除了。当年，一个年轻人目睹了永定门被拆除的

① 北京市建设局：《关于城楼等古代建筑状况调查报告》，1950年。
② 第一次城楼修缮工程技术研讨会记录，1951年1月4日。
③《中轴大道宽百尺，永定门内好风光》，载《北京晚报》，1958年5月6日。

过程，他就是后来成为北京电影制片厂美术师的张先得先生。当他听到永定门将被拆除的消息后，便匆匆赶到那里，凭着对北京城的热爱和职业的敏感，用手中的画笔描绘下了永定门城楼和箭楼最后的身姿。

1958年9月下旬，永定门城楼、箭楼被同时拆除！完工后，参与主持施工的李卓屏编写了包括城楼和箭楼结构考察资料的《永定门拆除工程施工总结》[①]。以下资料主要选取其中有关箭楼和城楼结构的部分数据、材质和做法，并结合部分其他文献编写。

永定门城楼结构资料：

首层：廊下共有明柱24根（红松木料），外圈20根，柱径0.65米，楼室四角外侧各有一根明柱，柱径0.45米。首层楼室面宽五间，东西长19.90米，进深一间，南北宽6.35米。楼室墙壁厚1.50米，墙内共有12根木柱，柱径0.50米。

二层：廊下明柱20根（红松料），柱径0.55米。四角各有一根擎檐柱，柱径0.25米。二层楼室面宽五间，东西长18.4米，进深一间，南北宽4.70米。墙壁厚0.80米，墙内无木柱。城楼下面有长方形台座，东西长25.40米，南北宽11.85米，高0.35米。

永定门城台构造资料：

城台顶面为双层城砖地面，下面石灰土基础。城台南面有垛墙，北面有宇墙，墙厚0.50米，高1.35米。城台内侧（北面）与城墙平齐，城台外侧（南面）凸出城墙，城台高8.85米。城台南面砖层上下厚度均为2.00米，砖墙高7.30米。下面有四层青石板墙基，石基总高为1.55米，下面是0.60米厚石灰土基础。城台北面墙壁砖层上部厚度为1.50米，底部厚2.00米，下部是三层青石板，石基高1.15米，下面有0.60米石灰土基础。门洞上部为三甃三伏半圆形城砖拱碹，门洞宽5.20米、高5.30米，门洞内两边砖墙厚2.50米，下面有五层青石板墙基，石基总高为1.85米，下面有0.60米的石灰土基础。门洞内铺设石板地面，厚0.30米，下面有石灰土基础。南面拱碹上方嵌一块青石匾，刻有“永定门”三个凹形大字。

永定门箭楼结构资料：

箭楼楼顶瓦件均为陶质，望板、椽、檩、柁架都是红松木料。楼体四壁自下而上有收分，外壁是磨砖对缝的清水城砖墙，内侧为混水墙，砖墙底部厚1米，顶部

① 参见孔庆普：《北京的城楼与牌楼结构考察》，东方出版社2014年版，第247—248页。

图 2-69　永定门箭楼和城楼（罗哲文摄于 1952 年）

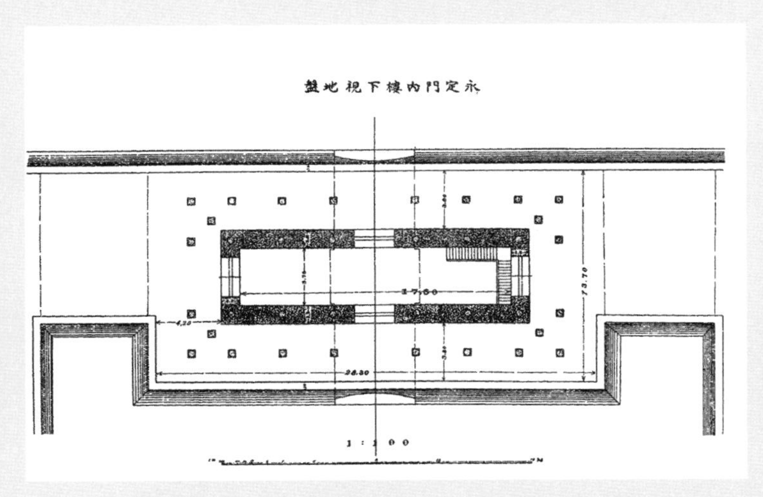

图 2-70　永定门城楼平面图
参见 [瑞典] 奥斯伍尔德 · 喜仁龙：《北京的城墙和城门》，许永全译，北京燕山出版社 1985 年版。

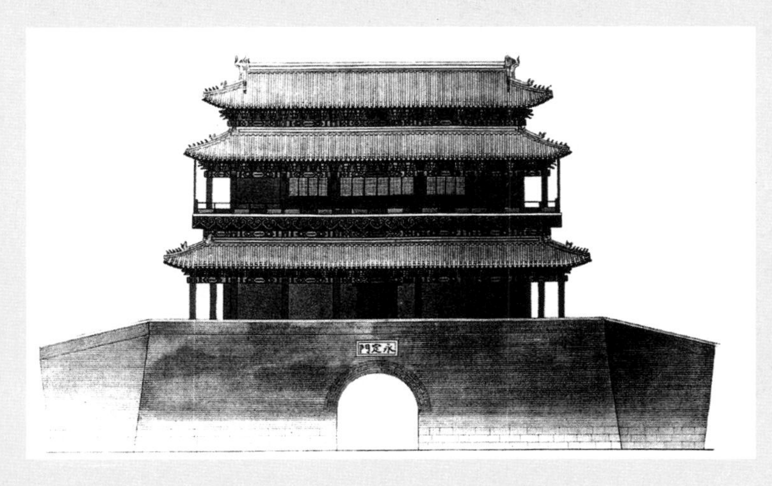

图 2-71　永定门城楼立面图
参见 [瑞典] 奥斯伍尔德 · 喜仁龙：《北京的城墙和城门》，许永全译，北京燕山出版社 1985 年版。

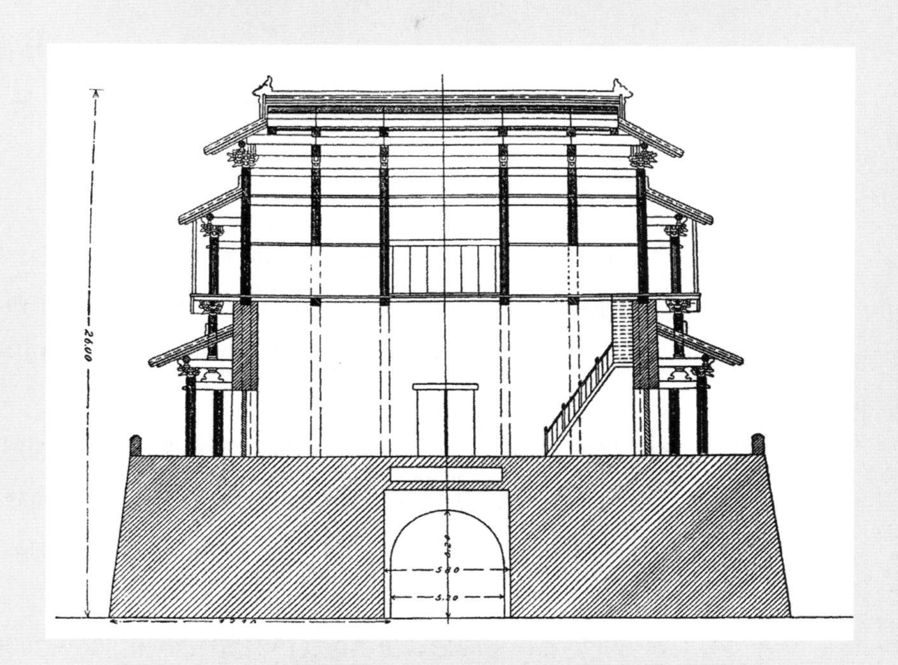

图 2-72　永定门城楼剖面图
参见 [瑞典] 奥斯伍尔德 · 喜仁龙：《北京的城墙和城门》，许永全译，北京燕山出版社 1985 年版。

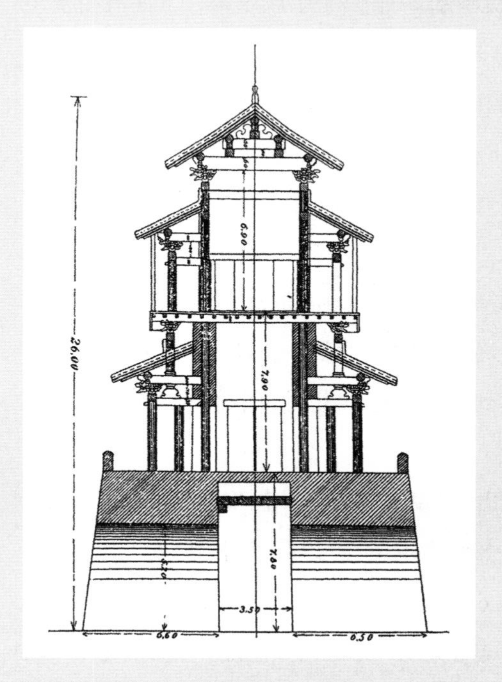

图 2-73　永定门城楼侧剖面图
参见 [瑞典] 奥斯伍尔德 · 喜仁龙：《北京的城墙和城门》，许永全译，北京燕山出版社 1985 年版。

厚 0.75 米，东、西、北三面砖墙下部有一层青石板墙基，厚 0.35 米。墙体内共有 8 根木柱，柱径 0.50 米，均为黄松木料。楼室内地面低于室外约 0.60 米，满铺大方砖。

永定门箭台构造资料：

箭楼楼室以外的箭台地面为双层城砖铺墁，下面石灰土基础。箭台内侧（北面）与瓮城墙平齐，箭台南面凸出瓮城墙，底部东西长 22.00 米，顶部东西长 19.60 米。箭台底部南北宽（门洞深）11.40 米，顶面南北宽 9.10 米，垛口和宇墙内净宽 7.80 米。

箭台北面墙壁砖层厚度，上部为 2.00 米，底部为 2.50 米，下部是四层青石板，石基高 1.70 米，下面有 0.60 米石灰土基础。箭台南面凸出部分墙壁的砖层厚度，上部为 1.50 米，底部为 2.00 米，砖墙高 7.30 米。下面有四层青石板墙基，石基总高为 1.70 米，下面是 0.60 米厚石灰土基础。

箭楼门洞上部为五甃五伏半圆形城砖拱碹，门洞宽 5.20 米、高 5.20 米，门洞内两侧砖墙厚 2.00 米，下面有五层青石板墙基，石基高为 1.75 米，下面有石灰土基础。门洞内铺设石板地面，石板厚 0.30 米，下面有石灰土基础。

转眼几十年过去了。1990 年，亚运会在北京举办。为配合亚运会工程，北京的中轴线向北延伸了 5 公里多，由原来的 7.8 公里延长到了 13 公里。而在人们逐渐对代表北京文脉的中轴线重视的时候，似乎才意识到永定门作为南中轴线起点标志性建筑的重要性。

在 1999 年初的北京市政协会议上，王灿炽等六位政协委员提交了一份题为《建议重建永定门，完善北京城中轴线文物建筑》的 0536 号提案，这份提案引起了市政府的高度重视，重建永定门之事从此被提到议事日程。此时，距永定门拆除之日仅 42 年。

2002 年，北京申办奥运会成功，这在很大程度上促进了永定门城楼的重建。北京市文物局在新的规划中，计划将北京城的中轴线由现在的 13 千米延长到 26 千米，北中轴线继续向北延伸，其北端即规划中的占地 6.8 平方千米的奥林匹克森林公园。南中轴线将延伸至南苑，作为南中轴线上的重要标志性建筑，永定门城楼将按计划重建。

《北京晚报》2004 年 2 月 13 日报道：“经过一年多的精心准备，今年 3 月，文物古建施工人员将正式进驻永定门复建工地；年底之前，一座按历史原貌复原的永

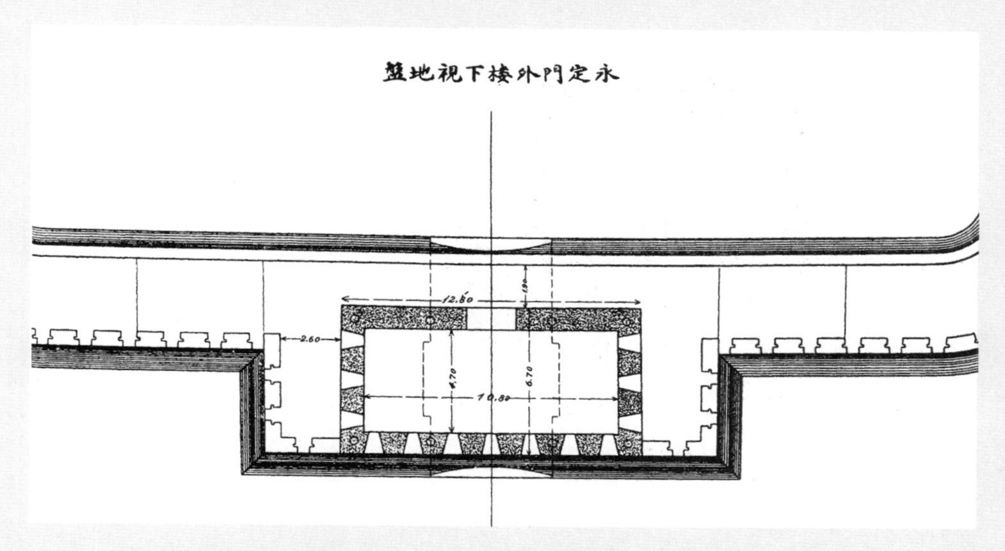

图 2-74 永定门箭楼平面图

参见 [瑞典] 奥斯伍尔德 · 喜仁龙：《北京的城墙和城门》，许永全译，北京燕山出版社 1985 年版。

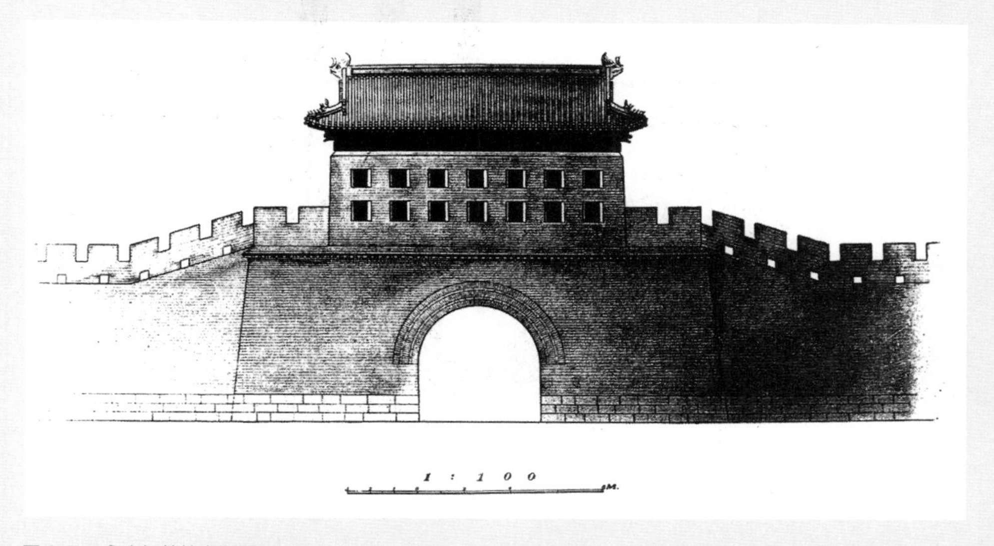

图 2-75 永定门箭楼立面图

参见 [瑞典] 奥斯伍尔德 · 喜仁龙：《北京的城墙和城门》，许永全译，北京燕山出版社 1985 年版。

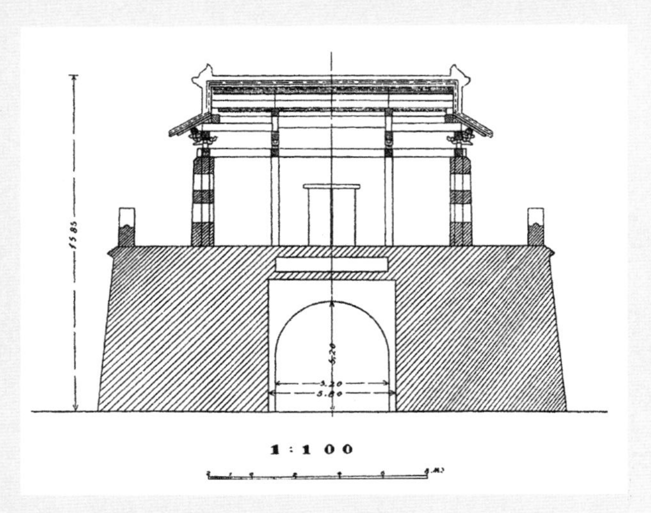

图 2-76 永定门箭楼剖面图
参见[瑞典]奥斯伍尔德·喜仁龙：《北京的城墙和城门》，许永全译，北京燕山出版社 1985 年版。

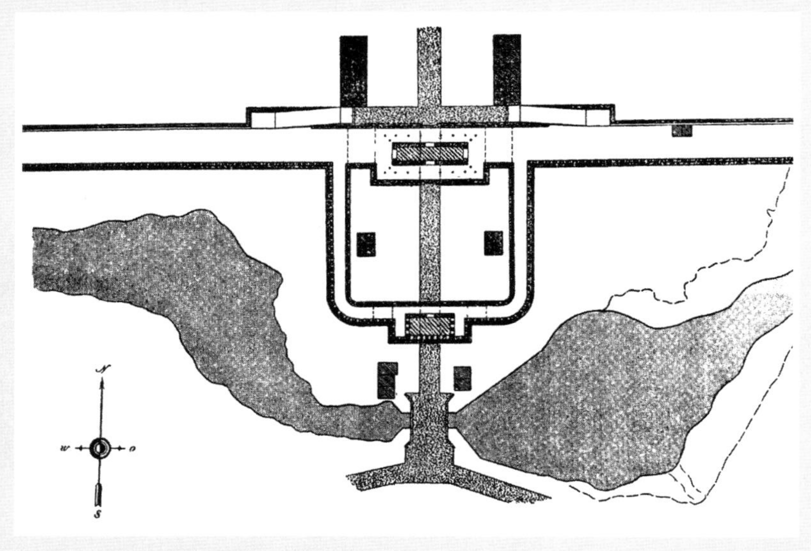

图 2-77 永定门建筑组群平面图
参见[瑞典]奥斯伍尔德·喜仁龙：《北京的城墙和城门》，许永全译，北京燕山出版社 1985 年版。

定门城楼将重新串起古老北京城的中轴线。”①

《北京晚报》2004年3月10日报道：“今天上午，北京市文物古建工程公司的施工人员正式进驻二环线永定门护城河北侧的工地，已经筹备了近三年的永定门城楼复建工程正式开始动工兴建，预计城楼主体工程在今年国庆节前可完成。……计划复建的永定门城楼的城台东西长31.41米，南北宽16.96米，高7.9米，城楼高25.20米。复建城墙两侧各长15.9米，宽12.7米，高6.2米。”②

《北京晚报》2004年8月19日报道：“昨天下午4点，随着永定门城楼楼顶的最后一块砖被砌上，永定门城楼大脊成功合龙，这意味着永定门城楼复建的主体结构已经基本完工，再经过一个月的收尾，一座原汁原味的永定门将重新矗立在老北京城外城的南大门。……目前整个永定门复建工程已经用了超过290万块砖，共用木材1100多立方米；预计再经过一个月的收尾，整个复建工程9月25日前即可全部完工。”③

在近半个世纪的时间里，永定门经历了一个拆与建的轮回，当年坚定地拆除与今天更坚定地重建，似乎给人们出了一道空间广阔的历史思考题。但不管怎样，永定门城楼的复建毕竟说明当今社会对历史文化有了更深刻的认识，意识到了古建筑在城市发展中的作用。可以说，永定门城楼的复建从某些方面看还是有一定积极意义的。

2004年3月10日，永定门城楼复建工程开工。

2004年9月底，永定门城楼复建工程正式竣工。

在永定门被拆除47年后，一座新的永定门城楼又重新矗立在原址之上。

（二）左安门

左安门（俗称“礓礤门”），位于外城南垣东侧（见图2-78）。始建于明嘉靖三十二年（1553年），嘉靖四十三年（1564年）增建圆弧形瓮城。乾隆十五年（1750年）后重建瓮城并增筑箭楼。

---

① 《复建原汁原味永定门城楼》，载《北京晚报》，2004年2月13日。
② 《永定门城楼今起复建》，载《北京晚报》，2004年3月10日。
③ 《永定门城楼主体完工》，载《北京晚报》，2004年8月19日。

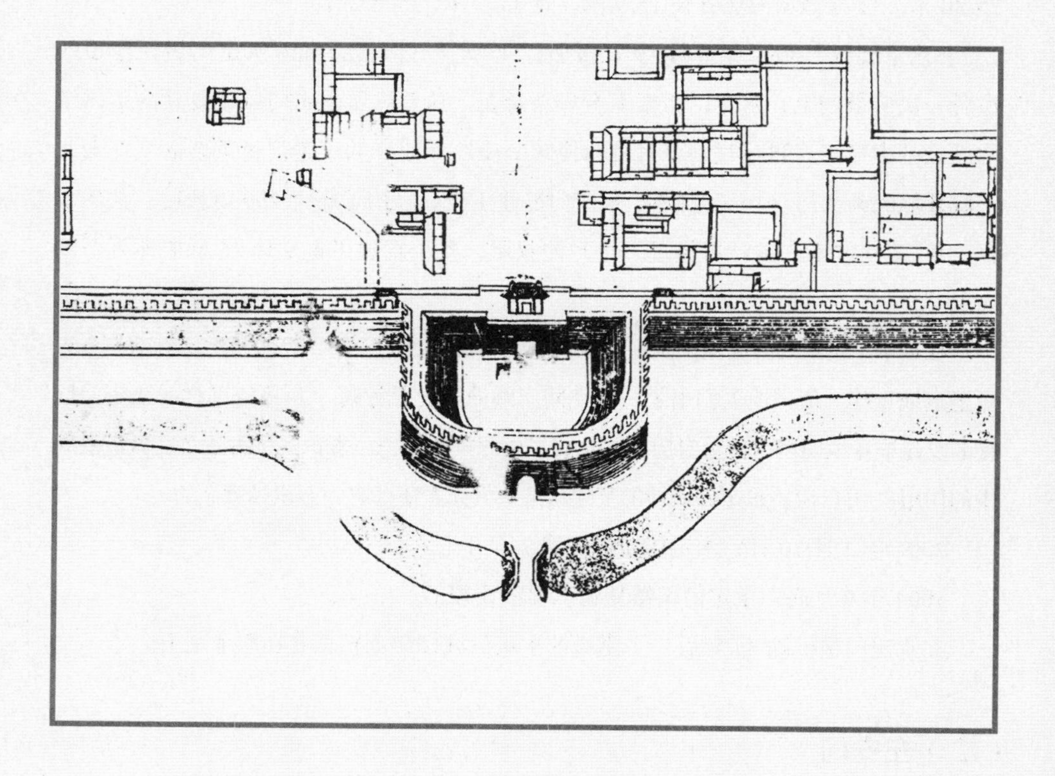

图 2-78 《乾隆京城全图》左安门

1. 左安门建筑形制

（1）左安门城楼

城楼连城台通高约 15.00 米。

城台宽 27.90 米，台高 8.15 米，正中辟券门，券门高 6.50 米、宽 5.80 米。顶为灰筒瓦单檐歇山小式，饰灰瓦脊兽。城楼面阔三间，连廊通宽 16.00 米，进深一间，连廊通深 9.00 米，高 7.10 米。红色梁柱，红垩砖墙。

（2）左安门箭楼

箭楼连箭台通高 16.60 米。

箭楼为乾隆十五年（1750 年）后增建，乾隆三十一年（1766 年）重修。

箭台南面底宽约 26.30 米，进深约 11.00 米，台高 8.15 米，正中辟券门，券门高 5.20 米、宽 5.15 米。箭楼面阔三间，宽约 12.80 米，进深一间，深约 6.00 米，高 7.10 米。正面辟箭窗两排，每排 7 孔，左右两侧各辟箭窗两排，每排 2 孔，全楼共有箭窗 22 孔。楼后正中开一过木方门。顶为灰筒瓦单檐歇山小式，饰灰瓦脊兽，檐下小型斗拱。

（3）左安门瓮城

瓮城始建于明嘉靖四十三年（1564 年），清乾隆十五年（1750 年）后重建，呈圆角长方形，南北长 24.00 米，东西长 29.00 米。

2. 左安门历代伤损及修葺记录

嘉靖三十二年（癸丑，1553 年）闰三月至十月，建京师外城，设左安等五城门。

嘉靖四十三年（甲子，1564 年）正月，增筑外城左安等七门瓮城。

乾隆十五年（庚午，1750 年）后增建左安门箭楼。

乾隆三十一年（丙戌，1766 年），重修左安门箭楼。

3. 左安门纪事

（1）箭楼、瓮城拆除

20 世纪 50 年代初，左安门箭楼因年久失修损毁严重，已存在坍塌隐患。1953 年 11 月，市政府批准拆除左安门箭楼和瓮城及道路改建工程。此项工程包括：拆除箭楼和瓮城，拆除瓮城与东边豁口之间的城墙（1952 年开辟的城墙豁口），改建穹桥及城门内外道路。

工程于 1953 年 11 月 22 日开工，12 月 6 日完工。参与主持施工的于德魁编写了《左安门瓮城和箭楼拆除工程施工总结》①。以下资料主要选取其中有关箭楼结构和瓮城构造的部分数据、材质和做法，并结合其他文献内容编写。

左安门箭楼结构资料：

箭楼楼顶瓦件均为陶质，楼顶木结构都是红松木料。箭楼东西长约 13.00 米，南北宽约 6.00 米，楼外壁是磨砖对缝的清水城砖墙，内侧墙面抹白灰，楼体砖墙厚约 1 米，墙体内共有 8 根木柱，柱径 0.32 米，木柱下面有青石柱础。北墙正中有一大门，门口宽 2.60 米。

左安门箭台构造资料：

箭台高 8.15 米，箭台的顶面比瓮城墙高 0.80 米，由一段坡道连接过渡。箭楼内的地面铺大方砖，楼室以外的箭台地面用双层城砖铺墁，下面皆为石灰土基础。箭台南面凸出瓮城墙，底部凸出 7.25 米，顶部凸出 6.00 米，底边东西长 26.30 米，顶边东西长 23.90 米。箭台北面墙壁砖层上部厚度为 1.50 米，底部厚度为 2.00 米，下面是两层青石板，石基高 0.80 米，下面有 0.50 米石灰土基础。箭台南面墙壁的砖层厚度为 2.50 米，下面有三层青石板墙基，石基高 1.05 米，下面有 0.50 米厚石灰土基础。箭楼门洞上部为三甃三伏半圆形城砖拱碹，门洞宽 5.15 米、高 5.20 米，门洞内两侧砖墙厚 2.50 米，下面有四层青石板墙基，石基高为 1.40 米，下面有 0.50 米厚石灰土基础。门洞内铺设石板路面，石板厚 0.30 米，下面有 0.45 米石灰土基础。

左安门瓮城构造资料：

左安门瓮城呈圆角长方形，南北宽约 24.00 米，东西长约 29.00 米。瓮城墙顶部外侧有垛口墙，厚 0.80 米，高 1.70 米，墙垛宽 1.80 米，垛口宽 0.50 米。内侧有宇墙（有青石墙帽），厚 0.50 米，高 1.35 米。瓮城墙顶面铺设双层城砖，下面是厚约 0.40 米的石灰土。瓮城墙底宽 13.25 米，顶面全宽 11.80 米，顶净宽 10.55 米。城墙外侧高约 7.25 米，墙壁砖层上部厚度为 1.55 米，底部厚度为 2.00 米，砖墙高约 5.75 米。外表为整砖，内部大多是半截砖。砖墙下面是四层青石板，石基高 1.45 米，下面有 0.70 米石灰土基础。城墙内侧高约 7.00 米，墙壁砖层上部厚度为 1.55 米，底部厚度为 2.00 米，砖墙高约 5.50 米。外表约三分之一为整砖，内部

① 参见孔庆普：《北京的城楼与牌楼结构考察》，东方出版社 2014 年版。

图 2-79 1929 年左安门箭楼

大多是半截砖。砖墙下面是五层青石板，石基高 1.65 米，下面有厚约 0.70 米石灰土基础。

（2）城楼拆除

1956 年，为配合方庄路和左大路的改扩建工程，决定拆除左安门城楼及两侧部分城墙。左安门拆除工程包括：拆除左安门城楼及城台，拆除城楼以西 70 米城墙，拆除城楼以东至原豁口之间的城墙。

左安门城楼及城台拆除工程于 1956 年 9 月 9 日开工，9 月 29 日完工。养工所综合技术工程队的施工员李卓屏编写了《左安门城楼拆除工程施工总结》[①]。以下资料主要选取其中有关城楼结构和城台构造部分数据、材质和做法，并结合部分其他资料编写。

左安门城楼结构资料：

城楼楼顶瓦件均为陶质，楼顶木结构都是红松木料。廊下共有 16 根明柱（红松木料），柱径 0.48 米。楼室外侧下部是城砖清水墙面，上部混水墙外饰白灰，楼室内侧墙面为混水墙外饰白灰，墙厚 1 米，砖墙下面是一层青石板。墙内有 8 根木柱，柱径 0.45 米。城楼建在城台中间的一个高约 0.60 米的砖砌长方形台座上。

左安门城台构造资料：

城台顶面为双层城砖地面，下面石灰土基础。城台内侧（北面）与城墙平齐，城台外侧（南面）凸出城墙，上面凸出 3.80 米，下面凸出 5.30 米，城台顶面东西长 24.70 米，南北宽 14.6 米。城台底面东西长 27.90 米，南北宽（门洞深）约 17.50 米，城台高 8.15 米。城台南面凸出的墙壁砖层厚度为 2.00 米，砖墙高 6.80 米，下面是三层青石墙基，石基高 1.35 米，下面有 0.60 米石灰土基础。城台北面墙壁砖层上部厚度为 1.50 米，底部厚 2.00 米，砖墙高 5.50 米，下部有五层青石板墙基，石基高 1.65 米，下面有厚约 0.60 米石灰土基础。券门上部为三甃三伏半圆形城砖拱碹，门洞宽 5.80 米，门洞高 6.5 米，门洞内两边砖墙厚 2.00 米，下面有四层青石墙基，石基高为 1.65 米，下面有 0.60 米的石灰土基础。城门洞内铺设花岗岩路面，石板厚 0.40 米，下面有石灰土基础。南面拱碹上方有一块青石匾，刻有“左安门”三个凹形大字。

---

① 参见孔庆普：《北京的城楼与牌楼结构考察》，东方出版社 2014 年版。

图 2-80　1921 年左安门城楼

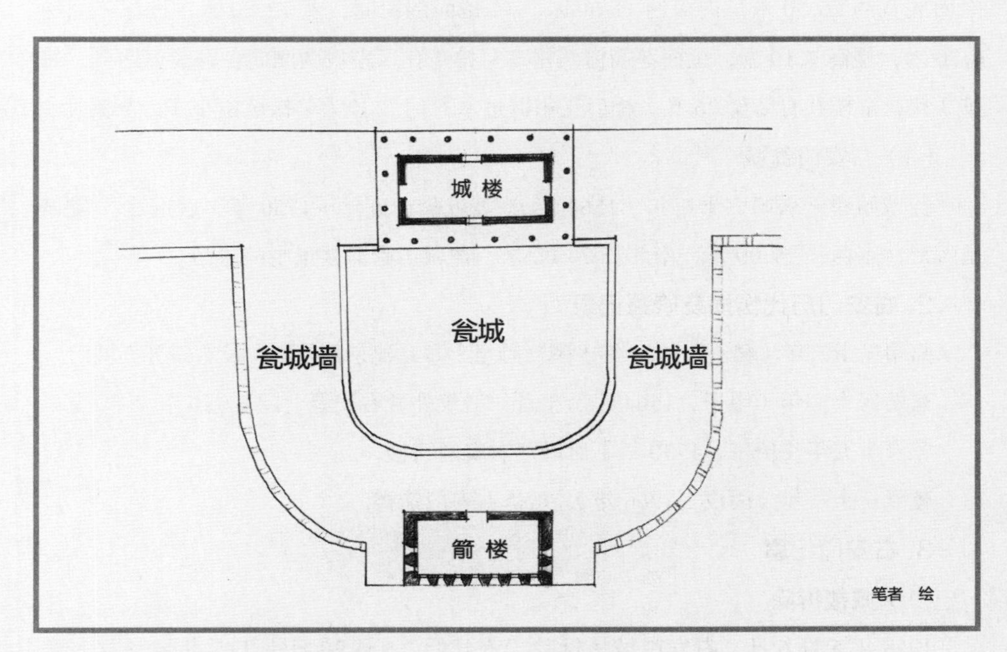

图 2-81　左安门建筑组群平面图
参见 [瑞典] 奥斯伍尔德 · 喜仁龙：《北京的城墙和城门》，许永全译，北京燕山出版社 1985 年版。

（三）右安门

右安门（俗称“南西门”），位于外城南垣西侧（见图 2-82）。始建于明嘉靖三十二年（1553 年）。嘉靖四十三年（1564 年）增建圆弧形瓮城。乾隆十五年（1750 年）后重建瓮城并增筑箭楼。

1. 右安门建筑形制

（1）右安门城楼

城楼加城台通高约 15.00 米。

城台宽 27.50 米、高 8.15 米，正中辟券门，券门高 5.20 米、宽 5.15 米。城楼面阔三间，连廊通宽 16.00 米，进深一间，连廊通深 9.00 米，楼高 6.50 米。红色梁柱，红垩砖墙，顶为灰筒瓦单檐歇山小式，灰筒瓦。

（2）右安门箭楼

箭楼加箭台通高 16.60 米。

箭楼于乾隆十五年（1750 年）后增建，乾隆三十一年（1766 年）重修。箭台南面底宽约 26.50 米，进深约 11.00 米。箭楼面阔三间，宽 12.80 米，进深一间深 6.70 米，楼高 7.10 米，正面辟箭窗两排，每排 7 孔，左右两侧面各辟箭窗两排，每排 3 孔，全楼共有箭窗 26 孔，楼后正中辟过木方门。顶为单檐歇山小式，灰筒瓦。

（3）右安门瓮城

瓮城始建于嘉靖四十三年（1564 年），清乾隆十五年（1750 年）后重建。瓮城呈弧形，东西长 29.00 米，南北长 24.00 米，瓮城正南箭楼正中辟券门。

2. 右安门历代伤损及修葺记录

嘉靖三十二年（癸丑，1553 年）闰三月至十月，建京师外城，设右安等五城门。

嘉靖四十三年（甲子，1564 年）正月，增筑外城右安等七门瓮城。

乾隆十五年（庚午，1750 年）后增建右安门箭楼。

乾隆三十一年（丙戌，1766 年），重修右安门箭楼。

3. 右安门纪事

（1）城楼拆除

1958 年 5 月 6 日，右安门城楼拆除工程开始，5 月 20 日完工。拆除城楼及东边约 100 公尺的残存城墙，同时拆除城楼西边约 150 公尺残存城墙。工程完成后，

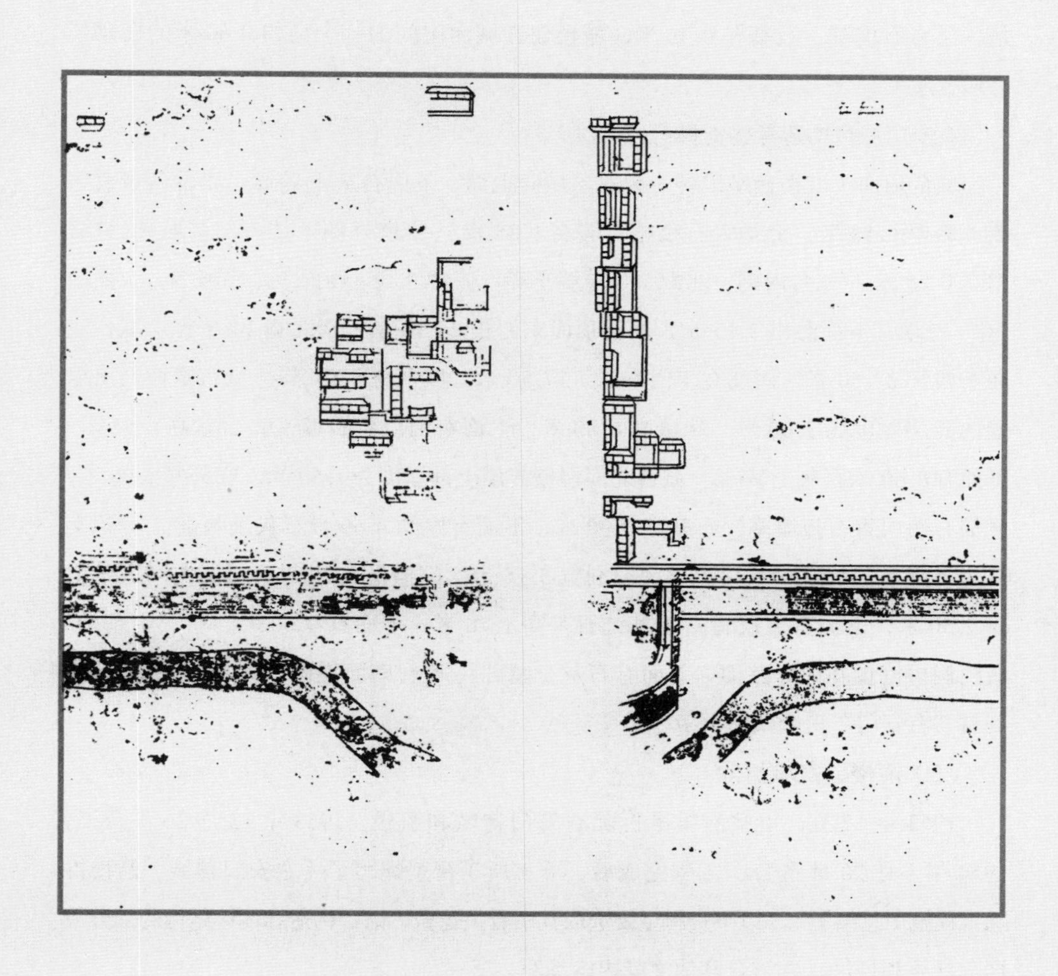

图 2-82《乾隆京城全图》右安门

主持施工的施工员李卓屏编写了《右安门城楼拆除工程施工总结》[①]。以下资料主要选取其中有关城楼结构和城台构造的数据、材质和做法，并结合其他资料编写。

右安门城楼结构考察资料：

城楼楼顶瓦件均为陶质，楼顶木结构都是红松木料。廊下共有 16 根明柱（红松木料），柱径 0.48 米。墙厚 1.00 米，墙内有 8 根木柱，柱径 0.40 米。砖墙下面是一层青石墙基，石基厚 0.36 米，城楼建在城台中间的一个高约 0.60 米的砖砌长方形台座上。

右安门城台构造考察资料：

城台顶面（城楼台座以外）为双层城砖地面，下面石灰土基础。南北两侧有宇墙，墙厚 0.50 米，上扣青石墙帽，墙高 1.35 米。宇墙外侧下端有三层城砖出檐，檐宽 0.25 米。城台内侧（北面）与城墙平齐，城台外侧（南面）凸出城墙，上面凸出 2.75 米，下面凸出 3.15 米，城台顶面东西长 24.70 米，南北宽 14.6 米。城台底面东西长 27.50 米，南北宽（门洞深）17.50 米，城台高 8.15 米。城台南面凸出墙壁的砖层厚度为 2.00 米，砖墙高 6.80 米，下面有两层青石墙基，石基高 0.85 米，下面有 0.60 米石灰土基础。城台北面墙壁砖层上部厚度为 1.50 米，底部厚 2.00 米，下部有两层青石板墙基，石基高 0.90 米，下面有厚约 0.60 米石灰土基础。券门上部为半圆形三甃三伏城砖拱碹，门洞宽 5.15 米，门洞高 5.20 米，门洞内两边砖墙厚 2.50 米，下面有五层青石墙基，石基高 1.70 米，下面有 0.60 米的石灰土基础。城门洞内铺设花岗岩路面，下面有石灰土基础。城台南面拱碹上方有一块青石匾，刻有“右安门”三个凹形大字。

（2）箭楼、瓮城拆除

1953 年 12 月，市政府批准拆除右安门瓮城和箭楼，1953 年 12 月 26 日开工，1954 年 1 月 20 日完工。工程完成后，养工所于德魁编写了《右安门瓮城、箭楼拆除工程施工总结》[②]。以下资料主要选取其中有关瓮城、箭台构造和箭楼结构的部分数据、材质和做法，并结合其他文献内容编写。

---

① 参见孔庆普：《北京的城楼与牌楼结构考察》，东方出版社 2014 年版，第 244—245 页。

② 参见孔庆普：《北京的城楼与牌楼结构考察》，东方出版社 2014 年版，第 207—208 页。

右安门瓮城构造考察资料：

右安门瓮城呈小圆角长方形，内侧东西长约 29.00 米，南北宽约 24.00 米。瓮城墙的北端与城楼左右城墙直角对接，瓮城墙顶部外侧有垛口墙，厚 0.80 米，高 1.80 米，墙垛宽 1.80 米，垛口宽 0.50 米。内侧有宇墙，上有青石墙帽，墙厚 0.50 米，高 1.35 米。瓮城墙顶面铺设双层城砖，下面是厚约 0.45 米的石灰土。瓮城墙底宽 7.90 米，顶宽 5.50 米。城墙高约 7.40 米。内外两侧墙壁砖层上部厚度为 1.50 米，底部厚度为 2.00 米，砖墙高约 6.20 米。外侧砖墙下面是三层青石板，石基高 1.20 米，下面有 0.60 米石灰土基础。内侧砖墙下面是三层青石板，石基高 1.05 米，下面有 0.60 米石灰土基础。

右安门箭楼结构考察资料：

箭楼楼顶瓦件均为陶质，楼顶木结构都是红松木料。箭楼东西长 12.80 米，南北宽 6.70 米，楼外壁是清水城砖墙，内侧混水墙抹白灰，墙底部厚 1.00 米，顶部厚 0.80 米。墙体内共有 8 根木柱，柱径 0.32 米，木柱下面有青石柱础。北墙正中有一大门，门口宽 2.60 米。楼室内地面铺设大方砖。

右安门箭台构造考察资料：

箭台的顶面东西长 24.00 米，南北宽 11.00 米，箭台高 8.15 米，比瓮城墙高出 0.80 米，两边各由坡道连接。箭楼内地面铺大方砖，楼室以外的箭台地面以双层城砖铺墁，下面为石灰土基础。箭台南面凸出瓮城墙，立面为梯形，底部凸出 7.00 米，顶部凸出 5.75 米，底边东西长 26.50 米，顶边东西长 24.00 米。箭台北面墙壁砖层上部厚度为 1.50 米，底部厚度为 2.00 米，下面是三层青石，石基高 1.05 米，下面有 0.60 米石灰土基础。箭台南面墙壁的砖层厚度为 2.00 米，下面有三层青石板墙基，石基高 1.20 米，下面有 0.60 米厚石灰土基础。箭楼南面券门上部为三甃三伏半圆形城砖拱碹，门洞宽 5.20 米、高 5.20 米，门洞内两侧砖墙厚 2.50 米，下面有五层青石墙基，石基高 2.20 米，宽 2.40 米，下面有 0.60 米厚石灰土基础。门洞内铺设花岗岩路面，石板厚 0.30 米，下面有 0.60 米厚石灰土基础。

图 2-83 20 世纪 30 年代右安门城楼

图 2-84 1956 年右安门箭楼

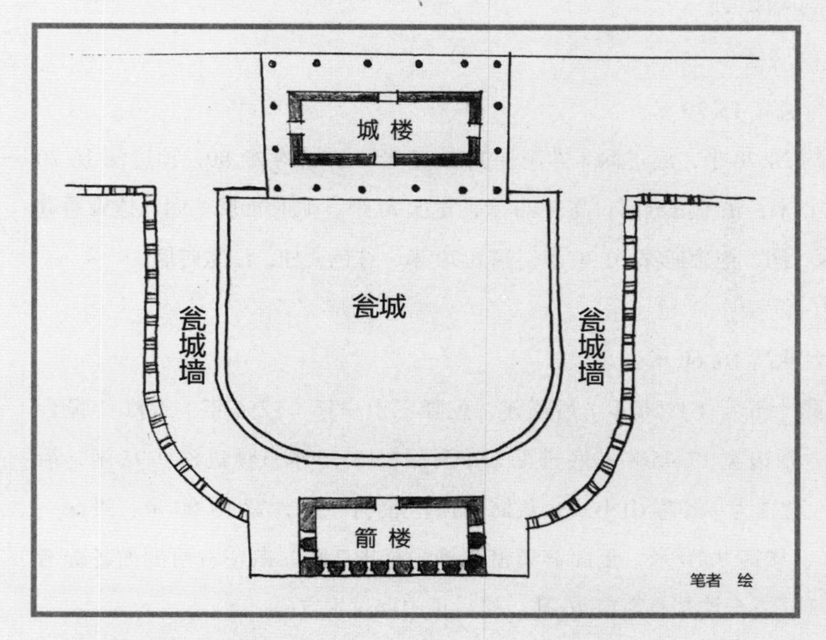

图 2-85 右安门建筑组群平面图
参见[瑞典]奥斯伍尔德·喜仁龙：《北京的城墙和城门》，许永全译，北京燕山出版社 1985 年版。

二、外城东垣

广渠门

广渠门（俗称“沙窝门”），位于外城东垣（见图 2-86）。始建于明嘉靖三十二年（1553 年），形制为单檐歇山顶。嘉靖四十三年（1564 年），增建圆弧形瓮城。乾隆十五年（1750 年）后重建瓮城并增筑箭楼。

1. 广渠门建筑形制

（1）广渠门城楼

城楼加城台通高 15.70 米。

城台底宽约 24.20 米，底进深（券洞深）18.45 米，顶宽约 22.80，顶进深 16.20 米，城台高 7.70 米，正中辟券门，高 6.80 米，宽 5.90 米。城楼面阔三间，连廊通宽 19.50 米，进深一间，连廊通深 10.30 米，高 6.70 米，红色梁柱，红垩砖墙。

（2）广渠门箭楼

箭楼加箭台通高 16. 60 米。

箭楼于乾隆十五年（1750 年）后增建，乾隆三十一年（1766 年）重修。箭台底宽 19.85 米，顶边宽 17.45 米，底进深（券洞深）12.15 米，顶进深 9.95 米，箭台高 9.50 米。箭楼为单檐歇山小式，灰筒瓦顶。面阔三间，宽 13.00 米，进深一间，深 6.00 米，楼高 7.10 米，正面辟箭窗两排，每排 7 孔，东左右两侧面各辟箭窗两排，每排 3 孔，全楼共有箭窗 26 孔，楼后正中辟过木方门。

（3）广渠门瓮城

瓮城为明嘉靖四十三年（1564 年）增建，乾隆十五年（1750 年）后重建，并

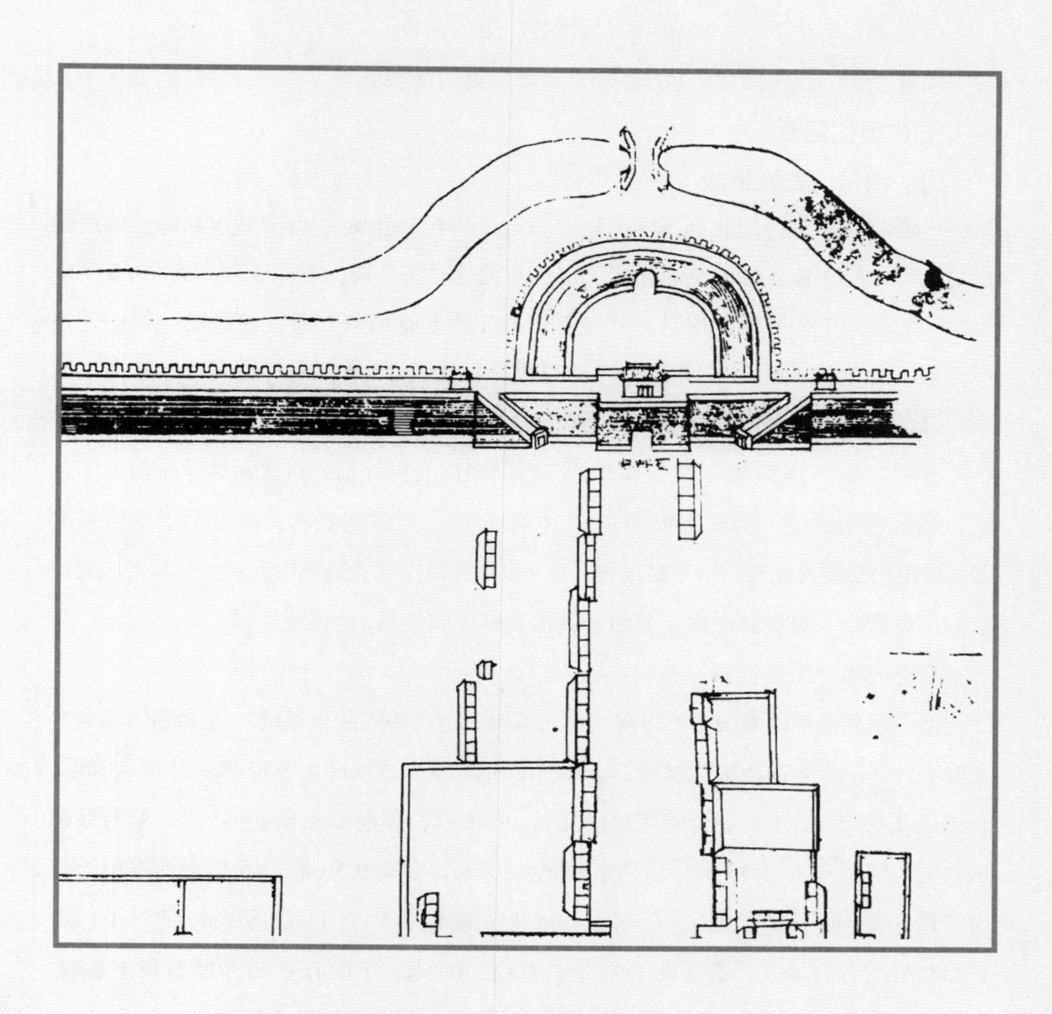

图 2-86 《乾隆京城全图》广渠门

增建箭楼。瓮城西端与城墙直角相接，东端呈半圆形，南北长 39.35 米，东西宽 23.85 米，瓮城高约 7.00 米。

2. 广渠门历代伤损及修葺记录

嘉靖三十二年（癸丑，1553 年）闰三月至十月，建京师外城，设广渠等五城门。

嘉靖四十三年（甲子，1564 年）正月，增筑外城广渠等七门瓮城。

乾隆十五年（庚午，1750 年）后增建广渠门箭楼。

乾隆三十一年（丙戌，1766 年），重修广渠门箭楼。

3. 广渠门纪事

（1）箭楼、瓮城拆除

广渠门箭楼于民国时期拆除，仅存城台、箭台和瓮城。由于城台和箭台的门洞过于狭窄，经常造成城门交通拥堵，市政府批准并将广渠门拆除工程列为 1953 年广渠门新建道路工程的配套项目。广渠门拆除工程包括城台、箭台和瓮城。城门建筑拆除后，此处拟改建为城门豁口。豁口设计宽度为 25 米，车行道宽 9 米，两边为绿化带，不设人行步道。

拆除工程于 1953 年 3 月 9 日开工，后因中途变更计划，这次只拆除了箭台和瓮城，城台暂未拆除，拆除工程于 3 月 26 日完工。工程完成后，养工所于德魁编写了《广渠门箭台及瓮城构造考察报告》[①]。以下资料主要选取其中有关箭台和瓮城墙构造的部分数据、材质和做法，并结合其他文献内容编写。

广渠门箭台构造资料：

箭台顶面楼室以外的地面以双层城砖铺墁，下面为石灰土基础。箭台西墙面与瓮城墙平齐，箭台东面凸出瓮城墙，底部凸出 4.25 米，顶部凸出 3.85 米，立面为梯形，底边南北长 19.85 米，箭台的底部南北长 19.85 米，顶面南北长 17.45 米，箭台底部东西宽（门洞深）12.15 米，顶部东西宽 9.95 米，台高 9.50 米。箭楼南面券门上部为五甃五伏半圆形城砖拱碹，门洞宽 4.45 米、高 4.50 米，门洞内两侧砖墙厚 2.00 米，下面有五层青石墙基，石基高 1.90 米，宽约 2.00 米，下面有 0.60 米厚石灰土基础。门洞内铺设花岗岩路面，石板厚 0.30 米，下面有 0.60 米厚石灰土基础。

---

① 参见孔庆普：《北京的城楼与牌楼结构考察》，东方出版社 2014 年版，第 196 页。

广渠门瓮城城墙资料：

广渠门瓮城呈大圆角方形，内侧东西长 23.85 米，南北长 39.35 米，高约 7.00 米。瓮城墙的西端与城楼左右城墙直角对接，内侧墙壁砖层上部厚度为 1.20 米，底部厚度为 1.75 米，外表为整砖，内部都是半截城砖。外侧墙壁砖层上部厚度为 1.50 米，底部厚度为 2.00 米，外表为整砖，内部是半截城砖。两侧城墙下面是三层青石，石基高 1.10 米，下面有 0.80 米石灰土基础。

（2）**城楼拆除**

广渠门城楼于民国时期拆除，仅余城台。1953 年因广渠路道路工程又拆除了广渠门瓮城和箭台，仅剩城楼的城台。1956 年，为配合广渠门内外道路整修工程，市政府批准拆除此城台。广渠门城台于 1956 年 4 月上旬被拆除。

完工后，养工所施工员李卓屏编写了《广渠门城台及城墙拆除工程施工总结》[1]。以下资料主要选取其中有关城台和城墙构造的部分数据、材质和做法，并结合其他文献内容编写。

广渠门城台构造资料：

城台高 7.70 米，顶面高出城墙 0.70 米，两边各有坡道连接。城台顶面中央部位有城楼台座，南北长 17.80 米，东西宽 11.00 米，高约 0.60 米。台座以外铺墁双层城砖地面，下面石灰土基础。城台东西两面皆凸出城墙，东面底部凸出 2.15 米，顶部凸出 1.90 米，城台立面呈梯形，上顶南北长 22.80 米，底部南北长 24.20 米。西面凸出部分两侧各有一条宽 3.35 米的登城马道，城台凸出马道 0.90 米。城台底部东西宽（门洞深）18.45 米，顶面东西宽 16.20 米，东西两侧有宇墙，墙上加青石墙帽，城台东西两面凸出的墙壁砖层厚度均为 2. 20 米，表层为整砖，内部都是半截城砖。砖墙下面有四层青石墙基，石基高 1.55 米，下面有 0.70 米石灰土基础。券门上部为半圆形五甃五伏城砖拱碹，门洞宽 4.85 米，门洞高 4.90 米，门洞内两边砖墙厚 2.50 米，下面有四层青石墙基，石基高 1.55 米，宽 2.30 米，下面有 0.70 米的石灰土基础。城门洞内铺设花岗岩路面，石板厚 0.30 米，下面有石灰土基础。城台东面拱碹上方有一块青石匾，镌刻“广渠门”三个凹形大字。

---

① 参见孔庆普：《北京的城楼与牌楼结构考察》，东方出版社 2014 年版，第 218 页。

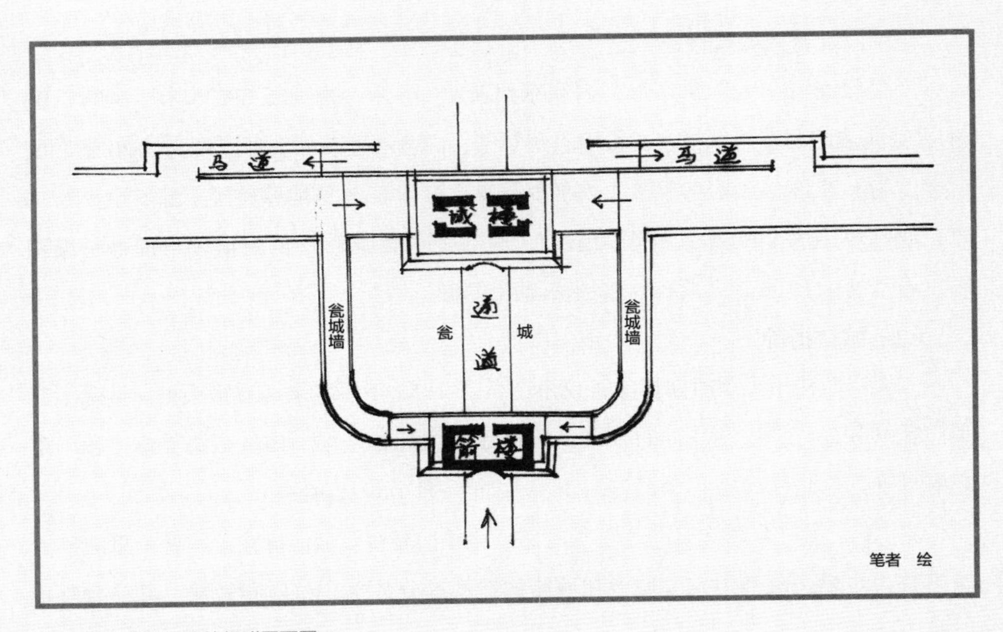

图 2-87 广渠门建筑组群平面图

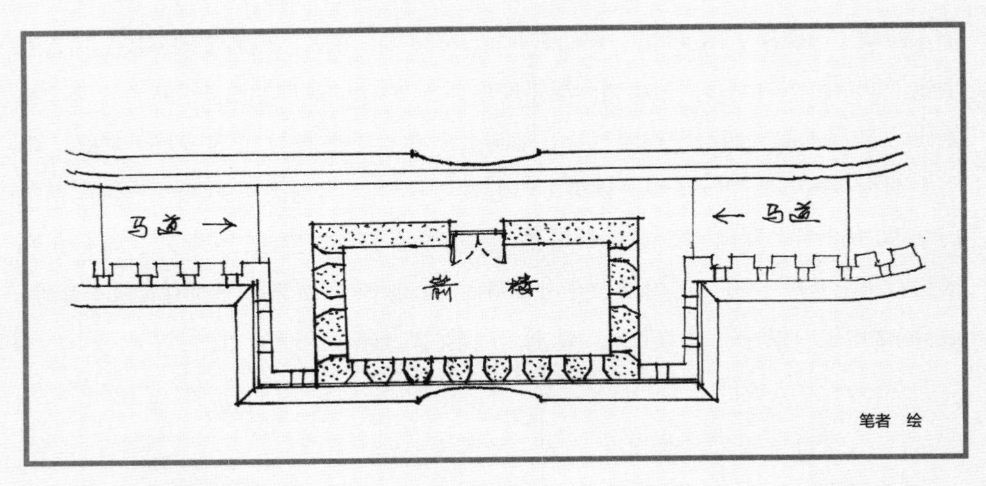

图 2-88 广渠门箭楼平面图

图 2-89　20 世纪 50 年代广渠门城楼西侧面

图 2-90　20 世纪 20 年代广渠门建筑组群

三、外城西垣

广安门

广安门（原名“广宁门”，俗称“彰义门”），位于外城西垣（见图2-91）。始建于明嘉靖三十二年（1553年），同年十月竣工，初名“广宁门”，清道光朝改为广安门。初建时为单檐歇山顶，形制与广渠门相同，嘉靖四十三年（1564年）增建圆弧形瓮城。乾隆十五年（1750年）后重建瓮城并增筑箭楼。清乾隆三十一年（1766年），因广宁门是京城与南方陆路往来的重要门户，故提高城门规制，将城楼改为重檐三滴水楼阁式建筑。道光年间为避清宣宗旻宁之讳改为现名。

1. 广安门建筑形制

（1）广安门城楼

城楼加城台通高约26.00米。城台底宽25.00米，顶宽22.70米，底进深（券洞深）17.35米，顶进深14.95米，城台高7.75米。正中辟券门，券门外侧高5.40米、宽5.00米，内侧高6.00米、宽5.00米。主楼为灰筒瓦重檐三滴水歇山顶楼阁式建筑，饰灰瓦脊兽。城楼面阔三间，宽13.80米，进深一间，深6.00米，连廊通宽18.00米，连廊通深11.00米，楼廊宽近2.50米，楼高约17.60米。楼首层为红垩砖墙，四隅辟过木方门，二层有回廊，明间前后为菱花格槅扇门六扇，两次间为红垩砖墙，梁柱、槅扇均漆红色，梁、枋绘旋子彩画。

（2）广安门箭楼

箭楼加箭台通高16.60米。

箭楼于乾隆十五年（1750年）后增建，乾隆三十一年（1766年）重修。箭台

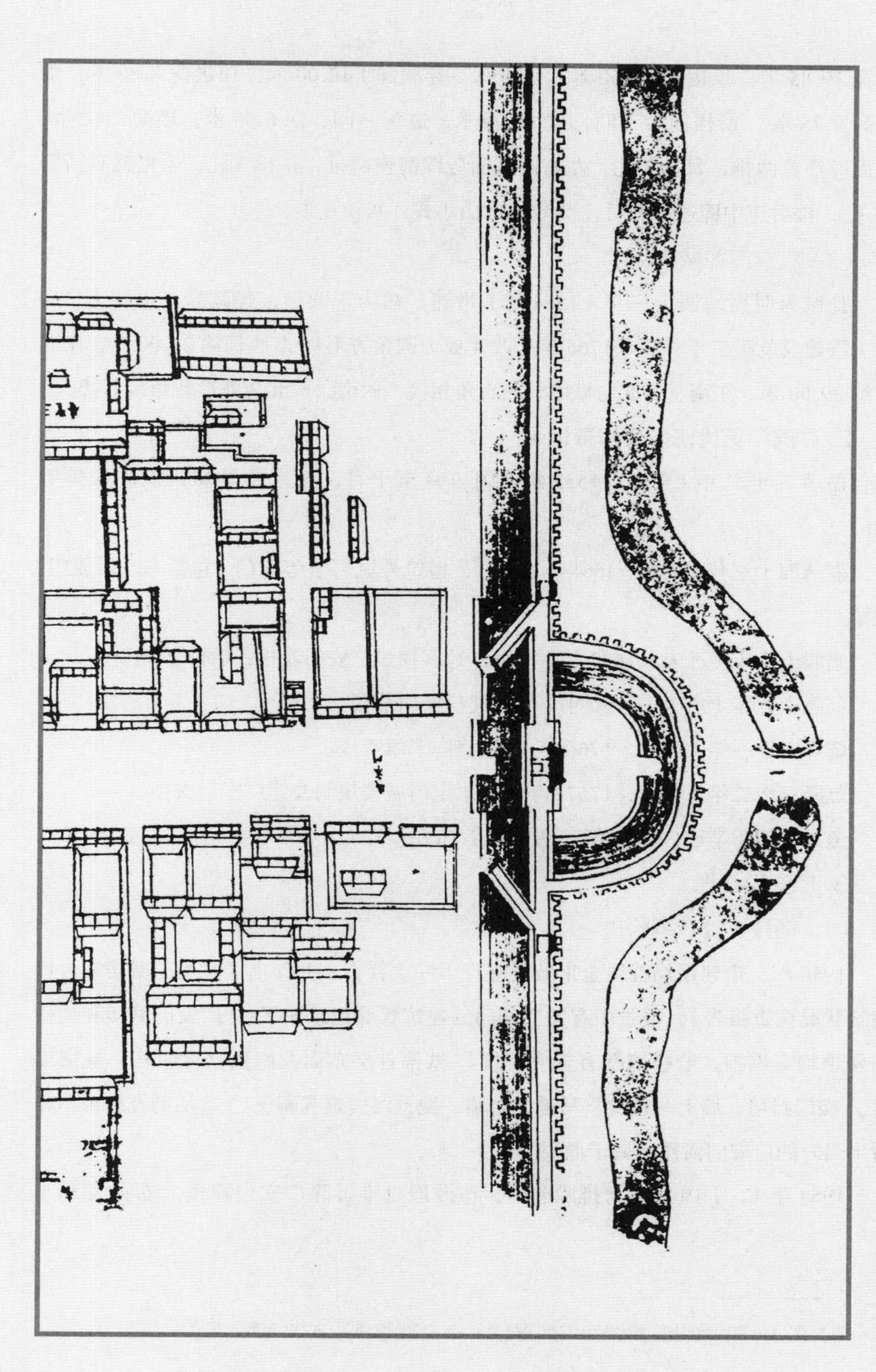

图 2-91 《乾隆京城全图》广安门

底宽 19.85 米，顶边宽 18.60 米，底进深（券洞深）12.00 米，顶进深 8.80 米，箭台高 9.75 米。箭楼面阔三间，宽 13.00 米，进深一间，深 6.00 米，楼高 7.10 米，正面辟箭窗两排，每排 7 孔，左右两侧面各辟箭窗两排，每排 3 孔，全楼共有箭窗 26 孔。楼后正中辟过木方门。为单檐歇山小式，灰筒瓦顶。

（3）广安门瓮城

瓮城为明嘉靖四十三年（1564 年）增建，初为半圆形，经乾隆十五年（1750 年）重建及乾隆三十一年（1766 年）改建成为圆角方形。东西长约 24.00 米，南北长约 39.00 米，东南、东北与城墙外侧直角相接，西南、西北为弧形转角接箭楼。

2. 广安门历代伤损及修葺记录

嘉靖三十二年（癸丑，1553 年）闰三月至十月，建京师外城，设广宁等五城门。

嘉靖四十三年（甲子，1564 年）正月，增筑外城广宁等七门（包括东、西便门）瓮城。

康熙十八年（己未，1679 年）七月，地震损毁广安门城楼，后修复。

乾隆十五年（庚午，1750 年）后增建广宁门箭楼。

乾隆三十一年（丙戌，1766 年），重修广宁门箭楼。

乾隆三十二年（丁亥，1767 年），仿永定门城楼规制改建广宁门城楼。

道光元年（辛巳，1821 年），更名为广安门。

3. 广安门纪事

（1）箭楼、瓮城拆除

1950 年，市建设局曾对全市城楼进行了一次普查，并作出了《关于城楼等古代建筑状况调查报告》，报告中有关广安门的建筑状况记录如下：“广安门城楼和箭楼的楼顶均有塌损，箭楼墙壁有较大裂缝。城楼首层东面及南面已无明柱，挑檐塌落。楼门封堵，墙上写危险！马道亦封堵，城台两边筑有碉堡。”① 从勘查结果不难看出当时的广安门箭楼已属于危楼。

1954 年 12 月 19 日，为排除险情，市政府批准拆除广安门箭楼。拆除工程于

① 孔庆普：《北京明清城墙、城楼修缮与拆除纪实》，载《北京文博》，2002 年第 3 期。

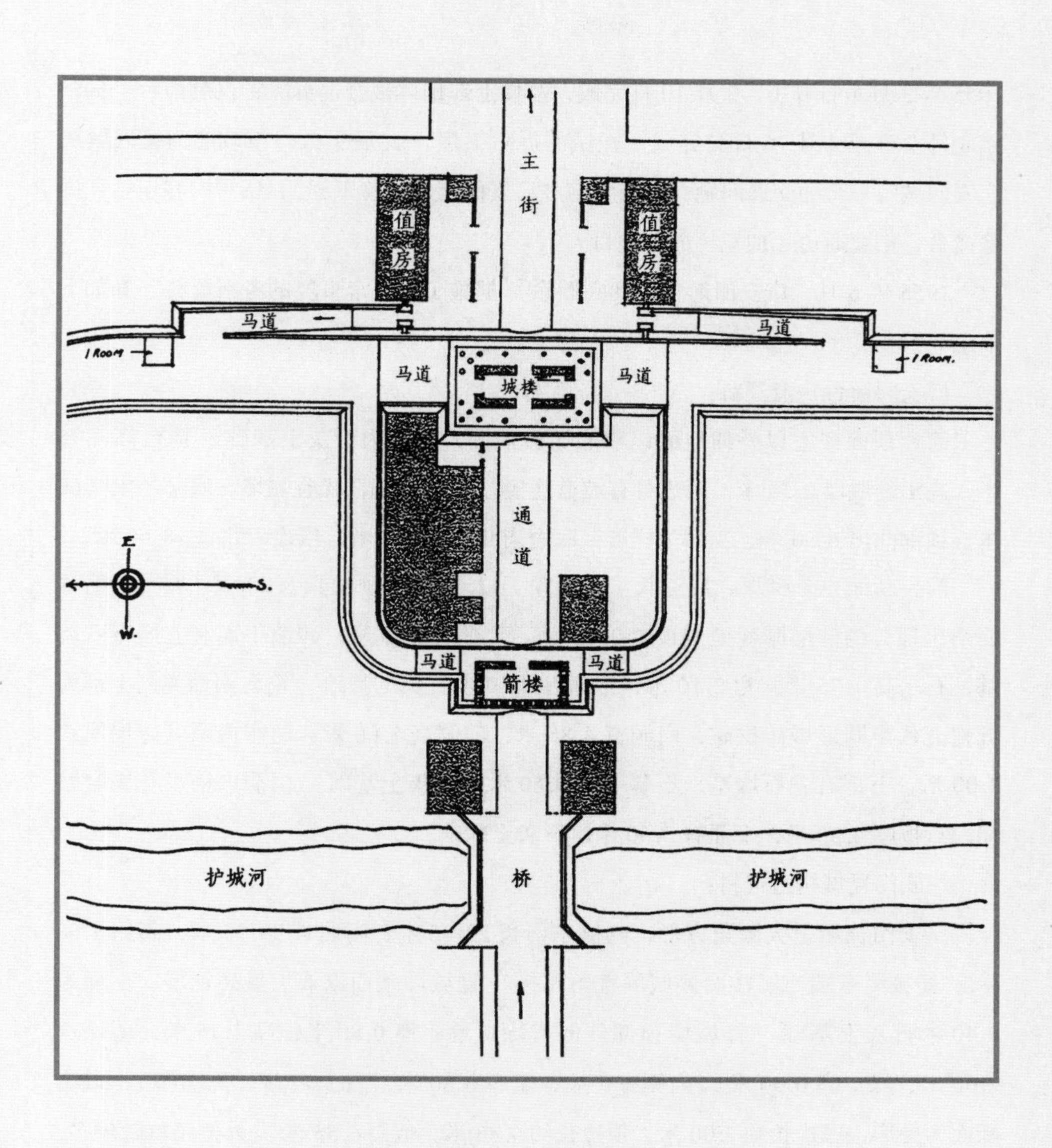

图 2-92　广安门建筑组群平面图

1955 年 3 月 1 日开工，3 月 10 日完成，箭楼上部楼体被全部拆除，仅剩箭台。1955 年 3 月 7 日至 3 月 16 日又完成了瓮城的拆除工程。此后不久，市政府为彻底解决广安门城门一带的交通问题，决定实施“广安门交通改善工程”，工程内容包括：拆除箭台、拓宽通道、加宽桥面等项目。

1955 年 6 月，广安门箭台被彻底拆除。据施工人员李卓屏的考察资料[①]知如下信息。

广安门箭台构造资料：

箭台顶面楼室以外的地面以双层城砖铺墁，下面为石灰土基础。箭台高 9.75 米，高出瓮城墙 0.50 米，两边各有坡道连接。箭台西面凸出瓮城墙，底部凸出 7.60 米，顶部凸出 6.50 米，立面为梯形，底边南北长 19.85 米，顶边南北长 18.60 米。

箭台断面也是梯形，底边长（门洞深）12.00 米，顶边长 8.80 米，城台东西两面凸出部分的砖层厚度为上顶厚 2.00 米，下部厚 2.50 米，砖墙下面有五层青石墙基，石基高 1.75 米，宽 2.10 米，下面有 0.60 米石灰土基础。箭台南面券门上部为五甃五伏半圆形城砖拱碹，门洞宽 4.85 米，门洞高 5.00 米，门洞内两侧砖墙厚约 2.00 米，下部有青石墙基，石基下有 0.60 米厚石灰土基础。门洞内铺设花岗岩路面，石板厚 0.30 米，下面有 0.50 米厚石灰土基础。

广安门瓮城构造资料：

广安门瓮城呈大圆角方形，内侧东西长 23.85 米，南北长 39.35 米，高约 7.00 米。瓮城墙东端与城楼两侧城墙直角相接。瓮城墙顶面以双层城砖铺墁，下面为 0.40 米石灰土基础。瓮城墙顶部外侧有垛口墙，厚 0.80 米，高 1.75 米，墙垛宽 2.00 米，垛口宽 0.50 米。内侧有宇墙，墙厚 0.80 米，高 1.75 米（无墙帽）。城墙断面为梯形，底边长约 7.00 米，顶边长约 4.85 米，墙高 6.55 米。外侧墙整砖较多，砖层上部厚 1.40 米，底部厚 2.00 米，砖墙高 5.50 米。砖墙下面是三层青石墙基，石基高 1.05 米，下面有 0.60 米石灰土基础。

内侧砖墙大部分是半截城砖，上部厚度为 1.50 米，底部厚度为 2.20 米。砖墙下面是两层青石墙基，石基高 0.80 米，下面有 0.60 米石灰土基础。

---

① 参见孔庆普：《北京的城楼与牌楼结构考察》，东方出版社 2014 年版，第 213 页。

（2）城楼拆除

1956年，为配合道路扩建工程，广安门城楼及城台于4月中旬开始拆除，4月17日完工。据施工人员李卓屏的考察资料[①]知如下信息。

广安门城楼构造资料：

城楼楼顶瓦件均为陶质，楼顶木结构都是红松木料。首层廊宽2.75米，廊下共有20根明柱（红松木料），外圈16根，柱径0.65米。楼室四角各有一根，柱径0.52米。楼室面宽三间，长13.90米，进深一间，宽5.85米。二层廊宽2.55米，廊下共有20根明柱，柱径0.55米。四角擎柱已无存。

① 参见孔庆普：《北京的城楼与牌楼结构考察》，东方出版社2014年版，第220页。

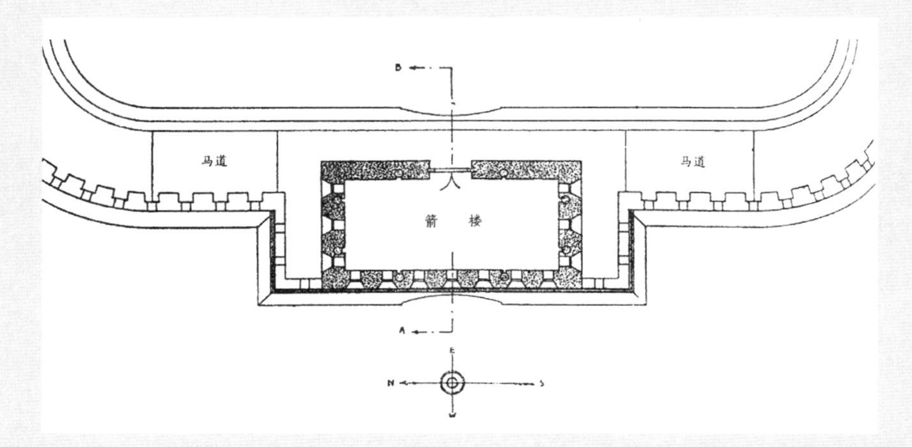

图 2-93　广安门箭楼平面图
参见 [瑞典] 奥斯伍尔德 · 喜仁龙：《北京的城墙和城门》，许永全译，北京燕山出版社 1985 年版。

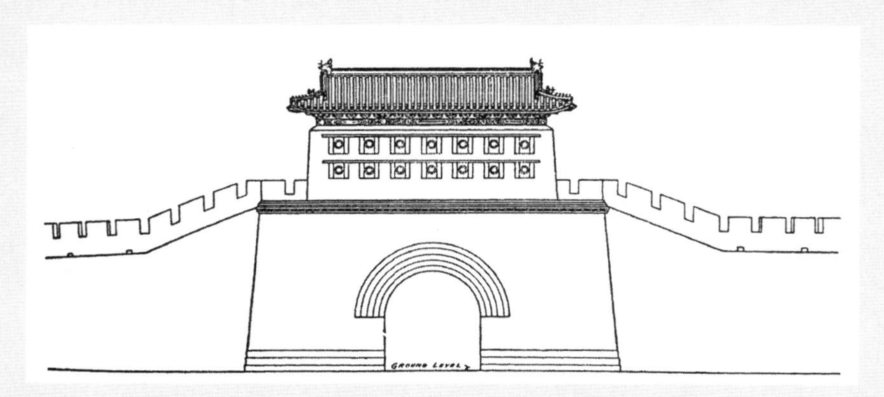

图 2-94　广安门箭楼正立面图
参见 [瑞典] 奥斯伍尔德 · 喜仁龙：《北京的城墙和城门》，许永全译，北京燕山出版社 1985 年版。

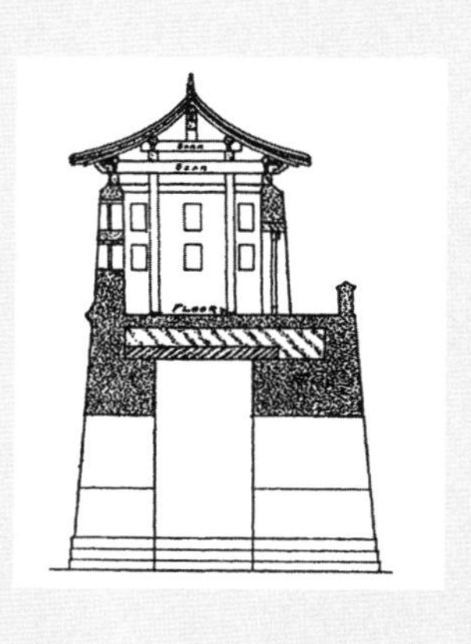

图 2-95　广安门箭楼侧剖面图
参见 [瑞典] 奥斯伍尔德 · 喜仁龙：《北京的城墙和城门》，许永全译，北京燕山出版社 1985 年版。

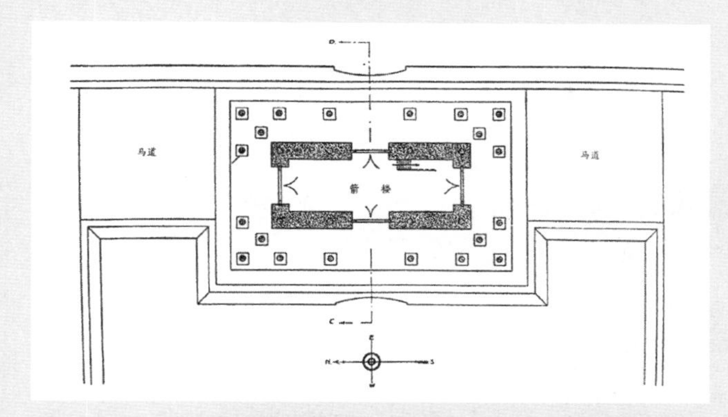

图 2-96　广安门城楼平面图
参见 [瑞典] 奥斯伍尔德 · 喜仁龙：《北京的城墙和城门》，许永全译，北京燕山出版社 1985 年版。

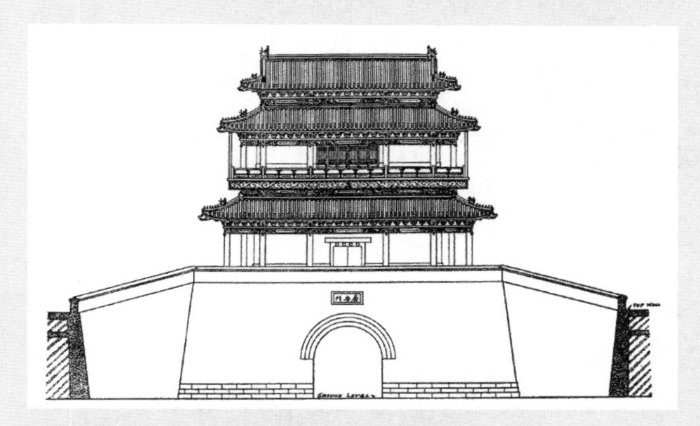

图 2-97　广安门城楼正立面图
参见 [瑞典] 奥斯伍尔德 · 喜仁龙：《北京的城墙和城门》，许永全译，北京燕山出版社 1985 年版。

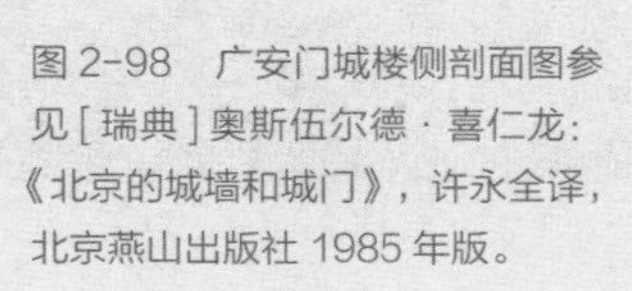
图 2-98　广安门城楼侧剖面图参见 [瑞典] 奥斯伍尔德 · 喜仁龙：《北京的城墙和城门》，许永全译，北京燕山出版社 1985 年版。

图 2-99　20 世纪 20 年代广安门城楼

图 2-100　1920 年 广安门城楼和箭楼

四、外城北垣

（一）东便门

1. 东便门建筑形制

（1）东便门城楼

城楼加城台通高约 12.00 米。

城楼面阔三间，宽 11.45 米，进深一间，深 5.75 米。楼高 3.85 米，红垩砖墙。城台外侧底宽 17.70 米，顶宽 15.60 米，城台内侧底宽 19.90 米，顶宽 17.80 米，顶进深 12.75 米，台高 6.15 米。城门洞为方形，门高 3.00 米，宽 3.80 米。城门内侧马道宽 3 米。

（2）东便门箭楼

箭楼加箭台通高 10.25 米。

东便门箭楼为乾隆十五年（1750 年）后增建，城台底宽 15.50 米，底进深约 8.60 米，顶宽 14.50 米，顶进深 6.60 米，台高 5.50 米，正中辟券门，外侧为拱形，外侧券洞高 5.80 米，宽 5.00 米；内侧为方形，门高 4.50 米，宽 4.50 米。主楼为灰筒瓦硬山小式，饰灰瓦脊兽，面阔三间，宽 9.00 米，进深一间，深 4.60 米，正面辟箭窗两排，每排 4 孔，左右两侧辟箭窗各两排，每排 2 孔，全楼共有箭窗 16 孔。

（3）东便门瓮城

瓮城于明嘉靖四十三年（1564 年）增建，乾隆十五年（1750 年）后重建。其形状为扁长方形，东西长 27.50 米，南北长 15.50 米，东南、西南与城墙外侧直角相接，东北、西北为弧形转角接箭楼。

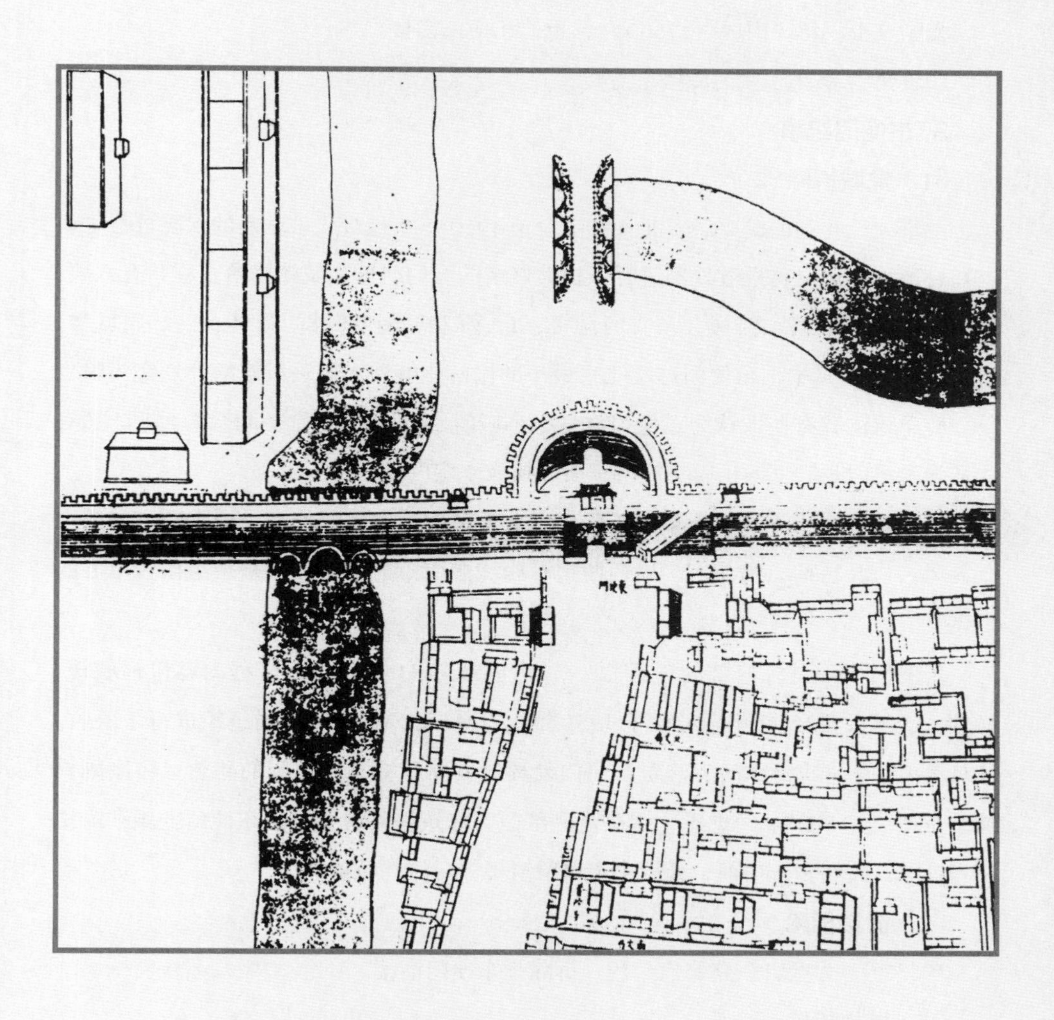

图 2-101 《乾隆京城全图》东便门

2. 东便门历代伤损及修葺记录

嘉靖三十二年（癸丑，1553 年）闰三月至十月，建京师外城，开辟五座城门，另在北垣东段和西段各辟一个便门。

嘉靖四十三年（甲子，1564 年）正月，增筑外城东便等七门瓮城。

乾隆十五年（庚午，1750 年）后增建东便门箭楼。

乾隆三十一年（丙戌，1766 年），重修东便门箭楼。

1951 年，修缮东便门城楼、箭楼。

3. 东便门纪事

（1）瓮城拆除

中华人民共和国成立后，北京市政府于 1950 年 9 月对北京城墙的状况进行了调查和勘测，并选出首批五处需进行保护性修缮的城门，这次城楼修缮工程共有六项，包括：东便门城楼和箭楼、东直门城楼、阜成门城楼、德胜门箭楼、安定门城楼、安定门箭楼。其中，东便门这座北京最小的城门能够列入第一批修缮计划在当时也是存有争议的，有些人认为东便门只是座小城门，应该列入第二批修缮计划。还有人认为永定门是北京的正门，应将东便门换成永定门。

但当时修缮工程选项能有东便门，主要是考虑到东便门外有大通古桥，城门内有喜凤古桥，桥南有蟠桃宫，城门西边与内城东南角箭楼相接，是一组比较重要的古建筑群。

东便门作为首批修葺的项目之一，于 1951 年 11 月开工，工程内容包括城楼、箭楼、瓮城及部分城墙。工程于 1951 年 12 月竣工，并由建设局组织进行了验收。1951 年 12 月，铁路部门为修筑东便门外环城铁路至检车段之间的路轨，将刚刚修葺的东便门瓮城拆除。据悉，这次铁路部门为修筑铁路曾要求将东便门瓮城和箭楼一齐拆除，后经多方协商，最后决定保留箭楼，只将瓮城拆除。

（2）箭楼拆除

1953 年，为配合铁路修筑工程，拆除了东便门箭楼。

（3）城楼拆除

1958 年，为配合北京新火车站的建设拆除了东便门城楼，拆除内容包括：东便门城楼、城台、城楼东侧城墙（东至外城东北城角）、城楼西侧城墙（西至内城东城墙）。东便门拆除工程于 1958 年 4 月 20 日开工，城楼、城台于 5 月 5 日拆完，城墙拆除

图 2-102　20 世纪 20 年代东便门瓮城

图 2-103　1921 年东便门城楼

图 2-104　20 世纪 20 年代东便门箭楼

工程于5月15日完工。完工后，养工所施工员李卓屏编写了《东便门拆除工程施工总结》[①]。以下资料主要选取其中有关城楼结构和城台构造的部分数据和做法，结合其他文献内容编写。

东便门城楼结构资料：

城楼楼室面宽三间，东西长11.45米，进深一间，南北宽5.75米。楼高3.85米。楼顶瓦件均为陶质，楼顶木结构是四架柁和五趟檩，为红松木料。檩径0.26米，大柁断面0.40米×0.46米，二柁断面0.40米×0.40米，墙头柁断面0.36米×0.40米。楼室墙厚0.50米，墙内有8根木柱，为黄松木料，柱径0.34米，长1.95米。砖墙高2.30米，下面是一层青石墙基，石基厚0.35米。

东便门城台构造资料：

楼室台座以外铺墁双层城砖地面，下面石灰土基础。城台北面凸出城墙，底部东西长17.70米，顶部东西长15.60米。南面凸出城墙，底部东西长19.90米，顶部东西长17.80米，城台高6.15米。城台南北两面墙壁砖层厚度均为1.50米，砖墙高5.35米，下面有两层青石墙基，石基高0.80米，下面有0.60米石灰土基础。

城门洞为方形，门洞宽3.65米、高3.78米，门洞内两边砖墙厚2.00米，下面有六层青石墙基，石基高2.00米、宽2.00米，下面有0.60米的石灰土基础。门洞内铺设花岗岩路面，石板厚0.30米，下面有石灰土基础。城台外侧（北面）门头过木上方有一块青石匾，镌刻“东便门”三个凹形大字。

（二）西便门

1. 西便门建筑形制

（1）西便门城楼

城楼加城台通高约11.65米。

城楼位于外城西侧北垣正中，建于明嘉靖三十二年（1553年），城台南面底宽约19.90米、顶宽约17.80米，城台北面底宽约17.70米、顶宽约15.60米，台底进

① 参见孔庆普：《北京的城楼与牌楼结构考察》，东方出版社2014年版，第241—242页。

深约 17.60 米，台顶进深约 15.50 米，台高约 6.15 米。城门洞为方形，宽 3.65 米，高 3.78 米。城楼为单层歇山小式灰瓦屋顶，饰灰瓦脊兽。面阔三间，长约 11.50 米，进深一间，宽约 5.80 米，楼高约 5.50 米，城楼四面开过木方门，门高 2.80 米、宽 2.30 米。

（2）西便门箭楼

箭楼加箭台通高约 11.00 米。

箭楼为乾隆十五年（1750 年）后增建，箭台底宽约 13.90 米，顶宽约 11.85 米，底进深 8.30，顶进深 6.20 米，台高约 6.20 米。外侧券门，宽 3.65 米，高 4.05 米，内侧开过木方门。箭楼为灰筒瓦硬山小式，饰灰瓦脊兽，面阔三间，长 8.80 米，进深一间，宽 4.65 米，楼高约 4.80 米。正面辟箭窗两排，每排 4 孔，左右两侧辟箭窗各两排，每排 2 孔，全楼共有箭窗 16 孔。

（3）西便门瓮城

瓮城建于嘉靖四十三年（1564 年），乾隆十五年（1750 年）后重建，南北进深仅 7.50 米，东西宽 30.00 米。南端两角与北垣直角相接，北端两角抹圆呈半弧形。

2. 西便门历代伤损及修葺记录

嘉靖三十二年（癸丑，1553 年）闰三月至十月，建京师外城，在北垣西段开辟便门。

嘉靖四十三年（甲子，1564 年）正月，增筑外城西便等七门瓮城。

乾隆十五年（庚午，1750 年）后增建西便门箭楼。

乾隆三十一年（丙戌，1766 年），重修西便门箭楼。

3. 西便门纪事

城楼、箭楼、瓮城拆除

1952 年 8 月，为配合“西便门交通改善工程”，北京市政府决定拆除西便门城楼、箭楼和瓮城，西便门因此成了北京解放后拆除的第一座完整建制的城门，北京拆除城门的序幕也由此拉开。

1950 年，北京市建设局按照政务院和北京市政府《关于实施城楼等古代建筑修缮工程的通知》，于 9 月中旬开始对城楼等古代建筑进行勘察、测绘。进行初步调查后对北京市各城楼、牌楼制定了详细的分期修缮计划。

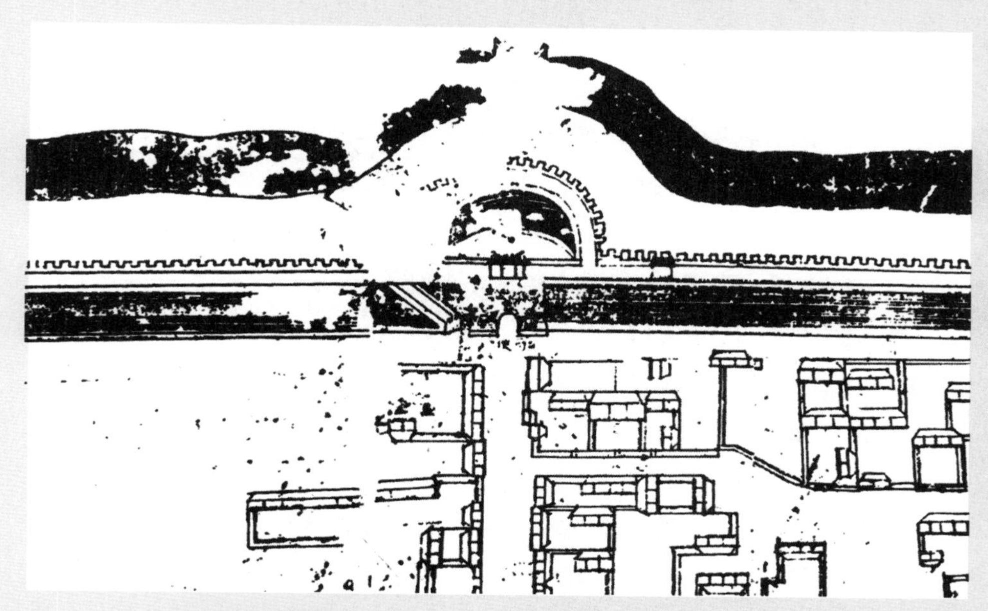

图 2-105 《乾隆京城全图》西便门

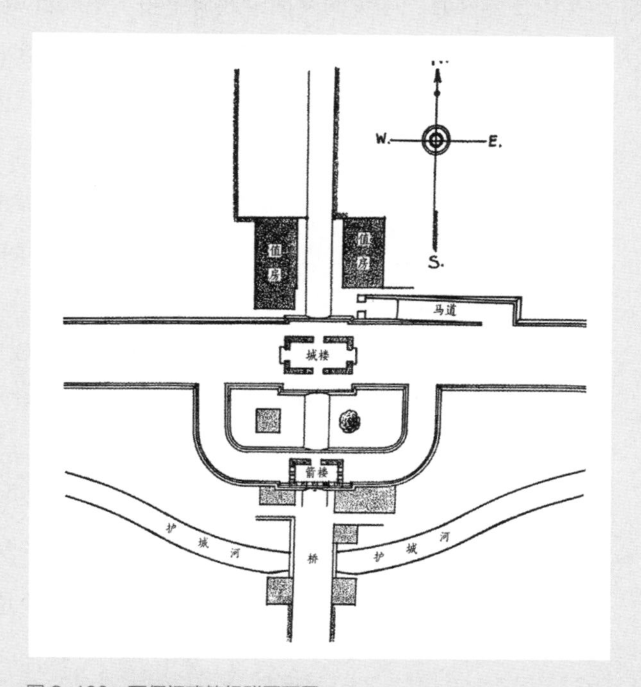

图 2-106 西便门建筑组群平面图

参见 [瑞典] 奥斯伍尔德 · 喜仁龙：《北京的城墙和城门》，许永全译，北京燕山出版社 1985 年版。

《关于城楼等古代建筑状况调查报告》[1]

奉命调查城楼等古代建筑一事，自9月11日开始，至10月10日（其中9月20日以后因参加国庆工程暂停），业已初步调查完毕。共调查城楼15座、箭楼11座、牌楼32座，以及影壁2座、砖塔1座。

内城9座古代城门中共有城楼8座（德胜门无城楼），箭楼5座（东直门、阜成门、宣武门、崇文门无箭楼），外城7门中共有城楼7座、箭楼6座（广渠门已塌毁，尚存留城墙基等）、角楼2座（内城东南角楼和外城西南角楼、外城东南角楼未查）……

1951年4月，政务院为城楼修缮工程拨付给北京市15亿元（旧制人民币），建设局选定东直门、安定门、德胜门、阜成门、东便门作为第一批修缮项目，并将工期定为1951年9月开始至1952年8月完工，历时一年左右。

1952年3月，建设局又向市政府呈报了第二批城楼修缮计划。意想不到的是，市政府此时却下达了停止下一步城楼修缮工程的指示：关于城楼修缮工程，已经开工的要把它做完，没有开工的就一概不再做了。北京第二批城楼修缮计划就此搁浅。

据罗哲文先生回忆，他当时把市政府停止修缮城楼的事告诉了梁思成先生。得知此事后，梁思成去找过市领导，在保护城楼、城墙的问题上提出了自己的观点及一些合理化建议。

西便门城楼最终还是未能躲过被拆除的命运，成为中华人民共和国成立后北京市为治理交通而拆除的第一座城门。当时在建设局工作的孔庆普先生在《北京明清城墙、城楼修缮与拆除纪实》一文中回忆道：

1952年8月下旬，建设局接到市政府关于拆除西便门城门等工程的通知后，副局长许京骐立即召开会议，部署拆除西便门城门等工程施工任务。许

[1] 北京市建设局：《关于城楼等古代建筑状况调查报告》，1950年。

京骐传达市政府通知时说："市政府已与各界有关人士商量决定开始拆城门，但是，意见并未完全统一，仍有人要求保留意见。上层领导人的意见也不见得一致。为什么第一次拆城门选择在西便门，一是西便门的位置较为次要；二是城楼的建筑规模很小，结构也简单；三是城门的确也太窄，门洞宽仅 3.65 米，确实严重阻碍交通。如果首先拆除较重要的城门，恐怕群众舆论也难通过……"①

这次"西便门道路改扩建工程"的项目包括：拆除城楼、箭楼和瓮城，修建城墙豁口及豁口内外道路整修，弯桥加宽桥面及铁路道口加宽等。拆除工程于 1952 年 9 月 8 日开始，9 月 21 日全部完工。拆下的西便门城门石匾，长 2.55 米，宽 0.96 米，厚 0.14 米。匾额正面刻有"西便门"三个凹形大字，额面四周有凸起的宽边。

仅十几天的时间，这座 400 年历史的城门就从人们的视线中消失了。

完工后，养工所于德魁编写了《西便门各部构造考察报告》②。以下资料主要选取其中有关城楼、箭楼结构和城台、箭台、瓮城构造的部分数据、材质和做法，并结合其他文献内容编写。

西便门城楼结构资料：

城楼楼室面宽三间，东西长 11.50 米，进深一间，南北宽 5.80 米。楼高 5.50 米。楼室四面各有一门，门口宽 1.98 米。楼顶瓦件均为陶质，大脊两端各有一只陶质兽头，岔脊上各有五只陶质小兽。楼室共四架木柁，大柁断面 0.32 米 × 0.38 米，二柁断面 0.32 米 × 0.32 米，随柁枋断面 0.18 米 × 0.25 米，檩径 0.22 米。楼室四壁为城砖混水墙，墙厚 0.80 米，墙内有 8 根木柱，柱径 0.30 米。墙高 2.55 米，砖墙下面是一层青石墙基，石基厚约 0.35 米。

西便门城台构造资料：

城台南面上下均凸出瓮城墙约 0.75 米，底部东西长 19.90 米，顶部东西长 17.80 米，城台北面上下均凸出瓮城墙 0.35 米，底部东西长 17.70 米，顶部东西长

---

① 孔庆普：《北京明清城墙、城楼修缮与拆除纪实》，载《北京文博》，2002 年第 3 期

② 参见孔庆普：《北京的城楼与牌楼结构考察》，东方出版社 2014 年版，第 193—195 页。

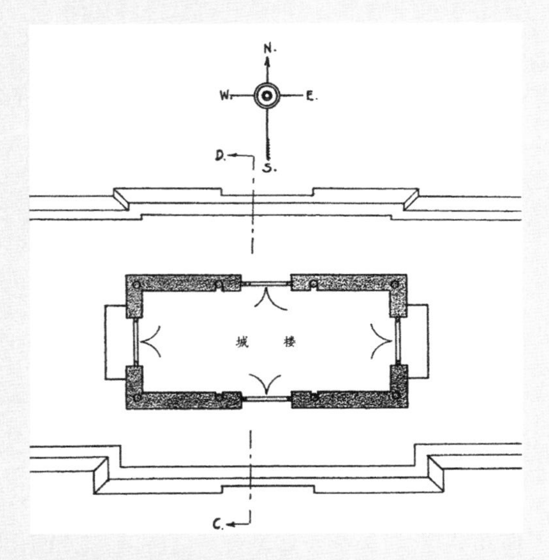

图 2-107　西便门城楼平面图
参见 [瑞典] 奥斯伍尔德 · 喜仁龙：《北京的城墙和城门》，许永全译，北京燕山出版社 1985 年版。

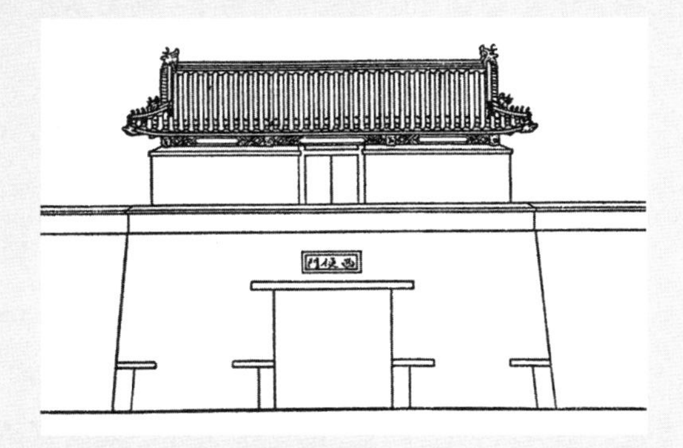

图 2-108　西便门城楼正立面图
参见 [瑞典] 奥斯伍尔德 · 喜仁龙：《北京的城墙和城门》，许永全译，北京燕山出版社 1985 年版。

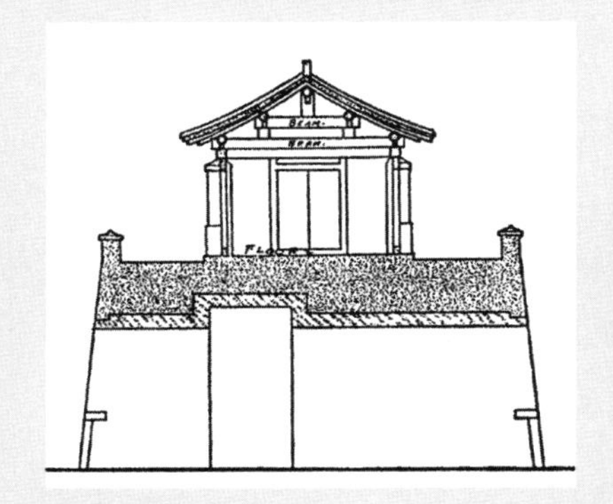

图 2-109　西便门城楼侧剖面图
参见 [瑞典] 奥斯伍尔德 · 喜仁龙：《北京的城墙和城门》，许永全译，北京燕山出版社 1985 年版。

15.60 米。城台顶部楼室台座以外铺墁双层城砖地面，下面石灰土基础。城台高6.15 米。城台断面为梯形，底部南北宽（门洞深）17.60 米，顶部南北宽 15.50 米。城台南北两面墙壁砖层厚度均为 1.50 米，下面有两层青石墙基，石基高 0.80 米，下面有 0.60 米石灰土基础。城门洞为方形，门洞宽 3.65 米、高 3.78 米，门洞内两边砖墙厚 2.00 米，下面有青石墙基，石基高 2.00 米、宽约 2.00 米，下面有 0.60 米的石灰土基础。门洞内铺设花岗岩路面，石板厚 0.30 米，下面有石灰土基础。城台外侧（北面）门头过木上方有一块青石匾，镌刻“西便门”三个凹形大字。

西便门箭楼结构资料：

箭楼楼顶瓦件均为陶质，楼顶木结构都是红松木料。楼室面宽三间，东西长8.80 米，进深一间，南北宽 4.65 米，楼高约 4.80 米。楼室外壁为城砖清水墙面，内壁为混水墙，墙厚 0.80 米，墙内共有 8 根木柱，柱径 0.30 米。箭窗外方内圆，外口为 0.80 米 × 0.80 米，内圆直径约 0.65 米。每层箭窗上面都有一道单砖出檐。楼室南面正中设一门，门口宽 1.85 米、高 1.95 米，楼室内地面铺设大方砖。

西便门箭台构造资料：

箭台顶面与瓮城墙顶面平齐，楼室以外的地面以双层城砖铺墁，下面为石灰土基础。箭台北面上下均凸出瓮城墙 0.85 米，底部东西长 13.90 米，顶部东西长11.85 米，箭台高 6.20 米。箭台断面是梯形，底边长（门洞深）8.30 米，顶边长6.20 米。

箭台南墙的砖层上顶厚 2.00 米，下部厚 1.25 米，砖墙下面有两层青石墙基，石基高 0.80 米，石基下有 0.80 米厚石灰土基础。箭台北墙的砖层上下厚度均为 2.00米，砖墙下面有七层青石墙基（路面下两层），石基总高 2.25 米，石基下有 0.60 米厚石灰土基础。箭台南面是方形城门，门洞宽 3.65 米、高 3.80 米。

箭台北面城门为券门，上部为三甃三伏半圆形城砖拱碹，门洞宽 3.65 米、高4.05 米，门洞内两侧砖墙厚 2.00 米，下部有七层青石墙基（路面下两层），下有石灰土基础。门洞内铺设花岗岩石板路面，下面有石灰土基础。

西便门瓮城城墙构造资料：

西便门瓮城城墙断面为梯形，底边长 6.60 米，顶边长 5.20 米，高 6.20 米。内外砖墙砖层底部厚约 1.20 米，顶部厚约 1.00 米。下部有两层青石墙基，石基高0.90 米，宽 1.30 米。外墙石灰土基础厚 0.80 米，内墙厚 0.60 米。

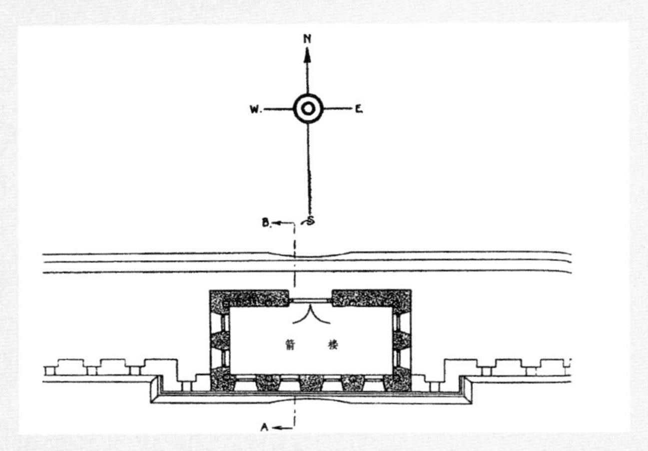

图 2-110　西便门箭楼平面图
参见 [瑞典] 奥斯伍尔德 · 喜仁龙：《北京的城墙和城门》，许永全译，北京燕山出版社 1985 年版。

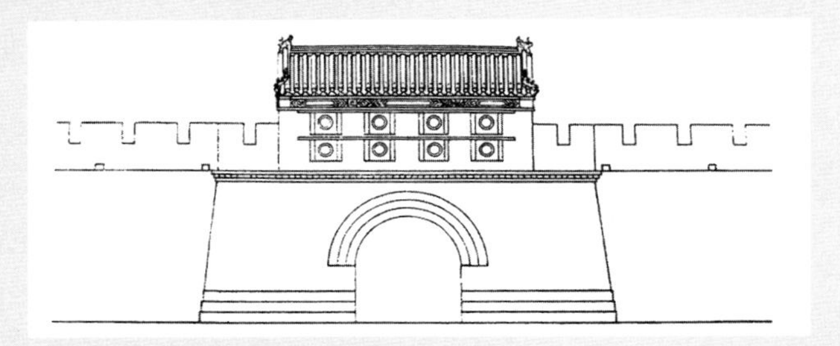

图 2-111　西便门箭楼正立面图
参见 [瑞典] 奥斯伍尔德 · 喜仁龙：《北京的城墙和城门》，许永全译，北京燕山出版社 1985 年版。

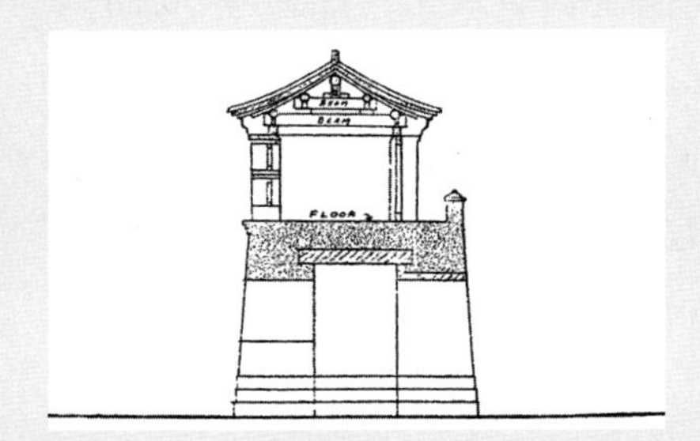

图 2-112　西便门箭楼侧剖面图
参见 [瑞典] 奥斯伍尔德 · 喜仁龙：《北京的城墙和城门》，许永全译，北京燕山出版社 1985 年版。

图 2-113　20 世纪 20 年代西便门城楼

附录　北京城门拆除及损毁信息简表

内外城	城门	具体建筑	拆除及损毁时间	拆除及损毁原因	备注
内城	正阳门	城楼	1900 年上部楼体损毁	1900 年英军在楼内用火，失火焚毁	1903 年至 1906 年复建，1952 年整体修缮，现整体保存
		箭楼	1900 年上部楼体损毁	1900 年义和团火烧洋药房殃及，八国联军炮击	1903 年至 1906 年复建，现整体保存
		瓮城、闸楼	1915 年同时拆除	进行城门改造，解决交通拥堵问题	
	崇文门	城楼	1958 年整体拆除	建北京火车站	
		箭楼	①1900 年上部楼体损毁。②民国初期拆除箭台	①八国联军炮击，仅剩箭台。②妨碍交通	1901 年在箭台正中开辟券门，箭楼未复建
		瓮城、闸楼	① 1901 年拆闸楼，瓮城东西墙开辟铁路洞子门。② 1929 年拆除瓮城	① 1901 年修建联通正阳门、马家堡的铁路。②阻碍交通	
	宣武门	城楼	1955 年整体拆除	妨碍新型城市建设	
		箭楼	①1920 年拆除上部楼体。② 1929 年拆除箭台	①建筑构件糟朽有坍塌危险。②解决交通拥堵问题	

续表

内外城	城门	具体建筑	拆除及损毁时间	拆除及损毁原因	备注
内城	宣武门	瓮城、闸楼	1929 年同时拆除	改善城门交通状况	
	朝阳门	城楼	1956 年整体拆除	年久失修有坍塌危险，妨碍交通	
		箭楼	① 1900 年上部楼体损毁。② 1958 年整体拆除	① 1900 年八国联军炮击仅剩箭台。② 楼体出现裂缝，妨碍交通	1903 年至 1906 年复建
		瓮城、闸楼	1915 年同时拆除	修筑环城铁路	
	东直门	城楼	1957 年整体拆除	妨碍新型城市建设	1951 年整体修缮
		箭楼	① 1927 年拆除上部楼体。② 1954 年拆除箭台	①楼体残破，无力维修。②护城河裁弯取直疏浚工程	
		瓮城、闸楼	1915 年同时拆除	修筑环城铁路	
	阜成门	城楼	1956 年整体拆除	妨碍新型城市建设	1951 年整体修缮
		箭楼	① 1935 年拆除上部楼体。② 1953 年拆除箭台	①年久失修。②改善交通状况	
		瓮城、闸楼	1953 年同时拆除	改善交通状况	
	西直门	城楼	1969 年整体拆除	修筑地下铁道	1952 年整体修缮
		箭楼	1969 年整体拆除	修筑地下铁道	
		瓮城、闸楼	1969 年同时拆除	修筑地下铁道	
	安定门	城楼	1969 年整体拆除	修筑地下铁道	1951—1952 年曾整体修缮
		箭楼	1956 年整体拆除	妨碍新型城市建设	1951—1952 年整体修缮

续表

内外城	城门	具体建筑	拆除及损毁时间	拆除及损毁原因	备注
内城	安定门	瓮城、闸楼	1915年同时拆除	修筑环城铁路	
	德胜门	城楼	① 1921年拆除楼体上部。② 1954年拆除城台	①梁架糟朽，无力维修。②改善交通状况	
		箭楼	1976年上部损坏	地震	1951年整体修缮。1982年大修，现整体保存
		瓮城、闸楼	1915年同时拆除	修筑环城铁路	
外城	永定门	城楼	1958年整体拆除	妨碍新型城市建设	1946年整体维修，1952年整体修缮
		箭楼	1958年整体拆除	妨碍新型城市建设	1946年整体维修
		瓮城	1951年拆除	改善交通状况	
	左安门	城楼	1956年整体拆除	道路改扩建	
		箭楼	1953年整体拆除	楼体残损	
		瓮城	1953年拆除	道路改建	
	右安门	城楼	1958年整体拆除	道路改扩建	
		箭楼	1954年整体拆除	道路改建	
		瓮城	1954年拆除	道路改建	
	广渠门	城楼	① 1925年拆除楼体上部。② 1956年拆除城台	①材料糟朽。②道路整修	
		箭楼	① 1925年拆除上部楼体。② 1953年拆除箭台	①楼顶木料糟朽有坍塌危险。②道路改扩建	
		瓮城	1953年拆除	道路改扩建	
	广安门	城楼	1956年整体拆除	道路整修	
		箭楼	1955年整体拆除	道路扩建	

续表

内外城	城门	具体建筑	拆除及损毁时间	拆除及损毁原因	备注
外城	广安门	瓮城	1955 年拆除	道路扩建	
	东便门	城楼	1958 年整体拆除	道路扩建	1951 年整体修缮
		箭楼	① 1925 年拆除上部楼体。② 1953 年整体拆除	①木料糟朽有坍塌危险。②修筑铁路	1951 年整体修缮
		瓮城	1951 年年底拆除	修筑铁路	1951 年修缮
	西便门	城楼	1952 年整体拆除	道路扩建工程	
		箭楼	1952 年整体拆除	道路扩建工程	
		瓮城	1952 年拆除	道路扩建工程	

城砖

镌刻城迹的实物史料

镶嵌在城墙上的铭文城砖是来源于古城垣自身的史料，这些砖文经过认真搜集和整理，在缺乏文献资料的情况下，可成为考证古城垣历史文化的重要依据。

——奥斯伍尔德·喜仁龙
Osvald Siren

城砖记

“城砖”，指专为敕建城垣及各类皇室工程而烧制的各种规格物料砖，属“钦工物料”，系砖中上品。其中钤有款识的城砖因其附带的历史信息更被视为砖中珍品，且年代愈久愈显珍贵。

城砖在古都北京的建设中用途广泛，皇宫、皇家园囿、皇陵及敕建庙宇、祭坛等都会使用城砖，但使用城砖最多的当属城垣。如果说北京古城垣是一部砖石砌筑的史书，这些城砖就是构成这部巨著的浩瀚文字，正是这些珍贵的古城砖，见证了明清两代的兴衰、演变，真实记录了北京几百年的城市发展历程。

奥斯伍尔德·喜仁龙是最早系统考察和研究北京古城砖的人。他在20世纪20年代初曾艰辛地对北京古城垣进行了认真、细致地考察。尽管由于当时的种种客观条件不能对数量庞大的古城砖款识拓印或拍照留存，他还是力所能及地用笔记录下了考察到的大多数砖款的文字内容。这些“布满着已逝岁月的痕迹和记录”的城墙是这座城市演进过程的历史见证，它身上的每一块城砖都镌刻着岁月长河留下的遗痕。

20世纪50年代初至60年代末，北京的城墙被拆除，这些珍贵的实物史料转瞬间变成了防空洞；变成了各类房屋的墙壁、地基；变成了废弃的建筑垃圾。从20世纪90年代始，历时十几载的旧城危改工程使我们有了与这些古城砖再次接触的机会，在拆迁工人的锹镐下，在挖掘机的轰鸣中，无数的古城砖被拆出，遗憾的是，很多随即又沦为渣土。但对于近距离研究、考证古城砖款识，这的确是一个难得的、稍纵即逝的时机。站在废墟上，看着这些散落的古城砖沧桑、破碎的躯体，眼前仿佛映现出当年城墙高大威武的雄姿，想到它们几百年的曲折经历，心中顿生一丝惆怅。

明初，在修建南京城和中都城时，即已广泛采用加印砖款的方式记录与城砖生产相关的内容，北京城垣营建亦延续了这一方式。如今，北京古城垣已大多无存，丰富的砖文信息也鲜有传世。铭文城砖作为文字与建筑材料有机结合的特殊物料，注定与北京的城市建筑文化紧密地交织在一起，特别是在古城墙已大多不存的今天，它已成为追溯北京城垣史的重要介质，为我们研究明清时期的城市建设、地理沿革、州县建制、工役制度、文字演变及生产管理等方面提供了大量有价值的史料。

图 3-1-1　直棣□□□□□□□□□□成化十年太湖縣□□□□□□□

一、北京城砖款识类别

北京城砖文化历经明清两代五百余年的演变和发展，并以砖铭的形式留下大量不同朝代、不同内容的信息，款识类型可归纳为综合款、皇朝款、纪年款、干支款、官窑款、产地款、窑厂款、窑户款、图形款、用途款、材质款等十余种。

图 3-1-2　直棣松江府委官通判單元陽字一号上海縣提調知縣郭経委官主簿王善

（一）综合款

明成化、弘治、正德、嘉靖朝，部分产自江南的北京城砖仍延续了明早期综合款（包括皇朝、年代、产地、职官、窑户等信息）的形式。

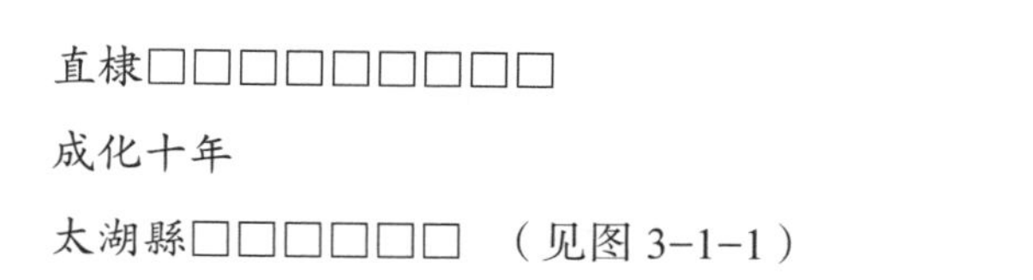
直棣□□□□□□□□□□
成化十年
太湖縣□□□□□□□（见图 3-1-1）

直棣松江府委官通判單元陽字一号
上海縣提調知縣郭経委官主簿王善（见图 3-1-2）

图 3-1-3　直棣蘇州府委官經歷陳震該吏景質正德二年五月　日窑户王縉造

直棣蘇州府委官經歷陳震該吏景質
正德二年五月　日窑户王縉造（见图 3-1-3）

图 3-1-4　直棣赣州府委官通判羅達該吏孫怡嘉靖肆年贛縣□□□窑户莊□造

直棣赣州府委官通判羅達該吏孫怡
嘉靖肆年贛縣□□□窑户莊□造（见图 3-1-4）

（二）皇朝款

皇朝款是北京城砖款识中最具朝代特征的一种款识，以皇朝年号为主要内容，彰显其“钦工物料”的身价。

1. 明代皇朝款

北京铭文城砖中，明代皇朝款较常见，但永乐至天顺六朝的铭文砖至今尚未考察到，皇朝款砖铭主要集中在成化、弘治、正德、嘉靖、隆庆、万历、天启、崇祯几朝，其特征为以皇朝名及年号开头，后面附加产地、窑户、匠人、作头等不同内容。

成化（1465—1487 年）

成化十八年　月　日汶上縣窑造　（见图 3-1-5）

图 3-1-5　成化十八年　月　日汶上縣窑造

弘治（1488—1505 年）

弘治八年利津縣造　（见图 3-1-6）

正德（1506—1521 年）

正德丁卯應天府句容縣窑匠李秀五燒造（见图3-1-7）

嘉靖（1522—1566 年）

嘉靖伍年臨清厰精造 · 窑户孫倫　（见图 3-1-8）

嘉靖九年秋窑户孫倫為大名府造 · 匠人孫□　（见图 3-1-9）

隆庆（1567—1572 年）

隆庆元年窑户孫文鋭造（见图 3-1-10）

万历（1573—1620 年）

萬曆元年窑户萬化作頭王伯先造（见图 3-1-11）

天启（1621—1627 年）

天啓元年窑户钱岐作頭劉顯德造（见图 3-1-12）

崇祯（1628—1644 年）

崇禎元年窑户陳禮作頭趙清造（见图 3-1-13）

以上明代皇朝款城砖铭文的基本规律是：各朝均以皇朝名和年号开头，后面内容则有所不同，或突出产地，或突出季节，或突出窑厂，或突出窑户、匠人、作头等各类造砖人。通过砖文形式的细微变化，体现出明代皇朝的变换。

2. 清代皇朝款

清代各朝仍延续以城砖铭文记录信息的做法，但却改变了城砖款识的钤印位置。明代砖款均位于砖的长侧面，而清代砖款位置则全部改在砖的短侧面。通过这种砖铭位置的变化传达出建立大清帝国的信息。

清代皇朝款城砖铭文主要出自顺治、康熙、雍正、乾隆四朝，砖文形式即皇朝名加年号开头，后面附有窑户和作头名。

顺治（1644—1661 年）款城砖铭文：

順治十五年分臨清窑户張有德作頭翟茹造（见图 3-1-14）

图 3-1-6

图 3-1-7

图 3-1-8

图 3-1-9

图 3-1-10

图 3-1-11

图 3-1-12

图 3-1-13

图 3-1-6　弘治八年利津縣窑

图 3-1-7　正德丁卯應天府句容縣窑匠李秀五燒造

图 3-1-8　嘉靖伍年臨清廠精造 · 窑户孫倫

图 3-1-9　嘉靖九年秋窑户孫倫為大名府造 · 匠人孫□

图 3-1-10　隆庆元年窑户孫文鋭造

图 3-1-11　萬曆元年窑户萬化作頭王伯先造

图 3-1-12　天啓元年窑户錢岐作頭劉顯德造

图 3-1-13　崇禎元年窑户陳禮作頭趙清造

康熙（1662—1722 年）款城砖铭文：

康熙拾伍年臨清窑户孟守科作頭嚴守才造（见图 3-1-15）

雍正（1723—1735 年）款城砖铭文：

雍正五年臨清磚窑户劉承恩作頭王加禄造（见图 3-1-16）

清代乾隆年间铭文城砖数量多、种类丰富。

乾隆（1736—1795 年）款城砖铭文：

乾隆十六年臨清磚窑户孟守科作頭崔成造（见图 3-1-17）

乾隆辛未年製（见图 3-1-18）

乾隆丙子年烧造（见图 3-1-19）

嘉庆款的铭文城砖很少见，目前仅发现一例。

嘉庆（1796—1820 年）款城砖铭文：

嘉庆五年臨清磚窑户薛洺作頭于彭年造（见图 3-1-20）

道光年款的铭文城砖在北京尚未见到，目前仅在城砖主要产地临清考察到不多的几例：

道光（1821—1850 年）款城砖铭文：

道光十年臨磚程窑作頭崔貴造（见图 3-1-21）

图 3-1-14　顺治十五年分臨清窑户張有德作頭翟茹造

图 3-1-15　康熙拾伍年臨清窑户孟守科作頭嚴守才造

图 3-1-16

图 3-1-17

图 3-1-18

图 3-1-19

图 3-1-20

图 3-1-16　雍正五年臨清磚窑户劉承恩作頭王加禄造
图 3-1-17　乾隆十六年臨清磚窑户孟守科作頭崔成造
图 3-1-18　乾隆辛未年製
图 3-1-19　乾隆丙子年燒造
图 3-1-20　嘉庆五年臨清磚窑户薛洛作頭于彭年造

咸丰款铭文城砖至今尚未考察到实物，喜仁龙于 20 世纪 20 年代初考察北京城垣时曾记录一例。

咸丰（1851—1861 年）款城砖铭文：

咸丰元年作頭王泰立造

同治款铭文城砖至今尚未考察到实物，喜仁龙考察北京城垣时在西直门一带城墙上发现并记录一例。

同治（1862—1874 年）款城砖铭文：

同治万万岁

光绪款铭文城砖至今尚未见到任何实物及信息。

光绪（1875—1908 年）款城砖铭文：尚待考证。

宣统款铭文城砖至今尚未见到任何实物及信息。

宣统（1909—1911 年）款城砖铭文：尚待考证。

图 3-1-21　道光十年臨磚程窑作頭崔貴造

（三）纪年款、干支款

明清两代统治时间较长的皇朝，都会出现一些仅有纪年或干支的砖款，如明代嘉靖朝（45 年）、明代万历朝（48 年）、清代康熙朝（61 年）、清代乾隆朝（60 年）等。

1. 纪年款

十九年窑户秦禄造（见图 3-1-22）

二十六年窑户朱文匠人趙□□造（见图 3-1-23）

二十五年窑户秦禄造（见图 3-1-24）

图 3-1-22　十九年窑户秦禄造

2. 干支款

戊子年窑户紀鄉造（嘉靖）

甲申年臨清窑户暢道 · 匠人趙金造（见图 3-1-25）

丙寅年窑户符□□作頭□□造（天启）

辛巳年誠造（乾隆）（见图 3-1-26）

（四）官窑款

城墙砖在明清两代属钦工物料，为保证质量，砖窑大多属官办或官督民办。

皇城官窑新様城磚（见图 3-1-27）
興泰官窑誠造（见图 3-1-28）
永定官窑辦造新様城磚（见图 3-1-29）

（五）产地款

五里屯窑户孫山貴造（见图 3-1-30）
十里河窑户潘雲鳳造（见图 3-1-31）

（六）窑厂款

明代窑厂款的砖铭并不多见，隆庆朝有上厂、中厂、后厂等窑厂款，嘉靖朝和万历朝有临清窑厂款，单纯钤以窑名的则很少。清代窑款的砖铭较为普遍，很多砖文以窑名为主，而钤以厂名的则很少。

图 3-1-23

图 3-1-24

图 3-1-25

图 3-1-26

图 3-1-27

图 3-1-28

图 3-1-29

图 3-1-30

图 3-1-23　二十六年窑户朱文匠人趙□□造

图 3-1-24　二十五年窑户秦禄造

图 3-1-25　甲申年臨清窑户暢道 · 匠人趙金造

图 3-1-26　辛巳年誠造

图 3-1-27　皇城官窑新様城磚

图 3-1-28　興泰官窑誠造

图 3-1-29　永定官窑辦造新様城磚

图 3-1-30　五里屯窑户孫山貴造

图 3-1-31　十里河窑户潘雲鳳造

後厰窑户栾伯□造（见图 3-1-32）

中上厰窑户□□

臨清厰窑户吴應龍造

通和窑記（见图 3-1-33）

寶祥窑厰

永成窑記

（七）窑户款

明代砖文只钤记窑户的很少。而清代单独记载窑户的砖款则较常见。

窑户紀鄉造（见图 3-1-34）

加泒窑户暢紀造

窑户徐見（见图 3-1-35）

窑户石欽

窑户張春造

图 3-1-32　後厰窑户栾伯□造

（八）图形款

亭城（见图 3–1–36）

（九）用途款

标明物料的专项用途。

皇城墙新樣城磚（见图 3–1–37）
券甎（见图 3–1–38）
年例（见图 3–1–39）
大新様甎（见图 3–1–40）

城工細泥城磚

（十）材质款

砖文注重表述城砖自身的优良材质和特殊工艺。

榮陞窑澄漿停城磚（见图 3–1–41）

細泥停城磚

大停細磚

图 3–1–33　通和窑記

图 3–1–34　窑户紀鄉造

图 3–1–35　窑户徐見

图 3-1-36

图 3-1-37

图 3-1-38

图 3-1-39

图 3-1-40

图 3-1-41

图 3-1-36　亭城
图 3-1-37　皇城墻新様城磚
图 3-1-38　券甎
图 3-1-39　年例
图 3-1-40　大新様甎
图 3-1-41　榮陞窑澄漿停城磚

二、城砖产业带与漕船运输

（一）京杭运河流域的北京城砖产业带

北京城营建初期，仍从南方部分城砖产地征集城砖，由于江南各地所产城砖均须运抵京杭运河岸边，再搭漕粮船输解京师（北京），因而逐渐舍弃了一些远离运河的产地，同时增补了部分便利水运的城砖产地，征砖范围也不断向北发展，逐渐形成了一条运河沿线的城砖产业带。

永乐六年（1408 年），“命户部尚书夏原吉自南京抵北京，缘河巡视军民运木烧砖，务在抚绥得宜，作息以时”[①]。同时，“差工部侍郎一员于临清管理烧造，提督收放，自直隶至山东、河南，军卫、州、县有窑座者，俱属统辖”[②]。此后几朝，京师用砖基本由南、北方窑厂各自烧造。“宣德二年令河南、山东二都司并直隶卫所拨军夫五千名于沿河一带烧砖，以添设官十五员分行提督；成化十七年添设郎中二员于山东、河南及南、北直隶原有窑处减半烧造。弘治八年奏准停止烧造官员，敕河南、山东、南北直隶巡抚官委布按二司、分巡、分守，及府州县官提督管理烧造”[③]。

目前发现的纪年较早的北京成化款砖文，证实明中早期城砖产地已大部分移至长江以北的运河沿线。至嘉靖初，尽管敕建工程中仍有部分江南砖，但城砖产地已基本移至江北运河沿线山东、河南、北直隶一带的府州县，尤以东昌府临清州（今山东

① （明）余继登：《典故纪闻》卷十一。
② （明）沈德符：《万历野获编 · 勋戚 · 惧内》。
③ 《明太祖实录》卷九十一。

省临清市）的砖窑最为集中。

嘉靖四年（1525年）八月，工部会廷臣议："营建仁寿宫，工役重大，今世庙大工方兴……其砖料于京城近地及苏州定价烧造。"[①] 从目前考证的嘉靖款城砖来看，嘉靖四年（1525年）后城砖产地确实北移至"京城近地"。只是苏、松等府的"特产"——被尊称为"金砖"的细料方砖，仍无法由其他产地替代，在城砖产地普遍北移的情况下，为保证"金砖"质量，继续保留江南苏、松一带为钦工细料方砖产地。

嘉靖时期基本形成了南、北造砖的种类分工，南直隶苏州、松江等府主要负责为烧造质量等级最高的皇室建筑室内墁地细料方砖，"细料方砖以甃正殿者，则由苏州造解"[②]。北直隶及山东、河南各府则以烧造各类城砖为主。"嘉靖五年题准差部属二员，一往南直隶各府于苏州有窑处所烧造方砖，一往山东、河南、北直隶各府，于临清有窑处所督造方城斧券等砖，俱领敕行事。"[③]

嘉靖时，江北运河流域参与城砖制造的主要有以下府、州：

山东：东昌府、济南府、登州府、兖州府、临清州、莱州、宿州、德州、高唐州、武定州、东平州、濮州（位于今山东省一带）。

河南：南阳府、归德府、彰德府、卫辉府、汝宁府、怀庆府、开封府（位于今河南省一带）。

北直隶：顺天府、河间府、大名府、真定府、保定府、广平府（位于今河北省一带）。

与明代不同的是，清代砖文标明产地的不多，除临清砖大多有"临清""临清厂""临清砖""临砖"等产地名称外，其他产地的砖款大都是以砖窑名为主，在考察中发现，很多城砖的窑名与民用小型砖的款识相同，如："荣升窑""德顺窑""瑞盛窑""广泰窑"等，可见这些砖窑当时既生产敕建工程用砖，也生产民用砖。另外，还有一些城砖款识钤有"十里河""五里屯""清河"等非常明显的北直隶一带地名。这说明晚清时已有很多城砖产地分布在北京城的周边了。

城砖产地逐渐北移而临近京师，主要有几方面原因：①清末敕建工程用砖量越来越少，而修缮频率却越来越高，因此，在京师近地征集部分砖窑由官府统一督办，即可保

① 《明世宗实录》卷五十四。
② 《明世宗实录》卷四百九十六。
③ 《明太祖实录》卷九十一。

证质量又方便管理。②城砖产地临近京师，可大大节省运输时间和费用，在国库空虚的清代末期，这无疑是最实用的措施。③清朝末期，内忧外患不断加剧，朝廷早已没了国力鼎盛时的心气，对于钦工物料的质量要求，已明显低于明代与清盛世时的标准。

从明初到清末，历经二十多个皇朝，京师的修葺与营建工程不断，也一直延续着对各类城砖的征用，然而，在这五百多年里，政治、经济、文化、军事等各个方面都发生了巨大的变革，这些都直接或间接地影响到这条运河城砖产业带的发展与演变。可以说，北京城砖文化是明清两代政治、经济、文化发展历程的一个缩影。

表 3-1　明清北京历朝城砖产地信息表[①]

朝代	年号	纪年	产地	史料载体	来源
明代	永乐	元年至二十二年（1403—1424 年）	江南、山东、河南、北直隶一带	待考	待考
	洪熙	元年（1425 年）	待考	待考	待考
	宣德	元年至十年（1426—1435 年）	待考	待考	待考
	正统	元年至十四年（1436—1449 年）	待考	待考	待考
	景泰	元年至七年（1450—1456 年）	待考	待考	待考
	天顺	元年至八年（1457—1464 年）	待考	待考	待考
	成化	元年至二十三年（1465—1487 年）	江南、山东、河南、北直隶一带	铭文城砖	北京危改拆迁出土
	弘治	元年至十八年（1488—1505 年）	江南、山东、河南、北直隶一带	铭文城砖	北京危改拆迁出土
	正德	元年至十六年（1506—1521 年）	江南、山东、河南、北直隶一带	铭文城砖	北京危改拆迁出土
	嘉靖	元年至四十五年（1522—1566 年）	江南、山东、河南、北直隶一带	铭文城砖	北京古建筑及危改拆迁出土
	隆庆	元年至六年（1567—1572 年）	山东、河南、北直隶一带	铭文城砖	北京危改拆迁出土

① 笔者制表。

续表

朝代	年号	纪年	产地	史料载体	来源
明代	万历	元年至四十八年（1573—1620 年）	山东、河南、北直隶一带	铭文城砖	北京古建筑及危改拆迁出土
	泰昌	元年（1620 年）	待考	待考	待考
	天启	元年至七年（1621—1627 年）	山东、河南、北直隶一带	铭文城砖	北京危改拆迁出土
	崇祯	元年至十七年（1628—1644 年）	山东、北直隶一带	铭文城砖	北京危改拆迁出土
清代	顺治	元年至十八年（1644—1661 年）	山东临清州	铭文城砖	清东陵
	康熙	元年至六十一年（1662—1722 年）	山东临清州	铭文城砖	临清老城区
	雍正	元年至十三年（1723—1735 年）	山东临清州	铭文城砖	临清河隈张庄砖窑遗址
	乾隆	元年至六十年（1736—1795 年）	山东临清州、北直隶一带	铭文城砖	北京古建筑及危改拆迁出土
	嘉庆	元年至二十五年（1796—1820 年）	山东临清州	铭文城砖	临清老城区
	道光	元年至三十年（1821—1850 年）	山东临清州、北直隶	铭文城砖	临清河隈张庄砖窑遗址
	咸丰	元年至十一年（1851—1861 年）	待考	《北京的城墙和城门》[瑞典]奥斯伍尔德·喜仁龙著	北京燕山出版社 1985 年版
	同治	元年至十三年（1862—1874 年）	待考	《北京的城墙和城门》[瑞典]奥斯伍尔德·喜仁龙著	北京燕山出版社 1985 年版
	光绪	元年至三十四年（1875—1908 年）	待考	待考	待考
	宣统	元年至三年（1909—1911 年）	待考	待考	待考

表 3-2 明清京杭运河流域北京城砖产业带沿线产地目录[①]

行政区	地名
府：（31 个）	松江府 苏州府 常州府 镇江府 安庆府 应天府 扬州府 太平府 宁国府 池州府 赣州府 凤阳府 汝宁府 南阳府 卫辉府 彰德府 归德府 怀庆府 开封府 东昌府 济南府 青州府 兖州府 莱州府 登州府 顺天府 河间府 真定府 广平府 保定府 大名府
州：（17 个）	和 州 德 州 高唐州 临清州 东平州 徐 州 濮 州 曹 州 滨 州 济宁州 沧 州 宿 州 深 州 开 州 武定州 泰 州 晋 州
县：（87 个）	上元县 句容县 六合县 江宁县 太湖县 桐城县 怀宁县 宿松县 望江县 常熟县 武进县 无锡县 昆山县 芜湖县 当涂县 临浦县 江都县 宣城县 宁国县 贵池县 吴 县 丹阳县 丹徒县 赣 县 华亭县 上海县 含山县 淇 县 汤阴县 城武县 长山县 金乡县 新乡县 汲 县 安阳县 辉 县 东光县 博平县 睢阳县 武陟县 修武县 观城县 利津县 汶上县 新城县 寿张县 乐陵县 堂邑县 莘 县 聊城县 郓城县 武城县 朝城县 阳信县 蒲台县 商河县 陵 县 禹城县 青城县 冠 县 原武县 阳武县 恩 县 平原县 巨野县 邹平县 淄川县 鸡泽县 清平县 长垣县 威 县 滑 县 元城县 东明县 任丘县 安平县 南乐县 献 县 浚 县 静海县 清丰县 临清县 胙城县 夏津县 清河县 庆云县 封丘县

（二）明清时期京杭运河沿线产地款城砖

1. 明朝产地款城砖

目前发现年代最早的北京铭文砖产地款为明成化朝。

（1）成化朝（1465—1487 年）

从成化朝铭文砖的砖文内容和文字排列方式看，江南一带产的城砖大多延续了明代早期的风格，即府、州、县地名俱全。而产于江北的城砖，其款识已趋于简化，不过仍保持了产地名称，只是不像江南款识那样府、州、县地名齐全，大多仅

① 源自笔者搜集考证的北京城砖产地信息。

标示州、县名。北京的成化款铭文砖多集中于明皇陵。

成化朝江南产地款：

直棣寧國府
寧國縣管工委官□□
管工老人張瑞高手郭泉平陶叔芳造
成化十九年 月 日（见图 3-2-1）

图 3-2-1 直棣寧國府寧國縣管工委官□□管工老人張瑞高手郭泉平陶叔芳造成化十九年 月 日

成化朝江北产地款：

成化十七年德州窑造（见图 3-2-2）
成化十七年湯陰縣窑造

图 3-2-2 成化十七年德州窑造

（2）弘治朝（1488—1505 年）

弘治朝的城砖多产于今山东、河北一带，其款识特点接近成化朝，砖文简洁但仍保留产地名称。喜仁龙考察北京城墙时没有记录到弘治款的砖铭。近几年考察北京城砖也只是偶尔发现一两块残损的弘治款铭文砖。北京的弘治款铭文砖大多集中于皇陵，这一点与成化大致相似。

弘治朝产地款：

弘治捌年淇縣窑（见图 3-2-3）
弘治十四年修武縣窑造（见图 3-2-4）

（3）正德朝（1506—1521 年）

正德朝的城砖产地同样南北皆有，《武宗正德实录》记："工部以修乾清、坤宁宫会计财物事宜上请。命尚书李燧提督营建。……张惠于南直隶、属员外郎主事唐升于北直隶俱烧砖。"因而正德的砖文内容和文字排列方式一部分仍有明代早期的江南风格，如翔实记录府、州、县及各相关人员名称，而北方的款识则只标示产地。

正德朝江南产地款：

直隶蘇州府委官經歷陳震該吏景质
正德二年五月　日窑户王缙造（见图 3-2-5）

直隶安庆府提調官知府□□□□□□
桐城縣提調官□□
正德貳年捌月　日□□□□

正德丁卯年應天府句容縣窑匠朱昂造（见图 3-2-6）

图 3-2-3　弘治捌年淇縣窑

正德朝江北产地款：

正德十年臨清州造（见图 3-2-7）
正德拾年濱州造

（4）嘉靖朝（1522—1566 年）

嘉靖帝在位 45 年，各类土木工程几乎没有中断过，砖铭记录的造砖年代几乎涵盖了整个王朝的始末。嘉靖朝有产地记录的城砖主要集中于早期，从目前考察看，基本在嘉靖十年（1531 年）以前。如果从产地的角度考证，嘉靖朝的城砖生产大致可分为三个阶段：①嘉靖四年（1525 年）以前，从考证的砖文看，这一时期城砖征集主要集中在嘉靖三年（1524 年）和嘉靖四年（1525 年），嘉靖四年砖多产于江南，砖文也延续了明代早期江南的款识特征，砖文布局主要为竖向多行排列式，有产地所在府、州、县名称及其他与造砖相关的翔实信息。而嘉靖三年的砖铭则很简洁，只有皇帝

图 3-2-4　弘治十四年修武縣窑造

年号和窑户名，没有产地名称，体现出北方砖文特征。②嘉靖五年至十年（1526—1531 年），这一时期城砖的主要产地已经转移到江北的东昌府临清州一带（今山东省临清市），并在此逐渐形成了较大的生产规模，朝廷对城砖生产的管理也日趋规范化。从砖文所反映出的信息看，这一时期砖款中出现的“临清厂”便是朝廷为规制砖业而督办的官砖厂。其他个体砖窑也都被纳入统一的管理模式，具有一定的官督民办性质。管理模式从早期的官员、窑户责任制逐渐转化为官府、窑厂负责制，形成了规模化的产业模式。这一时期砖款体现的严格规制和高度统一的文字组合形式，从一个侧面反映出当时的规范化管理。

嘉靖十年（1531 年）以后的城砖铭文很少再见到产地名称。

嘉靖四年（1525 年）以前的产地款：

直隶赣州府委官通判罗達該吏孫怡
嘉靖肆年赣縣□□□窑户莊□造 （见图 3-2-8）

嘉靖五年（1526 年）至十年（1531 年）的产地款：

嘉靖伍年臨清廠精造窑户許友（见图 3-2-9）

嘉靖陸年臨清廠精造窑户孫倫·匠人王信

嘉靖十年春季窑户張輔為汝寧府造（见图 3-2-10）

以“嘉靖 × 年春（秋）季窑户 ××× 为 ×× 府造”为模式的砖款，在当时颇具典型性和普遍性，砖款的形式、尺寸和字体也都有一定的规范。款识模式的统一，体现出当时官府对城砖制造业的严格管控。

嘉靖十年（1531 年）以后的产地款：

嘉靖十五年秋季臨清廠窑户劉松造
嘉靖十五年秋季臨清廠窑户王吉工作牟淮造（见图 3-2-11）

图 3-2-5　图 3-2-6　图 3-2-7　图 3-2-8

图 3-2-9　图 3-2-10　图 3-2-11　图 3-2-12

图 3-2-5　直棣蘇州府委官經歷陳震該吏景廣正德二年五月 日窑户王縉造

图 3-2-6　正德丁卯年應天府句容縣窑匠朱昂造

图 3-2-7　正德十年臨清州造

图 3-2-8　直棣贛州府委官通判罗達該吏孫怡嘉靖肆年贛縣□□□窑户莊□造

图 3-2-9　嘉靖伍年臨清廠精造窑户許友

图 3-2-10　嘉靖十年春季窑户張輔為汝寧府造

图 3-2-11　嘉靖十五年秋季臨清廠窑户王吉工作牟淮造

图 3-2-12　隆慶二年下廠窑户汪禮造

嘉靖十一年（1532 年）至四十五年（1566 年），长达 35 年的时间里，几乎很少再见到钤记产地名称的铭文砖了。

（5）隆庆朝（1567—1572 年）

目前尚未发现隆庆朝带有具体产地名称的铭文砖，可作参考的城砖来源只有窑厂名，包括上厂、中厂、下厂、前厂、后厂。这也是隆庆朝不同于其他朝代之处。

隆慶二年下廠窑户汪禮造（见图 3-2-12）
隆慶四年上廠窑户孫文鎬匠人侯奉造

隆庆朝砖文虽未标示具体产地，但其前朝嘉靖年间砖款常见“临清厂”及“后厂”的称谓，如：“嘉靖伍年临清厂精造”“嘉靖三十四年后厂春季窑户陈府造”等。嘉靖朝城砖窑厂主要在东昌府临清州境内，沿运河分布。据此推断，隆庆朝砖铭中的各种“厂”应是对嘉靖朝砖厂称谓的延续，其砖厂所在地亦应集中于东昌府临清州一带。

（6）万历朝（1573—1620 年）

万历朝铭文砖较多，但尚未见到钤记具体产地的款识，从目前发现的万历款铭文砖来看，生产年代大多集中在万历三十年（1602 年）以后，目前只发现很少量此时之前的铭文砖。

万历朝砖款：

萬曆三十一年窑户張亨匠人楊鹿造（见图 3-2-13）
萬曆三十五年窑户柴成匠人趙□造

图 3-2-13 萬曆三十一年窑户張亨匠人楊鹿造

（7）天启朝（1621—1627 年）

天启皇帝在位七年，时值明朝后期，国力渐弱。经考察，这一时期的铭文砖较少，而且有些砖的尺度也明显小于前几朝，砖款模式与万历朝相近，目前尚未发现带有具体产地的款识。

天启朝砖款模式：

天啓元年臨清窑户孫宗義作頭張時造（见图 3-2-14）

图 3-2-14　天啓元年臨清窑户孫宗義作頭張時造

（8）崇祯朝（1628—1644 年）

崇祯皇帝在位 17 年，时值明朝末期，国力衰竭。这一时期的铭文砖也不多，砖款模式与砖的尺度均与天启朝相近，且小型砖较多，目前尚未发现带有具体产地的崇祯款铭文砖。

崇祯朝砖款：

崇禎元年窑户吴養心匠人石興造（见图 3-2-15）

图 3-2-15　崇禎元年窑户吴養心匠人石興造

2. 清代产地款城砖

清代铭文砖在款识钤印的位置上有一个很大的变化，改变了明代砖款钤印在城砖长侧面上的惯例，一律将款识钤印在城砖的短侧面上，似乎是要从形式上明确有别于前朝。这一砖款位置的改变也成为今天我们分辨明、清两代铭文砖的一个基本特征。清代砖的铭文内容较明代简单，款识尺寸也比明代短小，砖文字数从明代的十几字、几十字减为寥寥几个字。清代城砖生产总量趋于减少，乾隆以后更呈逐朝递减之势，这当与日趋衰退的国力和动荡的社会局势有关。

（1）顺治朝（1644—1661 年）

顺治皇帝在位时正值清朝建国初期，这一时期的城砖主要产于临清，铭文砖大多集中在清东陵。在考察北京城墙砖及其他各类敕建建筑时均未见到顺治款的铭文砖。从目前已

图 3-2-16　顺治十五年分臨清窑户孟守科作頭崔文舉造

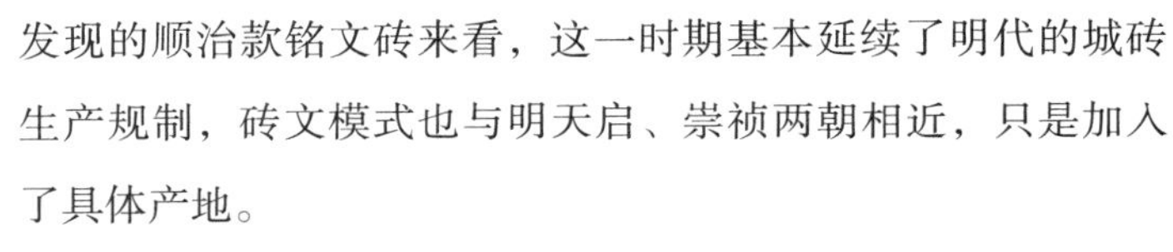

发现的顺治款铭文砖来看，这一时期基本延续了明代的城砖生产规制，砖文模式也与明天启、崇祯两朝相近，只是加入了具体产地。

顺治朝产地款：

顺治十五年分臨清窑户孟守科作頭崔文舉造（见图 3-2-16）

顺治十七年分臨清窑户平柴誠作頭李仕造（见图 3-2-17）

（2）康熙朝（1662—1722 年）

康熙皇帝在位时值大清盛世，但在考察北京城砖及其他各类敕建工程时却未见到有其皇朝款识的铭文砖。甚至在康熙陵寝的建筑上也未见有其款识的铭文砖。在京杭运河沿线的主要城砖产地临清考察时，却意外发现了康熙款的铭文城砖。其砖文的构成模式与顺治砖款相同，均有明确的产地。值得注意的是，有一部分康熙款的作头有两个人名，并以小号字分左右对称排列，这一点也与明清其他朝代砖款不同。

康熙朝产地款：

康熙十五年臨清窑户暢道作頭郭守貴造

康熙二十八年臨清砖窑户孟守科作頭崔振先造（见图 3-2-18）

图 3-2-17 顺治十七年分臨清窑户平柴誠作頭李仕造

（3）雍正朝（1723—1735 年）

雍正皇帝在位 13 年，在考察北京城墙砖及其他各类敕建工程时未见到有其皇朝款识的铭文砖，陵寝建筑也未见有其款识的铭文砖。在运河沿线城砖产地临清考察时，在临清博物馆的展品中发现有雍正款的铭文城砖。其砖文形式与顺治、康熙砖款相同，均有明确的产地。

图 3-2-18 康熙二十八年臨清砖窑户孟守科作頭崔振先造

雍正朝产地款：

雍正五年臨清磚窑户劉承恩作頭王加禄造（见图3-2-19）

图 3-2-19 雍正五年臨清磚窑户劉承恩作頭王加禄造

（4）乾隆朝（1736—1795）年

目前发现的清代皇朝款城砖当属乾隆时期最多，从砖文内容看，乾隆早期的砖文与顺治、康熙、雍正的砖文形式相同，这类带有产地的砖款主要集中在乾隆十六年（1751年）以前，在此之后，乾隆朝的砖款趋于简化，不再有产地。考察中见到最多的乾隆朝砖款是“乾隆辛未年制”，而辛未年正是乾隆十六年（1751年）。目前尚未发现十六年（1751年）以后有钤印产地的铭文砖，窑户名也异常少见。看来，乾隆十六年（1751年）是砖款由繁变简的一个转折点。从乾隆朝款识所透露出的信息看，乾隆十六年（1751年）以后，逐步加强了砖窑的官府监管力度，如款识中经常能见到“工部监督”“工部监造”“内府官办”等字样。其他一些表示干支年的砖款也较为普遍，如“辛未年制”“丙子年烧造”等，可能是因当时的砖厂基本状况相对稳定，无需再详细标注产地和制造者，《乾隆会典》卷七十记：“金砖取备于江苏，城砖取备于临清。”

乾隆朝产地款：

乾隆貳年分臨清窑户張有德作頭焦天禄造（见图3-2-20）

乾隆拾伍年臨清磚窑户暢道作頭盛邦現造

图 3-2-20　乾隆貳年分臨清窑户張有德作頭焦天禄造

乾隆十六年臨清磚窑户孟守科作頭崔成造（见图3-2-21）

图 3-2-21　乾隆十六年臨清磚窑户孟守科作頭崔成造

（5）嘉庆朝（1796—1820 年）

在北京城砖的考察中，带有皇朝年号和产地的嘉庆款铭文砖从未见到。20 世纪 20 年代初，喜仁龙考察北京城墙时，也只是从城墙上镶嵌的碑记内容来分辨和判断嘉庆朝铭文砖的分布区域，并将其记录在案。如碑记中有：嘉庆二年、嘉庆三年、嘉庆四年、嘉庆七年、嘉庆八年、嘉庆十二年、嘉庆十六年、嘉庆十八年、嘉庆二十年等修葺年代的记录。并据此推断附近的铭文城砖出自嘉庆朝，如“停泥新城砖”“新样大城砖”“瑞盛窑造城砖”“大停细砖”“永定官窑新大城砖”“永定官窑造停泥细砖”“永定官窑造”等款识的铭文砖。由于有了当年的这些考察成果，才使我们在城墙、碑记大多无存的今天，还能够有一个视角去认识嘉庆朝的铭文砖。

从碑记上看，嘉庆朝并未间断对北京城墙进行修葺，只是尚未在城砖砖款上明确见到其皇朝年号及产地。可见嘉庆朝砖文的特点是比较注重其官办性质和砖本身的特质，“官窑”“新样”“停泥”“细砖”等砖文出现的频率较高。如：“永定官窑办造新样城砖”“新样城砖”“停泥城砖”“大停城砖”等。

在城砖主要产地临清考察时，意外地在老城区发现了一块嘉庆皇朝款识的铭文城砖。其砖文形式与顺治、康熙、雍正等砖款相同，并明确注明产地为临清。如：

嘉庆五年臨清磚窑户薛洺作頭于彭年造（见图3-2-22）

这是迄今为止唯一见到的一款嘉庆产地款铭文城砖。

（6）道光朝（1821—1850 年）

在北京目前尚未发现带有道光年号和产地的铭文砖，但据喜仁龙在《北京的城墙和城门》一书中记载，城墙上镶嵌的碑记记录了道光四年、道光五年、道光九年、道光二十年和道光二十一年的修葺记录。并根据碑文内容推断“瑞顺窑造大城砖”“大停细砖”等为道光四年（1824 年）的砖铭。

2017 年 4 月，笔者在临清考察古砖窑遗址时，在所剩无几的废墟上意外发现了一块道光款识的铭文城砖残块。其砖文为：“道光二十七年臨磚窑户程□□”（见图 3-2-23）。其砖文形式与顺治、康熙、雍正各朝款识相同，产地为临清。这也是目前所发现最明确的一块道光产地款铭文砖实物。

图 3-2-22　嘉庆五年臨清磚窑户薛洺作頭于彭年造

图 3-2-23　道光二十七年臨磚窑户程□□

（三）城砖与漕运

明代称京杭运河为漕河，以贯穿南北的水路运输而著称，长达几千里的运道，既有对天然湖泊的利用，也有人工开凿的河段。一般长江以南的运道通称“浙漕”；扬州至淮安运道多利用湖泊，故称“湖漕”；淮安至徐州为黄河运道，称“河漕”；济宁南至临清一段是元代开凿的会通河，称“闸漕”；临清至天津走卫河，又称“卫漕”；从天津至通州则因利用潮白河道而称“白漕”。其“南极江口，北尽大通桥，运道三千余里”[①]。

明初从南京迁都北京后，京杭运河就成了两座城市之间的官道，作为新都城各类物资的主要供给线，运输也愈加繁忙。此运道全长三千余里，从南至北依次为浙江、苏州、松

① 《明史》卷八十五。

江运道，到达长江，长江以北进入扬、淮诸湖，到仪真、瓜州，至清口再向北，为黄河、沁河、济河、泗河、沂河、洸河、汶河、会通河、卫河、白河、大通河。为保证水路畅通，在元代京杭运河的基础上对很多航段进行了改造和整治，建立了更加完善的运河管理机制，这条贯通南北的水上经济大动脉进入了一个新的历史时期。

明初永乐朝至明末天启朝的四百余年间，各地每年经运河向北京输送的漕粮总额都在几百万石（见表3-3）。这条繁忙的漕运线路不仅保证了北京的粮食供给，同时也通过粮船搭带的运砖模式为新都城输送用于营建的城砖。

表3-3 《明实录》载明代前期经运河向北京输送漕粮的情况

[永乐七年（1409年）—正统四年（1439年）]

公元纪年	朝代	输送漕粮数（石）
1409年	永乐七年	1836852
1410年	永乐八年	2015165
1411年	永乐九年	2255543
1412年	永乐十年	2487188
1413年	永乐十一年	2421907
1414年	永乐十二年	2428535
1415年	永乐十三年	6462990
1416年	永乐十四年	2813462
1417年	永乐十五年	5088544
1418年	永乐十六年	4646530
1419年	永乐十七年	2079700
1420年	永乐十八年	607328
1421年	永乐十九年	3543194
1422年	永乐二十年	3251723
1423年	永乐二十一年	2573583
1424年	永乐二十二年	2573583
1425年	洪熙元年	2309150
1426年	宣德元年	2399997
1427年	宣德二年	2683436
1428年	宣德三年	5488800
1429年	宣德四年	3858824

续表

公元纪年	朝代	输送漕粮数（石）
1430 年	宣德五年	5453710
1431 年	宣德六年	5488800
1432 年	宣德七年	6742854
1433 年	宣德八年	5530181
1434 年	宣德九年	5213330
1435 年	宣德十年	4500000
1436 年	正统元年	4500000
1437 年	正统二年	4500000
1438 年	正统三年	4500000
1439 年	正统四年	4200000
资料来源：赵其昌主编：《明实录北京史料》，北京古籍出版社 1995 年版。		

新都营建需大量城砖，江南原烧造南京城砖的府州县继续为北京造砖，并经漕河运抵京师。由于水路漫长且运力有限，难解建都之初大量用砖之急，以至诏令在北直隶各府及山东、河南两省增建砖窑（见表3-4），并在临清“设工部营缮分司督之”[①]。派驻工部侍郎统辖北直隶及山东、河南各窑厂。康熙十二年（1673 年）《临清州志》记：“工部营缮员外郎，明永乐间设，初侍郎或郎中，后以主事督征山东、河南、直隶、河间诸府砖价，于临清建窑厂，岁征城砖百万。”还在临清、张家湾各委派主事一员，专职城砖收放。而江南砖收验发运事宜则由南京兵部专门差官督办。

表 3-4　长江以北运河流域参与造办北京城砖的府、州、县[②]

府	州	县
顺天府		（今北京市一带）
河间府		（今河北省沧州市一带）

① 《临清州志》卷七《关榷志》，乾隆十四年。
② 笔者制表。

续表

府	州	县
		静海县（今天津市静海区）
		任丘县（今河北省任丘市）
		献县（今河北省献县）
		东光县（今河北省沧州市东光县）
	沧州	（今河北省沧州市）
		庆云县（今山东省德州市庆云县）
真定府		（今河北省正定县一带）
	晋州	（今河北省衡水地区安平县）
		安平县（今河北省衡水地区安平县）
	深州	（今河北省衡水市）
大名府		（今河北省邯郸市大名县一带）
		南乐县（今河南省濮阳市南乐县）
		浚县（今河北省浚县）
		元城县（今河北省邯郸市大名县）
		清丰县（今河南省安阳市）
	开州	（今河南省安阳地区濮阳市）
		东明县（今山东省菏泽市）
		长垣县（今河南省新乡市长垣县）
保定府		（今河北省保定市一带）
		新城县（今河北省高碑店市）
广平府		（今河北省永年县）
		威县（今河北省邢台市威县）
		清河县（今河北省邢台市清河县）
		鸡泽县（今河北省邯郸市鸡泽县）
南阳府		（今河南省南阳市一带）

续表

府	州	县
怀庆府		（今河南省沁阳市一带）
		修武县（今河南省焦作市）
		武陟县（今河南省焦作市）
归德府		（今河南省商丘市睢阳县）
		睢阳县（今河南省商丘市睢县）
卫辉府		（今河南省卫辉市）
		新乡县（今河南省新乡市）
		汲县（今河南省卫辉市）
		淇县（今河南省鹤壁市淇县）
		胙城县（今河南省新乡市延津县胙城乡）
		滑县（今河南省安阳市滑县）
		辉县（今河南省新乡市辉县市）
彰德府		（今河南省安阳市）
		汤阴县（今河南省安阳市汤阴县）
		安阳县（今河南省安阳市安阳县）
开封府		（今河南省开封市一带）
		阳武县（今河南省新乡市原阳县）
		原武县（今河南省新乡市原阳县）
登州府		（今山东省蓬莱市一带）
东昌府		（今山东省聊城市一带）
		堂邑县（今山东省聊城市东昌府区堂邑镇）
		聊城县（今山东省聊城市）
		临清县（今山东省临清市，明弘治二年升为临清州）
		冠县（今山东省聊城市冠县）
		莘县（今山东省聊城市莘县）

续表

府	州	县
		博平县（今山东省聊城市茌平县博平镇）
	高唐州	（今山东省聊城市高唐县）
		武城县（今山东省德州市武城县）
		恩县（已分别并入武城县和平原县）
		夏津县（今山东省德州市夏津县）
	濮州	（今山东省聊城市）
		观城县（今河南省范县一带）
		朝城县（今山东省聊城市莘县朝城镇）
	临清州	（今山东省临清市，弘治二年由县升州）
青州府		（今山东省青州市一带）
		临淄县（今山东省淄博市临淄县）
济南府		（今山东省济南市一带）
		长山县（今山东省淄博市邹平县）
		新城县（今山东省淄博市桓台县）
		禹城县（今山东省禹城市）
		青城县（今山东省淄博市高清县）
		商河县（今山东省济南市商河县）
		邹平县（今山东省滨州市邹平县）
		淄川县（今山东省淄博市淄川区）
		平原县（今山东省德州市平原县）
	滨州	（今山东省济南市一带）
		利津县（今山东省东营市利津县）
		蒲台县（今山东省东营市一带）
	德州	（今山东省德州市陵县）
	武定州	（今山东省滨州惠民县城区）

续表

府	州	县
		乐陵县（今山东省德州市乐陵县）
		阳信县（今山东省滨州市阳信县）
		商河县（今山东省济南市商河县）
莱州府		（今山东省烟台市莱州市一带）
兖州府		（今山东省兖州市一带）
		城武县（今山东省菏泽市城武县）
		金乡县（今山东省济宁市金乡县）
	济宁州	（今山东省菏泽市一带）
		巨野县（今山东省菏泽市巨野县）
		郓城县（今山东省菏泽市郓城县）
	东平州	（今山东省泰安市东平县）
		汶上县（今山东省济宁市汶上县）
		寿张县（今山东省阳谷县、河南范县一带）
	曹州	（今山东省菏泽市）

至明嘉靖初期，长江以北的城砖制造业基本形成了以临清为中心的格局。《临清县志》记："临清商业称盛一时者，籍助此河之力颇大。"[①]清前期，临清"岁漕江南北米粮数百万石，悉由此河输至京师。"[②]"每届漕运时期，帆樯如林……当其盛时，北至塔湾，南至头闸，绵亘数十里。"[③]临清初期曾建有四座砖厂，作为各砖窑所产成品城砖的统一收纳场所，城砖经此再转装北上的粮船带运至京城。后出于便捷，取消了这一程序，改为将城砖从沿河各窑就近直接装船。

① 《临清县志·疆域志·河渠》（铅印本），民国二十三年。
② 《临清县志·疆域志·河渠》（铅印本），民国二十三年。
③ 《临清县志·经济志·商业》（铅印本），民国二十三年。

粮船带运城砖之制始于明洪武时期，营建南京城垣时所需城砖均沿江设窑烧造，由各处客船顺载运至工部交纳，沿河郎中等官员则负责逐船查验。

明初营建北京城亦沿用其制，各地烧造的城砖皆搭粮船顺带至京。永乐三年（1405 年）规定“船每百料[①]带砖 20 块”；天顺年间（1457—1464 年），令每只粮船搭带城砖 40 块，民船按梁头计量，每尺带砖 6 块；嘉靖三年（1524 年），则规定每只粮船须带砖 96 块，民船每尺带砖 10 块；至嘉靖十四年（1535 年），粮船带砖增至 192 块，民船每尺带砖增至 12 块。嘉靖二十年（1541 年），粮船带砖数又减为 96 块。

官船和民船带运城砖均为强制性规定，不仅没有任何报酬，如有损坏还须承担赔偿责任。嘉靖二十一年（1542 年）特别规定，途经临清的各类粮船皆须带运城砖至张家湾交卸，有损毁者须如数赔偿。嘉靖四十二年（1563 年）查照旧历，粮船每只带城砖 90 块，其他砖料由官民商贩船只通融派带。万历十五年（1587 年）七月，因寿宫急用城砖，每船定例带砖 200 块，“待落成之日，每船量减四十块”[②]。

曾有官员在《暂免运砖以恤运军疏》中诉运砖之苦衷：“粮运带砖，始于一时权益，今已遵行年久……往运河渠通利，加带不胜苦难，然数止四十八块，不令过重以伤挽力。继因工作迭兴，用砖渐多，加带亦渐增益，以至载重难行。”[③]

宣德六年（1431 年）六月，平江伯陈瑄奏：“岁运北京粮四百余万石，役军士一十二万人，连年输运，当苏其力。乞于浙江、湖广、江西、苏、松、常、镇、太平等府佥民丁及军多卫所添军与见运军士通二十四万人，分为两班，每岁用一十二万人攒运，余一十二万人伺候更替，可为经久之计，少节军民之劳。”[④]十几万人常年参与漕粮运输，可见明初漕运的繁盛与艰辛。

京师长期大兴土木，数工并举时，各粮船超重带运城砖仍不敷用，为提高运力，常有官府征船运送城砖的情况，永乐初就曾于河南、山东、北直隶各府征用船只运送城砖，并以城砖一分八厘、斧刃砖一分四厘的脚价银支付运费。

弘治八年（1495 年）规定，除了专供皇室的“荐新进鲜黄船”以外，“一应官

---

① 料：古代船只大小的一种计量单位，相当于明代尺度十立方尺，约为现在 0.39 立方米。
② （明）申时行等：《明会典》卷二〇《户口二 · 赋役》。
③ 《明经世文编》卷 300。
④ 《宣宗宣德实录》卷八十。

民马快运粮等船”均须带砖。

嘉靖四年（1525 年）规定，凡粮船顺带未运完的临清城砖，由官府另行雇船专程解运，所需运费则由各司、府、州、县分摊。万历十三年（1585 年）四月下诏，临清砖厂军民、船户一律交纳运砖费用，由官府雇人运送，运费视军、民、船户船只的大小而不同。

嘉靖九年（1530 年），将河南、北直隶等地砖窑“停罢”，唯临清“开窑招商视昔加倍”。①由“部发砖值”，在临清“招商烧造”。②

由于城砖长期搭载粮船运输，路途遥远，不胜辛劳且效率不高。万历二年（1574 年）九月，关于北直隶参与造砖再被提及，宛平、大兴二县王勇奏称：“各工应用白城砖，近于临清烧造一百万个，今有武清池（按：馆本池作地方）土脉坚胶，不异临清，去京仅一百三十里，较临清近二千余里，一舆（按：馆本舆作兴）改作，不但粮运民船不苦烦劳，抑且为国节省，有生财时效。”③北直隶一带造砖有其京师近地之优势，既可免长途运输的辛劳，又能及时解京城用砖之急，但钦工物料毕竟质量最为重要，改换产地不免要冒较大风险。工部权衡后复议：“临清烧造，遵行已久，既云武清土脉不异，人事未否均齐，安能一一如式？若一旦更改，倘有偏而不举之处，是复增纷扰也。今行武清县，责令王勇等每年分造城砖三十万个，似三年之后，果有成效（校记：广本、抱本效作功），另议建改。其临清自万历三年为始，每年正造七十万个，照旧粮船带运。”④万历三年（1575 年）四月，又记，“临清砖厂旧烧造城砖共一百二十万，至是议分派三十万于武清烧造”⑤。分派的造砖窑户所钤款识一般带有“分派”“分窑户”印记。

“顺治二年部委司官一人提督临清砖厂兼理闸务，岁支额设砖料银二万四千两，烧造城砖六十万，斧刃砖四十万。”⑥可谓“岁征城砖百万”⑦。

---

① 《临清州志》卷七《关榷》，乾隆十四年。
② （明）申时行等:《明会典》卷一九〇《工部十》。
③ 《神宗万历实录》卷二十九。
④ 《神宗万历实录》卷二十九。
⑤ 《神宗万历实录》卷三十七。
⑥ 《大清会典则例》卷一二八《工部营缮清吏司物材》，乾隆十二年。
⑦ 《临清州志》卷七《漕运志》，乾隆十四年。

关于清代临清城砖的运输，“顺治四年题准，临清砖用漕船带运抵通，例无脚价，自通州五闸转运至大通桥厂，每块于轻赍银内支给一分；又，自厂车运至各工所，每块给脚价银一分一厘五毫”[①]。

至于漕船带运的具体方式和数量，当年（1647年）“又复准，令经过临清闸粮船，每船带砖四十五块，官、民船每梁头一尺带砖十有二块，均给批运，交通惠河监督照数验收，其官、民船抵天津务关、张家湾、通州者，名为长载，例应给批带运，不到天津等处者，名为短载，免其带运，每梁头一尺纳价银一钱七分；又盐货船每船纳纸价银六钱，均收贮解部，若船到通州，无砖即系抛弃，该监督报部究处，回船过临清不缴砖批者治罪，如地方官纵容不行申报一并题参”[②]。

顺治七年（1650年）题准，在临清额设“岁发银万两，照银数预办以备带运”[③]。朝廷用于烧造城砖的投资较五年前已大幅减少。

第二年（1651年），顺治帝体恤到“漕船运载漕粮，远涉波涛，已称极苦，再令装载带运，益增苦累”，并认为“营造宫殿，京师烧尽尺可应用，若临清烧造，苦累小民，又费钱粮拨运，甚属无益”，且“朕心甚为不忍”[④]。遂奉旨：“临清厂烧砖，费币累民，应行停止，原委官撤回，其造过坯片，所费工本并民船长短带载纳价，即行豁免。”[⑤]

此后，京师用砖均由近地烧造。可能基于砖质的原因，临清砖窑停罢六年后，又恢复烧造，“顺治十四年，复差本部司官前往临清会同该道烧造水澄细砖”[⑥]。“顺治十五年题准，水澄细砖，每块给银六分八厘。”[⑦]显然比顺治四年（1647年）时临清城砖二分七厘的价格有大幅提高，可见京师此时急需的是高质量城砖，即所谓“水澄细砖”。

顺治十五年至十七年（1658—1660年），临清恢复砖窑生产并为京师烧造了大

① 《大清会典则例》卷一二八《工部营缮清吏司物材》，乾隆十二年。
② 《大清会典则例》卷一二八《工部营缮清吏司物材》，乾隆十二年。
③ 《大清会典则例》卷一二八《工部营缮清吏司物材》，乾隆十二年。
④ 《清世祖实录》卷五二。
⑤ 《大清会典则例》卷一二八《工部营缮清吏司物材》，乾隆十二年。
⑥ 《大清会典则例》卷一二八《工部营缮清吏司物材》，乾隆十二年。
⑦ 《大清会典则例》卷一二八《工部营缮清吏司物材》，乾隆十二年。

量城砖，从实际考察看，其中很大一部分应被用于筑建顺治帝陵寝，清孝陵城砖铭文记录的造砖时间也基本集中于顺治十五年至十七年（1658—1660年）。确保皇陵工程的质量，应是复差司官前往临清烧造“水澄细砖”的主要目的。

在恢复烧造临清砖三年后，工部于顺治十八年（1661年）又题请停止临清砖差。“题准，停止临清砖差”[①]，并“裁工部营缮分司，以山东巡抚领之，监办官为东昌府同知，承办官为临清州知州，分管官为临清州吏目，税课局大使，夏津县巡检，青平县巡检”[②]。乾隆五十年（1785年）“专归临清州管理”[③]。

康熙初，京师用砖仍由近地烧造，并颁布窑址禁令，规定：“凡筑砖瓦窑，均令离城五里不近大路之处烧造，违者治罪。”[④]城砖每块银四分一厘，比临清“水澄细砖”低二分七厘。所低部分应包括运费和质量差价。

康熙十九年（1680年），“又奏准，城砖、滚子砖需用，紧急令山东巡抚雇船委官运送”[⑤]。“康熙二十八年复准，陵寝需用临清砖，行令山东巡抚预行烧造二万块，交粮船带运。”[⑥]

考虑到临清城砖的运输压力，康熙朝在城砖的使用上也有所调整，如根据城砖质量施用于不同工程，即使宫廷建筑也会务实选择。康熙二十九年（1690年）正月乙酉，大学士等奏曰：“……前明各宫殿九层基址、墙垣，俱用临清砖……今禁中修造房屋，出于断不可以，非但基址未尝用临清砖，凡一切墙垣，俱用寻常砖料……”[⑦]

康熙三十四年（1695年）七月，太和殿大修，其中在磉墩、山墙、后檐墙、前槛墙、隔断墙等处共用糙临清城砖17136块，砍细临清城砖7984块。工程用新样城砖338626块，内群城填馅新样城砖23433块。临清城砖用量还不到总用砖量的十四分之一，均用于比较重要的位置。[⑧]临清城砖的用量虽受到控制，但未停止生产，

---

① 《大清会典则例》卷一二八《工部营缮清吏司物材》，乾隆十二年。
② 《临清州志》卷七《关榷》，乾隆十四年。
③ 《临清直隶州志》卷九《关榷》，乾隆五十年。
④ 《大清会典则例》卷一二八《工部营缮清吏司物材》，乾隆十二年。
⑤ 《大清会典则例》卷一二八《工部营缮清吏司物材》，乾隆十二年。
⑥ 《大清会典则例》卷一二八《工部营缮清吏司物材》，乾隆十二年。
⑦ 《清圣祖实录》。
⑧ 《太和殿纪事》卷七。

康熙三十八年（1699 年）题准“临清砖，著山东粮船五月起至九月，暂给水脚银运送”[①]。

康熙五十八年（1719 年），停止烧造带运临清城砖，改由温泉一带窑户参照临清砖式样烧造。

雍正、乾隆朝又逐渐恢复临清砖的烧造，运输方式仍延续前制，临清砖明初就“漕艘搭解，后遂沿及民船装运。今仍复漕船运解通州”[②]。“凡输运，水以舟，陆以车。舟运木计颗，砖甓计数。车运砖、木，皆权轻重，程近远，分春夏秋冬以辨其运价而差等之，由粮艘附运者不给价。”[③]

清乾隆、嘉庆、道光三朝烧造解运临清城砖部分记录：

乾隆二十四年（1785 年）议准：“山东省造办临清砖，每块长一尺五寸，宽七寸五分，厚四寸，系粮船搭解，并无运价，如遇工程紧要，雇觅民船，每块给水脚价银二分六厘。”[④]

乾隆四十一年（1776 年）奏准：“重修紫禁城墙，需用临清砖三十万块，令山东巡抚烧造，搭解运送通州。”[⑤]

乾隆四十七年（1782 年）奏准：“通州厂临清砖所存无几，令山东巡抚烧造五万块，搭解运送通州。”[⑥]

嘉庆五年（1800 年）奏准：“水运砖木，以一千五百斤一载，每载每里给运价五厘。”[⑦]

嘉庆七年（1802 年）奏准：“办解临清砖，令临清州解员逐块敲验，由运粮船装载齐全，饬令解员随船押运赴部验收，如有缺角破碎，将砖价著落解员赔缴。”[⑧]

道光四年（1824 年）奏准：“临清州承造临清砖，自嘉庆二年修建砖窑十二座，后六年又改建砖窑十二座，略加修理尚堪烧造，其余四座与六年改建之十二座俱经

---

① 《大清会典则例》卷一二八《工部营缮清吏司物材》，乾隆十二年。
② 《临清直隶州志》卷九《关榷志》，乾隆五十年。
③ 《大清会典则例》卷七二，乾隆十二年。
④ 《大清会典则例》卷八七八《工部物材》，光绪二十五年。
⑤ 《大清会典则例》卷八七五《工部物材》，光绪二十五年。
⑥ 《大清会典则例》卷八七五《工部物材》，光绪二十五年。
⑦ 《大清会典则例》卷八七六《工部物材》，光绪二十五年。
⑧ 《大清会典则例》卷八七五《工部物材》，光绪二十五年。

坍塌，必须另行移建，且地亩历年取土，俱成湾坑，亦须另择地基，以备烧造。今又购买窑厂四处，每处建盖窑户土房六间，每窑挑井二孔。”①

道光九年（1829年），“谕内阁，乌尔恭阿等奏，昌陵圣德神功碑楼工程，需用盖面海墁大砖，著工部行取山东临清砖四万六千块，于明春运送到工应用”②。

道光十年（1830年），“谕，乌尔恭阿等奏，查验运到临清砖块难以选用一折，昌陵圣德神功碑楼工程，需用盖面海墁大砖，据乌尔恭阿等，将山东委员运到者，详加查验，砖质粗松，沙眼太多，难以选用，著照所请，即由京烧造澄浆砖四万六千块，乘时备办，于今冬运送到工，明春铺墁，所需砖价一万三千七百十五两零，著于户部领用，工竣复实奏销。至此项临清砖，若不砍去外皮，尚堪留作岁终粘砌墙垣之用，著工部即令该委员将已运到工及未运到工之砖，全数交易州工部存贮备用，其该省烧造砖价，著在承办之员名下照数罚赔，不准开销”③。

从目前已发现的砖文史料看，山东临清为京师烧造城砖至少延续到道光晚期。当年，清东陵绕斗峪（后改名宝华峪）皇陵渗水事件使道光帝对工程质量问题深恶痛绝，绝不会容忍钦工物料有任何瑕疵。运送昌陵的临清砖出现质量问题，很可能成为清末逐渐裁减临清砖的原因之一。

道光四年（1824年），“高堰决，运道梗”，清政府遂雇用商船海运，此后，江、浙各府州漕粮皆改行海运，而湖南、湖北、安徽、江西等省漕粮则改征银钱，漕河运输业日渐衰落，但山东仍维持河运旧制，这应与朝廷尚未完全停罢临清砖有一定关系。

盛时的临清造砖业有窑近400座，从临清城区西南15公里的东、西吊马桥到东、西白塔窑，再至东北部的张家窑，继而延续到东南部的河隈张庄，绵延30多公里。砖窑沿河而建，鳞次栉比，仅东、西吊马桥就有砖窑72处，东、西白塔窑建有砖窑48处，张家窑和河隈张庄有砖窑72处，共计砖窑192处。每处窑址设两座砖窑，共计有砖窑384座。康熙时江南文人杨启旭曾赋诗曰：“秋槐月落银河晓，清渊土里飞枯草。劫灰助尽林泉空，官窑万垛青烟袅。”形象地描绘出明清时期临

① 《大清会典则例》卷八七五《工部物材》，光绪二十五年。
② 《清宣宗实录》。
③ 《大清会典则例》卷八七五《工部物材》，光绪二十五年。

清一带繁盛、火热的造砖场景。

鉴于临清商业及造砖业繁盛又地处漕运咽喉，景泰元年（1450年），代宗敕曰："临清系南北水陆要冲，倘遇有警将何所守，敕至尔英第，并三司堂上正官，亲旨临清同尔豫事……量起军民人等筑城以安军民。"[①] 同年增建军事卫所。《明一统志》二四："临清卫在临清县城内东北，景泰元年建。"[②]

弘治二年（1489年），临清从明初的东昌府属县升级为州。《天工开物·陶埏·砖》："若皇居所用砖，其大者厂在临清，工部分司主之。"

① 《景帝实录》。
② 《明一统志》卷二四。

三、北京城砖业的产权制度

（一）明代的工匠轮班制与官办砖窑

洪武八年（1375 年），朝廷按京师之制大规模改建南京城，并以摊派方式向各地征集城砖，范围涉及江南百余府、州、县及军事卫所，同时在民间大量征调城工匠役。

明早期还没有明确的工匠组织管理制度，经常造成聚集大量工匠后“无工可役”。洪武十九年（1386 年），京师（今南京）已有近九万工匠，然而用工效率却不高，鉴于此状况，工部侍郎秦逵提出工匠轮班服役的建议，这一提议得到了朱元璋的认同：“工作人匠，将及九万，往者为创造之初，百工技艺尽在京城……九万工技之人，年年在途者有之，暂到京者有之，方到家亦者有之，无钱买嘱终年被微工所役者有之。呜呼！九万工技之人，年年在途在京在家，皆无宁息……九万工技之人，至如此艰难跋涉，不得休息。朕命进士秦逵职工部侍郎，掌行其事。本官到任未久，识此奸诡甚多，躬亲来奏。其词曰：创造已定，工技有劳甚久。虽有些须未完，所用人匠甚不须多。匠将应用数目，立定限期，编成班次，使轮流而相代之。其九万之人，一班诸色匠人不满五千，以此轮之，四年有余，方轮一交。朕见其词善，可其奏，不月编成。”[①]

工匠轮班服役的建议得到朝廷采纳，手工业者均被编入匠籍，由工部和内务府

① 钱伯城等主编：《全明文》卷三一，上海古籍出版社 1992 年版。

统一管理，“凡作工匠人皆隶于官，世守其业”。[①]须轮班为朝廷服役，三年为一期，每期赴京师服役三个月。据文献记载：“初，工部籍工匠，验其丁力，定以三年为班，更番赴京，输作三月如期交代，名曰输班匠。”[②]建立工匠轮班制后，“除当该赴工者在京，余有八万五千尽皆宁家，各奉父母，保守妻子……”[③]应当说工匠轮班制在当时是有一定积极意义的。

而为朝廷烧造城砖的窑匠们则不适宜轮班服役京城，他们由官府统一调配，根据需要赴各地官砖窑轮班服役，这些窑匠虽不赴京服役，但亦属“棣事京师”。洪武二十六年（1393 年），勘合工匠总数为 232089 人，赴京服役的“各色人匠”为 129983 人，而分散于各地的工匠则有 102106 人，京师以外的这十余万工匠中，造砖匠应占据绝大多数。

（二）“官督商办”与制砖业产权制度的演变

编入匠籍的工匠被分派至各官办砖厂轮班服役，此制度一直延续到明嘉靖年间，嘉靖帝热衷营造，从文献记载看，其在位 45 年间，敕建工程几乎未断。嘉靖三年（1524 年），江北、江南及湖广等地水灾、旱灾频发，河南、山东、陕西等地又遭地震，世宗谓群臣：“上天示戒，朕心警惕。……凡政教有未明、刑赏有未当、冤抑有未伸、困穷有未恤、与夫利所当兴，弊所当革，俱一一着实举行。”[④]朝廷遂减免各受灾府县赋税，裁革匠役。

嘉靖四年（1525 年），大学士费宏等上言：“今用度不能节省，则民财竭于科征，工役不能节减，则民力劳于奔走。……太仓无三年之积，而冗食者收充不已。京营无十万之兵，而做工者借拨不修。”[⑤]

面对不断的灾荒，嘉靖帝也开始自我反省：“朕自嗣位以来，灾异屡见，虽因事

---

① （明）申时行等：《明会典》。
② 《明太祖实录》卷 177。
③ 转引自杨国庆主编：《南京城墙砖文》，南京师范大学出版社 2008 年版，第 326 页。
④ 《世宗嘉靖实录》卷 36。
⑤ 《世宗嘉靖实录》卷 56。

省谕，而未臻实效……此非下民之咎，其失在朕也。”对大臣们所奏工役之事，也同意“未造者停止，见造者坐完”。对服役的工匠，也要求“各监局匠役人等系是旧额，除奉旨外，毋得烦扰”[①]。

当年的工程除仁寿宫和世庙外，其余皆停工罢建。而且为节省运力，“其砖料于京城近地及苏州定价烧造”[②]。从对嘉靖城砖铭文的考证来看，嘉靖四年（1525年）后城砖产地确实逐渐移至江北，而江南一带则基本停止了向京城供应城砖，只保留苏州作为钦工用“细料方砖”的产地。

图3-3-1　嘉靖陸年臨清廠精造窑户孫倫·匠人王信

由于嘉靖四年（1525年）后工程缓减，只有官办的“临清厂”仍在继续烧造城砖，目前也只见有嘉靖五年（1526年）和嘉靖六年（1527年）的砖款。如：“嘉靖伍年臨清廠精造·窑户孫倫”“嘉靖陸年臨清廠精造窑户孫倫·匠人王信”（见图3-3-1）。

嘉靖八年（1529年）后，敕建工程又开始逐渐兴工。

嘉靖九年（1530年）五月：“以四郊兴工，敕武定侯郭勳、宣城伯卫錞、大学士张璁知建造事总督工程……”[③]

嘉靖十年（1531年）七月：“以恭建神祇二坛并神仓工成。”[④]

嘉靖十年（1531年）九月：“修葺西苑宫殿工毕。”[⑤]

嘉靖十年（1531年）十月：“命工部修造圜丘坛祭器。”[⑥]

嘉靖十年（1531年）十月：“议以四十五丈为雩坛……坛制圆径九尺，用周尺，高七尺与神坛等。……上命坛座圆广

①　《世宗嘉靖实录》卷56。
②　《世宗嘉靖实录》卷54。
③　《世宗嘉靖实录》卷113。
④　《世宗嘉靖实录》卷128。
⑤　《世宗嘉靖实录》卷130。
⑥　《世宗嘉靖实录》卷131。

仍用今尺五尺，高比神坛增五寸，待来春三月择日兴工。”[1]

浩繁的敕建工程使城砖用量大增，而从明初开始实施的砖匠轮班服役制已不能有效地调动窑户的积极性，“费往往倍蓰民间，而工不能半”[2]。

为加强对造砖业的管理及保证敕建工程城砖的质量，嘉靖十年（1531 年）将河南、京师一带砖窑“停罢”，改由“部发砖值”，集中在临清开窑“招商烧造”[3]，自此，运河边的商业重镇临清便成了钦工城砖的集中制造点。便利运输是选择此地的原因之一，更重要的是，这一带为黄河冲积平原，河两岸多为细腻的潮褐土（又称莲花土），这种优质的造砖原料极大地保证了城砖的质量。

临清制砖业最兴旺时，运河两岸曾有二百余座砖窑，窑厂亦由“官办”演化为“官督商办”。经营方式的改变，使生产规模也“视昔加倍”[4]，“岁额城砖百万”，成为当时全国规模最大的城砖生产基地，场面蔚为壮观。

嘉靖十年（1531 年）是制砖业产权制度变化的一个转折点，这在嘉靖前十年砖铭内容上可见一斑。嘉靖四年（1525 年）以前，江南各府仍继续为朝廷烧造城砖，如：

直棣赣州府委官通判羅達該吏孫怡
嘉靖肆年赣縣□□□□窑户莊□造（今江西省赣州市赣县）

直棣常州府尹□□□□羅江該吏孫怡
嘉靖肆年肆月　日窑户余義造（今江苏省常州市）

直棣安庆府提調知府陸鈳
督造推官李欽昊司吏周邦
委医官黎明陳□
嘉靖四年三月　日造　匠人胡玉（今安徽省安庆市）

① 《世宗嘉靖实录》卷 131。
② 《临清州志》卷七《关榷志 · 工部关 · 临砖附》，乾隆十四年。
③ （明）申时行等:《明会典》卷一九〇《工部十》。
④ 《临清州志》卷七《关榷志 · 工部关 · 临砖附》，乾隆十四年。

嘉靖四年（1525 年）后，江南各地基本停止隶事京师的造砖工役，城砖烧造主要集中在山东临清一带。

从砖款信息来看，嘉靖前十年间的砖窑厂属官办性质，甚至款识都有统一规范，这段时期仍为匠役轮班制，山东、河南、北直隶一带在匠籍的手工业者，均须服从官府调配，轮班到临清官砖窑服役，代表各地为朝廷烧造城砖。从下述砖文看，临清当时聚集了各地轮班为朝廷造砖的工匠。砖文中，窑户孙伦在嘉靖五年（1526 年）时在临清服役，嘉靖十年（1531 年）又轮换为大名府造砖。如下砖文：

嘉靖伍年臨清廠精造·窑户杜迁（见图 3–3–2）（今山东省临清市一带）

嘉靖十年秋窑户孫倫為大名府造（今河北省邯郸市大名县一带）

嘉靖九年秋窑户侯增為齊南府造·匠人刘靈·大工（见图 3–3–3）（今山东省济南市一带）

嘉靖十年秋季窑户李栾為兗州府造（今山东省菏泽市城武县）

嘉靖十年秋季窑户丁禄為東昌府造（今山东省聊城市东昌府区）

嘉靖十年春窑户刘釗為保定府造（见图 3–3–4）（今河北省保定市）

嘉靖十年春季窑户孫敞為河间府造（今河北省沧州市河间市一带）

嘉靖十年春窑户張倫為真定府造（今河北省正定县）

嘉靖十年春窑户張輔為汝寧府造（今河南省驻马店市汝南县一带）

嘉靖中后期，工匠轮换服役制逐渐废止，改为以银代役政

图 3–3–2 嘉靖伍年臨清廠精造 · 窑户杜迁

图 3–3–3 嘉靖九年秋窑户侯增為齊南府造 · 匠人刘靈 · 大工

图 3-3-4　嘉靖十年春窑户刘釗為保定府造

策，产权制度也随之产生了较大改变，临清砖窑也由官办转为“官督商办”，民营因素在砖窑业中不断扩大。这种变化在砖文中有明显体现，如款识中不再有嘉靖前期常见的官府建制内容出现，但仍有皇朝年号，有些在窑户名前还保留有“临清厂”字样，如：“嘉靖十五年秋季临清厂窑户赵经匠人葛禄造”，显然还具有“官商”痕迹，只是后面添加了窑户、匠人的姓名，而有些砖款则更偏重窑户的姓名，如“嘉靖十二年秋季窑户曹吉造”“嘉靖十四年春季分窑户李栾造”，似乎更强调产权中的民营性质。

在临清砖窑业产权制度发生变革、生产规模不断扩大的同时，京城敕建工程的规模和数量也在与日俱增。

嘉靖十一年（1532 年）九月，工部右侍郎林庭昂应诏陈言四事：“一、省营造以节财用。言南城、西苑鼎建太多，乞从节省以宽财力……凡内府营建修造，乞选委属官同该监斟酌定数，以便稽查……”[①] 爱营造之事的嘉靖皇帝不顾“频年工作浩繁，财力俱诎”[②]。又于嘉靖十六年（1537 年）“时修饬七陵、预建寿宫及内外各工凡十月，每月费常不下三十万金，而工部库储仅百万”[③]。当时在建和筹建的敕建工程已不下十多处，“外而七陵寿宫、山陵行宫，内而慈宁宫工程已举，不敢少缓，其文华殿、养心殿、崇德殿、金水河并礼仪房、双阳桥修理渐完，工不容已，惟奉先殿、崇先殿、慈庆宫、沙河行宫俱工程重大，难于并举，乞酌定先后之序，逐渐建造……”[④] 可见，当时敕建工程规模、数量之大，致使国家财力已难以支撑。

城砖需求量浩大，促成了明代制砖业产权制度由“官办”到“官督商办”的重大转变。只有整改出规模大、效率高的

① 《世宗嘉靖实录》卷 142。
② 《世宗嘉靖实录》卷 150。
③ 《世宗嘉靖实录》卷 200。
④ 《世宗嘉靖实录》卷 200。

制砖产业，才能够满足敕建工程日益浩繁的需求。

始建于嘉靖十六年（1537 年）的永陵工程（嘉靖皇帝陵寝），其规模在明陵中最大，用砖量也最多，所用寿工砖大部分是嘉靖十四年（1535 年）、十五年（1536 年）及十六年（1537 年）烧造的，可见城砖的生产从未间断。从砖文上看，一部分出于官商成分较高的“临清厂”，另一部分则产于民营成分多一些的“官商合办”砖窑。

在考察中发现，钤有“临清厂”的砖基本产于嘉靖十五年（1536 年）之前。

嘉靖十五年秋季臨清廠窑户王保造

嘉靖十五年秋季臨清廠窑户周世隆造 · 匠人刘継宗 （见图 3-3-5）

图 3-3-5　嘉靖十五年秋季臨清廠窑户周世隆造 · 匠人刘継宗

嘉靖十五年（1536 年）以后，“临清厂”的铭文砖就很少见到了。嘉靖十五年（1536 年）后的砖多用于永陵工程。永陵所用嘉靖十六年（1537 年）及之后的城砖均只有窑户名，如：

嘉靖十六年春季窑户袁伯倉造

嘉靖十七年秋季窑户阎浩造

比起“官督商办”的“临清厂”来，显然这些官商合办的砖窑私营成分更高一些。而一些同一窑户不同年代的铭文，似乎更能显示民营的发展，从“嘉靖十四年春季分窑户李栾造”到“嘉靖十六年春季窑户李栾造 · 匠人曲梅”，在这两款砖上，我们起码可以看到，三年间李栾从分窑户到窑户的发展始终是官商合办性质。同样三年时间，另一个窑户杜珽也从以官府为主导的“临清厂”窑户转化成一个民营性质较高的官商合办的分窑户：

嘉靖十五年秋季臨清廠窑户杜珽匠人刘□造（见图 3–3–6）
嘉靖十七年分窑户杜珽造（见图 3–3–7）

在杜珽烧造的两款砖上我们能感受到制砖业“官”与“商”成分的变化。虽然嘉靖中晚期窑厂的所有制成分不尽相同，但基本还是保持了“官商合办”的体制。

明万历年间的制砖业延续了嘉靖中晚期“官商合办”的体制，砖文的形式也大体相同，如：

萬曆九年窑户楊潼造
萬曆三十三年窑户蒋志大作頭王九思造（见图 3–3–8）

这一时期城砖的质量仍由官府派专人监管，各相关部门也行使监督职责，“万历十二年十月庚申，工部复：司礼监太监张宏传砖料内粗糙者申饬，烧造官务亲查验，敲之有声，断之无孔，方准发运”[1]。官府制定的严格的验收标准是城砖质量的最终保障。

天启、崇祯两朝已到明代末期，国力羸弱，但制砖业基本还是延续了万历年间的体制。砖文的形式也与万历朝相近：

天啟六年窑户梁應龍作頭張□造（见图 3–3–9）
崇禎七年窑户劉元焕作頭張石造（见图 3–3–10）

这一时期有部分城砖尺寸明显小于标准城砖，标准城砖尺寸一般为 48 厘米 × 24 厘米 × 12 厘米，而天启、崇祯时期的小城砖尺寸则为 40 厘米 × 16 厘米 × 10 厘米。喜仁龙对北京城墙的实地考察也证明了这一点。

---

① 《神宗万历实录》卷 154。

从对天启、崇祯两朝城砖的实物考察来看，不仅出现很多小尺寸砖，而且质量也不如前朝。王朝颓败，官府已无暇顾及钦工物料的质量。

（三）清代造砖业的产权制度

清顺治二年（1645 年）正式废除匠籍制度，“令各省俱除匠籍为民”，“免征京班匠价”[①]。匠籍制度废除后，造砖业的产权更为清晰，一般分为官办、官督商办、官商合办及民办，砖窑的属性在砖文上也更明确。

官办砖窑款识如：

永定官窑辦造新様城磚

内府官辦裕成窑造（见图 3-3-11）

興泰官窑誠造

官窑辦造新様城磚（见图 3-3-12）

裕金窑官辦亭泥城磚

皇城官窑新様城磚

官督商办与官商合办砖窑的款识有：

工部臨督桂
工部監督福

① 《清世祖实录》卷 16。

图 3-3-6　嘉靖十五年秋季臨清廠窑户杜珽匠人刘□造

图 3-3-7　嘉靖十七年分窑户杜珽造

图 3-3-8　萬曆三十三年窑户蒋志大作頭王九思造

图 3-3-9　天啟六年窑户梁應龍作頭張□造

图 3-3-10　崇禎七年窑户劉元焕作頭張石造

图 3-3-11　内府官辦裕成窑造

图 3-3-12　官窑辦造新様城磚

工部監造官圖記

工部接辦監□□

民办窑厂的款识则为：

永成窑記

同盛窑

窑户石欽

戊子年窑户华戴造

从砖款上不难看出，大多数“官督商办”与“官商合办”的砖窑，主要管理者还是官方。一是民间出资人需要政府在政策、资金方面的保护；二是出于经营考虑，投资人也需要政府这个平台来提升企业的身价。

清政府对于“官办”“官督商办”与“官商合办”的投资商一般都给予“官利”作为鼓励，很多出资者还因此谋到了官职。可以说，“官督商办”与“官商合办”是从国有制向私有制转化的初始。

《临清州志》专门记载了临清的六处共 12 座砖窑：“东曰孟守科，在二十里铺，清平界内。南曰张泽、曰畅道，地名白塔窑。西南曰刘承恩，在吊马桥。迤东北曰周循鲁、曰张有德，地名张家窑。”[①] 在将窑户与砖文对照研究时发现，临清的这些窑户基本都经历了多个朝代，如果以与其相关的城砖铭文的年代计算，他们从事造砖业的年限竟都在百年以上（见表 3-5、3-6）。

---

① 《临清州志》卷七《关榷志》，乾隆十四年。

表 3-5　城砖铭文记录的部分临清窑户年代信息

窑户名	最早年代记录	历经朝代	最晚年代记录	时间跨度
周循鲁	天启元年	崇祯、顺治、康熙、雍正	乾隆十五年	130 年
孟守科	顺治十五年	康熙、雍正	乾隆四十二年	119 年
畅　道	万历十二年	天启、崇祯、顺治、康熙、雍正	乾隆十五年	166 年
张有德	万历十二年	天启、崇祯、顺治、康熙、雍正	乾隆十五年	166 年
张　泽	天启四年	崇祯、顺治、康熙	雍正十年	109 年

注：表中信息源自笔者采集的城砖铭文。

表 3-6　同一窑户最早与最晚年代的砖铭信息

窑户名	城砖铭文
周循鲁	天啟元年窑户周循鲁作頭石興造（1621 年） 乾隆拾伍年窑户周循鲁作頭林森造（1750 年）
孟守科	顺治十五年分臨清窑户孟守科作头崔文舉造（1658 年）（见图 3-3-13） 乾隆四十二年窑户孟守科作頭崔成造（1777 年）（见图 3-3-14）
畅　道	甲申年臨清窑户暢道·匠人趙金造（1584 年）（见图 3-3-15） 乾隆拾伍年臨清磚窑户暢道作頭盛邦現造（1750 年）（见图 3-3-16）
张有德	甲申年臨清廠窑户張有德匠人張隆造（1584 年）（见图 3-3-17） 乾隆拾伍年臨清磚窑户張有德作頭王禄造（1750 年）（见图 3-3-18）
张　泽	天啓肆年窑户張澤作頭楊宗造（1624 年） 雍正十年臨清磚窑户張澤作頭趙起奉造（1732 年）

注：以上砖文实例为笔者收集到的城砖铭文。

按常理，一个窑户任职一百多年是不可能的，从清代造砖业产权制度的演变来看，上述铭文体现的应该是砖窑的经营权和责任所属。试想，无论“官商合办”“官督商办”，砖窑的“经营凭证”上都应有一个“责任人”，从业名头应为

图 3-3-13

图 3-3-14

图 3-3-15

图 3-3-16

图 3-3-17

图 3-3-18

图 3-3-13　顺治十五年分臨清窑户孟守科作頭崔文舉造
图 3-3-14　乾隆四十二年窑户孟守科作頭崔成造
图 3-3-15　甲申年臨清窑户暢道 · 匠人趙金造
图 3-3-16　乾隆拾伍年臨清磚窑户暢道作頭盛邦現造
图 3-3-17　甲申年臨清廠窑户張有德匠人張隆造
图 3-3-18　乾隆拾伍年臨清磚窑户張有德作頭王禄造

“窑户”。临清砖窑一般持续经营的时间都较长，按官府的产业管理规定，如果“凭证”有效，即使登记注册的“责任人”已去世，砖款上的窑户名仍应与从业执照相符。“官商合办”与“官督商办”是在所有权多元化过程中出现的一种特殊产权体系，从上述现象看，官府系通过其颁发的特殊产权执照长期掌控窑厂。企业的所有权与经营权分离，私有产权被弱化，手工业的私有化进程也受到了极大的限制。

1894年，甲午战争失败，导致清政府全面的政治和经济危机，同时也使手工业的私有化发展有了转机。这一时期要求政府保护和振兴民间工商业的呼声高涨，《申报》载文：“古之为治者，以农为富国之本；今之为治者，当以商为富国之资，非舍本而逐末也，古今之时势有不同也。”[①] 洋务运动的代表人物刘坤一也曾在奏折中指出“官督商办”这种产权制度的弊端：“若狃于官督商办之说，无事不由官总其成，官有权，商无权，势不至本集自商，利散于官不止。”[②] 正是这种时代背景，为晚清工业产权制度的变迁提供了有利条件。

在这一社会背景下，民办砖窑得到了迅速发展，从“张窑造”“窑湾刘记”“宝祥窑厂”“通和窑记”“义和兴窑制”等铭文看，无疑标示着私营砖窑的发展。

晚清最大的一次城墙修缮是在光绪二十六年（1900年）后的两三年，庚子事变使北京城垣遭遇了前所未有的损毁，清政府顾及颜面，要求尽快修复战乱损坏的城楼、城墙，“以壮观瞻”。在时间紧迫，城砖需求量巨大的情况下，京师一带民办砖窑的作用得到了充分发挥。这也是相当一部分民窑款城砖能够出现的一个重要原因。

封建皇权的本质就是专制，注定要维护“官办”“官督商办”这些由官府掌控的产权制度，明清制砖业从“官办”“官督商办”到“私营”的演变，其内在因素仍是统治者在特定历史时期维护其统治的一种方式，而非从主观意愿出发顺应经济发展规律。

---

① 《论商务》，载《申报》，1895年6月25日。

② 中国史学会主编：《中国近代史资料丛刊：戊戌变法》（二），上海人民出版社、上海书店出版社2000年版，第141—142页。

四、北京城砖的质量保障体系

（一）严谨的城砖烧造技艺

北京城砖属钦工物料，制造者不仅要具备精湛的技能，还必须在繁杂的制作过程中始终持有认真的工作态度和高度的责任心。明城砖的烧造过程包括十余道严格工序，如取土、浸泡、踩踏、澄浆、沉积、制坯、晾坯、装窑、烧窑、窨水、出窑、包装等，任何一个环节都不能出现纰漏，否则将留下难以预测的质量隐患，这也是具有监督功能的砖铭长期存在的原因。

烧造优质的城砖，首先要选上好的黏土，在长期的制砖实践中，人们发现含铁高的黏土（江南称“铁硝黄泥”）和水底沉积的黏土烧出的砖质量较好，含铁的黏土烧出的砖具有强度高、耐磨损、抗风化的特点，其通体黝黑、坚硬如铁、断碴似刀刃般锐利，且敲击声音清亮。目前所发现的这类城砖当数明代正德年间应天府句容县和赣州府赣县的产品最具代表性。而江湖底层沉积的黏土则由于密度较大，烧出的砖质地细密、坚实柔韧。明代《天工开物》记：“凡埏泥造砖，亦掘地验辨土色……蓝者名善泥，江浙居多。皆以黏而不散、粉而不沙者为上。”此类城砖当以苏州府和松江府的产品为代表。江北造砖则以临清一带的莲花土为首选，莲花土因其上下五层，颜色、黏性均不同而得名。

造砖用土须经掘、运、晒、椎、舂、磨、筛等工序。除去杂质的土先在砖砌的池中浸泡后再搅拌成泥浆，即“汲水滋土，人逐数牛错趾踏成稠泥”[①]。然后打开池壁上的放泥孔，泥浆经由粗细两道竹篦过滤后流至下面的停放池内，此时的泥浆已非常细腻，黏性也更均匀，造砖业谓之密实度高。澄浆是制砖过程中的一个重要环节，在砖文中常见的“澄浆”即指此道工序。《现代汉语词典》中“澄浆泥”的词义

① （明）宋应星：《天工开物》。

为“过滤后除去了杂质的极细腻的泥，特指制细陶瓷等用的泥”[1]。这种制砖用的“澄浆细泥”其品质已经接近细陶瓷用泥，可见城砖之高端品质。

过滤的泥浆在池内沉积后，逐渐凝结成膏状固体，此时需掌握其软硬度，适时将其取出并打堆困泥，停封待用的膏泥要待其泥性完全熟透后方可用于制坯，谓之“亭泥”。“亭”的字义中有均匀的意思，《史五帝纪》解“亭”字：“平也均也。”汉语词典中对“亭”字也有“适中”和“均匀”的注解。[2]在对砖文的考察中我们经常见到“亭泥”二字。如：“亭泥城砖”。此“亭泥”无疑是指经过停封的质地均匀、密实细腻的泥料，而“亭泥城砖”，即使用此类优质材料烧制的城砖。

制坯时还需反复踩踏，打叠成堆，再用铁线弓钩出泥块装入“范子”（制砖的模具），敲结成坯，即“填满木匡之中，铁线弓戛平其面，而成坯形”[3]。然后按工序打开“范子”闸板，取出泥坯。成坯后还要经加印砖款、封坯、干燥、养护、翻坯等过程。传统的方法是将其置于兼具密闭和通风条件的房间里，既要防晒，也要防冻，在脱水、干燥期间应不断调节屋内的湿度和温度，防止泥坯结冰或干裂，同时还要经常翻动，避免泥坯因干湿不均而变形。

烧窑是整个制砖过程中最关键的一道工序，技术含量非常高。首先是装窑，行话叫“码”，素有“三分烧，七分码”之说，窑中砖坯摆放的高度、密度、空隙都要掌握好，才能使砖坯受热均匀。烧窑关键是掌握火候，控制火势的大小强弱全凭经验。如，泥坯入窑后先用文火烘窑，使窑内慢慢升温，去掉坯的潮气后，再逐渐加大火力。一般都要经过预热、加火、压火、再加火、降温、再升温的过程。烧的时间也要根据泥坯的质地、数量和摆放的疏密程度来把握，一般都需要十多天时间。

熟窑后即封窑窨水，封好烟道，在窑顶放水，水慢慢渗到窑内，经过六天六夜，使整窑砖窨成青色，城砖出窑后还要选砖、验收、包装，整个过程要求相当高的技术水准。可以说，烧窑匠的技术和经验直接关系到城砖的品质。因此，明代早期江南砖的款识中都带有窑匠的名字，即使明中期以后，砖文中很多内容被减掉，作头、匠人的名字却始终保留着，这也说明在砖的制烧过程中烧窑工匠的作用至关重要。

---

① 中国社会科学院语言研究所词典编辑室编:《现代汉语词典》，商务印书馆 2006 年版，第 288 页。
② 中国社会科学院语言研究所词典编辑室编:《现代汉语词典》，商务印书馆 2006 年版，第 1361 页。
③ （明）宋应星:《天工开物》。

传统制砖工艺的不断改进与发展，官府对城砖质量的严格掌控，以及其独具特色的质量监督方法，使明清的造砖技艺提升到了一个非常高的水准，成就了这一时期城砖异常优良的品质。

（二）严苛的城砖检验标准

为确保城砖质量，官方不仅坚持通过砖款落实责任制，还精心制定了严格而又具有可操作性的质量检验标准。“万历十二年（庚申）十月，工部复司礼监太监张宏传砖料内粗糙，着申饬烧造官务亲查验，敲之有声，断之无孔，方准发运。”“万历十二年（丁巳）十二月，工部侍郎何起鸣条陈营建大工十二事。一议办物料砖须有声无孔……”[①] 由此可见，明代敕建工程所用城砖必须达到敲之音色清亮、断之密实无隙才合乎验收标准。城砖运京之前先要进行一次检验，如不符合外观规整、质地坚韧、重量达标、色泽均匀等标准的，都要作为不合格产品“驳出”。运至天津后，还要进行一次严格的验收，据《临清县志》记载：“按历年搭解砖块驳换颇多，其挑出哑声及不堪用砖俱存天津西沽厂。”乾隆十三年（1748 年），城砖不敷京城各类工程之用，乾隆帝下令从往年驳出的不合格砖中再次筛选，在“废砖二十余万内，复加敲验，随经选出堪用砖十二万五千有奇（余）”，可见早期城砖质量检验之严格。

在考察中经常能见到一些城砖上有红色印记，如“验收”“验中”“验中收”“临清工部验中”等，只有这些通过了严格检验的正品城砖才能作为最高等级的建筑材料用于敕建工程。在最注重规范与标准的嘉靖朝，为了建立更直观的城砖标准，工部每年都专门精心烧造一批“样品砖”，这种样砖一般会在砖款上方的醒目位置加盖带有“年例”二字的特殊款识，以表明此砖为本年度的造砖范例。

在敕建工程所用城砖中，有时还会以专用名词的形式表达其特殊意义，如明代皇家重点工程被称为“大工”，如紫禁城的三大殿等。嘉靖年间的城砖上常见有“大工”款与其他内容的砖款组合使用，而“大工”二字无疑是其身份等级及用途的一个特殊标签。另有明代专供修建皇家陵寝的“寿工”款物料砖，清代专供皇家园林

① 《神宗万历实录》卷 156。

使用的"圆明园"款物料砖，以及专供营建皇城墙用的"皇城墙新样城砖"款物料砖。这些城砖均为专门定制产品，不仅用途明确，其极具专属性的铭文还可被视为质量优良的标签。

明代始终坚持城砖制造的职责制度并延续其质量标准和等级规制。清代康、乾时期，对城砖的质量仍然比较重视，康熙二十二年（1683 年）规定"送交物料若不精好，将铺户、匠役惩处换送"[①]。乾隆时期，为确保城砖的质量，更是沿用了明代以敲击的声响来检验物料砖的标准，"乾隆二十四年议准，声音响亮临清砖，每块二分七厘，哑声砖每块一分七厘"[②]。直至嘉庆朝也还有"办解临清砖，令临清州解员逐块敲验"[③]的文献记载。

作为传统工艺与文化的结晶，铭文城砖精湛的制造技艺、颇具特色的款识文化和独特的质量检验标准成就了其独特的钦工物料品质。

如今，这些身价不菲的城砖早已退出历史舞台，我们只能从为数不多的城墙遗址以及一些拆迁工地上偶尔见到它们的身影。难以想象的是，在废墟的瓦砾中我们竟能意外发现不少品相极好的明代城砖，从一些断裂开的明城砖上，可以看到其质地坚韧如铁、碴口锋利如刃、断面细密无孔，不仅砖面平整，而且棱角分明、款识清晰可辨。面对这些质地异常优良的老城砖，很难相信它们已历经几百年的风雨，其材质及制造工艺令人叹服。

---

① 《大清会典则例》卷一二八《工部营缮清吏司物材》，乾隆十二年。
② 《大清会典则例》卷八七六《工部物材》，光绪二十五年。
③ 《大清会典则例》卷八七五《工部物材》，光绪二十五年。

五、北京城砖造办体系的职官建制

明早期实名制砖文在记录官府职责人姓名时，一般都附带其职级称号，这些职级名称既反映了各朝官府的行政建制，也记录了不同时期行政区划的演变。

元至正十六年（1356 年），朱元璋攻克集庆（今南京），设江南行中书省，后占之地均设置行省。明王朝建立后，在全国设十二行省，行省与中书省的官职设置基本相同，有行省平章政事、左右丞、参知政事、左右司郎中、员外郎、都事、检校、照磨、管勾、理问所正理问与副理问、知事（后改为提控案牍）。洪武九年（1376 年），改行省为承宣布政使司，撤行省平章政事、左右丞等职官，改参知政事为布政使。承宣布政使司、提刑按察使司和都指挥使司合称“三司”，布、按、都三司三权分立，皆为省级行政区划。

承宣布政使司掌一省之行政，是明代的第一级行政区划，其官职设有：左右布政使各一人，从二品；左右参政，从三品；左右参议，从四品；经历司，设经历一人，从六品；都事一人，从七品；照磨所，照磨一人，从八品；检校一人，从九品。理问所，理问一人，从六品，副理问一人，从七品；提控案牍（原知事）一人，从七品；司狱司，司狱、库大使、仓大使各一人，均为从九品；杂造局、军械局、宝泉局、织染局各设大使一人，均为从九品。

都指挥使司是省级最高军事机关，掌一省军政大权，其权位在布、按二司之上。明代的第二级行政区划是“府”和“直隶州”，明初改元代的“路”为“府”，而直属于布政使司的州亦为二级行政区划，称直隶州，地位相当于府而略低（见表 3-7）。

表 3-7　元代“路”到明代“府”的改变（部分）

元代	明代
大都路	顺天府
河间路	河间府
东昌路	东昌府
真定路	真定府
集庆路	应天府
济南路	济南府
扬州路	扬州府
安庆路	安庆府

明代的第三级行政区划是“县”和“府属州”，隶属于府的州为三级行政区划，称府属州，地位与县相当，略高于县。明代府、州、县的官职设置：

府：

知府一人，正四品，府级最高行政长官，掌一府行政，集“宣风化，平狱讼，均赋役”等责于一身，上听命于布、按二司，下有责“教养百姓”。

同知，无定员，正五品，分管巡捕、海防、水利、督粮。

通判，无定员，正六品，分管农田水牧、粮运等。

推官一人，正七品，专司刑事。

所属经历司，设经历一人，正八品，主管府属中的总务工作，负责收发上下行文。

知事一人，正九品，知府直属的事务官。

照磨所，照磨一人，从九品，掌管文案卷宗，负责审计。

检校一人，负责检、校公事卷宗等。

州：

直隶州，知州一人，从四品；府属州，知州一人，从五品。皆为州级最高行政长官，掌一州行政。

同知，从六品，分管巡捕、海防、督粮。

判官，无定员，从七品，佐理州一级政事。

吏目一人，从九品，掌文书出纳。

县：

知县一人，正七品，县级最高行政长官，掌一县行政，主要负责征收田赋，派遣工役，上听命知府，下亲历民间世事。

县丞一人，正八品，协管县政，掌农粮、巡捕等。

主簿一人，正九品，掌文书、簿籍印鉴。

典史一人，协管刑狱及其他县事。

从明代早期砖文看，府、县两级官府一般委派下属职官专职负责城砖的烧造工作，如下例：

南昌府提調官通判王武府吏萬宗程

豐城縣提調官縣丞谭九皋司吏汪宪

此款中府级委派提调官为正六品通判，县级委派提调官为正八品县丞。

明早期南京砖文中很少见知府、知县亲任提调官，而北京砖文中则时有知府、知县担任提调官的记载。如："安庆府提调官知府周洪""安庆府提调官知府陆钶""怀宁县提调官知县赵铿""吴县提调官知县陈振""华亭县提调官知县郭伦"。在这些砖文中提调官均由该级政府最高职官正四品知府和正七品知县亲任。

洪武年间，大概为防止官场腐败，有时也采取异地调用提调官的方式。府级提调官一般由相应级别的知府或直隶州知州兼任，县级提调官一般由相应级别的知县或府属州知州兼任，如："吉安府委提调官沈宣""吉安府委提调官刘延""安庆府委官潜山县丞赵德"。这些"委提调官"后面未见有其他官职，应为异地调用委任的府级提调官。在第三款砖文中我们看到赵德则是在潜山县丞职位上被安庆府委任为府级提调官的。

与南京砖文不同的是，北京砖文中未见“委提调官”，但常出现“委官”一词，而南京砖文中“委官”则较少见，但通过对以下两款南京砖铭的对比，应能解答这一问题。

安庆府提調官潛山縣丞趙德司吏尚質
太湖縣提調官縣丞高岳中司吏王致中
総甲程润甲首李雄叔小甲但福
窑匠蘆玄二
造磚人夫詹友

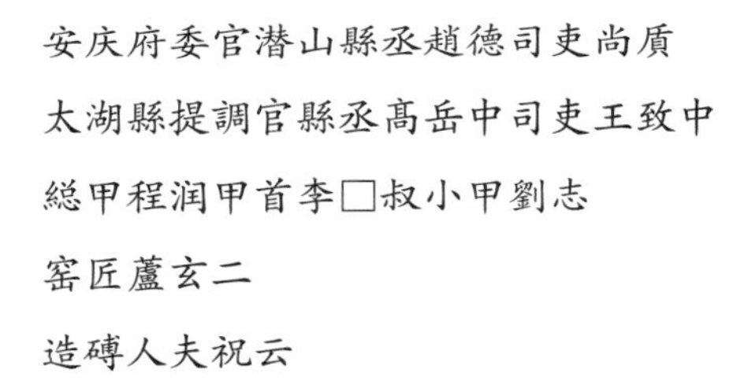
安庆府委官潛山縣丞趙德司吏尚質
太湖縣提調官縣丞高岳中司吏王致中
総甲程润甲首李□叔小甲劉志
窑匠蘆玄二
造磚人夫祝云

图 3-5-1　弘治捌年捌月委官直棣常州府推官汪璡武進縣主薄詹□

以上两款砖文的内容基本一样，无疑出于同一时期。值得注意的是，潜山县丞赵德在两款砖文中分别为“提调官”和“委官”，综合分析，两词均应为“委派提调官”的简称。由此推断，北京砖文中的“委官”亦为“委提调官”的简称。在北京砖文中，“委官”后面跟着不同级别的官职，这些职官皆为知府或知县的属下职官，如府属的同知、通判、推官、经历、知事、照磨和县属的县丞、主簿、典史等，即由府、县级官员委派属下官吏出任造砖工程的提调官。如：

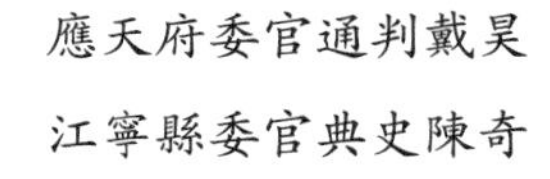
應天府委官通判戴昊
江寧縣委官典史陳奇

弘治拾肆年　月　日該吏郭時聰窑匠曹□

此款中府级委派提调官为正六品通判，县级委派提调官为典史。

弘治捌年捌月
委官直棣常州府推官汪璡
武進縣主簿詹□（见图 3-5-1）

此款中府级委派提调官为正七品推官，县级委派提调官为正九品主簿。

直棣常州府委官知事王忠
無锡縣委官縣丞朱璉
成化拾捌年四月　日造
高手匠□□（见图 3-5-2）

图 3-5-2　直棣常州府委官知事王忠無锡縣委官縣丞朱璉成化拾捌年四月　日造高手匠□□

此款中府级委派提调官为正九品知事，县级委派提调官为正八品县丞。

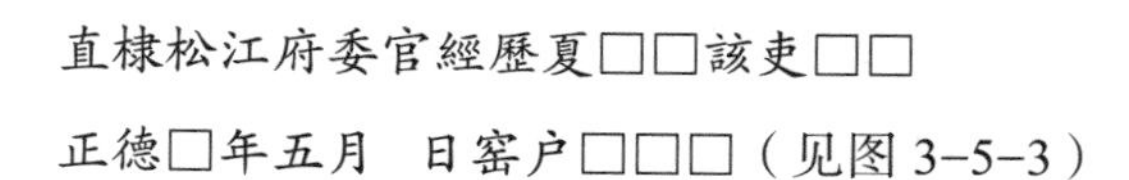

直棣松江府委官經歷夏□□該吏□□
正德□年五月　日窑户□□□（见图 3-5-3）

图 3-5-3　直棣松江府委官經歷夏□□該吏□□正德□年五月 日窑户□□□

此款中府级委派提调官为正八品经历。

从以上几款具有代表性的北京城砖铭文看，大多数砖款中都携有一个府属和一个县属委派受任的职官，而且府、县两级政府属下几乎所有官职都曾被委派专职负责城砖制造的管理工作。作为一项珍贵的实物史料，这些城砖铭文真实、确凿地记录了明代早期府、县两级政府所属各级官职的设置情况（见表 3-8）。

表 3-8　北京城砖铭文中的各级职官名录

时间	官职	任职者
明成化（1465—1487 年）	知府、知县、指挥、提调官、管工推官、委官[1]	鲁　洪　赵　荣　唐　弘　薛　麟　魏　文　任　铬　郭　伦　袁　玉　李　诚　马　澄　陈　振　于　通　屠　嵩　罗　檄　王　忠　张　兴　黄　庆　李　豫　华　珪　汤　举　王　恺　张　政　何　治　张　富　谭　祥　沙　样　叶　进　汤　□　陈思明　张　兴　朱　□　陈　安
明弘治（1488—1505 年）	知府、知县、指挥、提调官、委官	戴　昊　陈　森　陈　奇　郭时聪　张　钦　单　元　郭　经　王　善　曹　淮　姜　干　李　浒　张　鼎　夏　寅　施　庆　赵　阳　温　瀛　汪　琎　詹　钟　赵　俊　何　□
明正德（1506—1521 年）	知府、知县、指挥、提调官、委官	戴　昊　郭时聪　张　朴　郭　睿　孔　瑄　韩　进　汪　进　詹　□　陈　奇　董　伦　王　忠　朱　琏　赵　隆　陈　震　景　质　郭　清　彭　锐　章　洪　齐仁武　戴继承
明嘉靖（1522—1566 年）	知府、知县、指挥、提调官、督造推官、委官	陆　钶　李钦昊　周　邦　黎　明　陈　□　罗　江
清乾隆（1736—1795）	工部监督、工部监造官	桂、永、福、尧、克、图

注：①“委官”：非朝廷正式任命，受府、州、县等职官之托临时受任，职责与相应的府、州、县各级提调官相同。
②资料来源：源自笔者搜集考证的部分城砖铭文。

六、北京城砖业的实名职责制

（一）融入砖铭的职责制度

城砖的实名职责制始见于明初，在中都城和南京城营建期间，朝廷向长江中下游近一百多个府、州、县广泛征集城砖。为切实保证城砖质量，明确落实职责，朝廷下令供砖的各府、州、县相关官员以及各砖窑的窑户、工匠等必须在与己相关的城砖上留下姓名，以备事后追究不合格城砖制造者的责任。从明中都城和南京城遗存的铭文砖来看，明初期针对城砖制造群体制定的岗位职责制度已相当严格，城砖铭文典例：

淮安府海州提调判官劉□实
司吏徐庸作匠朱惠山
洪武七年　月　日造（明中都城城砖铭文）

吉安府委提調官劉延府吏吴彬
安福縣提調官縣丞张禧司吏戴仁
捴甲劉孟和甲首王子林小甲劉伯友
造磚窑匠王正五人夫王天與（明南京城城砖铭文）

北京城的营建仍延续了这一做法。从明初至清末的五百余年间，城砖铭文内容虽逐渐简化，但形式却呈多样性。据目前考证，嘉靖四年（1525 年）之前，运抵京

图 3-6-1　直棣松江府金山衛管工委官指挥魏文照磨任輅華亭縣提調官知縣郭倫所縣委官鎮撫袁玉典史李誠吏馬澄成化拾年 月 日造 黑窑匠高大壽 謝阿魚

城的城砖基本来自江南和江北的京杭运河流域。这一时期，江北的城砖铭文内容比较简单，而江南城砖铭文仍保持着明初以实名记录各级官员及各类工匠职责的惯例，实例对比如下：

江南城砖铭文：

直棣松江府金山衛管工委官指挥魏文照磨任輅

華亭縣提調官知縣郭倫所縣委官鎮撫袁玉典史李誠吏馬澄

成化拾年　月　日造　黑窑匠高大壽　謝阿魚（见图3-6-1）

直棣蘇州府衛管工委官指挥魯洪知事趙榮

吴縣提調官知縣陳振所縣委官千户唐弘主簿于通該吏屠嵩

成化拾年　月　日造　黑窑匠錢行 陸行 曹昌

應天府委官通判戴昊

上元縣委官典吏陳森

弘治拾肆年　月　日該吏郭時聰窑匠趙隆造（见图3-6-2）

應天府委官通判郭濬

江寧縣縣丞□鋭□□□□

正德二年　月　日老人曹剛窑匠□□造

應天府委官通判郭□

上元縣主簿孔瑄

正德二年　月　日老人陳泰窑匠□□（见图3-6-3）

江北城砖铭文：

成化十八年陵縣窑造（见图 3-6-4）

弘治拾肆年安陽縣烧造

正德拾年堂邑縣造（见图 3-6-5）

嘉靖叁年窑造

嘉靖四年驗造

图 3-6-2 應天府委官通判戴昊上元縣委官典吏陳森弘治拾肆年 月 日該吏郭時聰窑匠趙隆造

江南款砖文保留了明代早期实名制特征，但不再有总甲、甲首、小甲等责任人，而江北款铭文则大多只记县级名称，不记实名。

嘉靖初期始，城砖产地逐渐稳定在京杭运河山东段沿线区域，且以山东临清州为中心。嘉靖四年（1525 年）八月，工部会廷臣议："营建仁寿宫，工役重大，今世庙大工方兴……其砖料于京城近地及苏州定价烧造。"[①] 从目前嘉靖四年（1525 年）后的砖文来看，产地已向山东、河南、北直隶一带"京城近地"转移，山东临清逐渐成为京师城砖的主要产地，而江南，除苏州府仍继续为皇室制造"金砖"外，已基本不再向京师供应城砖。

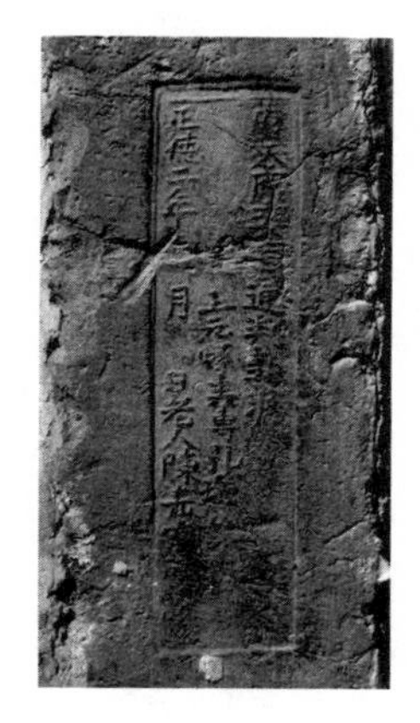

图 3-6-3 應天府委官通判郭□上元縣主簿孔瑄 正德二年 月 日老人陳泰窑匠□□

明代中后期，官方已逐渐认识到保证城砖质量在于遵循严格的制砖工艺，工匠自身的责任心远重于官员的监督，在生产过程中，任何环节的疏忽都可能严重影响到城砖的质

① 《世宗嘉靖实录》卷 54。

图 3-6-4 成化十八年陵縣窑造

图 3-6-5 正德拾年堂邑縣造

量。因此，加强一线造砖者的责任感，是生产优质城砖的重要保障。自嘉靖五年（1526 年）始，砖款中已不再出现各级官员的职务及姓名，但却始终保留着窑户、作头、匠人等造砖者的名字。

城砖质量也是官府支付砖价的依据，成品砖不仅要外观平直规整，还须“敲之有声，断之无孔”，在验收时以此分出不同等级。乾隆五十年（1785 年）《临清直隶州志》记载：“砖每块给工价银二分七厘，如挑出哑声者，每块变银一分七厘，不堪用者，每块变价银一厘七毫。”砖款实名制既方便检验和确定窑属，也为日后追责存留了依据。

嘉靖及后世各皇朝砖铭一般都有属于本朝的基本模式，内容也大体为年号加窑户、作头或匠人的名字。嘉靖朝砖文除有年号与窑户外，还经常出现“春季”“秋季”等季节性记载，如：“嘉靖柒年秋季窑户王禄造”。隆庆朝砖文一般只记年号和窑户，如：“隆庆五年窑户陆卿造”。万历朝多记年号、窑户和匠人，如：“万历三十三年窑户钱歧匠人李林造”。天启、崇祯两朝则偏重记录年号、窑户和作头，如：“天启六年窑户汪元作头李县造”“崇祯元年窑户朱文作头刘虎造”。

至清代，顺治、康熙、雍正及乾隆时期的少部分砖文内容还带有一些明代中晚期的特征，但钤记官员名称的砖文很难见到，乾隆之后几朝的砖文大多更趋简化，本朝特征不明显，以至大多难以分辨朝代、年代等信息，实例如下：

永定官窑新大城磚（嘉庆）

停泥新城磚（嘉庆）

大停細磚（道光）

咸豐元年作頭王泰立造（咸丰）

同治万万岁（同治）

官窑造停泥城磚（光绪）

图 3-6-6　工部監督桂

尽管如此，还是能在清代砖文中见到为数不多的一些钤记官员名的砖文，如乾隆时期的工部砖款，虽简化到相关责任官员只以一个字或一个符号来标示，但却通过实名制体现了当时对城砖质量的重视。如：

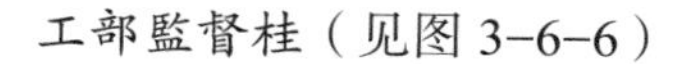

工部監督桂（见图 3-6-6）

工部監造官圖記□（见图 3-6-7）

工部接辦監□

这些实名的砖文无疑会对负有监造责任的官员们产生一定的压力，同时也会对城砖的质量带来相应的保障。

清代实名的砖文中还有一部分仅有窑户名，这些更简单的实名砖文看上去既有责任的成分又有些像窑厂的宣传广告。如：窑户石钦、池、兴记、李邦、窑湾刘记、窑户李荣。这些极精简的工部官员名款和窑户名款，应该是清代最典型、最具职责意义的实名制城砖铭文了。

图 3-6-7　工部監造官圖記□

（二）城砖铭文的多重功效

明代城砖铭文虽然丰富，却很少见到与制砖工艺及材质标准相关的内容。在其早期的砖文中，除各级官员外大都载有各类制砖人的称谓，如“窑户”“作头”“匠人”“砖匠”“高手”“窑匠”“管工”“人匠”“匠作”“高手匠”等。例：

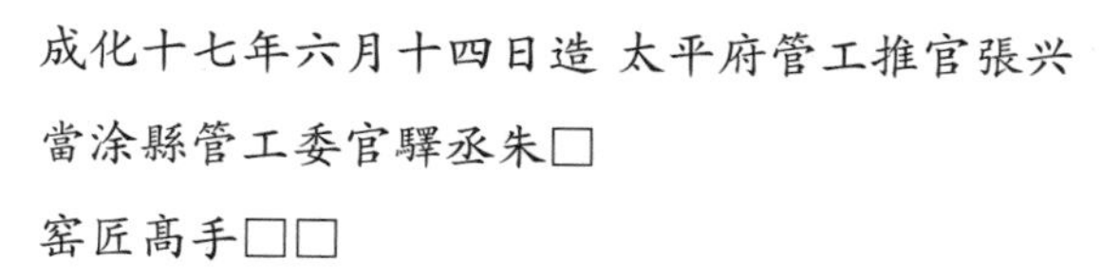

成化十七年六月十四日造 太平府管工推官張兴

當涂縣管工委官驛丞朱□

窑匠高手□□

人匠焦□造

嘉靖十六年春季窑户王教匠人商讓造

萬曆三十一年窑戶張亨匠人楊鹿造

从以上砖文看，明代更注重造砖者的个人职责，砖款一般都详细记载制砖各环节责任人的名字，而砖的用途和制造工艺却很少涉及。官方对砖的具体质量要求是“有声无孔”，即无论制造工艺如何，只要能达到“敲之有声，断之无孔”的检验标准即可。

而从对清代城砖的考察来看，不仅质量已明显不如明代，款识内容也不如明代城砖丰富、翔实，尤其清晚期砖铭大多偏重于制造工艺、用途以及窑厂名称等内容，如：

城工細泥磚

亭泥城磚

細泥停城甎

通和窑澄槳停城（见图 3-6-8）

图 3-6-8　通和窑澄漿停城

显然，清代砖文的作用已不再是记录制砖人的职责，感觉更像是宣扬商品材质的广告。砖文中的“澄浆”“细泥”“停泥”等显然都是在表述制砖工艺，虽表面强调其质料精良，可整体品质却早已不及明代。而“宝丰窑记”“万顺窑记”“兴记”等看上去颇似生产厂家的标签，仅一个中国传统商业、制造业常用的“记”字，就透出一层商业味道。

砖款只标示城砖用途也是清代晚期常见的做法，我们常见到“新样城砖”“亭城砖记”“大停细砖”等砖文，似乎也是在借助“钦工物料”的身份来标榜其材质。

严谨、科学的城砖制造体系是传统文化的结晶，正是由于有当年各级造砖人的责任心和过硬的职业技能以及行之有效的质量检验措施，才成就了北京钦工城砖的优良品质。研究古代城砖的质量标准、生产工艺和管理机制，对我们反思当今产品生产的职责制度有着积极的现实意义。

附录一　明清北京历朝城砖产地信息表

（明永乐—清宣统）

朝代	年号	纪年	产地	史料载体	来源
明代	永乐	元年至二十二年（1403—1424年）	江南、山东、河南、北直隶一带	待考	待考
	洪熙	元年（1425年）	待考	待考	待考
	宣德	元年至十年（1426—1435年）	待考	待考	待考
	正统	元年至十四年（1436—1449年）	待考	待考	待考
	景泰	元年至七年（1450—1456年）	待考	待考	待考
	天顺	元年至八年（1457—1464年）	待考	待考	待考
	成化	元年至二十三年（1465—1487年）	江南、山东、河南、北直隶一带	铭文城砖	北京危改拆迁出土
	弘治	元年至十八年（1488—1505年）	江南、山东、河南、北直隶一带	铭文城砖	北京危改拆迁出土
	正德	元年至十六年（1506—1521年）	江南、山东、河南、北直隶一带	铭文城砖	北京危改拆迁出土
	嘉靖	元年至四十五年（1522—1566年）	江南、山东、河南、北直隶一带	铭文城砖	北京古建筑及危改拆迁出土
	隆庆	元年至六年（1567—1572年）	山东、河南、北直隶一带	铭文城砖	北京危改拆迁出土

续表

朝代	年号	纪年	产地	史料载体	来源
明代	万历	元年至四十八年（1573—1620年）	山东、河南、北直隶一带	铭文城砖	北京古建筑及危改拆迁出土
	泰昌	元年（1620年）	待考	待考	待考
	天启	元年至七年（1621—1627年）	山东、河南、北直隶一带	铭文城砖	北京危改拆迁出土
	崇祯	元年至十七年（1628—1644年）	山东、北直隶一带	铭文城砖	北京危改拆迁出土
清代	顺治	元年至十八年（1644—1661年）	山东临清州	铭文城砖	清东陵
	康熙	元年至六十一年（1662—1722年）	山东临清州	铭文城砖	临清老城区
	雍正	元年至十三年（1723—1735年）	山东临清州	铭文城砖	临清河隈张庄砖窑遗址
	乾隆	元年至六十年（1736—1795年）	山东临清州、北直隶一带	铭文城砖	北京古建筑及危改拆迁出土
	嘉庆	元年至二十五年（1796—1820年）	山东临清州	铭文城砖	临清老城区
	道光	元年至三十年年（1821—1850年）	山东临清州、北直隶	铭文城砖	临清河隈张庄砖窑遗址
	咸丰	元年至十一年（1851—1861年）	待考	《北京的城墙和城门》[瑞典]奥斯伍尔德·喜仁龙著	北京燕山出版社1985年版
	同治	元年至十三年（1862—1874年）	待考	《北京的城墙和城门》[瑞典]奥斯伍尔德·喜仁龙著	北京燕山出版社1985年版
	光绪	元年至三十四年（1875—1908年）	待考	待考	待考
	宣统	元年至三年（1909—1911年）	待考	待考	待考

附录二　北京城砖铭文比对表

本表选取部分历史文献与当代研究成果中内容相关的城砖铭文，前者记录了20世纪20年代初喜仁龙对北京城墙实地考察记录的城砖铭文，但限于当时客观条件仅记载了砖铭的文字内容，而后者展示的城砖铭文则基于21世纪初期笔者对北京铭文城砖实物史料的考证。相隔百年的研究成果进行比较、互证，对北京城垣物料文化研究具有特殊的意义。

20世纪初奥斯伍尔德·喜仁龙实地考察北京城墙记录的部分城砖铭文	21世纪初笔者通过实物考证获取的部分北京城砖铭文
成化十三年……	直棣……成化十年……太湖县……
成化十八年……	成化十八年利津县窑造
成化十九年高唐州窑造	成化十八年月 日汶上县窑造
正德二年……	直隶苏州府委官经历陈震该吏景质 正德二年五月 日窑户王缙造
正德四年……	正德丁卯应天府句容县窑匠李秀五烧造
正德六年作头李环造	正德十年临清州造
嘉靖四年……	嘉靖肆年赣县□□□窑户庄□造 直棣赣州府委官通判罗达该吏孙怡
嘉靖七年……	嘉靖柒年秋季窑户王禄造
嘉靖十年……	嘉靖十年秋季窑户丁禄为东昌府造
嘉靖十一年……	嘉靖十一年下厂窑户李继造

续表

20 世纪初奥斯伍尔德·喜仁龙实地考察北京城墙记录的部分城砖铭文	21 世纪初笔者通过实物考证获取的部分北京城砖铭文
嘉靖十四年窑户李仁造	嘉靖十四年春季窑户□钦造
嘉靖十五年工顺窑窑户任经造	嘉靖十五年秋季临清厂窑户畅伦匠人孙现造
嘉靖十六年窑户林永寿造	嘉靖十六年春季窑户王廒匠人商让造
嘉靖十七年……	嘉靖十七年秋季窑户刘勋造
嘉靖十八年窑户孙龙造	嘉靖十八年秋季窑户于盛造
嘉靖二十年窑户梁栋造	嘉靖二十年分窑户辛文祥造
嘉靖二十一年窑户张九造	嘉靖二十一年春季窑户张钦匠人高大川造
嘉靖二十二年窑户常青造	嘉靖贰拾贰年上厂窑户□□□
嘉靖二十三年窑户林贵造	嘉靖二十三年窑户李章造
嘉靖二十四年窑户段洲造	嘉靖二十四年□□□□□□
嘉靖二十六年窑户李充造	嘉靖二十六年春季窑户□□□
嘉靖二十七年	嘉靖二十七年分窑户孙祁造
嘉靖二十八年窑户刘钊造	嘉靖二十八年窑户□□□
嘉靖二十九年窑户薛香造	嘉靖二十九年窑户符杰造
嘉靖三十年窑户吴继荣造	嘉靖三十年窑户刘大得造
嘉靖三十一年窑户常增造	嘉靖三十一年窑户王玠造
嘉靖三十二年窑户高尚义造	嘉靖三十二年分窑户□□□

续表

20 世纪初奥斯伍尔德·喜仁龙实地考察北京城墙记录的部分城砖铭文	21 世纪初笔者通过实物考证获取的部分北京城砖铭文
嘉靖三十三年窑户付典造	嘉靖三十三年窑户李养德造
嘉靖三十四年窑户赵义造	嘉靖三十四年分窑户□□造
嘉靖三十六年窑户张钦造	嘉靖三十六年窑户胡大□□□□□
嘉靖三十八年窑户曹春造	嘉靖三十八年分窑户□□□
嘉靖三十九年……	嘉靖叁拾玖年分窑户赵仪造
万历十九年高唐州窑造	十九年窑户秦禄造
万历二十三年……	万历二十三年窑户户吴中梓造
万历二十六年……	万历二十六年窑户张□□
万历二十九年……	万历二十九年加泒窑户□□□
万历三十年窑户孙宝造	万历三十年窑户邢书匠人杨天福造
万历三十一年……	万历三十一年窑户胡永成造
万历三十二年窑户吴玉造	万历三十二年窑户王永寿作头刘景先造
万历三十三年……	万历三十三年窑户蒋志大作头王久思造
万历三十五年窑户陈昌造	万历三十五年窑户柴成匠人赵□造
万历戊申年窑户蒋大顺造	万历戊申年窑户□□□（三十六年）
万历四十四年……	万历四十……

续表

20世纪初奥斯伍尔德·喜仁龙实地考察北京城墙记录的部分城砖铭文	21世纪初笔者通过实物考证获取的部分北京城砖铭文
崇祯□年窑户朱文造	崇祯元年窑户朱文作头张时造
乾隆辛巳年	辛巳年诚造 乾隆辛未年制
乾隆甲午年 甲午年造、广成窑甲午年造	甲午年窑户宋汝竟作头高臣造
乾隆丙申年	乾隆丙子年烧造 □申年诚造
工部监督桂	工部监督桂
工部监督永	工部监督永
工部监督萨	工部监督萨
恒顺窑新停细城砖 恒顺窑造停泥城砖	恒顺窑
通钦窑造大城砖（“通”疑为“遵”）	遵钦窑细泥城砖记 遵钦窑亭泥砖记 遵钦窑大亭城砖 遵钦窑新样城砖
东河窑细泥新城砖 东河窑停泥新城砖	通和窑细泥停城砖
内府官办裕成窑造	内府官办裕成窑造
官窑造新样大城砖、官窑造停泥城砖	官窑办造新样城砖
新样大城砖	大新样城砖
新城砖	新样城砖

续表

20 世纪初奥斯伍尔德 · 喜仁龙实地考察北京城墙记录的部分城砖铭文	21 世纪初笔者通过实物考证获取的部分北京城砖铭文
停泥新城砖	停泥城砖
永通官窑造新停泥大城砖	永顺窑官造城工细砖记
辛巳年造	辛巳年诚造
永定官窑造大停细砖 永定官窑造停泥细砖 永定官窑造新大停细砖 永定官窑新大城砖	永定官窑办造新样城砖
永成窑造	永成窑造 永成窑记
大停细砖	大停细砖
通顺窑大停细砖	通和窑细泥停城砖
福金窑造	福泉窑
王府用砖	王府足制
停泥城砖	亭泥城砖
停泥细砖	亭泥砖记
德盛窑造大停细砖	德顺窑记
甲午年工顺窑造	工顺窑停城

注：喜仁龙书中的一些砖铭只记录了部分内容，可能由于当时砖面风化、残缺或字迹漫漶不清。而从目前对实物史料的研究来看，只有皇朝纪年的砖文显然是不完整的（特别是明代），本表在这些皇朝纪年后面加“……”，意为后面一般还应有文字。本表目的是进行两部分的比对，所选砖铭一般都具有相同或相似的对应关系，有些砖文完全相同，有些则仅年代相同、窑名相同或部分内容相似，以期通过比较达到研究互证的目的。

参考书目

1. [瑞典] 奥斯伍尔德・喜仁龙:《北京的城墙和城门》，许永全译，北京燕山出版社 1985 年版。

2. [美] 黄仁宇:《明代的漕运》，张浩、张升译，新星出版社 2005 年版。

3. (清) 陈梦雷、蒋廷锡等编:《钦定古今图书集成》，华中科技大学出版社 2008 年版。

4. (清) 张廷玉等撰:《明史》，中华书局 1974 年版。

5. (清) 周家楣、缪荃孙等编纂:《光绪顺天府志》，北京古籍出版社 1987 年版。

6. 赵其昌主编:《明实录北京史料》，北京古籍出版社 1995 年版。

7. 李国祥、杨昶主编:《明实录类纂・北京史料卷》，武汉出版社 1992 年版。

8. 单士元、王璧文编:《明代建筑大事年表》，紫禁城出版社 2009 年版。

9. 单士元:《史论丛编》，紫禁城出版社 2009 年版。

10.《中国历史年代简表》，文物出版社 2001 年版。

11. 单士元:《清代建筑年表》，紫禁城出版社 2009 年版。

12. 张先得:《明清北京城垣和城门》，河北教育出版社 2003 年版。

13. 北京大学历史系北京史编写组:《北京史》，北京出版社 1999 年版。

14. 安作璋主编:《中国运河文化史》，山东教育出版社 2006

年版。

15. 柏桦:《明代州县政治体制研究》,中国社会科学出版社2003年版。

16. 李文治、姜太新:《清代漕运》,中华书局1995年版。

17. 侯仁之主编:《北京城市历史地理》,北京燕山出版社2000年版。

18. 郭沫若主编:《中国史稿地图集》,中国地图出版社1996年版。

19. 孔庆普:《城:我与北京的八十年》,东方出版社2016年版。

20. 张显清、林金树:《明代政治史》,广西师范大学出版社2003年版。

21. 张德泽:《清代国家机关考略》,学苑出版社2008年版。

22. 天津图书馆编:《水道寻往》,中国人民大学出版社2007年版。

23. 全国政协文史和学习委员会、政协山东省临清市委员会编:《运河名城:临清》,中国文史出版社2010年版。

24. 赵红骑:《锦溪窑火——砖瓦制作技艺》,上海人民出版社2011年版。

25. 山东省文物考古研究所编:《海岱考古》第七辑,科学出版社2014年版。

26. 于海广:《探寻、追忆与再现——齐鲁地区非物质文化遗产调查与研究》,山东大学出版社2007年版。

27. 孔庆普:《北京的城楼与牌楼结构考察》,东方出版社2014年版。

28. 傅公钺:《北京老城门》,北京美术摄影出版社2002年版。

29. 潘谷西主编:《中国古代建筑史》,中国建筑工业出版社2009年版。

30. 刘铮云主编:《知道了——硃批奏折展》,中国台湾“国立故宫博物院”,2009年。

后记

20 世纪初，瑞典史学家奥斯伍尔德·喜仁龙（Osvald Siren）先生对北京城垣做过一次全面细致的实地考察，并结集出版专著，为我们留下了一份极其珍贵的历史文献，他也因此成为实地研究考证北京古城垣的第一人。

一百年后，我们重读喜仁龙先生的著述，在获得大量城垣文化信息之际，也愈加钦佩这位对北京历史文化作出特殊贡献的欧洲学者。

在一个历史城市失去“城”几十年后，再去寻考其城墙、城门及城砖的形制与文化内涵，其难度可想而知。然而，我们仍坚持挖掘北京城垣文化，并始终坚信，这座看不见的“城”还有很多潜在的历史信息有待探寻。

作者

2019 年于海淀大钟寺太阳园

一九四九年一月三十一日

北平和平解放

这座举世瞩目的古代都城幸免于炮火之灾

古城的标志性建筑城门、城墙得以保留